高职高专电梯专业系列教材

电梯零部件设计

DIANTI LINGBUJIAN SHEJI

中山职业技术学院
殷勤 编著

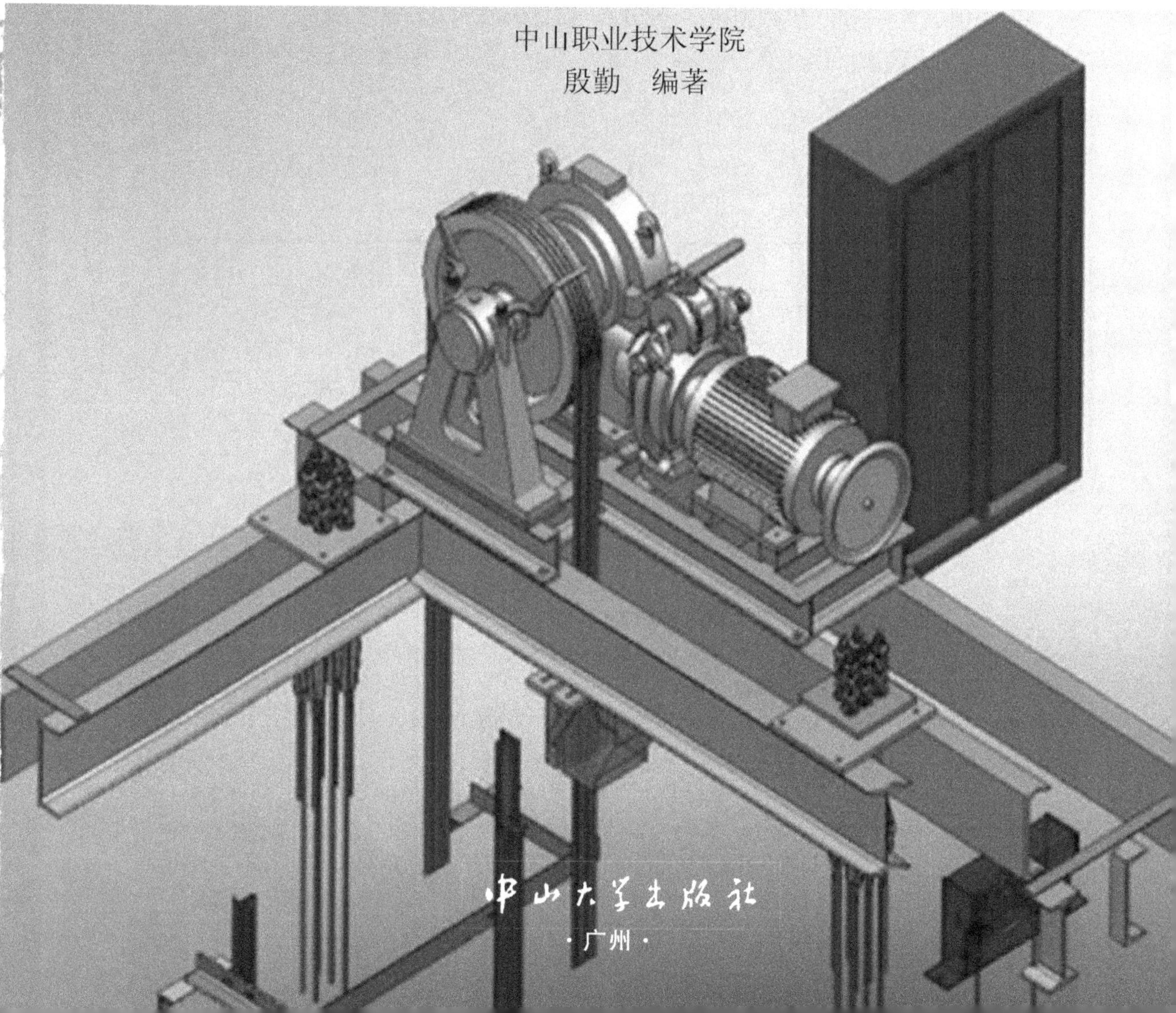

中山大学出版社
·广州·

版权所有　翻印必究

图书在版编目（CIP）数据

电梯零部件设计/殷勤编著. —广州：中山大学出版社，2014.4
（高职高专电梯专业系列教材）
ISBN 978-7-306-04786-1

Ⅰ. ①电… Ⅱ. ①殷… Ⅲ. ①电梯—零部件—设计—高等职业教育—教材 Ⅳ. ①TU857

中国版本图书馆 CIP 数据核字（2014）第 002668 号

出　版　人：王天琪
策划编辑：周建华　李海东
责任编辑：李海东
封面设计：贾　萌
责任校对：何　凡
责任技编：靳晓虹
出版发行：中山大学出版社
电　　话：编辑部 020-84114366，84111996，84113349
　　　　　发行部 020-84111998，84111981，84111160
地　　址：广州市新港西路 135 号
邮　　编：510275　传　真：020-84036565
网　　址：http://www.zsup.com.cn　E-mail: zdcbs@mail.sysu.edu.cn
印　刷　者：广东虎彩云印刷有限公司
规　　格：787mm×960mm　1/16　22.75 印张　490 千字
版次印次：2014 年 4 月第 1 版　2023 年 6 月第 2 次印刷
定　　价：46.00 元

如发现本书因印装质量影响阅读，请与出版社发行部联系调换

总 序

随着中国电梯产业的发展，国际电梯行业巨头都已经进入中国大陆投资设厂，中国大陆的电梯整机产量已跃居世界第一，并且形成了世界最大的电梯使用市场。电梯产业的快速发展需要更多高层次的从事制造、安装维保、管理使用的人才，但当前国内电梯行业技术人才的紧缺已经严重制约了电梯行业的发展。

中山职业技术学院根据电梯行业的人才需求状况，依托国内首个省级电梯产业基地"广东省火炬计划——中山电梯特色产业基地"，联合中国建筑科学研究院建筑机械化研究分院，于2007年率先在国内组建了高职高专类电梯制造与维护专业，并于当年开始招生，开展电梯专业高职高专类学生的培养工作，到目前已经形成了400余名在校生的规模。

电梯制造与维护专业属国内首创高职类专业，所有教学用教材、课件、指导文件等均属空白。高职高专教材建设工作是整个教学工作中的重要组成部分。中山职业技术学院联合中国建筑科学研究院建筑机械化研究分院，组织了一批具有较长电梯行业工作经历、有丰富教学经验的教师，借助建筑机械化研究分院在技术、信息、科研和行业归口管理等方面的优势，利用较短的时间，开发编写出一套适合高职教育特点、以职业能力培养为中心目标、突出人才创新素质和创新能力培养的科学、实用的教材。同时，该套教材既能够覆盖在用电梯的技术知识，又具有较强的新产品新技术前瞻性，以实用技能培养为主，兼顾必须掌握的基础理论知识。此套系列教材由《电梯结构与原理》《电梯安装工程》《电梯控制原理》《电梯标准与检测》等构成，随着教学过程的开展，后续还会编写电梯专业英语类、轿厢装饰类及电梯智能管理监控类等教材，同时制作教材配套用电子课件、题库等。

上述教材通过在中山职业技术学院试用，并经过多次的修订补充，教学效果良好，初步得到了学生、任课教师及合作企业专家的认可和好评。部分教材已经具备了正式出版发行的条件。

本系列教材在编写过程中，对当前电梯主流技术和多家企业、多种类型产品作了大量详尽深入的调查和收集信息，注重实用知识的讲解和工作原理解析，结合GB 7588—2003的新要求，具有深入浅出、循序渐进、内容全面、图文并茂的特点。本系列教材不仅适合高职高专院校电梯专业教学使用，也适合电梯从业人员岗前培训使用，对电梯从业人员快速熟练掌握电梯技术，参与指导电梯生产制造、安装维修、管理使用等作用较好。

本系列教材在编著过程中，广泛参阅了国内外多种电梯结构与原理方面的著作和行业标准法规，并从多家电梯企业、研究单位收集了众多的技术资料，在此向所有相关单位和人士表示衷心感谢。

本系列教材的面世是中国电梯行业人才培训方面的一大幸事，填补了电梯行业通用型高端人才培训教材的空白。感谢中山大学出版社独具慧眼，为中国电梯行业的发展作出了贡献。

《中国电梯》杂志主编

2009年7月于河北廊坊

序　言

电梯、自动扶梯和自动人行道是一种机电结合紧密、用电力拖动的特种设备，是一种现代生活中必不可少的广泛应用的垂直交通运输工具，承担垂直方向输送乘客的任务。本书是为将来从事电梯的设计、制造、安装、维修保养、销售、工程技术管理和检测等工作的人员编写的一本适合高职教育特点、以职业能力培养为核心的教材。

中山职业技术学院电梯专业根据电梯行业的人才需求状况，率先在国内开展高职高专类电梯相关专业学生的培养，已经形成了 400 余名在校生的规模。电梯零部件设计课程是电梯专业必修的技术基础课，它是在机械设计、机械零件、机械原理课程的基础上，整合机械制图、工程材料、工程力学和电梯原理的部分相关知识，解决电梯常用机构及通用零部件的运动分析和设计问题，为学生进行电梯零部件产品的设计开发、维修维护及其正确使用奠定基础，使学生掌握电梯常用机构和通用电梯零件的基本知识、基本理论和基本技能，初步具有分析和设计常用电梯零件和简单传动装置的能力。

这本教材不仅具有较强的理论性，同时具有较强的实操指导性。本书采用基于任务驱动的课程开发思路，让学生利用三维虚拟设计软件完成一台杂货电梯曳引机的设计项目。该实践训练内容是电梯零部件设计学习中非常重要的环节，使学生理论联系实际，加深学习理论知识的印象，加强在实践中的应用，进一步深化对机械系统设计的理解，掌握工作方法，提高分析能力和创新构思能力。

建议课程的教学采用"教、学、做"一体化方式，在让学生掌握理论基础知识的同时，培养学生设计开发所需设备的工程技术能力。在配备有多媒体的计算机机房中，全面应用 AutoCAD、SolidWorks 等计算机辅助设计软件，让学生动手进行方案的设计计算及结构的三维模拟装配。通过进行电梯井道布置图的设计、曳引机动力系统及其轴系零部件的设计、曳引机减速器的设计、曳引传动装置的设计、制动器及机座的设计任务，最终完成一台杂货电梯曳引机的设计。将机械设计理论知识应用于电梯部件的设计开发中，提高学生学习的积极性和主动性，为今后专业理论知识的学习打下坚实的基础。

教材中的错误、疏漏之处，敬请读者批评指正，不胜感激。

编　者
2014 年 3 月

第一章 电梯零部件设计基础 / 1

一、杂货电梯曳引机的总体设计 / 5
   （一）杂货电梯曳引机设计项目说明 / 6
   （二）杂货电梯曳引机设计项目主要技术指标
          及设计任务书 / 7

二、电梯井道布置图 / 11
   （一）电梯井道布置图基础 / 11
   （二）电梯井道布置图的识图、制图 / 15
   （三）电梯井道土建技术要求 / 17
   （四）V类电梯（杂货电梯）的主参数及轿厢、
          井道、机房的型式与尺寸 / 23

三、电梯零部件三维设计基本操作 / 24
   （一）SolidWorks 2007 的软件界面介绍 / 24
   （二）SolidWorks 的基本操作 / 32
   （三）SolidWorks 绘制草图 / 51
   （四）SolidWorks 特征造型 / 64
   （五）SolidWorks 装配体建模 / 84

任务 1 电梯井道布置图的分析与绘制 / 93
复习题 1 / 95

第二章 动力系统设计 / 97

一、电动机 / 97
   （一）三相异步电动机的基本参数 / 97
   （二）三相异步电动机的结构及工作原理 / 99
   （三）三相异步电动机主要参数的计算方法 / 103

二、轴 / 107
   （一）轴的基本概念 / 107
   （二）轴的结构设计 / 109
   （三）轴的受力分析及强度计算 / 113
   （四）轴的具体设计过程 / 115

三、轴承 / 121
  （一）滚动轴承的基本概念 / 121
  （二）轴承的组合设计 / 127
四、螺纹连接、键连接和销连接 / 133
  （一）螺纹连接 / 134
  （二）键连接 / 144
  （三）销连接 / 150
任务2 动力系统及其轴系零部件的设计 / 152
复习题 2 / 159

第三章 减速装置设计 / 162

一、齿轮传动 / 162
  （一）齿轮传动的特点及分类 / 162
  （二）渐开线标准直齿圆柱齿轮各部分名称
     和几何尺寸计算 / 163
  （三）齿轮常用材料和热处理 / 168
  （四）齿轮的结构设计和其他设计保证 / 170
  （五）齿轮传动的失效形式和计算准则 / 177
  （六）轮系及其分类 / 182
二、蜗杆传动 / 186
  （一）蜗杆传动的类型和特点 / 186
  （二）蜗杆传动的基本参数和几何尺寸计算 / 187
  （三）蜗杆传动的失效形式及设计准则 / 193
三、减速器 / 198
  （一）减速器的类型、特点、结构与应用 / 198
  （二）减速器的选用与维护 / 202
任务3 减速器的设计 / 204
复习题 3 / 207

目录

第四章 传动系统设计 / 209

一、带传动 / 209

（一）带传动的类型和特点 / 210

（二）V带和带轮 / 211

（三）V带传动工作能力分析 / 218

（四）同步带传动 / 219

（五）带传动的安装、张紧和维护 / 226

（六）普通V带的设计 / 228

二、链传动 / 237

（一）链传动的特点和类型 / 237

（二）滚子链和链轮 / 238

（三）链传动的传动比及运动的不均匀性 / 244

（四）链传动的布置、张紧和润滑 / 246

（五）滚子链传动的设计 / 247

三、间歇运动机构 / 253

（一）棘轮机构 / 253

（二）槽轮机构 / 256

（三）不完全齿轮机构 / 259

四、凸轮机构 / 260

五、曳引传动 / 263

（一）滑轮 / 263

（二）典型的电梯曳引结构 / 264

（三）曳引传动的设计计算 / 266

（四）曳引轮绳槽数验算（曳引钢丝绳安全系数验算） / 271

任务4 曳引传动装置的设计 / 272

复习题4 / 274

第五章 执行机构及辅助系统设计 / 275

一、联轴器和离合器 / 275

（一）联轴器 / 275

（二）离合器 / 279

二、平面机构 / 281
（一）机器、机构及其结构组成 / 281
（二）平面运动副 / 281
（三）平面四杆机构 / 288

三、弹簧的设计 / 296
（一）弹簧的功用和分类 / 296
（二）圆柱螺旋压缩（拉伸）弹簧的基本尺寸和结构 / 297
（三）弹簧的材料和制造 / 302
（四）圆柱螺旋压缩（拉伸）弹簧的设计计算 / 307

任务5　制动器及机座的设计 / 310
复习题5 / 314

附录 / 315

一、常用质量单位换算表 / 315
二、常用长度单位换算表 / 315
三、常用容量单位换算表 / 316
四、常用化学元素符号表 / 316
五、常用金属密度表 / 317
六、常用工业材料导热系数 / 319
七、常用材料的弹性模量、切变模量及泊松比 / 320
八、希腊字母表 / 321
九、电动机的工作制及防护等级 / 322
十、异步电动机型号、参数、尺寸 / 324
十一、深沟球轴承（GB/T 276—94）/ 332
十二、角接触球轴承（GB/T 292—2007）/ 335
十三、圆锥滚子轴承（GB/T 297—94）/ 337
十四、六角头螺栓（GB/T 5782—2000、GB/T 5783—2000）/ 339
十五、六角螺母（GB/T 6170—2000）/ 340

十六、平垫圈—A 级（GB/T 97.1—2002）／341

十七、标准弹簧垫圈（GB/T 93—87）／342

十八、通气塞的结构形式及尺寸／342

十九、不淬硬钢和奥氏体不锈钢圆柱销
　　　（GB/T 119.1—2000）／343

二十、标准公差数值（GB/T 1800.1—2009）／344

二十一、轴的极限差值（GB/T 1800.2—2009）／345

二十二、孔的极限偏差（GB/T 1800.2—2009）／347

二十三、产品几何技术规范（GPS）几何公差形状、
　　　　方向、位置和跳动公差标注（GB/T 1182—
　　　　2008）／350

参考文献／351

第一章　电梯零部件设计基础

机械是各类机器的通称，它是人类改造自然、发展进步的主要工具。在日常生活和工作中，我们接触到很多机器，如摩托车、机器人、汽车、电梯等。电梯是一种服务于建筑物内若干特定的楼层的永久运输设备，其轿厢运行在至少两列垂直于水平面或与铅垂线倾斜角小于15°的刚性导轨之间。从功能和系统的角度来看，机器一般主要由5个部分组成（图1.1）：

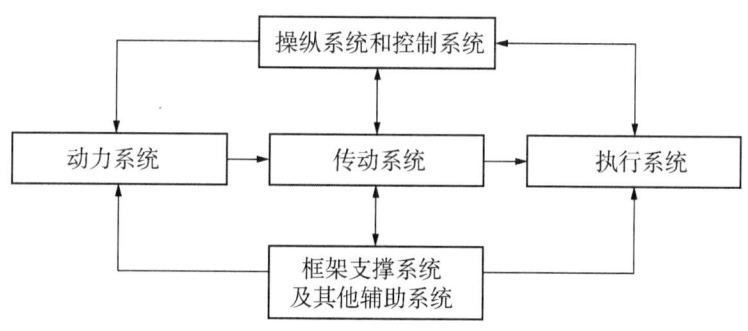

图1.1　机器的组成

（1）动力系统。动力系统包括动力机及其配套装置，其功能是向机器提供运动和动力，是机械系统的动力源。通用机器的动力源是电动机，另外还有内燃机、液压马达、气马达、液压缸、气缸及电磁驱动等。对于整部电梯来说，如图1.2所示电梯结构中的曳引机就是电梯的动力源。

（2）传动系统。传动系统是把动力系统的运动和动力传递给执行系统的中间装置。如图1.2中的电梯曳引机，其中的蜗轮蜗杆减速箱、曳引轮和曳引绳等，都是将动力源输出的运动和动力传递给轿厢，从而实现轿厢的上下运行。

（3）执行系统。执行系统包括执行机构和执行构件，其功能是驱动执行构件按给定的运动规律运动，实现预期的工作。执行系统一般处于机械系统的末端，执行构件直接与工作对象接触。执行系统可以只包含一个执行机构和多个执行构件，如图1.2所示的电梯的轿厢是执行机构。

(4) 操纵系统和控制系统。操纵系统和控制系统都是为了使动力系统、传动系统、执行系统彼此协调工作，并准确可靠地完成整机功能的装置。操纵系统多指通过人工操作以实现上述要求的装置；控制系统是指通过人工操作或测量元件获得的控制信号，经由控制器，使控制对象改变其工作参数或运行状态而实现上述要求的装置。如图1.2中的召唤箱和控制柜等是控制系统。

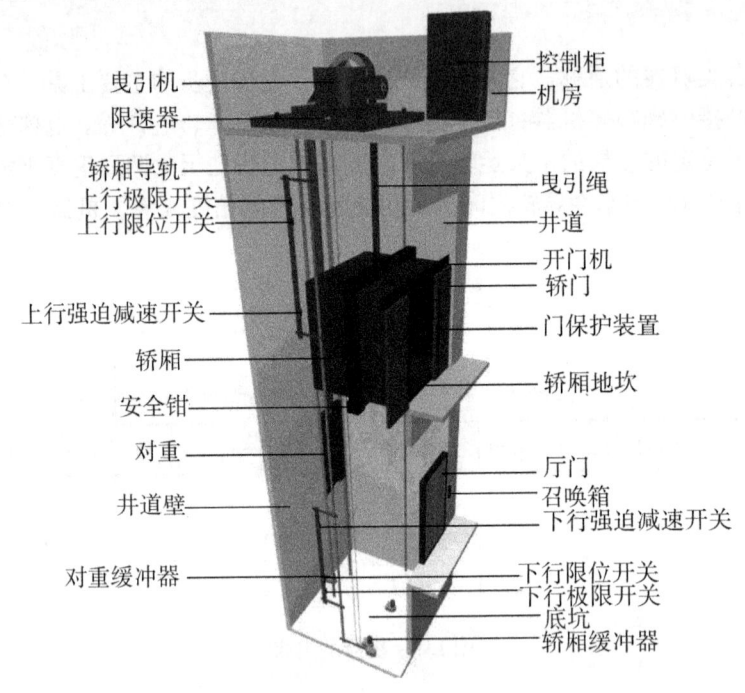

图1.2　电梯的结构

(5) 框架支撑系统及其他辅助系统。框架支撑系统包括基础件和支撑构件，用于安装和支承动力系统、传动系统和控制系统等。机器各部分的位置精度、运动精度及机器的承载能力等主要依靠框架支撑系统来保证，该系统是机械系统中必不可少的部分。如电梯曳引机的机座、电梯运行的井道等。此外，根据机械系统的功能要求，还有一些辅助系统，如润滑、冷却、显示、照明等。

工业生产中，机械工程科学是最基本的技术科学之一，机械设计学科又是机械工程科学的基础。机械设计是根据使用要求，对机械的工作原理、结构、运动方式、力和能量的传递方式、各个零件的材料和形状尺寸、润滑方法等进行构思、分析和计算，并将其转化为具体的描述以作为制造依据的工作过程。电梯零部件设计是机械设计在电梯工程技术中的应用，它包括两种类型的设计：一种是应用新技术、新方法开发创造新机型；另一种是在原有的基础上进行适应性设计或进行局部变形改造，从而改变或提高原有的性能。零部件设计又分为机械部件、电气部件、安全部件等的设计，零部件设计是电梯整机设计的重要组成部分，将各种零部件进行组合搭配、获得最优的配置才能获得良好的整机性能。

随着伺服驱动技术、检测传感技术、自动控制技术、信息处理技术、材料及精密机械技术、系统总体技术的飞速发展，传统电梯产品结构和生产系统结构等方面发生了质的变化，现代电梯已经成为一个以机械技术为基础，以电子技术等多学科技术综合为一体的高新技术综合设备。现代电梯的设计要求综合考虑机械、电气、硬件、软件等方面的特性，使系统各部分合理匹配，实现整体的最佳化。

机械产品设计的过程是一个复杂的过程，不同类型的产品、不同类型的设计，其产品的设计过程不尽相同。产品的开发性设计过程大致包括规划设计、方案设计、技术设计、施工设计及改进设计等阶段：

（1）规划设计。在明确任务的基础上，广泛地开展市场调查。其内容主要包括用户对产品的功能、技术性能、价位、可维修性及外观等具体要求，国内外同类产品的技术经济情报，现有产品的销售情况及该产品的预测，原材料及配件供应情况，有关产品可持续发展的有关政策、法规等。针对上述技术、经济、社会等各方面的情报进行详细分析，并对开发的可能性进行综合研究，通过技术任务书下达对开发产品的具体设计要求，作为产品设计、制造、试制等评价决策的依据。

（2）方案设计。市场需求的满足是以产品功能来体现的。实现产品功能是产品设计的核心，体现同一功能的原理方案可以是多种多样的。因此，这一阶段就是在功能分析的基础上，通过创新构思、优化筛选，取得较理想的功能原理方案。产品功能原理方案的好坏，决定了产品的性能和成本，关系到产品的技术水平和竞争力，它是这一设计阶段的关键。方案设计包括产品功能分析、功能原理求解、方案的综合及评价决策，最后得到最佳功能原理方案。

根据方案设计的基本要求，在方案设计阶段应满足的主要要求包括：①运动要求，机构系统应满足工艺动作提出的运动形式、运动规律、运动协调性及运动精度等要求；②动力要求，机构系统的动力参数应满足机械的工作要求，具有机械效率高、速度波动小、平衡精度高、冲击振动小等良好的动力特征；③经济性要求，机构系统应满足机构结构组成简单、布局合理、易加工制造、使用维修方便等要求。另外，机构系统工作稳定可靠、操作方便、对环境的适应性等也都是不可忽视的要求。

（3）技术设计。技术设计的任务是将功能原理方案具体化，形成机器及其零部件的合理结构。在此阶段要完成产品的参数设计（初定参数、尺寸、材料、精度等）、总体设计（包括总体布置图、传动系统图、液压系统图、电气系统图等）、结构设计、人机工程设计、环境系统设计及造型设计等，最后得到总装草图。

（4）施工设计。施工设计的工作内容包括由总装草图分拆零件图，进行零部件设计，绘制零件工作图、部件装配图，最后绘制总装图，编制技术文件，如设计说明书、标准件及外购件明细表、备件和专用工具明细表等。

（5）改进设计。改进设计包括样机试制、测试、综合评价及改进，以及工艺设计、小批生产、市场销售及定型生产等环节。根据设计任务书的各项要求，对样机进行测试，发现产品在设计、制造、装配及运行中的问题，细化分析问题。在此基础上，对方案、整机、零部件做出综合评价，对存在的问题和不足加以改进。工艺设计包括两方面的内容：①制定零件制造与装配工艺，设计与生产批量相适应的工艺装备及专用设备；②标准化、系列化检查，尽量采用标准化、系列化、通用化的零部件，所有文档资料符合标准化的要求。通过小批生产及市场销售反馈对产品设计、工艺设计及生产规模的实践考核，在进一步完善的基础上，进入定型生产。

电梯零部件设计课程设计的对象是机械通用零部件和常用机构，在实践过程中要掌握其工作原理、结构特点、运动特点、设计的基本理论和方法及有关标准规范，学会运用标准、规范、手册、图册，具备查找有关技术资料的能力。电梯零部件设计的主要过程包括：根据运动方案设计和总体设计的要求，明确产品的工作要求、性能、参数等，制定设计步骤，选择零部件类型、结构、主要参数及外形尺寸、材料、精度及表面质量等，进行失效分析和工作能力计算，画出零件图和部件装配图并编制技术文件。

必须强调指出，整个设计的过程是复杂的、反复进行的，在某一阶段发现问题，必须回到前面的有关阶段进行并行设计。整个电梯零部件设计的过程是一个不断反复、不断修改、不断完善的过程，以期逐渐接近最佳结果。

电梯零部件设计具有以下几个特点：

（1）电梯零部件设计具有单个机械零部件结构设计简单、依据不同合同项目部件配置多、整梯装配所需的零部件数目庞大的特点。根据零部件在电梯中的空间位置，可分为机房部件、井道部件、轿厢部件、厅层站部件和国家标准零部件。因此，电梯生产企业均把电梯整梯所需的常用零部件做成清单，直接采购或从仓库中领取，而依据不同项目所需的非标准零部件需单独采购或设计开发制作。

（2）在电梯零部件设计中应尽可能地遵循标准化的原则。机械产品标准化的内容包括标准化、系列化和通用化，简称机械产品的"三化"。标准化是对机械零件的种类、尺寸、结构要素、材料性能、检验方法、设计方法、公差配合及制图规范等制定出相应的标准，供设计、制造及修配中共同遵照使用。如螺栓、螺母、垫圈等的标准化。系列化是指产品按主要参数分档，形成一定系列的产品，这样可用较少规格的产品满足不同的需要。如电动机、减速器、曳引轮等系列。系列化是标准化的重要组成部分。通用化是对不同规格的同类产品或不同类产品，在设计中尽量采用相同的零件或部件。如几种类型不同的曳引机可以采用相同的盘车手轮。通用化是广义的标准化。我国现行标准分为国家标准（GB）、行业标准（如JB、YB等）及企业标准等3个等级，标准又分为必须执行（如制图标准、螺纹标准等）和推荐使用（如直径标准等）两种。为了便于国际间的交流与合作，我国的国家标准现已尽可能地靠拢、符合和采用国际标准（ISO）。

（3）电梯零部件设计需要考虑机械强度和刚度是否满足要求。机械零件由于各种原因不能正常工作而失效，其失效形式很多，主要有断裂、表面失效（表面压碎、表面点蚀）、过度弹性变形、塑性变形、共振、过热及过度磨损等。机械零件的主要尺寸常常需要通过理论设计计算确定。理论设计计算是根据零件的结构特点和工作情况，将它合理简化成一定的物理模型，运用理论力学、材料力学、流体力学、摩擦学、热力学、机械振动学等理论或利用这些理论推导出的设计公式、实验数据进行设计。零部件的机械强度和刚度的理论计算可分为设计计算和校核计算两种：①设计计算指按设计公式直接求得零件的有关主要尺寸；②校核计算指已知零件各部分的尺寸，用设计公式校核它是否满足有关的设计计算准则。为了使设计计算的结果更符合实际，应该多方面参考过去成功的设计和实践积累的经验关系式、统计数据等。对于重要的安全零部件，还需要进行型式试验。

（4）零部件绘图是电梯零部件设计的重要组成部分，运动方案中的机构和构件只有通过零部件设计绘制成图纸，才能得到用于加工的零件图和部件装配图。电梯零部件所用的材料是各种各样的，即使同一种零件也可以选择不同的材料。设计零件应以零件承受工作载荷的能力为主，综合考虑其他因素，合理地选择材料。在熟悉材料的工艺性的前提下，根据零件的结构复杂程度、尺寸大小、生产批量的大小、毛坯制造及机械加工的特点，分析比较，合理选择机械零件的材料。运用标准、规范、手册、图册和查阅有关技术资料，对设计的零部件进行制图。对于需切削加工的零件，要在技术要求中明确材料的性能、尺寸精度及已切削表面的粗糙度等编制技术要求。

一、杂货电梯曳引机的总体设计

曳引机是电梯的动力源（又称主机），是靠曳引钢丝绳与曳引轮的摩擦来实现轿厢运行的驱动机。曳引机一般由曳引电动机、制动器、减速器、曳引轮、曳引机座等组成。把曳引机当做一部机器，那电动机就是动力系统，减速器和曳引轮是传动系统，制动器是执行系统，曳引机座及电梯的机房井道是框架支撑系统。

杂货电梯又名杂物电梯、餐梯、传菜电梯或食梯，分为窗台式杂货电梯和落地式杂货电梯两种，如图1.3、图1.4所示。杂货电梯曳引机要求具有传动平稳、噪音小、使用寿命长等特点，使电梯运行达到"滴水不洒"的平稳度。

图1.3 窗台式杂货电梯

图1.4 落地式杂货电梯

（一）杂货电梯曳引机设计项目说明

电梯零部件设计课程设计是培养学生设计能力的一个重要教学环节，由教师给出设计任务书，学生按照要求组成项目组共同完成。学生通过完成设计项目，最终掌握常见电梯零部件选型及校核方法，具备绘制零件图、造型图和装配图的能力，能按照常用机构和零部件技术要求编制相关的设计文件。本书的实践项目是根据电梯运行的速度和载荷来设计和选用电动机、减速器、曳引轮、制动器和机座，在原有的曳引机结构基础上创新性地设计一台杂货电梯曳引机，培养学生利用所学的机械设计知识完成工程设计任务的能力。

电梯零部件设计课程的能力目标是：①能使用 AutoCAD 和 SolidWorks 二维、三维零部件设计软件，绘制零件图和装配图；②能运用手册、标准、规范、设计软件等技术资料，设计和选用传动机构、标准零部件；③能运用机械系统设计的基础知识，分析和设计电梯常用机构和简单传动装置；④根据使用、制造工艺、安装维护、经济和安全等方面的要求对电梯零部件进行结构优化设计。

电梯零部件设计课程的知识目标是：①掌握标准机械零部件的工作原理、类型、特点、结构、标准、选用方法；②掌握电梯常用机构的工作原理、类型、特点及三维绘图的基本方法；③掌握电梯常用传动机构的主要参数、设计准则、装配形式；④掌握部分电梯零部件结构的设计方法。

电梯零部件设计课程的素质目标是：①树立正确的设计思想，养成依照行业标准、规范，按章设计、使用的安全意识；②通过项目训练培养职业技能，形成善于思考、勤奋好学的学习风气，养成严谨的科学态度、良好的职业道德和敬业精神。③通过项目组共同完成任务培养团队精神和合作意识；④培养学生的创新精神和实践能力。

电梯零部件设计课程项目实施步骤是：

（1）设计准备：阅读和研究设计任务书，明确设计内容和要求；分析设计题目，根据原始数据、工作条件明确拟定设计的过程和进度计划。

（2）传动装置的总体设计：①分析拟定传动装置运动简图；②选择电动机（功率、转速）；③计算传动装置的总传动比并分配各级传动比；④计算各轴的转速、功率和转矩。

（3）各级传动的主体设计计算：①传动件（如齿轮或蜗杆传动、曳引传动）的设计；②各传动轴的设计；③轴承及其组合部件设计；④键连接和联轴器的选择与校核；⑤润滑设计；⑥箱体、机架及附件的设计。

（4）装配草图的设计和绘制：①装配草图设计准备工作，主要分析和选择传动装置的结构方案；②初绘装配草图及轴和轴承的计算，进行轴、轴上零件和轴承部件的结构设计，校核轴的强度、滚动轴承的寿命和键、联轴器的强度；③完成装配草图，并进行检查和修正。

（5）装配工作图的绘制和总成：①绘制装配图；②标注尺寸、配合及零件序号；③编写零件明细栏、标题栏、技术特性及技术要求等。

（6）零件工作图的设计和绘制：①绘制传动装置零件的工作图；②绘制其余各类零件的零件图。

电梯零部件设计应注意的事项：①学生在设计的过程中必须严肃认真，刻苦钻研，一丝不苟，精益求精。②电梯零部件设计课程的设计是在老师的指导下，由学生项目组独立完成的。学生必须发挥主动性，主动思考问题、分析问题和解决问题。③设计中要正确处理参考已有资料和创新的关系。④学生应在教师的指导下制定好设计进程计划，注意掌握进度，按预定计划保证质量地完成设计任务。电梯零部件设计应边计算，边绘图，边修改，设计计算与结构设计绘图交替进行，这与按计划完成设计任务并不矛盾。学生应从第一次设计开始就注意逐步掌握正确的设计方法。⑤整个设计过程中要注意随时整理计算结果，并在设计草稿本上记下重要的论据、结果、参考资料的来源以及需要进一步探讨的问题，使设计的各方面都做到有理有据。

（二）杂货电梯曳引机设计项目主要技术指标及设计任务书

本书实践设计项目的杂货电梯的主要技术参数如表 1.1 所示，井道示意图如图 1.5 所示。该杂货电梯为窗台式结构，载重量为 200 kg，额定速度 0.4 m/s，开门方式为手动上下中分门，电梯驱动方式采用曳引单速驱动，操作方式采用厅外按钮操作；电梯井道的顶层高度为 4000 mm，底坑深度不设，窗台高度为 1000 mm，井道尺寸为宽 1300 mm 及深 1100 mm，机房尺寸为无机房式，曳引机及控制柜集成于井道内部。电源要求：动力三相五线 380 V，照明单相 220 V；轿顶装饰：发纹不锈钢；轿厢内壁：发纹不锈钢；轿门：发纹不锈钢；轿厢地面：发纹不锈钢；操纵面板：发纹不锈钢多功能人机面板，数码显示，微动按钮；厅门：发纹不锈钢；门套：发纹不锈钢小门套。

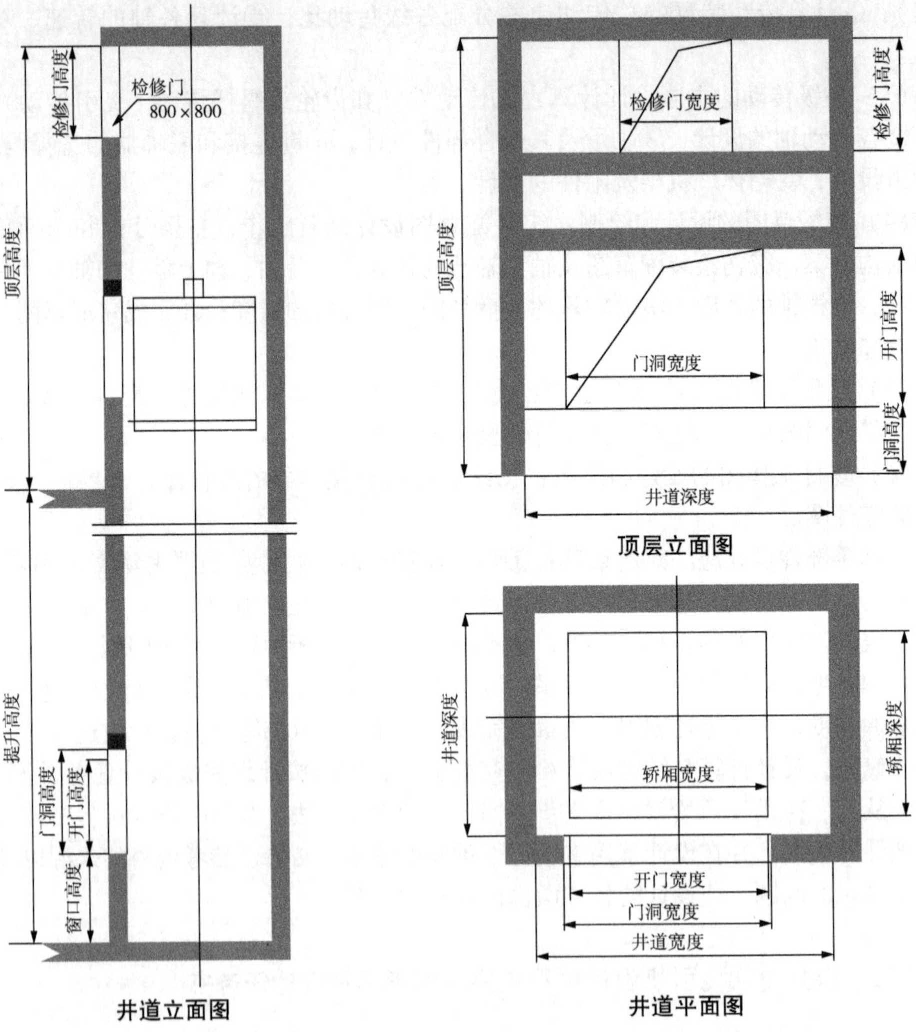

图 1.5 杂货电梯井道

表 1.1 杂货电梯曳引机设计项目主要技术指标

额定载质量	运行速度	服务楼层	轿厢质量	平衡系数	曳引比
$Q=200$ kg	$V=0.4$ m/s	3层3站3门	$P=150$ kg	$\Psi=0.5$	1:1
提升高度	顶层高度	底坑深度	轿箱尺寸（宽×深×高）	开门尺寸（宽×高）	井道尺寸（宽×深）
$H=12$ m	$OH=4$ m	$PP=0$ m	800 mm × 800 mm × 800 mm	800 mm × 800 mm	1300 mm × 1100 mm
窗台高度	噪声	减速器最高温度	电动机功率	电动机额定转速	减速器传动比
1000 mm	≤65 dB	80 ℃	$N=1.1$ kW	1390 r/min	57:1
曳引轮直径	曳引轮半圆槽的切口角	包角	曳引钢丝绳直径	曳引钢丝绳根数	曳引钢丝绳质量
$D=300$ mm	$\beta=105°$	$\alpha=154°$	$\phi 8$ mm	2根	0.586 kg/m

该电梯曳引绳采用曳引比为1:1的绕法，依据以上杂货电梯的主要技术参数，请设计该杂货电梯的曳引机。本次设计项目需选用合适的三相异步电动机；减速器是设计的主体部分，需根据电动机的转速、电梯的运行速度、曳引轮的直径、额定载重量等参数设计减速器；电梯是利用曳引钢丝绳与曳引轮缘上绳槽的摩擦力传递动力，所以需设计表面摩擦系数大且耐磨的曳引轮；合理选用联轴器，保证传递的动力，使两轴严格对中，且设计合理的制动装置。设计任务书如下所示。

杂货电梯曳引机设计项目任务书

一、任务目标
1. 知识目标：
（1）掌握标准机械零部件的工作原理、类型、特点、结构、标准、选用方法。
（2）掌握电梯常用机构的工作原理、类型、特点及三维绘图的基本方法。
（3）掌握电梯传动机构设计的主要参数、设计准则、装配形式。
（4）了解传动装置及动力装置设计电梯曳引机的方法。
2. 能力目标：
（1）能使用 AutoCAD 和 SolidWorks 二维、三维零部件设计软件，绘制零件图和装配图。

(2) 能运用手册、标准、规范、设计软件等技术资料,设计和选用传动机构、标准零部件。

(3) 能运用机械系统设计的基础知识,分析和设计电梯常用机构和简单传动装置。

(4) 根据使用、制造工艺、安装维护、经济和安全等方面的要求对电梯零部件进行结构优化设计。

3. 素质目标:

(1) 树立正确的设计思想,养成依照行业标准、规范,按章设计、使用的安全意识。

(2) 通过项目训练培养职业技能,形成善于思考、勤奋好学的学习风气,养成严谨的科学态度、良好的职业道德和敬业精神。

(3) 通过项目组共同完成任务培养团队精神和合作意识。

(4) 培养学生的创新精神和实践能力。

二、任务内容

(1) 功能要求:设计一台杂货电梯用的曳引机,电梯额定载质量为 200 kg,额定速度为 0.4 m/s,轿厢质量为 150 kg,曳引比 $i=1$。

(2) 设计确定杂货电梯曳引机主要技术参数。

杂货电梯曳引机主要技术参数

名称与项目	\multicolumn{4}{c}{TWJ200/0.4 型杂物电梯用曳引机的设计}			
额定载质量	200 kg		额定速度		0.4 m/s	
驱动方式	曳引驱动		悬挂装置		1:1 曳引比	
曳引机主要技术参数						
电动机型号	功率		kW	制造厂		
电动机转速	r/min	电压	V	电流		A
电动机定子绕组绝缘等级	曳引轮节径		mm	曳引绳	(n) mm × (ϕ)	mm
绳槽型式	制动器型号			启动电压		V
制动器线圈绝缘等级	维持电压		V	减速器速比		

(3) 曳引机设计流程:

设计任务书—确定传动方案—选择电动机—分配传动比—传动零件设计计算—计算曳引能力—轴的结构设计—制动装置设计。

三、任务要求

通过完成以下设计任务，最终设计一台满足杂货电梯用的曳引机：

(1) 任务1——杂货电梯井道布置图的设计；
(2) 任务2——曳引机动力系统及其轴系零部件的设计；
(3) 任务3——曳引机减速器的设计；
(4) 任务4——曳引轮的设计；
(5) 任务5——制动器及机座的设计。

四、考核与评价

学生的总成绩＝项目过程考核成绩＋项目作品成绩＋学习表现成绩。

项目过程考核成绩占总成绩的20%，根据课程的进程采取口试或实操的方式来评价。

项目作品成绩占总成绩的50%，根据课程的任务采取作品展示、成果汇报的方式来评价。

学习表现成绩占总成绩的30%，根据学生平时出勤，以及作业当中体现的专业知识、专业技能、方法能力、职业素质、团队合作等方面来评价。

在进行杂货电梯曳引机设计项目之前，首先来学习电梯的框架支撑系统——建筑物中的电梯井道是如何设计的，以对曳引机的安装位置与工作环境有一个总体认识。

二、电梯井道布置图

（一）电梯井道布置图基础

电梯井道是指保证轿厢、对重运行所需的建筑空间。井道空间通常以底坑底、井道壁和井道顶为边界。井道顶层是井道的一部分，位于轿厢服务的最高层以上；层站是各楼层用于出入轿厢的地点；底坑是底层端站地面以下的井道部分；机房是安装一台或多台驱动主机及其附属设备的专用房间。电梯井道布置图中的一些常见术语还包括电梯的提升高度、基站、层间距离、井道宽度、井道深度、底坑深度和顶层高度等。电梯的提升高度指从底层端站楼面至顶层端站楼面之间的垂直距离。基站指轿厢无投入运行指令时停靠的层站。层间距离指两个相邻停靠层站层门地坎之间的距离。井道宽度指平行于轿厢宽度方向井道壁内表面之间的水平距离。井道深度指垂直于井道宽度方向井道壁内

表面之间的水平距离。底坑深度指由底层端站地板到井道底坑地板之间的垂直距离。顶层高度指由顶层端站地板至井道顶板下最突出构件之间的垂直距离。

依据客户提供的建筑施工图,找到与电梯井道土建相关的图纸和有关的参数,其中包括:①电梯井道剖面图,包括提升高度、底坑深度、机房高度、厅门牛腿等;②电梯井道平面图,包括井道内平面净尺寸、门口宽度及方向、墙厚等;③电梯机房平面图,包括机房平面尺寸、井道与机房的相对位置,门口位置等。井道布置图是将电梯设备的安装位置与以上内容合并在一张图上,如图1.6所示,同时还标明了该型号电梯对应项目名称、设备号、图号以及电梯的主要技术参数。

零部件设计人员应该能够看懂电梯井道布置图中的土建部分内容,同时合理设计与布置电梯设备的相关零部件。电梯厂家提供的电梯井道布置图是建筑设计部门进行电梯井道土建设计的依据,不能直接用于井道施工。土建施工单位应按照建筑设计部门的建筑施工图(蓝图)进行施工,但电梯井道布置图可供土建施工单位参考。

电梯井道布置图是展示电梯项目的型号和规格、井道剖面图和平面图、各层厅门正视图及厅门入口剖面图、机房平面图和楼板预留孔平面图的技术图纸。电梯(扶梯)井道布置图的作用是:①用于指导建筑设计部门进行电梯(扶梯)井道土建设计或改造;②用于指导电梯厂家进行电梯(扶梯)结构设计并投料生产;③用于指导电梯(扶梯)设备的现场放线安装。电梯井道布置图的绘制原则是尽量不改动或者少改动原有的井道土建结构。

电梯的井道设计应符合 GB/T 7025—2008《电梯主参数及轿厢、井道、机房的型式与尺寸》的要求。为了电梯在建筑内的安装,井道宜为垂直井道壁、底坑底面和井道顶围成的一个有一定自由空间的封闭的平行六面体。整个井道高度是由井道底面至机房楼板下最突出构件之间的垂直距离。

(1)井道内尺寸。井道的设计尺寸包括垂直偏差。在井道内,井道尺寸垂直允许偏差应符合下列规定:

1)当井道高度≤30 m 时:0~+25mm;

2)当 30 m<井道高度≤60 m 时:0~+35mm;

3)当 60 m<井道高度≤90 m 时:0~+50mm;

4)当井道高度>90 m 时:允许偏差应符合电梯土建布置图要求。

层站间的距离允许适应不同层门高度,两个连续层站间的最小距离为:层门高度为 2000 mm 时为 2450 mm,层门高度为 2100 mm 时为 2550 mm。

井道尺寸包括井道的宽度和深度,随着电梯额定载重量的增大而增大。

(2)候梯厅尺寸。候梯厅深度应至少在整个井道的宽度范围内保持,住宅电梯通过测量轿厢深度方向上的候梯厅墙壁间距离得到的最小候梯厅深度应至少等于最大的轿厢深度,且不应小于 1500 mm。设计货梯时应该考虑电梯也会用于搬运其他货物的可能性。为了安全装载货物，货梯层门出入口前方应该有足够的自由空间。

（3）电梯的机房尺寸。机房高度、机房面积应符合相关的国家标准，机房宽度和机房深度的实际尺寸所确定的地面面积应至少等于规定的总面积（表1.2）。

表1.2　Ⅰ、Ⅱ和Ⅵ类电梯机房尺寸

单位：mm

额定速度 /（m·s^{-1}）	额定载质量/kg			
	320～630	800～1050	1275～1600	1800～2000
0.63～1.75	2500～3700	3200～4900	3200～4900	3000～5000
2.0～3.0		2700～5100	3000～5300	3300～5700
3.5～6.0		3000～5700	3000～5700	3300～5700

电梯施工现场管理人员应该掌握一些常用的与电梯井道有关的建筑术语及相关知识，如梁、柱、基础、过梁、圈梁、牛腿、主筋、箍筋、剪力墙、混凝土标号等名词的含义。这有利于电梯工程管理员与建筑设计及施工人员的沟通。电梯工程管理员应知道井道数据及其测量方法，对井道进行现场测量并做好记录；还能够根据现场测量结果绘制草图。绘制的草图要求符合比例，数据标注准确，字迹清晰，特殊结构要注明，如有必要还应画出局部详图。

（二）电梯井道布置图的识图、制图

要学会看图识图，在电梯井道布置图中快速并且准确地找到每台电梯所在位置、电梯的井道机房信息等。以下是井道图纸中常见的一些符号、术语、图例。

1. 比例

图样比例：图形与实物相应的线性尺寸之比（图形∶实物），以阿拉伯数字表示。例如：

××布置图　1∶50

1∶50即为图样比例。当建筑图尺寸不全时，可利用比例估计尺寸数值，作初步判断。

2. 定位轴线

有些建筑图纸中包含着大量的与电梯无关的建筑信息，而我们所关心的是与电梯相关的信息。那么如何在这些图纸中快速查找到相关信息呢？这时就可以利用建筑图纸中的定位轴线（图1.7）。

电 梯 零 部 件 设 计

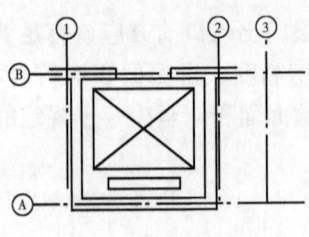

图 1.7　定位轴线

定位轴线以细点划线绘制。定位轴线竖向编号多用拉丁字母,从下至上顺序编写;定位轴线横向编号多用阿拉伯数字,从左至右顺序编写。可根据定位轴线找出希望查找的电梯井道、机房所在位置,并确定机房与井道相互之间的位置关系。

3. 标高符号

如图 1.8 所示是几种国家标准规定的标高符号,表示楼层层高。

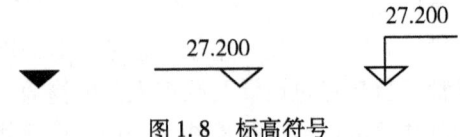

图 1.8　标高符号

4. 剖切符号

为表示建筑某一方向的结构细节,需要采用剖视的方法将这一部分结构表示出来:①剖切符号由剖切位置线及剖视方向线组成;②断(截)面剖切符号只用剖切位置线表示,编号所在的一侧即为该断(截)面的剖视方向;③剖视符号以粗实线绘制。

5. 常用建筑材料图例

常用建筑材料图例如表 1.3 所示。

表 1.3　常用建筑材料图例

序号	名称	图例	备注
1	夯实土壤		
2	砂、灰土		靠近轮廓线绘较密的点
3	普通砖		包括实心砖、多孔砖、砌块等砌体。断面较窄不易绘出图例线时,可涂红
4	耐火砖		包括耐酸砖等砌体

电梯零部件设计基础 第一章

续表1.3

序号	名称	图例	备注
5	空心砖		指非承重砖砌体
6	混凝土		(1) 本图例指能承重的混凝土及钢筋混凝土； (2) 包括各种强度等级、骨料、添加剂的混凝土； (3) 在剖面图上画出钢筋时，不画图例线； (4) 断面图形小，不易画出图例线时，可涂黑
7	钢筋混凝土		
8	木材	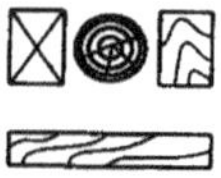	(1) 上图为横断面，上左图为垫木、木砖或木龙骨； (2) 下图为纵断面
9	金属		(1) 包括各种金属； (2) 图形小时，可涂黑
10	玻璃		包括平板玻璃、磨砂玻璃、夹丝玻璃、钢化玻璃、中空玻璃、加层玻璃、镀膜玻璃等
11	橡胶		
12	塑料		包括各种软、硬塑料及有机玻璃等

（三）电梯井道土建技术要求

电梯土建应满足电梯的工作环境，要求如下：①机房的空气温度应保持在5～40 ℃之间；②环境相对湿度不大于85%（在25 ℃时）；③介质中无爆炸危险，无足以腐蚀金属和破坏绝缘的气体及导电尘埃；④供电电压波动应在±7%范围内。

1. 机房的土建技术要求

电梯机房土建图及安装细节如图1.9所示。机房具体的土建技术要求为：

（1）机房的温度应保持在5～40 ℃之间，环境相对湿度不大于85%（25 ℃时），介质中无爆炸危险，无足以腐蚀金属和破坏绝缘的气体及导电尘埃。

（2）供电电压波动应在±7%范围内。

（3）机房地板能承受6865 Pa的压力，机房地板应采用防滑材料。

（4）机房地面应平整，门窗应防风雨，机房入口楼梯或爬梯应设扶手，通向机房的通道应畅通，机房门应加锁。门的外侧应设有"机房重地，闲人免进"的标志。

（5）机房通往井道的钢丝绳孔单边间隙应为 20～40 mm，孔洞四周应砌筑高 50 mm、宽 50 mm 的防水台。

（6）当机房地面包括几个不同高度，并且高度差大于 0.5 m 时，应设置楼梯或台阶和护栏。

（7）当机房地面有任何深度大于 0.5 m、宽度小于 0.5 m 的凹坑或槽坑时，均应盖住。

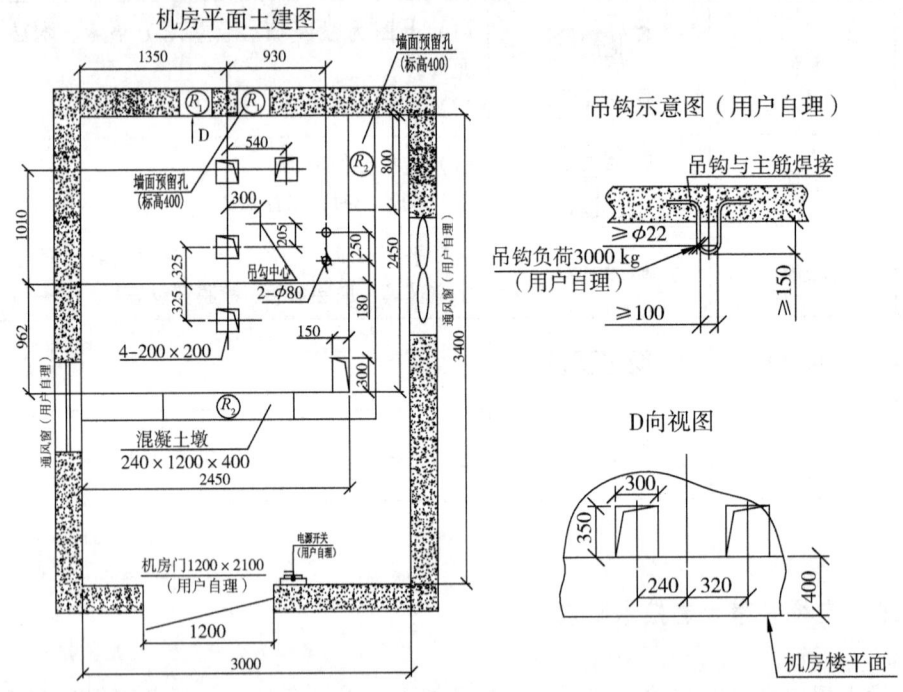

图纸内容包括：机房净尺寸、机房门和窗、井道通风孔设置要求、电源和照明装置、限速器钢丝绳孔、曳引钢丝绳孔、随行电缆预留孔、控制柜位置、曳引机承重梁位置。

图中标明机房吊钩位置、承重洞（图中标明长度×高度×深度的具体规格尺寸要求）、承重墩（图中标明长度×高度×深度的具体规格尺寸要求）

图 1.9 电梯机房土建图及安装细节

（8）当建筑物的功能有要求时，机房的墙壁、地板和房顶应能大量吸收电梯运行时产生的噪音。

（9）机房必须装设通风装置，从建筑物其他部分抽出的陈腐空气不得排入机房。

（10）承重梁和吊钩上必须标出最大允许载荷。

（11）每台电梯应设置独立的主电源控制开关，其容量可切断电梯正常使用情况下的最大电流，但该开关不应切断下列供电电路：轿厢照明和通风，轿顶电源插座，机房和隔音层照明，机房内电源插座，电梯井道照明，报警装置。

（12）动力电源和照明电源应分开并送至机房距地面 1.3～1.5 m 的墙上。如果几台电梯共用同一机房，各台电梯的主电源开关的操纵机构应易于识别。

（13）机房应设有固定式电气照明，地板表面上的照度应不小于 200 lx，机房内靠近入口的适当高度应设有一个控制机房照明的开关。

（14）机房应设有一个或几个电源插座，其电源应取自动力电源分离出来的线路，这些插座是 2P + PE 型 250 V。

（15）动力电源和照明电源应分开，并都送至机房门旁的墙上。

（16）零线和接地线必须始终分开。

（17）通往机房的通道和楼梯应有充分的照明，需使用楼梯运送主机时，应能承受主机的重量，并能方便地通过。此时，楼梯的宽度不应小于 1200 mm，坡度不应大于 45°。

2. 井道的土建技术要求

电梯井道的立面和平面分别如图 1.10 和图 1.11 所示。井道具体的土建技术要求为：

（1）每一台电梯的井道均应由无孔的墙、底板和顶板完全封闭起来。只允许有下述开口：①层门开口；②通往井道的检修门、井道安全门以及检修活板门的开口；③火灾情况下，排除气体和烟雾的排气孔；④通风孔；⑤井道与机房之间的永久性开口。

（2）井道的墙、底面和顶板应具有足够的机械强度，应用坚固、非易燃的材料制造，而这种材料本身不助长灰尘产生。

（3）当相邻两地坎之间的距离超过 11 m 时，其间应设置安全门，以确保相邻两地坎之间的距离小于 11 m。

（4）安全门的高度不得小于 1.8 m，宽度不得小于 0.35 m；检修门的高度不得小于 1.4 m，宽度不得小于 0.65 m。它们均不得向井道内开启。

（5）井道检修门、安全门和活板门均应装设用钥匙操纵的锁，当门与活板门开启后不用钥匙亦能将其关闭和锁住。检修门和安全门即使在锁住的情况下，也应能不用钥匙从井道内部将门打开。

电梯零部件设计

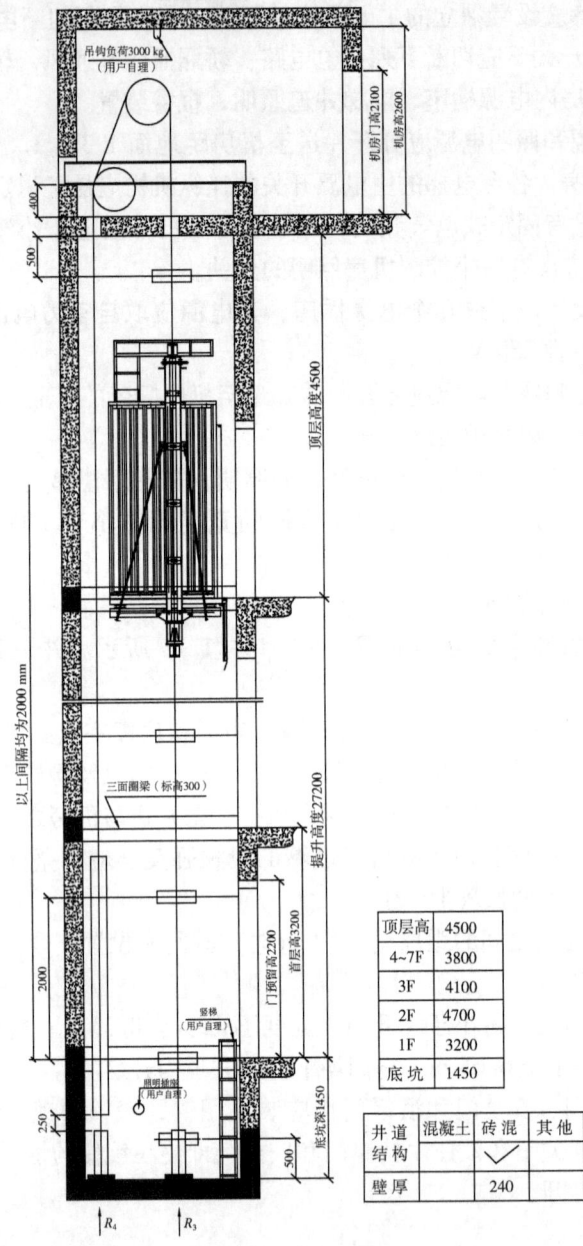

井道立面图包括井道底坑部分立剖面图、井道提升高度段部分立剖面图、井道顶层高度和机房各段部分立剖面图。

图纸内容包括：提升高度、底坑深度、顶层高度、各楼层层高。机械部件绘有曳引机驱动轮、导向轮、轿顶轮、轿架及结构部件、对重、对重返绳轮、底坑爬梯、轿厢缓冲器、对重缓冲器。

图中还标明：停层标志及层高、机房吊钩位置

图1.10 电梯井道立面

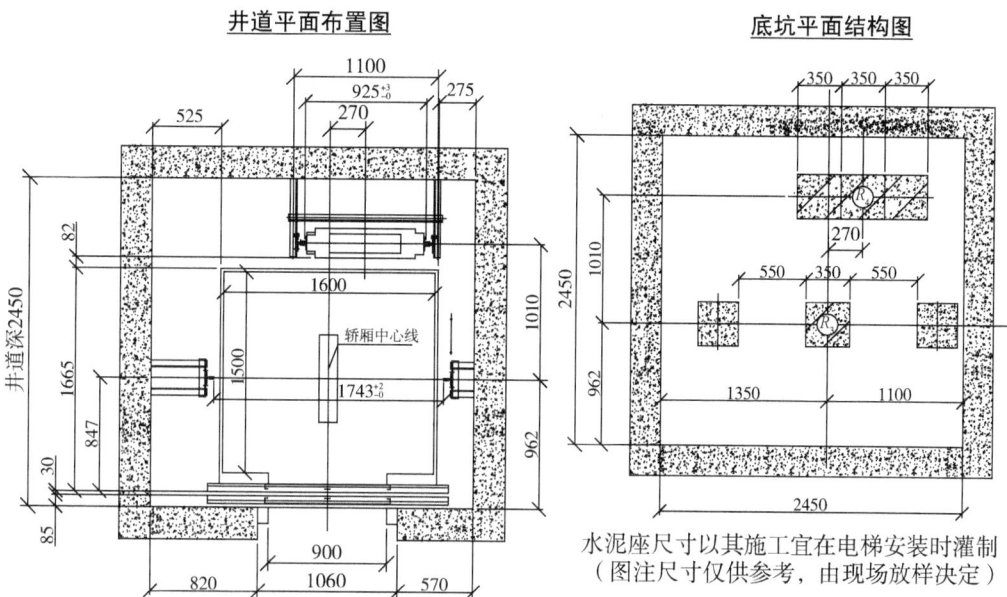

图纸内容包括：井道净宽2450、井道净深2450、门洞宽1060、墙厚240、轿厢外宽、轿厢外深、轿厢净宽、轿厢净深、轿厢导轨距、对重导轨距

图1.11　电梯井道平面

（6）井道检修门、安全门和活板门均应是无孔的，并且具有和层门一样的机械强度。

（7）井道顶应设置通风孔，其面积不得小于井道水平断面的1%。通风孔可直接通往室外，或经机房通向室外。除为电梯服务的房间外，井道不得用于其他房间的通风。

（8）规定的电梯水平尺寸，是用铅锤测定的最小净空尺寸。允许偏差值为：①高度不大于30 m的井道：0～+25 mm；②高度不大于60 m的井道：0～+35 mm；③高度不大于90 m的井道：0～+50 mm。

（9）同一井道装有多台电梯时，在井道的下部，不同的电梯运动部件（轿厢或对重）之间应设防护栏，高度从行程最低点延伸到底坑底面以上2.5 m。如果运动部件之间距离小于0.3 m，则防护栏应贯穿整个井道，其有效面积不应小于被防护的运动部件（或其他部分）的宽度每边各加0.1 m。

（10）井道为电梯专用，井道内不得装设与电梯无关的设备、电缆等（井道内允许装设采暖设备，但不能用热水或蒸汽作为热源，采暖设备的控制与调节设备应装在井道外面）。

（11）井道应设置永久性照明，在距井道最高点和最低点0.5 m处，各装一盏灯；

中间间隔 7 m（最大值）设一盏灯。在维护检修期间，即使门全部关上，井道亦能被照亮。

（12）井道处井道检修门近旁应设有一须知，指出"电梯井道——危险，未经许可禁止入内"。

（13）安装电梯道轨支架时应满足下列要求：①混凝土墙应坚固结实，其耐压强度不低于 24 MPa；②混凝土墙的厚度应在 120 mm 以上；③所用膨胀螺栓必须符合要求；④墙体为非混凝土墙时，井道必须设有圈梁来固定导轨支架，距底坑地面 0.5 m、顶层楼板下侧面 0.5 m 处各设置一圈梁，中间每间隔（最大值）2.5 m 设置一圈梁，并且每层厅门留洞上沿和下沿均设 300 mm 高与井道同宽的混凝土梁。

3. 底坑的土建技术要求

（1）底坑底部应光滑平整，底坑不得渗水、漏水，并设排水装置。

（2）电梯井道最好不要设置在人们能够达到的空间上面。如果轿厢或对重之下确有人们能够达到的空间存在，底坑的底面应至少按 5000 Pa 载荷设计，并且将对重缓冲器安装在一直延伸到坚固地面上的实心桩墩上。

（3）为了便于检修人员安全地进入底坑地面，应在底坑内设置一个从层门进入底坑的永久性装置（爬梯），此装置不得凸入电梯运行的空间。

（4）底坑内应设有 2P + PE 型 250 V 的电源插座。

4. 层门的土建技术要求

（1）在层门附近，层站的自然或人工照明，在地面上应至少为 50 lx。

（2）层站候梯厅深度尺寸，至少在整个井道宽度范围内应符合表 1.4 的规定。

表 1.4 候梯厅深度

电梯种类	安装方式	候梯厅深度
乘客电梯（住宅用）	单台	$\geqslant B$
	多台并列成排	$\geqslant B^*$
乘客电梯（非住宅用）	单台	$\geqslant 1.5B$
	多台并列成排	$\geqslant 1.5B^*$，当电梯群为 4 台时应 $\geqslant 2400$ mm
	多台面对面排列	$\geqslant$ 相对电梯 B^* 之和，且 < 4500 mm

续表 1.4

电梯种类	安装方式	候梯厅深度
病床电梯	单台	≥1.5B
	多台并列成排	≥1.5B*
	多台面对面排列	≥相对电梯 B* 之和

说明：(1) 候梯厅深度尺寸未考虑不乘电梯人员穿越层站对交通过道的要求，客货梯候梯厅深度尺寸应选取相应的乘客电梯或病床电梯的候梯厅深度尺寸，服务于残疾人的电梯层站候梯厅深度不小于 1.5 m。(2) B 为轿厢深度，B^* 为电梯群中最大的轿厢深度。

电梯井道厅门预留孔土建图如图 1.12 所示。

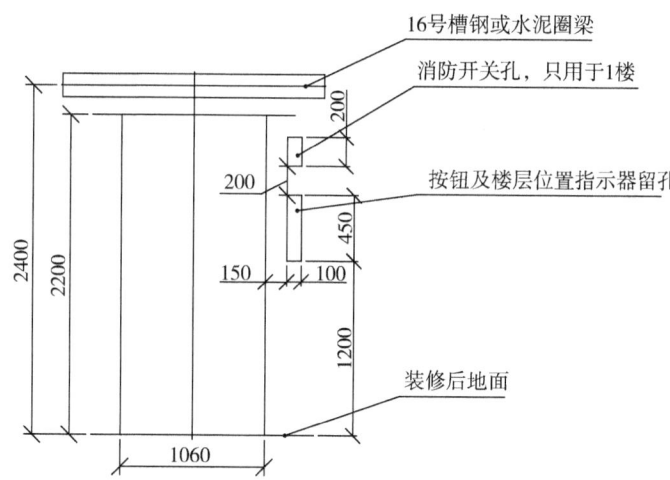

图纸内容包括：a. 门洞高度（门净高高度）；b. 门宽度（门净宽宽度）；c. 若有消防功能，应包含停梯开关及消防开关（仅基站设置，其余层无此留孔）；d. 基站 LED 横显、呼梯盒孔

图 1.12　电梯井道厅门预留孔土建

（四）V 类电梯（杂货电梯）的主参数及轿厢、井道、机房的型式与尺寸

杂货电梯是服务于规定层站的提升装置，具有一个轿厢，由于结构方式和尺寸的关系，轿厢内不能进人，轿厢运行在两列刚性导轨之间，导轨是垂直的或垂直倾斜角小于 15°。根据电梯主参数所确定杂货电梯轿厢和井道的尺寸应符合表 1.5 的规定。

表1.5 杂货电梯的参数、尺寸

额定载质量/kg		40	100	250
轿厢/mm	宽度	600	800	1000
	深度	600	800	1000
	高度	800	800	1200
井道/mm	宽度	900	1100	1500
	深度	800	1000	1200

为使人员不能进入轿厢，则轿厢的尺寸应符合：①底面积不得超过 1.0 m²；②深度不得超过 1.0 m；③高度不得超过 1.2 m（如果轿厢由几个固定间隔组成，而每一间隔都满足上述要求，则轿厢总高度允许超过 1.2 m）。

规定的井道水平尺寸是用铅锤测定的最小净空尺寸。允许偏差值为：高度≤30 m 的井道为 0～+25 mm。

为了能识读电梯井道图，同时为日后的电梯零部件设计打下基础，我们需要掌握机械制图及相应的计算机辅助绘图的软件及操作方法。下面介绍一款常用的三维软件的使用方法。

三、电梯零部件三维设计基本操作

SolidWorks 是由美国 SolidWorks 公司（法国 Dassult System 公司的子公司）于 1995 年推出的三维机械 CAD 软件，是基于 Windows 平台的全参数化特征造型软件，它可以十分方便地实现复杂的三维零件实体造型、复杂装配和生成工程图，具有基于特征、单一数据库、参数化设计及全相关性、图形界面友好、运行环境大众化且用户上手快等特点。本书主要对 SolidWorks 2007 的操作做简要的介绍，使学生能对 SolidWorks 的基本操作有一定的掌握，为以后的学习打好基础。

（一）SolidWorks 2007 的软件界面介绍

SolidWorks 软件是在 Windows 环境下开发的，因此它可以为设计师提供简便、熟悉的工作界面。本节着重介绍 SolidWorks 的操作界面和基本工具栏。下面首先介绍 SolidWorks 的启动。

在安装完 SolidWorks 2007 以后，会在 Windows 的桌面上生成快捷方式，双击快捷方式图标便可启动 SolidWorks。也可以执行开始菜单"所有程序"→"SolidWorks 2007"命令来启动 SolidWorks，进入 SolidWorks 2007 启动界面（图 1.13）。

图 1.13　SolidWorks 2007 启动界面

启动后的 SolidWorks 2007 界面（图 1.14）显示了 SolidWorks 用户界面的主要成分，界面右侧包含了"SolidWorks 资源"弹出面板，在面板上包括"开始"面板、"在线资源"面板等。用户可以通过 >> 按钮显示或隐藏。

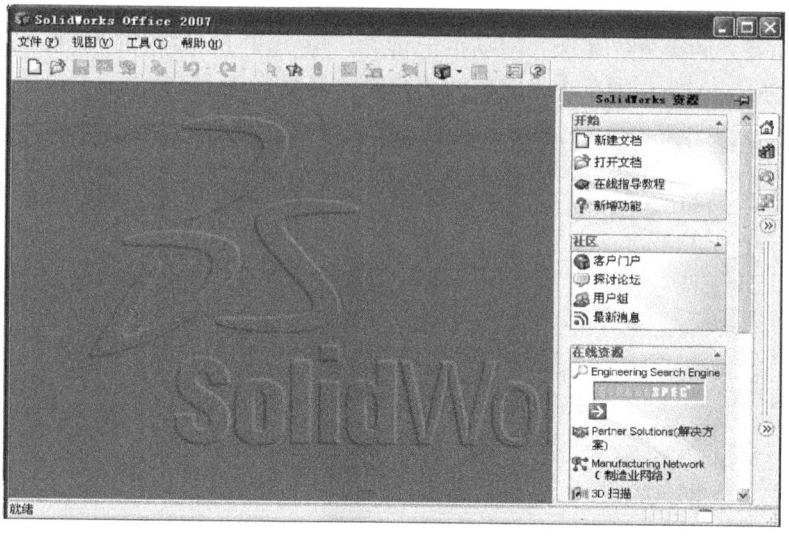

图 1.14　SolidWorks 2007 界面

如同其他的 Windows 图形用户界面类型，SolidWorks 2007 的用户界面包括标题栏、菜单栏、工具栏以及状态栏等。菜单栏包含了所有的 SolidWorks 命令，工具栏可根据文件类型（零件、装配体或工程图）来调整和放置并设定其显示状态，SolidWorks 窗口底部的状态栏则提供设计人员正在执行功能的有关信息。

单击窗口左上角的"新建"图标，或者选择菜单栏中的"文件"→"新建"命令，即可弹出"新建 SolidWorks 文件"对话框（图 1.15）。

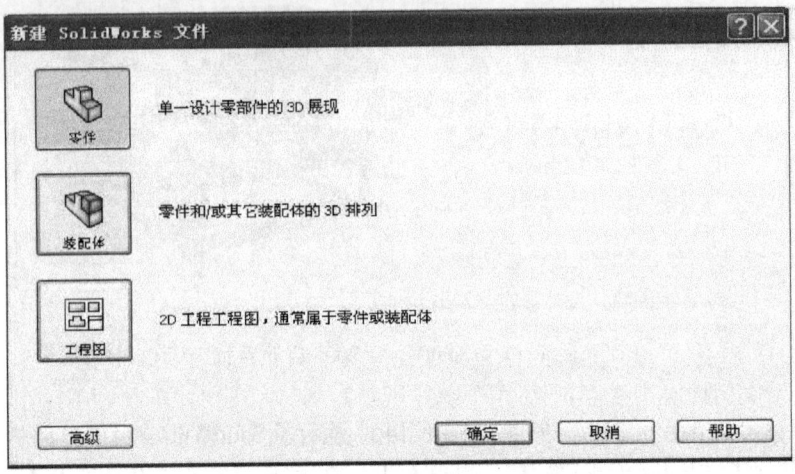

图 1.15　"新建 SolidWorks 文件"对话框

在"新建 SolidWorks 文件"对话框中选择"单一设计零部件的 3D 展现"按钮，然后单击 确定 按钮，即可进入完整的用户操作界面（图 1.16）。

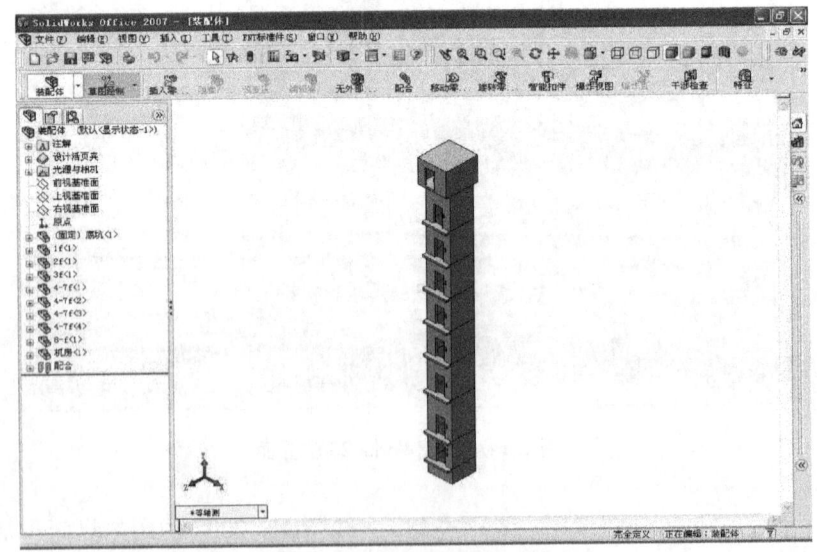

图 1.16　SolidWorks 操作界面

下面分别介绍 SolidWorks 操作界面的一些基本功能。

1. 菜单栏

菜单栏（图 1.17）显示在标题栏的下方，其中最关键的功能集中在"插入"和"工具"菜单中。

图 1.17 菜单栏

SolidWorks 的菜单项对应于不同的工作环境，相应的菜单以及其中的选项会有所不同。应用过程中会发现，当进行一定任务操作时，不起作用的菜单命令会临时变灰，此时将无法应用该菜单命令。菜单栏的操作方法与大多数软件类似，如单击"窗口"→"视图"命令可以通过多视图切换来查看模型或工程图。如图 1.18 所示为选择"四视图"菜单命令后的操作界面。

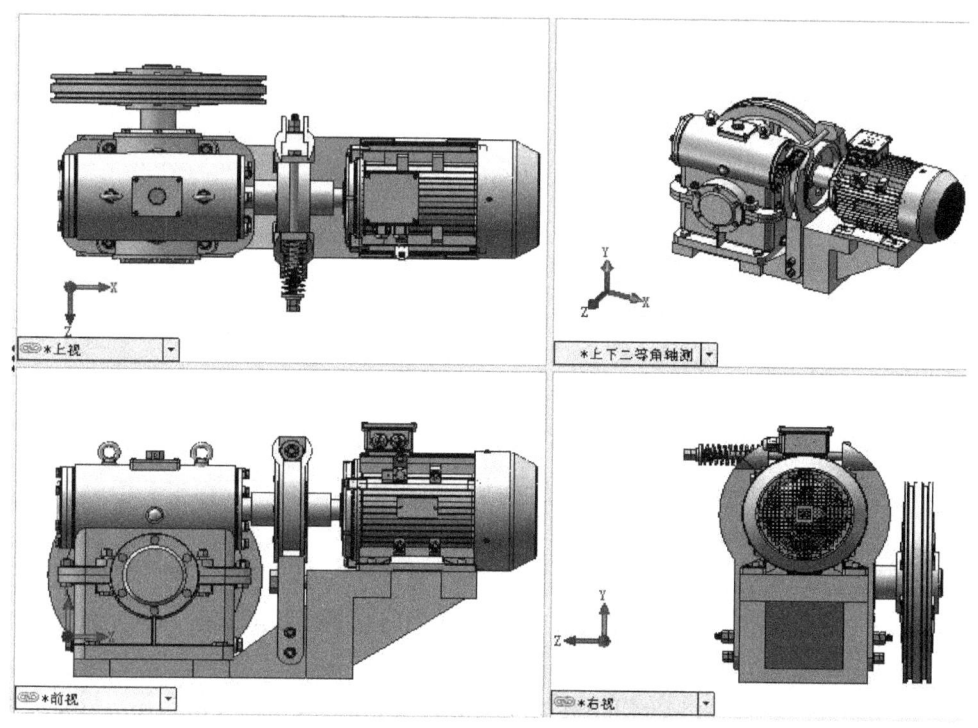

图 1.18 四视图显示

2. 工具栏

工具栏是启动常用命令的一种快捷方式，包含带图标的按钮（与对应菜单命令旁的图标一样）、菜单或这二者的组合。SolidWorks 有许多可以按需要显示或隐藏的内置工具栏。在默认情况下"标准"和"视图"工具栏会以固定工具栏的形式并排显示在菜单栏之下。

选择菜单栏中的"视图"→"工具栏"命令，或者在"视图"工具栏中右击，将显示"工具栏"菜单项（图1.19）。

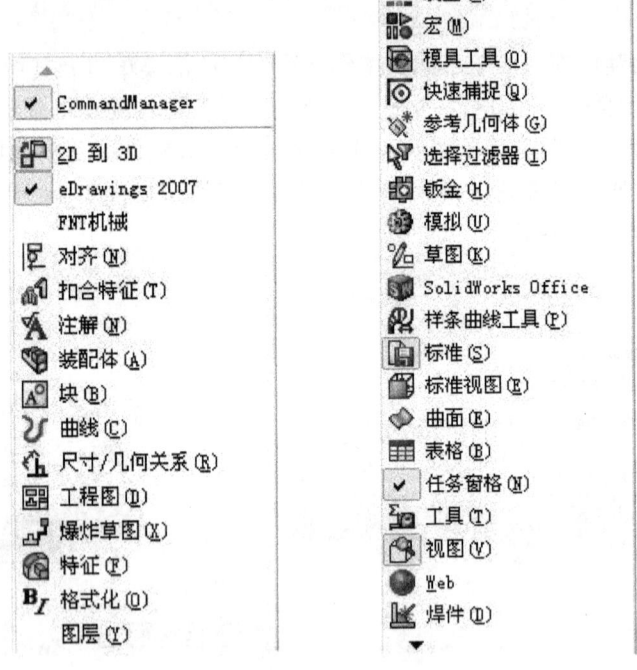

图1.19　"工具栏"菜单项

从图1.19中可以发现，SolidWorks 2007提供了多种工具栏，在工具栏中灰色显示的命令表示在当前操作中不可用，高亮显示的命令表示可以执行相应的操作，单击工具栏中的命令按钮即可选定该命令。该选定的工具栏按钮是凹下去的，否则为凸起。已经打开的工具栏将默认排放在主窗口的边缘，在使用时也可以将其调整到图形区域中成为浮动工具栏，如图1.20所示的"视图"工具栏。

在使用工具栏或是工具栏中的命令时，当指针移动到工具栏中的图标附近，会弹出一个窗口来显示该工具的名称及相应的功能（图1.21），显示一段时间后，该内容提示会自动消失。

图1.20 "视图"工具栏

图1.21 消息提示

3. 状态栏

状态栏位于SolidWorks窗口底端的水平区域，提供关于当前正在窗口中编辑的内容的状态，以及指针位置坐标、草图状态等信息内容。状态栏中典型的信息包括以下几种：

（1）重建模型图标 。在更改了草图或零件而需要重建模型时，重建模型符号会显示在状态栏中。

（2）草图状态。在编辑草图过程中，状态栏会出现5种状态：完全定义、过定义、欠定义、没有找到解、发现无效的解。在零件的草图完成之前，应该完全定义草图。

（3）快速提示帮助图标。它会根据SolidWorks的当前模式给出提示和选项，很方便快捷，对于初学者来说很有用。快速提示因具体模式而异： 表示可用，但当前未显示； 表示当前已显示，单击可关闭快速提示； 表示当前模式不可用； 表示暂时禁用。

4. 标题栏

标题栏位于主窗口的最上方，它主要用于显示当前的文件名和控制当前窗口的大小。将当前指针移动到标题栏并右击，在指针旁边会出现如图1.22所示的快捷菜单，选择菜单项中的选项可以完成对窗口相应的操作。另外，在窗口标题栏中双击可以将该窗口最大化或者还原窗口。

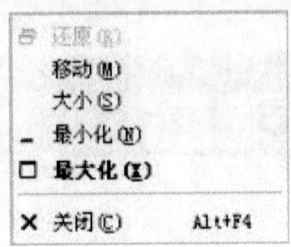

图1.22 快捷菜单

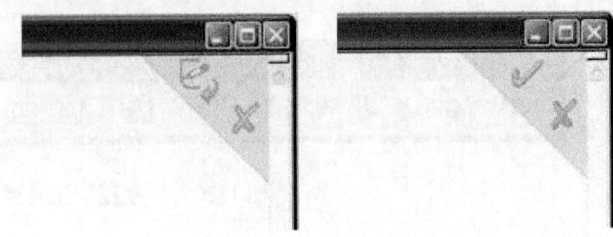

图1.23 确认角落

5. 确认角落

确认角落（图1.23）位于窗口中的右上角，绘制草图时利用该确认角落接受或不接受相应草图的绘制和特征操作。

当进行草图绘制时，可以单击确认角落里的"退出草图"图标 来结束并接受草图绘制，也可以单击"删除草图"图标 来放弃草图的更改。

当进行特征造型时，可以单击确认角落里的"退出草图"图标 来结束并接受特征造型，也可以单击"删除草图"图标 来放弃特征造型操作。

6. FeatureManager 设计树

FeatureManager 设计树位于 SolidWorks 窗口的左侧，是 SolidWorks 窗口中比较常用的部分。它提供了激活的零件、装配体或工程图的大纲视图，从而可以很方便地查看模型或装配体的构造情况，或者查看工程图中的不同图纸和视图。

FeatureManager 设计树就是用来组织和记录模型中的各个要素及要素之间的参数信息和相互关系，以及模型、特征和零件之间的约束关系等，几乎包含了所有设计信息。

FeatureManager 设计树和图形区域是动态链接的，在使用时可以在任何窗格中选择特征、草图、工程视图和构造几何线。FeatureManager 设计树的内容如图1.24所示。

FeatureManager 设计树的功能主要有以下几种：

（1）以名称来选择模型中的项目。即可以通过在模型中选择其名称来选择零件、特征、草图、基准面及基准轴、配合等。SolidWorks 在这一项中很多功能与 Window 操作界面类似。例如，在选择的同时按住 Shift 键，可以选取多个连续项目；在选择的同时按住 Ctrl 键，可以选取非连续项目。

（2）确认和更改特征的生成顺序。在 FeatureManager 设计树中拖动项目，可以重新调整特征的生成顺序，这将更改组成模型的草图及特征顺序。拖动项目时，指针将变成 。

（3）用右键单击清单中的特征，然后选择"父子关系"，可以查看父子关系。

SolidWorks 中的父子关系是模型中特征与特征之间的级别关系。如果在创建特征 A 时，其基准参照其他特征（如特征 B），可以说 A 是特征 B 的子项，B 是特征 A 的父项。

（4）双击特征的名称可以显示特征的尺寸。

（5）如要更改项目的名称，在名称上缓慢单击两次以选择该名称，然后输入新的名称即可（图1.25）。

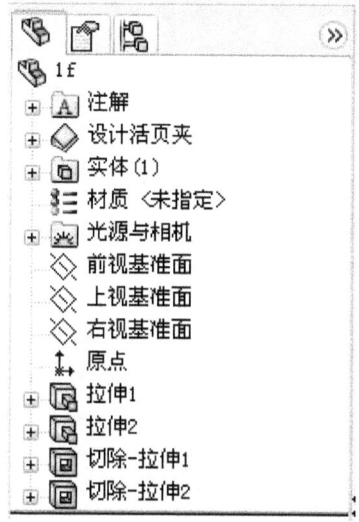

图 1.24　设计树

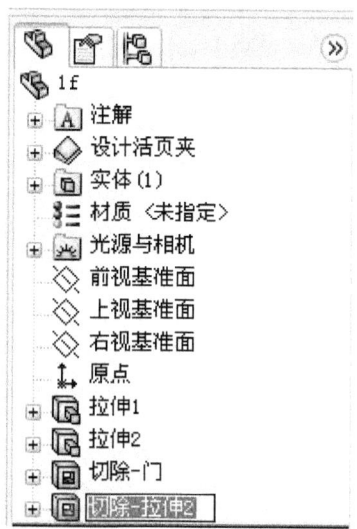

图 1.25　更改项目名称

（6）压缩和解除压缩零件特征和装配体零部件，在装配零件时可显示或不显示对应的特征。如要选择多个特征，在选择的时候按住 Ctrl 键。

（7）设定实体的材质、颜色和纹理。用鼠标右键单击"实体"，选择"外观"→"外观标注"，在视图上会跳出显示标注对话框（图1.26），可以用来设置实体的颜色或纹理。

（8）单击设计树里系统默认的基准可显示模型的基准点、面。一般系统会默认提供 3 个基准面，复杂一些的模型还可根据需要建立辅助基准。基准在绘制中起着重要的作用。

（9）将文件夹添加到 FeatureManager 设计树中。在零件或装配体文件中，可以添加文件夹到 FeatureManager 设计树内，可以重新命名新的文件夹并将额外项目拖动到新的文件夹中，这可以缩短设计树的长度；在零件文档中，可以为特征生成文件夹。在 FeatureManager 设计树中添加文件夹时，文件夹中的特征在图形区域高亮显示。同样，在图形区域中选择位于所生成的文件夹中的特征时，该文件夹将高亮显示。在装配体文档中，可以创建零部件文件夹和配合文件夹。

对 FeatureManager 设计树的操作是熟练应用 SolidWorks 的基础，也是应用 SolidWorks 的重点。只有在学习的过程中熟练应用设计树的功能，才能加快建模的速度，提高建模的效率。

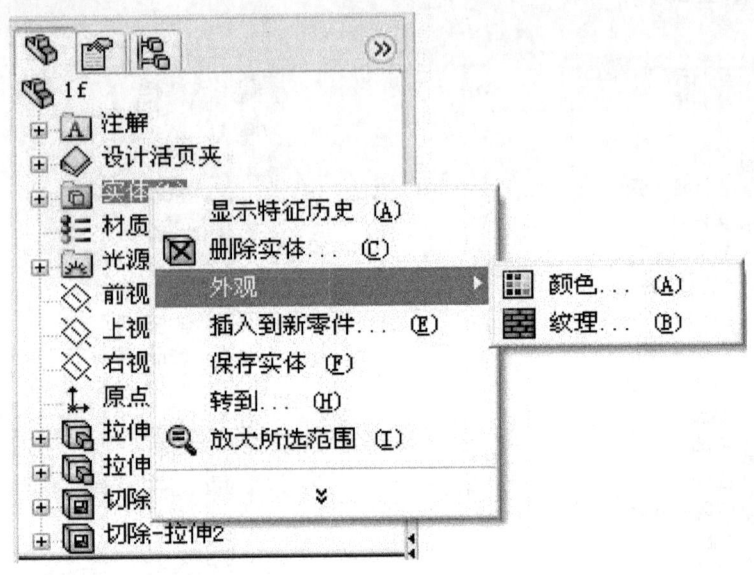

图1.26 设计树中设置外观

(二) SolidWorks 的基本操作

如同其他的 Windows 操作软件，在 SolidWorks 中新建、打开以及保存文件等基本操作也是比较简单的。

1. 新建文件

在 SolidWorks 的主窗口中单击标准工具栏中的"新建"按钮，或者选择菜单栏中的"文件"→"新建"命令，即可弹出"新建 SolidWorks 文件"对话框（图1.15），在该对话框中选择"零件"按钮，即可得到 SolidWorks 2007 典型用户界面。

"零件"按钮：双击该按钮，可以生成单一的三维零部件文件。

"装配体"按钮：双击该按钮，可以生成零件或其他装配体的3D排列文件。

"工程图"按钮：双击该按钮，可以生成属于零件或装配体的二维工程图文件。

注意：新建 SolidWorks 文件对话框有两个版本："新手"使用较简单的对话框，提供零件、装配体和工程图文档的说明;"高级"使用在各个标签上显示模板图标的对话框的修改版本,当选择一文件类型时,模板的预览会出现在预览框中。选择"零件"即可进入零件绘制窗口。

2. 打开文件

SolidWorks 软件可分为零件、装配体以及工程图 3 个模块。不同功能模块的文件类型输出各不相同:编辑零件文件 在存盘时,系统默认的扩展名为列表中的 .sldprt;编辑装配体文件 在存盘时,系统默认的扩展名为 .sldasm。

单击"标准"工具栏中的"打开"按钮,打开已经存在的文件并对其进行编辑操作。在"打开"对话框(图 1.27)里,系统会默认前一次读取的文件格式,如果想要打开不同格式的文件,可打开"文件类型"下拉列表,然后选取适当的文件类型。

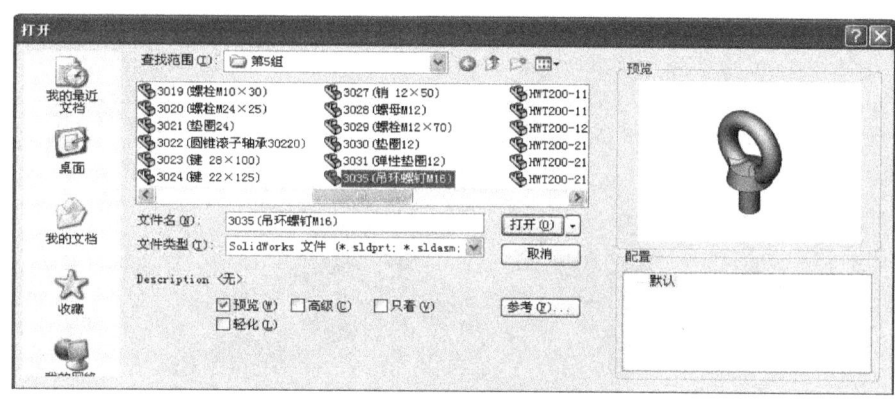

图 1.27 "打开"对话框

SolidWorks 软件可以读取的文件格式以及允许的数据转换方式综合归类如下:

SolidWorks 零件文件,扩展名为 .prt 或 .sldprt。

SolidWorks 组合件文件,扩展名为 .asm 或 .sldasm。

SolidWorks 工程图文件,扩展名为 .drw 或 .slddrw。

DWG 文件,AutoCAD 格式,扩展名为 .dwg。可在 SolidWorks 工程图纸中以原本格式输入整个 DWG 图纸,或允许原有 DWG 实体在 SolidWorks 工程图文件内直接显示。

IGES 文件,扩展名为 .igs。可以导入 IGES 格式文件到 SolidWorks 中,实现 Proe、Ug、Catia 等其他工程软件绘制的图形数据与 SolidWorks 之间的转换。

"预览"选项:在对话框中显示 SolidWorks 零件、装配体或工程图文件的预览,但不打开。该功能便于用户查找零件。

"高级"选项:打开配置文件对话框(仅限于装配体)。

"只看"选项:打开的零件文件为只读模式。其中有一些老版本的 SolidWorks 不支持此项功能。如果在零件或装配体文件中,可以通过右键单击图形区域并选择编辑来改为编辑模式。

"轻化"选项:打开带轻化零件的装配体或工程图文件。

"参考"按钮:单击该按钮可以显示被当前所选装配体或工程图所参考的文件清单,在该文件清单中用户可以编辑所列文件的位置。

在 打开(O) 按钮旁边有一个"下拉"按钮,其下包括"只读打开"和"添加到常用"两种文件打开方式。以"只读打开"方式打开的文件,同时允许另一用户对文件有写入访问权,用户本身不能保存或更改文件;以"添加到常用"方式打开文件,将生成一个用户常用文件夹中所选文件的快捷方式。打开后的装配体如图 1.28 所示。

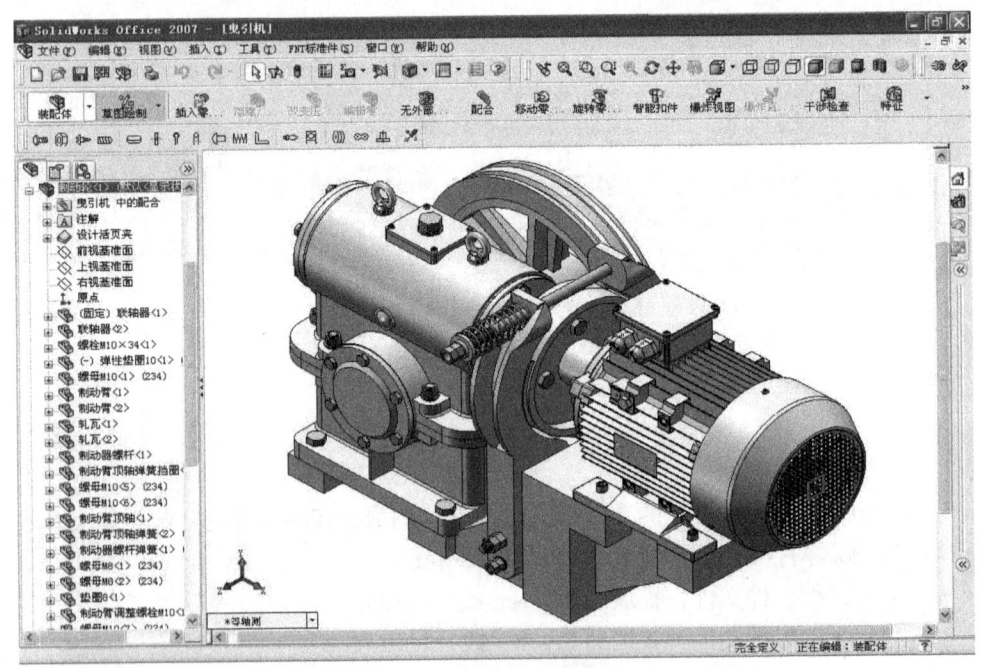

图 1.28 零部件绘制窗口

3. SolidWorks 对象操作和管理

选择对象是一个很普遍的操作。在工作区利用鼠标单击可选择对象,按住 Ctrl 键继续单击其他对象可选择多个对象;可以通过拖动选框来选择对象,利用鼠标在对象周围拖出一个方框,方框内的对象将全部被选中;也可以在选取对象时按住 Ctrl 键,通过拖动多个选框来选择多组对象。右击当前选中的对象,在弹出的快捷菜单中选择"选择环"菜单项，可选择与当前对象相连边线的环组。

删除对象的方法十分简单。在选择好要删除的对象后，直接按 Delete 键（或在 FeatureManager 设计树中右击，在弹出的快捷菜单中选择"删除"）即可完成删除；如果想撤销删除，只需单击"标准"工具条中的"撤销"按钮即可。在删除对象时需要注意以下几点：不能删除非独立存在的对象，如实体的表面、包括其他特征的对象等；不能直接删除被其他对象引用的对象，如通过"拉伸"草绘曲线生成实体后，不能将该草绘曲线删除。

在建模过程中，如果所建模型的一部分阻碍了其他对象的绘制，那么可以将某些对象暂时隐藏以方便操作。在 FeatureManager 设计树中右击要隐藏（或显示）的对象，在弹出的工具栏中单击"隐藏"按钮（或"显示"按钮）可隐藏（或显示）对象。

4. 鼠标按键功能

（1）鼠标的操作方法。

左键：可以选择功能选项或者操作对象，选择实体或取消选择。

右键：显示快捷菜单。

中键：只能在图形区使用，一般用于旋转、平移和缩放。

1）单击鼠标左键或按住 Ctrl 键单击鼠标左键，选择（取消选择）实体或多个实体。

2）双击鼠标左键，激活实体常用属性。

3）拖动鼠标左键，利用窗口选择实体，绘制草图元素，移动、改变草图元素等。

4）按住 Ctrl 键拖动鼠标左键，复制所选实体。

5）拨动鼠标中键，放大或缩小画面。

6）按住鼠标中键拖动，旋转画面。

7）按住 Ctrl 键拖动鼠标中键，平移画面。

8）按住 Shift 键拖动鼠标中键，缩放画面。

9）按住 Ctrl 键并从 FeatureManager 设计树上拖动特征图标到想要修改的边线或面上，可以在许多边线和面上生成圆角、倒角以及孔的复制。

10）在装配体中按住 Ctrl 键，并且从 FeatureManager 设计树中拖动一个装配体中的零部件到绘图窗口内，可以在装配体上生成该零部件的另外一个实例。

11）可以按住 Ctrl 键并且拖动一个参考基准面来快速地复制出一个等距基准面，然后在此基准面上双击以精确地指定距离尺寸。

（2）键盘的操作方法。

1）数字键：输入尺寸用。

2）方向键：单击绘图区后可用 4 个方向键旋转视角，按 Ctrl 键+方向键可以移动模型，按 Alt 键+方向键可以将模型沿顺时针或逆时针方向旋转。

3) 空格键：视图定向工具栏。
4) 功能键 F1：启动帮助文件。
5) 功能键 F5：切换过滤器工具栏。
6) 功能键 F9、F10：隐藏设计树和工具栏。
7) 使用 Z 来缩小模型或使用 Shift + Z 来放大模型。Ctrl + Z：撤销。
8) F：整屏显示全图。
9) C：展开设计树。
10) 可以使用 Ctrl + Tab 循环进入在 SolidWorks 中打开的文件。
11) 在绘制草图时可以经常使用 Esc 键将光标恢复到选择模式下。
12) 选择菜单上的工具/自定义中的键盘设定，可以建立最常用命令的快捷键。

5. 模型的视图显示与调整

在 SolidWorks 中，可以使用鼠标中键对模型进行快速缩放、平移和旋转视图。除了可以利用鼠标和按键快速调整视图外，通过单击前导视图工具栏中的工具按钮还可对视图进行更多的调整。使用菜单上的视图/显示/剖面视图，可以在模型上生成一个剖面视图；"视图定向"按钮被按下后，将弹出"视图定向选择"下拉菜单，通过单击此菜单栏中的按钮，可将视图调整到上、下、左、右、前、后和轴测视图进行显示，可以钉住视图定向的对话框，使它可以使用在所有的操作时间内；可以使用工作窗口底边和侧边的窗口分隔条，同时观看两个或多个同一个模型的不同视角。常用缩放模型工具和视图显示功能的使用分别如表 1.6、表 1.7 所示。

表 1.6　缩放模型工具的说明及图解

图　标	说　明	图　解
整屏显示全图	重新调整模型的大小，将绘图区内的所有模型调整到合适的大小和位置。在"视图"工具条中单击"整屏显示全图"按钮，系统将自动对模型进行调整	
局部放大	放大所选的局部范围。在"视图"工具条中单击"局部放大"按钮，接着在绘图区内确定放大的矩形范围，即可将矩形范围内的模型放大为全屏显示	

续表 1.6

图 标	说 明	图 解
放大或缩小	动态放大或缩小绘图区内的模型。在"视图"工具条中单击"放大或缩小"按钮，接着在绘图区内按住鼠标左键不放并移动鼠标，向上移动则放大图像，向下则缩小图像	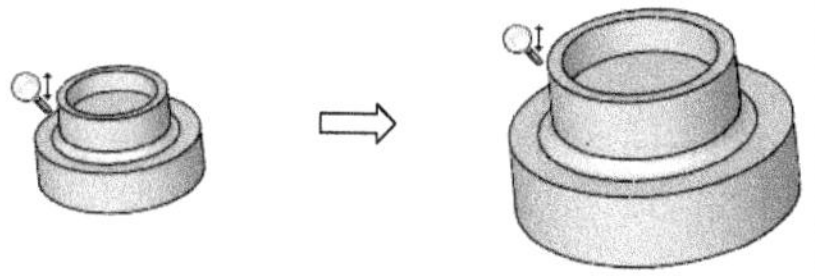
放大所选范围	放大所选模型中的一部分。在绘图区中选择要放大的实体，接着在"视图"工具条中单击"放大所选范围"按钮，即可将所选实体放大为全屏显示	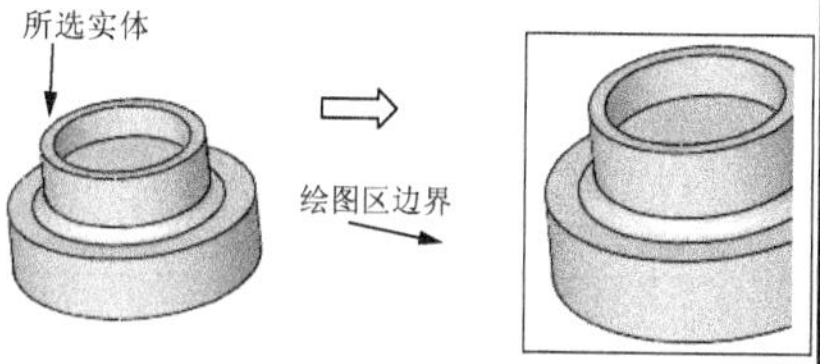
旋转视图	旋转模型。在"视图"工具条中单击"旋转视图"按钮，接着在绘图区内按住鼠标左键不放并移动鼠标，即可将模型旋转	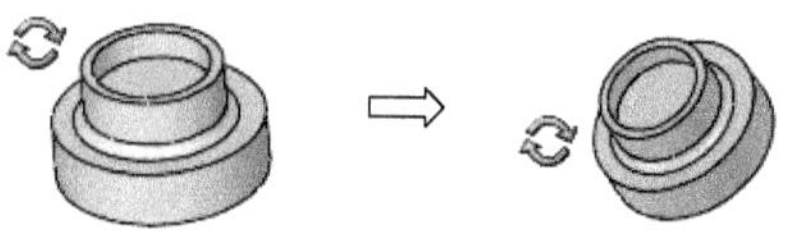
平移	平移绘图区视图。在"视图"工具条中单击"平移"按钮，接着在绘图区内按住鼠标左键不放并移动鼠标，即可移动绘图区内的所有特征	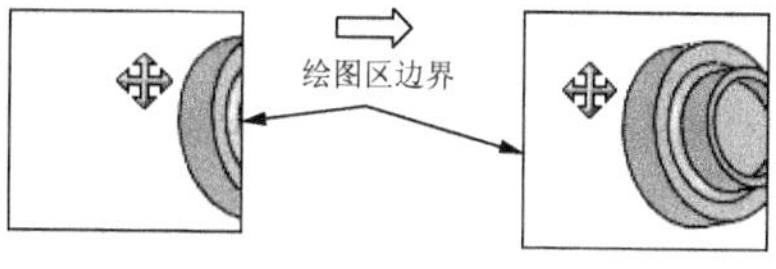

表 1.7 视图显示功能的使用方法及说明

图 标	说 明	图 解
前视	将零件模型以前视图显示	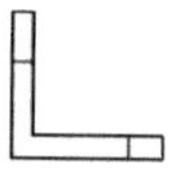

续表1.7

图标	说明	图解
后视	将零件模型以后视图显示	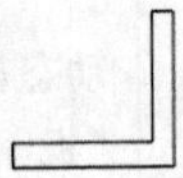
左视	将零件模型以左视图显示	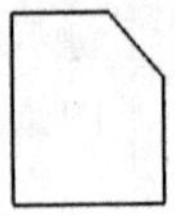
右视	将零件模型以右视图显示	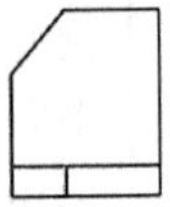
上视	将零件模型以上视图显示	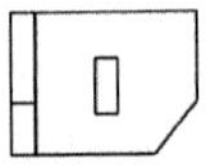
下视	将零件模型以下视图显示	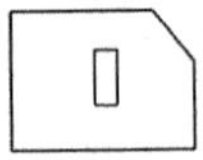
等轴测	将零件模型以等轴测图显示	
上下二等角轴测	将零件模型以上下二等角轴测图显示	
左右二等角轴测	将零件模型以左右二等角轴测图显示	
正视于	正视于所选的任何面或基准面	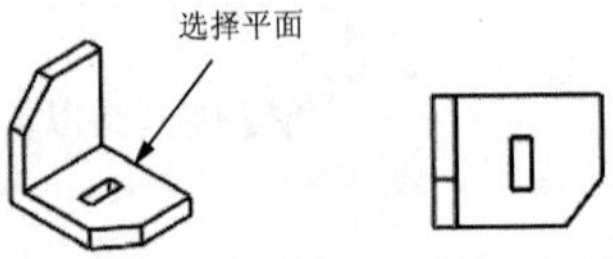 选择平面

续表1.7

图 标	说 明	图 解
单一视图	以单一视图显示零件模型	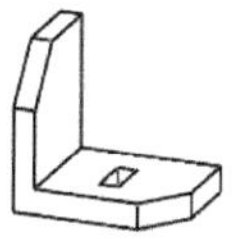
二视图—水平	以前视图和上视图显示零件模型	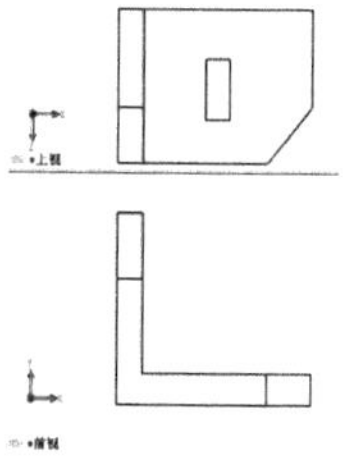
二视图—垂直	以前视图和右视图显示零件模型	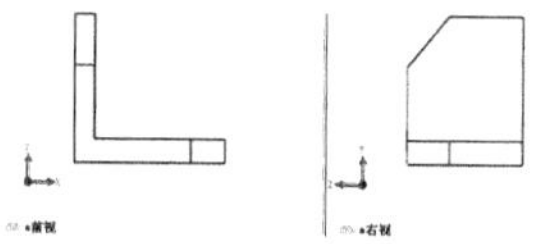
四视图	以第一和第三角度投影显示零件模型	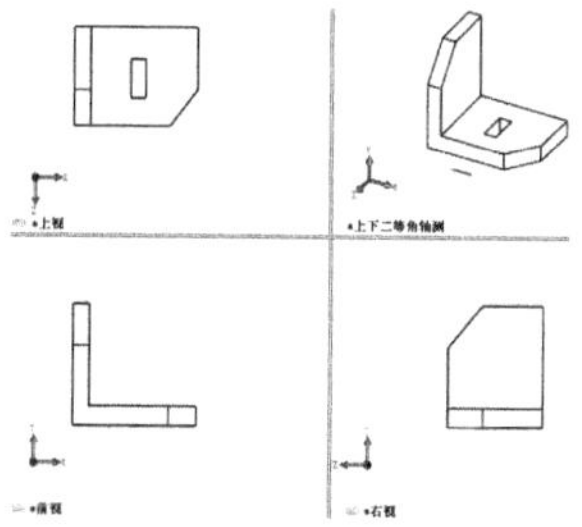
连接视图	连接视窗中的所有视图以便一起移动和旋转（在单一视图中该功能不能使用）	

6. 保存文件

单击标准工具栏中的"保存"按钮，或者选择菜单栏中的"文件"→"保存"命令，在弹出的对话框中输入要保存的文件名，以及设置文件保存的路径，可以将当前文件保存。

或者选择"另存为"选项，弹出"另存为"对话框（图1.29）。在"另存为"选项中更改将要保存的文件路径后，单击"保存"按钮即可将创建好的文件保存在指定的文件夹中。

电_梯_零_部_件_设_计

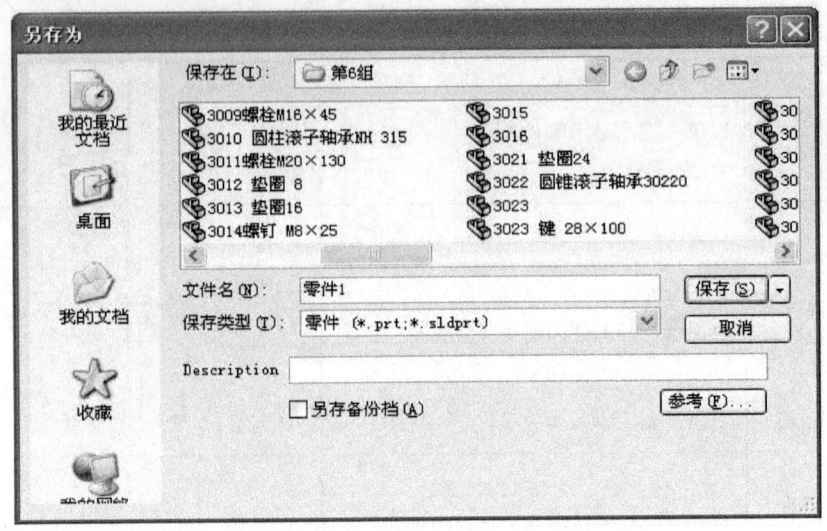

图1.29 "另存为"对话框

该对话框中各选项的说明如下：

"保存类型"选项：在下拉列表中选择一种文件的保存格式，包括以另一文件格式保存。

"Description"说明选项：在该选项后面的文本框中可以输入对文件提供模型的说明。

"另存备份档"选项：将文件保存为新的文件名，而不替换激活的文件。

"参考"按钮：显示当前所选装配体或工程图所参考的文件清单，用户可以编辑所列文件的位置。

下箭头（位于"保存"按钮右边）：访问"添加到最常用的"，在最常用的文件夹中生成到所选文件的快捷方式。

在对话框中单击"保存"按钮，系统会先将目前最新的图文资料存入磁盘。单击"取消"按钮，系统会返回SolidWorks工作窗口，可以继续编辑几何图形。

7. 常用工具栏

尽快熟悉工具栏中的命令，是进行下一步工作的重点。下面介绍"标准"工具栏、"视图"工具栏、"草图"工具栏、"尺寸/几何关系"工具栏、"特征"工具栏、"装配体"工具栏、"工程图"工具栏等比较常用的工具栏中的命令。

（1）"标准"工具栏。SolidWorks软件提供的"标准"工具栏如图1.30所示，它包括的工具按钮的含义如下：

图1.30 "标准"工具栏

  （新建）按钮：单击可打开"新建SolidWorks文件"对话框，从而建立一个空白图文件。

  （打开）按钮：单击可在"打开"对话框中，打开磁盘驱动器中已有的图文件。

  （保存）按钮：单击可将目前编辑中的工作视图，按原先读取的文件名称存盘；如果工作视图是新建的文件，则系统会自动启动另存新文件功能。

  （从零件/装配体制作工程图）按钮：单击可利用当前编辑的零件/装配体制作生成工程图。

  （从零件/装配体制作装配体）按钮：单击可利用当前的零件/装配体制作生成新的装配体。

  （打印）按钮：单击可将指定范围内的图文资料送往打印机或绘图机，执行打印出图功能或打印到文件功能。

  （打印预览）按钮：单击可打开打印预览窗口，预览目前编辑中的图文件，以预先了解打印机执行打印动作的出图效果。

  （撤销）按钮：单击可以撤销本次或者上次的操作，返回未执行该项命令前的状态。可重复返回多次。

  （重做）按钮：单击可以将上次撤销的操作重做。

  （选择）按钮：单击可进入选取像素对象的模式。

  （切换选择过滤器工具栏）按钮：单击可以显示"选择过滤器"工具栏（图1.31）。通过在该工具栏上选择合适的过滤器类型——面、边线和顶点、参考集合体、草图实体或尺寸和注解，就可以将指定类别的项目在光标经过时标识出来，从而可以很容易地选择这些项目。

图1.31 "选择过滤器"工具栏

（草图绘制）按钮：单击可令SolidWorks软件进入"绘制草图"模式，准备在工作图文件里加入新的草图图形，此时系统会打开"草图绘制工具"工具栏。

（重新建模）按钮：单击可以使系统依照图文数据库里最新的图文资料，更新屏幕上显示的模型图形。

（编辑颜色）按钮：单击会弹出"颜色和光学"PropertyManager设计树（图1.32），设置好其中的属性选项后，可以将该颜色和光学环境快速地应用到面、特征、零部件以及装配体上。

 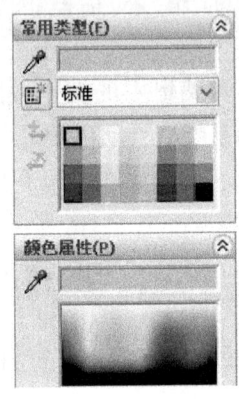 

图1.32 "颜色和光学"设计树　　　　　图1.33 工具菜单

（编辑纹理）按钮：在设置好其中的纹理之后，可以将该纹理应用到模型的实体上。

（工具）按钮：单击该按钮的下拉箭头 ，会弹出如图1.33所示的工具菜单。可选择相应属性来分析、测量和检查零部件。

（应力分析工具）按钮：高级分析功能，单击启动可以根据指定的材料、约束、载荷，进行应力分析和查看结果，确保工程设计的合理性。

（更改选项设定）按钮：单击可进行一般系统选项设定。

（帮助）按钮：可启动SolidWorks软件提供的在线帮助文件，解答用户对系统操作的疑惑。

（2）"视图"工具栏。SolidWorks软件提供的"视图"工具栏如图1.34、图1.35所示，它包括的工具按钮的含义如下：

图 1.34 "视图"工具栏　　　　　　　图 1.35 下拉列表

（上一视图）按钮：单击可以显示上一视图。

（整屏显示全图）按钮：单击可将目前工作窗口中的 3D 模型图形以及相关的图文资料，以可能的最大显示比例，全部纳入绘图区的图形显示区域之内。

（局部放大）按钮：单击该工具按钮后，按住鼠标左键不放，可将指定的矩形范围内的图文资料放大后显示在整个绘图范围内。

（放大或缩小）按钮：单击该工具按钮后，将鼠标指针移到绘图区里的任意位置，按住鼠标左键不放，接着拖动鼠标指针，即可动态地放大或缩小工作窗口里图文资料的图形显示比例。

（放大所选范围）按钮：单击可将用户在工作图文件里选取的几何图形或特征对象，以可能的最大显示比例，全部纳入绘图区的图形显示区域之内。

（旋转）按钮：单击将鼠标指针移到绘图区里的任意位置，按住鼠标左键不放，并拖动鼠标指标，即可转动工作图文件里的 3D 模型图形。

（平移）按钮：单击将鼠标指针移到绘图区里的任意位置，按住鼠标左键不放，并拖动鼠标指针，可移动工作图文件图文资料显示的位置。

（标准视图）按钮：该按钮下集合了多种视图的显示方式，单击该工具按钮后，会弹出如图 1.35 所示的下拉列表，列表中各工具的含义一目了然，这里不再赘述。

（线架图）按钮：单击可使 SolidWorks 软件以线架构模式显示工作图文件里的 3D 模型图形。在这种模式下，3D 模型图形的可见棱边以及不可见棱边的线条，都同样以实线来显示。

（隐藏线变暗）按钮：单击该工具按钮，SolidWorks 软件会以不同的颜色，分别显示工作图文件里 3D 模型的可见棱边以及隐藏线图形。隐藏线图形则呈现为深灰色线条。不特别指定时，SolidWorks 软件默认使用黑色实线显示 3D 模型的可见棱边线条。

　　（消除隐藏线）按钮：单击该工具按钮，SolidWorks 软件暂时不显示工作图文件里 3D 模型图形的隐藏线。

　　（带边线上色）按钮：单击该工具按钮，SolidWorks 软件会以带边线上色模式，显示工作图文件里的 3D 模型图形。

　　（上色）按钮：单击该工具按钮，SolidWorks 会以上色模式，显示工作图文件里的 3D 模型图形。

　　（上色模式中的阴影）按钮：单击该工具按钮，SolidWorks 会以上色模式显示工作图文件里的 3D 模型图形，同时显示模型中的阴影。

　　（剖面视图）按钮：先在工作图文件里单击某个参考平面，再单击该工具按钮，即可对工作图文件里的 3D 模型图形产生一个瞬时性质的剖面视图。

（3）"草图"工具栏。SolidWorks 软件提供的"草图"工具栏如图 1.36 所示，它包括的部分工具按钮的含义如下：

图 1.36　"草图"工具栏

　　（草图绘制）按钮：在任何默认基准面或自己设定的基准上，单击该工具按钮，可以在特定的面上生成草图。

　　（3D 草图绘制）按钮：单击可以在工作基准面上或在 3D 空间的任意点生成 3D 草图实体。

　　（直线）按钮：单击并依序指定线段图形的起点以及终点位置，可在工作图文件里生成一条绘制的直线。

　　（矩形）按钮：单击并依序指定矩形图形的两个对角点位置，可在工作图文件里生成一个矩形。

　　（圆）按钮：单击并用左键指定圆形的圆心点位置后，拖动鼠标指针，可在工作图文件里生成一个圆形。

　　（圆心/起点/终点画弧）按钮：单击并依序指定圆弧图形的圆心点、半径、起点以及终点位置，可在工作图文件里生成一个圆弧。

　　（切线弧）按钮：单击并依序指定圆弧图形的起点、终点位置，可在工作图文件里生成一个在起点处与某个既有的直线或圆弧像素相似的圆弧。

⌒（三点定弧）按钮：单击并依序指定圆弧的起点、终点以及弧上一点位置，可在工作图文件里生成一个圆弧。

（圆角）按钮：先在工作图文件里，单击两个不平行的线性草图图形，再单击该工具按钮，系统会打开"绘制圆角"PropertyManager 设计树，供用户对工作窗口里被选取的 2D 像素进行圆角的操作。

（中心线）按钮：单击并依序指定中心线的起点、终点位置，可在工作图文件里生成一条中心线。

（样条曲线）按钮：单击并依序指定曲线图形的每个"经过点"位置，可在工作图文件里生成一条不规则曲线。

（点）按钮：单击并将鼠标指针移动到屏幕绘图区里所需要的位置，再单击，可在工作图文件里生成一个星点。

（基准面）按钮：单击可插入基准面到 3D 草图。

（镜向实体）按钮：单击可将工作窗口里被选取的 2D 像素对称于某个中心线草图图形进行镜像的操作。

（转换实体引用）按钮：单击可以将模型中所选的边线或草图实体转换为草图实体。

（等距实体）按钮：单击可以通过一定距离等距面、边线、曲线或草图实体来添加草图实体。

（剪裁实体）按钮：单击可以剪裁一直线、圆弧、圆、椭圆、样条曲线或中心线，直到它与另一直线、圆弧、圆、椭圆、样条曲线或中心线的相交处。如果草图线段没有和其他草图线段相交，则整条草图线段都将被删除。

（构造几何线）按钮：单击可将草图上或工程图中的草图实体转换为构造几何线。构造几何线仅用来协助生成最终会被包含在零件中的草图实体及几何体。当草图被用来生成特征时，构造几何线被忽略。构造几何线使用与中心线相同的线型。

（移动）按钮：单击可移动一个或多个草图实体。

（4）"尺寸/几何关系"工具栏。SolidWorks 软件提供的"尺寸/几何关系"工具栏如图 1.37 所示，用于提供标注尺寸和添加、删除几何关系的工具。它包括的工具按钮的含义如下：

图 1.37 "尺寸/几何关系"工具栏

（智能尺寸）按钮：单击可以给草图实体和其他对象或几何图形标注尺寸。

（水平尺寸）按钮：单击可在两个实体之间指定水平尺寸。水平方向以当前草图的方向来定义。

（竖直尺寸）按钮：单击可在两点之间生成竖直尺寸。竖直方向以当前草图的方向来定义。

（基准尺寸）按钮：属于参考尺寸。不能更改其数值或者使用其数值来驱动模型。

（尺寸链）按钮：为一组在工程图中或草图中从零坐标测量的尺寸。不能更改其数值或者使用其数值来驱动模型。

（水平尺寸链）按钮：在激活的工程图或草图上，单击该按钮，可以生成水平尺寸链。标注尺寸工具会保持为尺寸链模式，直到更改选择另一模式或工具。

（竖直尺寸链）按钮：单击可以在工程图或草图中生成竖直尺寸链。

（倒角尺寸）按钮：单击可以在工程图中给倒角标注尺寸。倒角尺寸具有本身有关引线显示、文字显示及X显示的选项。

（尺寸自动）按钮：单击可以将尺寸自动插入到草图中，并给草图自动标注尺寸到模型实体。

（添加几何关系）按钮：单击该按钮，系统会打开"加入几何关系"PropertyManager设计树，供用户对工作图文件里的2D草图图形附加新的几何限制条件。

（显示/删除几何关系）按钮：单击该按钮，系统会打开"显示/删除几何关系"PropertyManager设计树，列出并可供用户删除2D草图图形已有的几何限制条件。

(5)"特征"工具栏。SolidWorks软件提供的"特征"工具栏如图1.38所示，它包括的部分工具按钮的含义如下：

图1.38 "特征"工具栏

（拉伸凸台/基体）按钮：单击可将选取的草图轮廓图形依直线路径，成长为3D实体模型。

（拉伸切除）按钮：单击将工作图文件里原先的3D模型，扣除草图轮廓图形绕着指定的旋转中心轴成长形成的3D模型，保留残余剩下的3D模型区域。

（旋转凸台/基体）按钮：单击可将用户选取的草图轮廓图形，绕着用户指定的旋转中心轴，成长为 3D 模型。

（旋转切除）按钮：单击可通过绕轴心旋转绘制的轮廓来切除实体模型。

（扫描）按钮：单击可以沿开环或闭合路径通过扫描闭合轮廓来生成实体模型。

（放样凸台/基体）按钮：单击可以在两个或多个轮廓之间添加材质来生成实体特征。

（圆角）按钮：单击可对用户选取的 3D 模型图形的棱边加入一个斜角连缀平面。

（倒角）按钮：单击可以沿边线、一串切边或顶点生成一倾斜的边线。

（筋）按钮：单击可对工作图文件里的 3D 模型，按照用户指定的断面图形，加入一个肋材特征。

（抽壳）按钮：通过单击该工具按钮，可对工作图文件里的 3D 实体模型加入平均厚度薄壳特征。

（拔模斜度）按钮：单击可对工作图文件里的 3D 模型的某个曲面或平面加入拔模倾斜面。

（导向孔向导）按钮：单击可以利用预先定义的剖面插入孔。

（线性阵列）按钮：单击可以对一个或两个线性方向阵列特征、面以及实体等。

（圆周阵列）按钮：单击可以绕轴心阵列特征、面以及实体等。

（镜像）按钮：单击可以绕面或者基准面镜像特征、面以及实体等。

（参考几何体）按钮：单击可以弹出"参考几何体指令"组（图 1.39），再根据需要选择不同的基准，然后在设定的基准上插入草图来编辑或更改零件图。

（曲线）按钮：单击可以弹出"曲线指令"组（图 1.40）。

图 1.39　"参考几何体指令"组 　　　　图 1.40　"曲线指令"组

(6) "装配体"工具栏。SolidWorks 软件提供的"装配体"工具栏如图 1.41 所示，用于控制零部件的管理、移动及配合。它包括的工具按钮的含义如下：

图 1.41 "装配体"工具栏

（插入零部件）按钮：单击可用来插入现有零件/装配体。

（切换显示状态）按钮：单击可用来切换装配体零部件的显示状态。暂时关闭零部件的显示或者更改显示的透明度，可以更容易地处理被遮蔽的零部件。

（零部件压缩状态）按钮：单击可以指定合适的零部件压缩状态。装配体零部件共有三种压缩状态：还原、压缩、轻化。

（在装配体中编辑零件）按钮：单击可不必退出装配体就能修改零部件。当在关联装配体中编辑零件时，零件变成蓝色，其余装配体变成灰色。

（不生成外部参考引用）按钮：当生成新零部件时，单击可中断在关联装配体中所生成的零部件或特征的外部参考引用。

（配合）按钮：单击可指定装配中任意两个或多个零件的配合。所有配合类型会始终显示在 PropertyManager 设计树中，但只有适用于当前选择的配合才可供使用。

（移动零部件）按钮：单击可通过拖动使零部件沿着设定的自由度内移动。

（旋转零部件）按钮：单击该按钮，右击零部件，按住鼠标右键，然后拖动零部件。零部件在其自由度内旋转。

（智能扣件）按钮：单击该按钮后，智能扣件将自动给装配体添加扣件（螺栓和螺钉）。扣件库来自 SolidWorksToolbox，此库有大量的 ANSIInch、Metric 及其他标准硬件。

（爆炸视图）按钮：单击可以生成和编辑装配体的爆炸视图。再根据要求设定爆炸方向及爆炸距离等。

（爆炸直线草图）按钮：单击可在装配体中添加爆炸视图的 3D 草图。或在爆炸直线草图中，添加爆炸直线来表示装配体零部件之间的关系。

（干涉检查）按钮：单击该按钮后，可以检查装配体中是否有干涉的情况。

(7) "工程图"工具栏。SolidWorks 软件提供的"工程图"工具栏如图 1.42 所示，它包括的部分工具按钮的含义如下：

（模型视图）按钮：单击可将一模型视图插入工程图文件中。

（投影视图）按钮：单击可从任何正交视图插入投影的视图。如要选择投影的方向，将指针移动到所选视图的相应一侧。

图 1.42 "工程图"工具栏

(辅助视图)按钮：单击可生成投影视图，不同的是，它可以垂直于现有视图中的参考边线来展开视图。

(剖面视图)按钮：单击可以用一条剖切线来分割父视图，在工程图中生成一个剖面视图。

(旋转剖视图)按钮：与 功能类似，只是旋转剖面的剖切线由连接到一个夹角的两条或多条线组成。

(局部视图)按钮：单击可用来显示一个视图的某个部分（通常是以放大比例显示）。

(标准三视图)按钮：单击可以为所显示的零件或装配体生成三个相关的默认正交视图。

(断开的剖视图)按钮：单击可通过绘制一轮廓在工程视图上生成断开的剖视图。

(断裂视图)按钮：单击可将工程图视图用较大比例显示在较小的工程图纸上。

(裁剪视图)按钮：单击可直接裁剪剖面视图。

(交替位置视图)按钮：通过幻影线显示，将一个工程视图精确叠加于另一个工程视图之上。

8. 工具栏及命令的操作

在下拉菜单中选择"工具"→"自定义"命令，或者右击工具栏出现的快捷菜单中的"自定义"命令，就会出现"自定义"对话框（图 1.43）。把所需要的工具栏前面打上钩，该工具栏就会显示在界面上，在界面上也可以将其拖动到适当的位置。在右击工具栏出现的快捷菜单中，也可以把所需要的工具栏前面打上钩或使其前面的图标凹下显示在界面上。

工具栏的部分按钮也有很多不常用，在 SolidWorks 里面可以自行设置命令工具按钮。下面介绍增加和减少命令的方法。在下拉菜单中选择"工具"→"自定义"命令，或者右击工具栏，在出现的快捷菜单中单击"自定义"命令，就会出现"自定义"对话框（图 1.43）；然后单击"命令"标签，则出现图 1.44 所示的对话框。

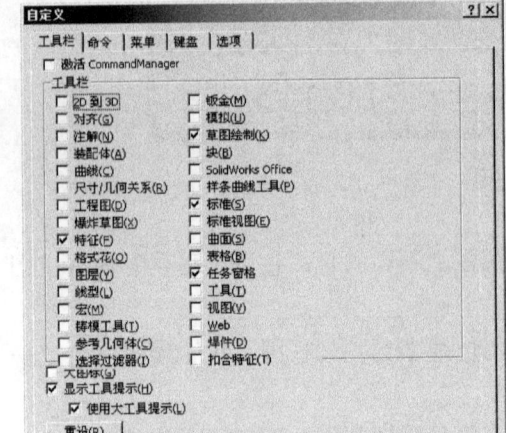
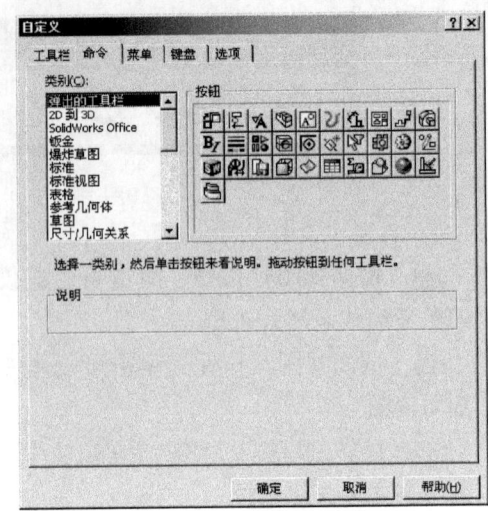

图 1.43　"自定义"对话框　　　　图 1.44　"命令"标签对话框

利用自定义命令可以增加、删除并且重排工具栏中的命令按钮，可以将最常用的工具栏命令按钮添加到特定的工具栏上，也可以合理地安排命令按钮的顺序。首先在类别中选择要添加命令的类别，在按钮栏选择需要添加的命令按钮，按住左键，拖动鼠标移动到要放置的部位，即可把需要的命令按钮放到工具栏里面。如图 1.45 所示的操作过程，是把"平行四边形"命令放置到草图工具栏里。

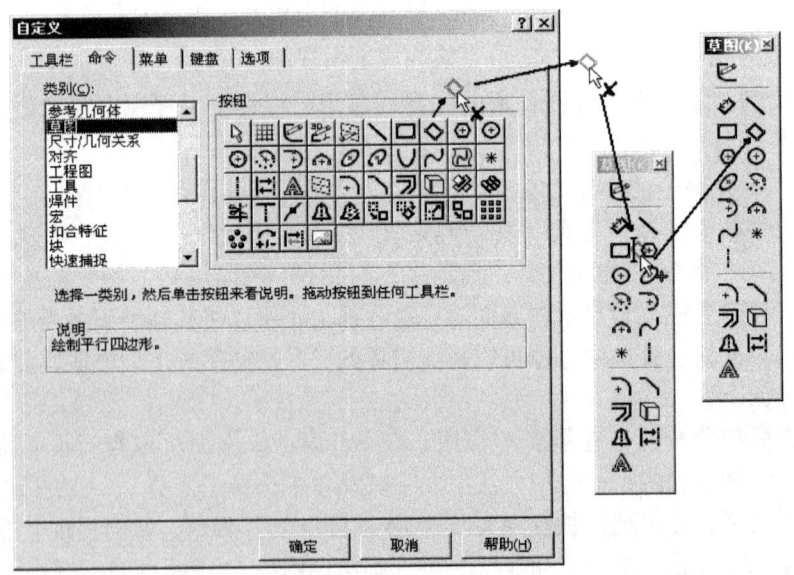

图 1.45　添加命令按钮操作

同样，要删除"命令"按钮，可以在工具栏里面，用左键按住"命令"按钮，拖动鼠标到"自定义"对话框的"命令"标签里面的按钮栏，就可以移除"命令"按钮。这与添加"命令"按钮的操作是逆向的。

（三）SolidWorks 绘制草图

在 SolidWorks 中绘制零件模型时均需执行下列基本步骤：①选取绘图平面；②进入草图绘制；③大致绘制草图；④标注尺寸，添加几何关系；⑤结束草图绘制；⑥选用特征；⑦保存零件。以下以一个简单模型（图1.46）为例，说明建立零件模型的全过程。

（1）单击"新建"按钮，在"新建 SolidWorks 文件"对话框中双击"零件"图标。

（2）在特征管理器中选择"前视基准面"，单击"草图绘制"按钮，进入草图绘制（图1.47）。基准面是用来画图的面，有3个：前视基准面，上视基准面，右视基准面。

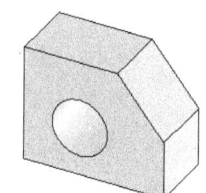

图1.46 简单模型

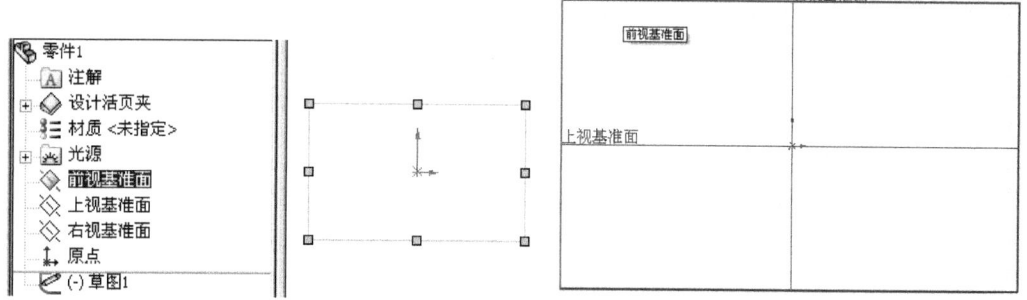

图1.47 选择"前视基准面"

（3）大致绘制草图。

1）单击"直线"按钮，绘制基本图形（图1.48）。注意：从原点开始画，保证草图几何中心与基准面原点重合，草图关键点与基准面原点重合。

2）单击"圆"按钮，绘制圆（图1.49）。提示：在图1.49所示草图中，┃表示"竖直"；━表示"水平"；╱表示"重合"，如图中显示的╱符号，表示左边的直线和原点重合。如果没显示这些几何关系，则可以单击"视图"菜单栏的"草图几何关系"按钮，使其显示。

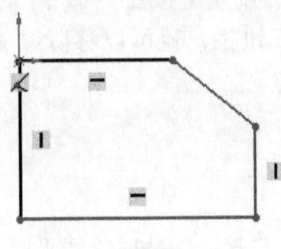
图 1.48 草图（直线）

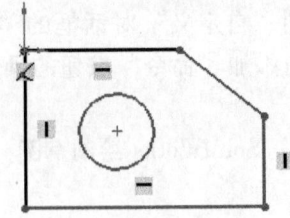
图 1.49 草图（圆）

（4）标注尺寸。

1）单击工具栏"智能尺寸"按钮 ，可标注尺寸。标注一条直线的长度，单击这条直线，移动鼠标确定尺寸的位置。再单击，就会自动标注尺寸并出现"修改"对话框。如果此时的尺寸不是所要求的尺寸，则在对话框中输入实际尺寸大小，单击按钮 或者按回车键即可。标注圆或者圆弧的尺寸是一样的。完成尺寸标注，完成草图绘制（图 1.50）。

2）单击"选取"按钮 ，将光标移到要修改的尺寸上，双击该尺寸，出现"修改"对话框（图 1.51），可修改草图尺寸。

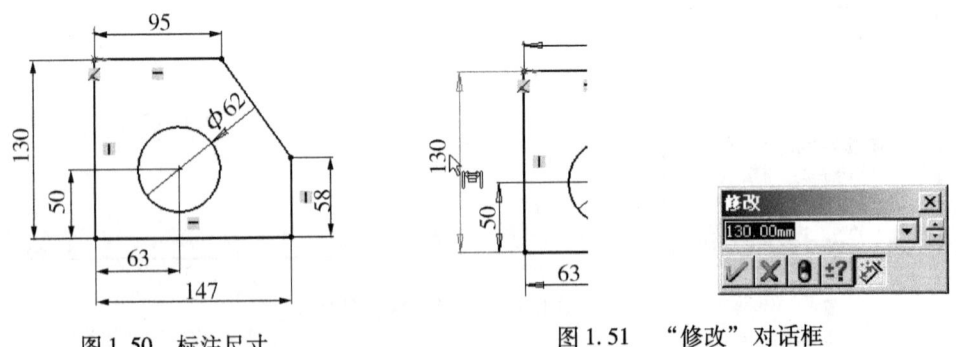

图 1.50 标注尺寸　　　　　图 1.51 "修改"对话框

3）输入尺寸值"120"，单击按钮 ，完成尺寸修改。按同样方法修改其他尺寸，修改结果如图 1.52 所示。

（5）选用特征。单击"拉伸凸台/基体"按钮 ，出现"拉伸"属性管理器，在"终止条件"下拉列表框内选择"给定深度"，在"深度"文本框中输入"70"，单击"确定"按钮 ，如图 1.53 所示。

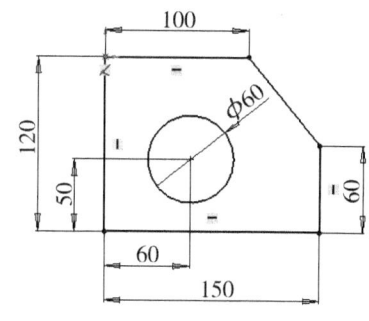
图 1.52 完整草图

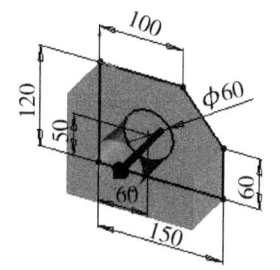
图 1.53 "拉伸"属性管理器

（6）保存零件。完成零件建模后，单击"保存"按钮，打开"另存为"对话框，输入文件名为"基本练习.sldprt"，单击"保存"按钮。

【练习】分别建立如图 1.54 所示的 3 个零件模型。

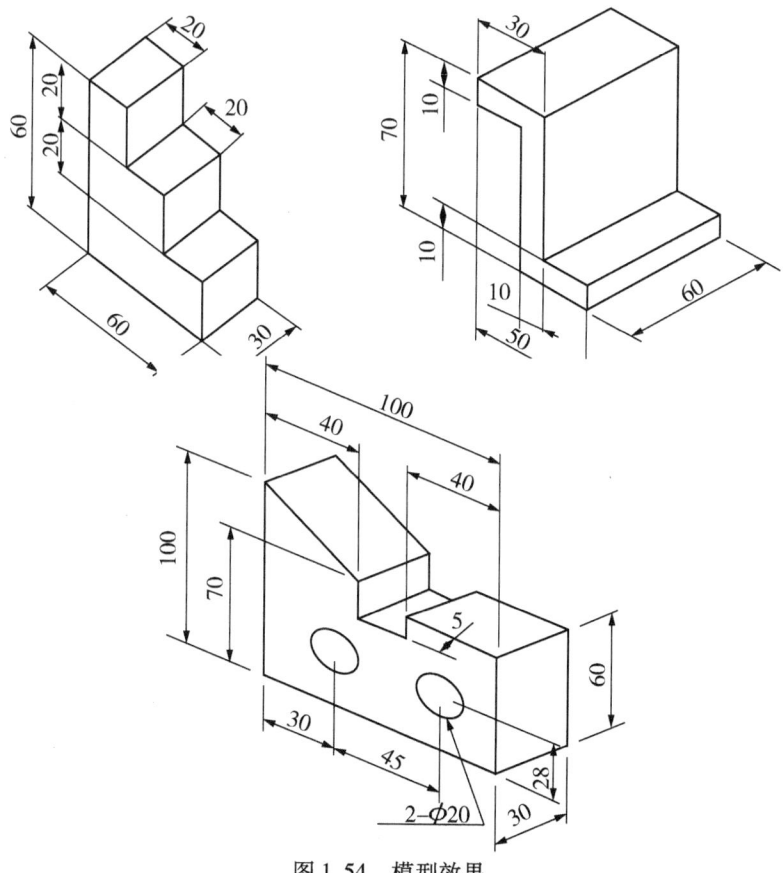

图 1.54 模型效果

大部分 SolidWorks 的特征都是由 2D 草图绘制开始。草图是一个平面轮廓，由点、直线、圆弧等基本几何元素构成封闭的或不封闭的几何形状，草图中包括形状、尺寸标注和几何关系三方面的信息，用于定义特征的截面形状、尺寸和位置等。在 SolidWorks 中，实体模型的创建都是从绘制二维草图开始的，利用二维草图生成基体特征，同时可以在已绘制的模型上添加更多的特征。因此，只有熟练掌握草图绘制的各项功能，才能快速、高效地应用 SolidWorks 进行三维建模，并对其进行后续分析与操作。

【例 1.1】 直线、中心线练习。绘制如图 1.55 所示草图。

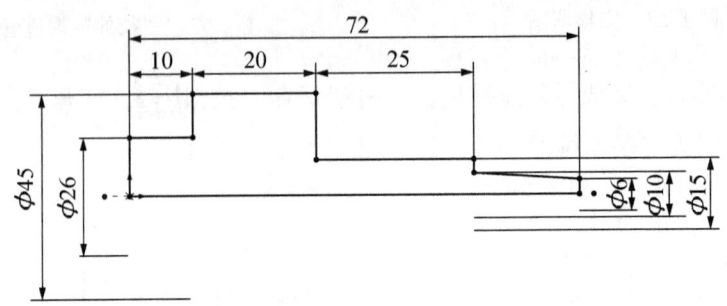

图 1.55　中心线、直线练习

(1) 单击"新建"按钮，新建一个零件文件。
(2) 选取"前视基准面"，单击"草图绘制"按钮，进入草图绘制。
(3) 单击"中心线"按钮，绘制水平中心线（图 1.56）。

图 1.56　绘制水平中心线

在绘制草图时，中心线非常重要，尤其对于形状对称的图形，利用中心线和镜向命令，能提高作图效率和准确性。中心线还可用来给图元（即图形元素）定位和标注尺寸，但不会影响零件特征的创建。中心线等构造线仅用来协助生成草图实体，不能作为实体的轮廓线或直接生成实体。绘图时可将草图中的任意实体线转换为构造线，单击所要转换的草图实体，会出现该线型的相关几何关系及约束等，在展开的"选项"栏中选中"作为构造线"复选框，则该草图实体即转化为构造几何线；或选择"工具"→"草图工具"→"构造几何线"命令，此时单击所要转化为构造线的几何实体，即可将其转化为构造线。

(4) 单击"直线"按钮，绘制阶梯轴半轮廓线（图1.57）。

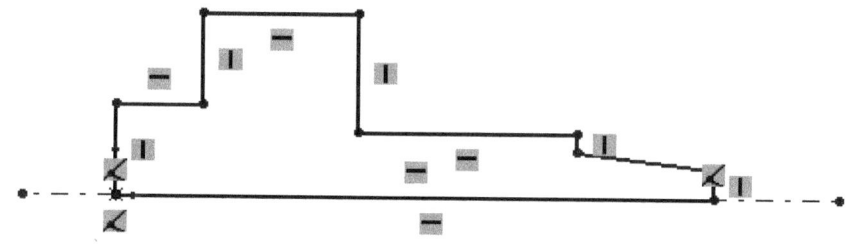

图1.57　绘制直线

(5) 单击"智能尺寸"按钮，标注尺寸，如图1.55所示。
(6) 单击"重建模型"按钮，结束草图绘制。

【例1.2】圆、圆角、圆中心线练习。绘制如图1.58所示草图。
(1) 单击"新建"按钮，新建一个零件文件。
(2) 选取"前视基准面"，单击"草图绘制"按钮，进入草图绘制。
(3) 单击"中心线"按钮，绘制3条互成120°的中心线A、B和C；单击"圆"按钮，绘制φ185圆D；单击"构造几何线"按钮，选取圆D（图1.59）。

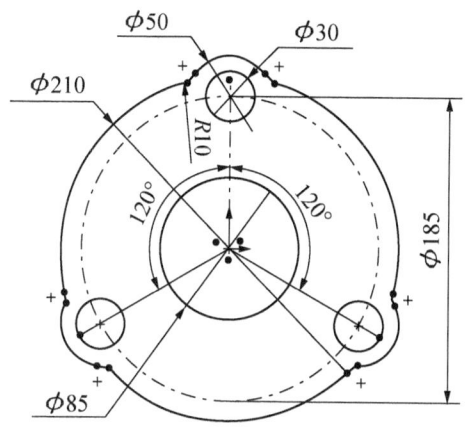

图1.58　圆、圆角、圆中心线练习

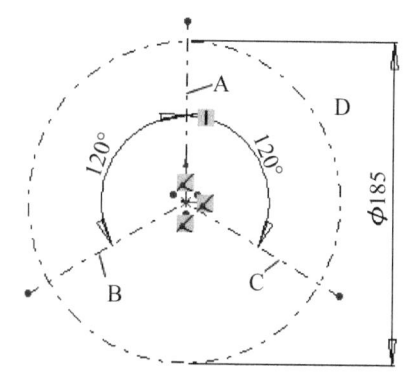

图1.59　圆转化为构造几何线

(4) 单击"圆"按钮，绘制圆E、F、G、H、I、J、K和L。单击"添加几何关系"按钮，出现"添加几何关系"属性管理器，在"所选实体"框中选取E、F和G，单击"相等"按钮，建立"相等"几何关系，单击"确定"按钮；再次单击"添加几何关系"按钮，选取H、I和J，建立"相等"几何关系，单击"确定"按钮☑；单击"智能尺寸"按钮☑，标注尺寸（图1.60）。

（5）单击"剪裁实体"按钮，修整3个凸缘（图1.61）。

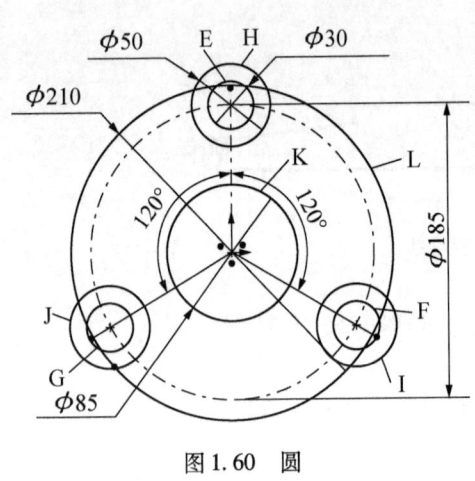

图1.60 圆

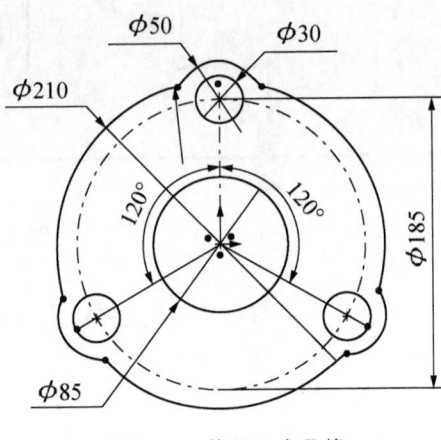

图1.61 修整3个凸缘

（6）单击"绘制圆角"按钮，出现"绘制圆角"属性管理器，在"半径"文本框内输入"10"，选取大圆弧、小圆弧创建圆角，如图1.58所示。

（7）单击"重建模型"按钮，结束草图绘制。

总结草图的绘制过程，需要注意以下一些问题。

（1）选草图基准平面。草图平面即绘制二维几何图形（草图）的基准平面，SolidWorks系统默认提供3个基准面，分别是上视基准面、前视基准面和右视基准面。在绘图过程中用户可根据需要创建自己需要的参考基准。自建基准的方法："工具"→"参考几何体"→"基准面"等。在创建草图前，用户必须先根据零件结构与实体摆放位置，选择一个草图平面，可选系统默认的基准面、前一个特征上的某一个平面或用户创建的基准面。

（2）原点的使用。基准是指确定点、线和面所依据的那些点、线和面。在建模的过程中，正确建立草图基准是必要的，也是必需的。在三维建模的过程中，由于空间概念的引入，需要合理有效地确定草图的位置，因此一般都是从原点或围绕原点画起，再从原点开始约束，完全约束后线条成黑色。

（3）添加约束及草图约束状态。约束指设计中直线、圆等图素自身的尺寸及图素之间的位置关系。每个草图都必须有一定的约束，约束方法包括尺寸约束与几何约束。绘制草图前，应仔细分析草图图形结构，明确草图中的几何元素之间的约束关系。

如图1.62所示尺寸约束是对图素尺寸进行约束。尺寸约束包括定位尺寸和定形尺寸，可用添加尺寸方法实现。

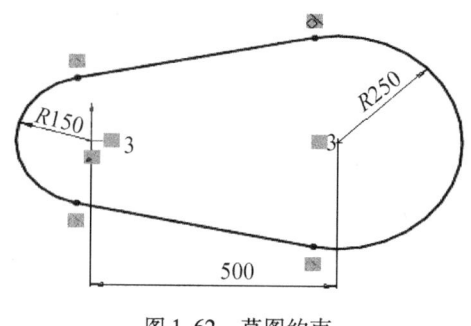
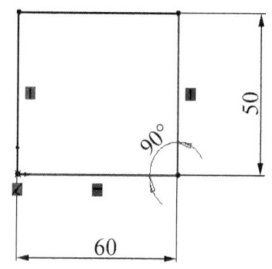

图1.62　草图约束　　　　　　　　图1.63　草图约束过定义

几何约束是对图素位置进行约束。几何约束表示几何元素间的关系，如点在一条边上重合、边与圆相切、边与边平行、线与线等距等。在SolidWorks中几何约束称作几何关系，包括水平、竖直、共线、全等、垂直、平行、相切、同心、中点、交叉点、重合、相等、对称、固定、穿透等，如表1.8所示。几何约束添加方法包括：①自动添加几何约束，根据所绘制草图软件自动反馈添加；②手工添加几何关系（工具→几何关系→添加），按住Ctrl键，利用鼠标可单击或多选草图对象，再添加需要的几何关系。

表1.8　几何约束添加常见的反馈符号

反馈名称	反馈符号	解释
端点		当光标扫过时，黄色同心圆表示终点
中点		当光标越过直线时，变成红色
重合点（在边缘）		在中心点处，同心圆的圆周四分点被显示出来
水平		绘制直线时，单击确定起点后，沿水平方向移动光标时显示，若单击光标，则完成直线绘制并自动添加水平关系

续表1.8

反馈名称	反馈符号	解释
垂直	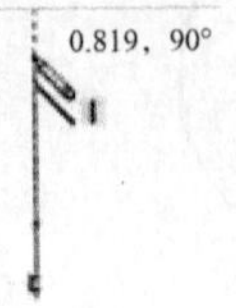 0.819, 90°	绘制直线时，单击确定起点后，沿垂直方向移动光标时显示，若单击光标，则完成直线绘制并自动添加垂直关系

通过添加尺寸及几何关系可改变草图的约束状态。草图有三种约束状态：①欠定义（欠约束），当约束度＜自由度时，图素颜色为蓝色；②完全定义（完全约束），当约束度＝自由度时，图素颜色为黑色，是草图设计完成时应呈现的状态；③过定义（过约束），当约束度＞自由度时，图素颜色为红色，此时应删除多余约束（图1.63）。如果草图为欠定义，在FeatureManager设计树上的草图名称前面会出现一个负号；如果草图为过定义，则草图名称前面会出现一个正号。单击工具栏中的"显示/删除几何关系"图标，可找出草图中过定义或悬空的几何关系。当"过定义"对话框出现时，单击准则并从其下拉菜单上选择过定义或悬空。几何约束添加和修改示例如表1.9所示。

表1.9 几何约束添加/修改示例

几何关系添加/修改	内容	示例
添加几何关系	给选定的实体添加"水平"等几何关系（也可以在草图中选定实体，在其相应的属性对话框中添加）	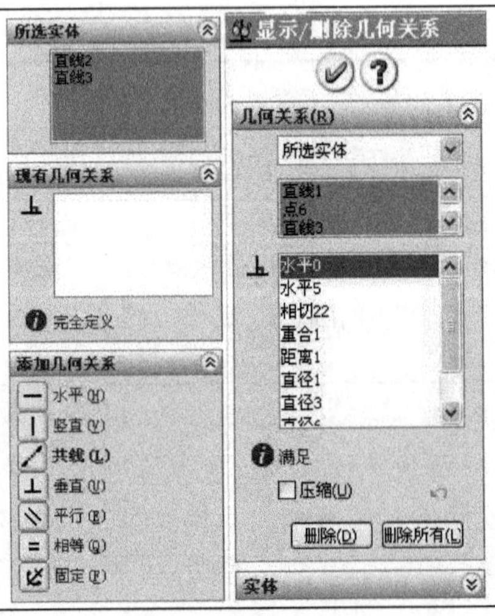
显示/删除几何关系	显示/删除已经存在的几何关系。也可以右击几何关系图标，选"删除"	
显示/隐藏几何关系	显示/隐藏几何关系图标。单击菜单"视图"→"草图几何关系"	

续表1.9

几何关系 添加/修改	内　　容	示　　例
完全定义 草图	全部用尺寸约束来实现草图完全定义（使用之前应该完成几何关系约束，以反映设计意图）	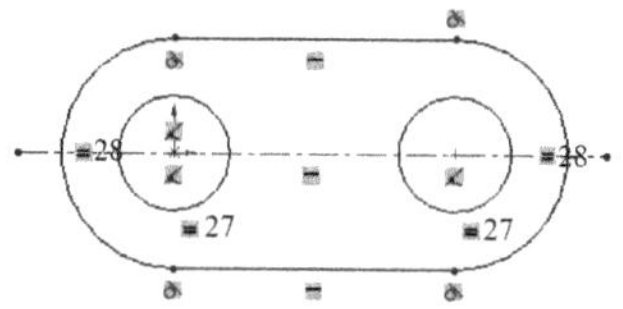 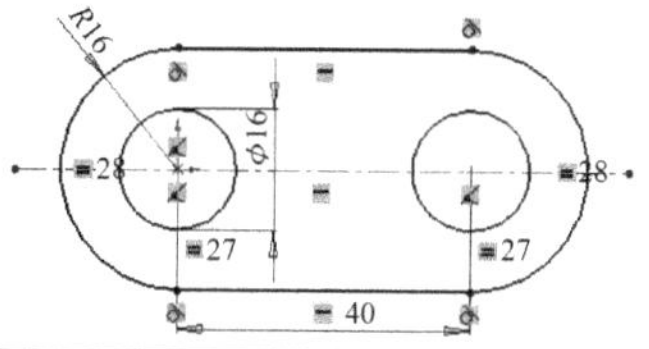
检查草图 合法性	检查草图中可能妨碍生成特征的错误。在打开的草图中，单击"工具"→"草图绘制工具"→"检查有关特征草图合法性"。在对话框中，选"特征用法"，单击"检查"。草图根据在特征用法框中特征类型所需的轮廓类型来进行检查	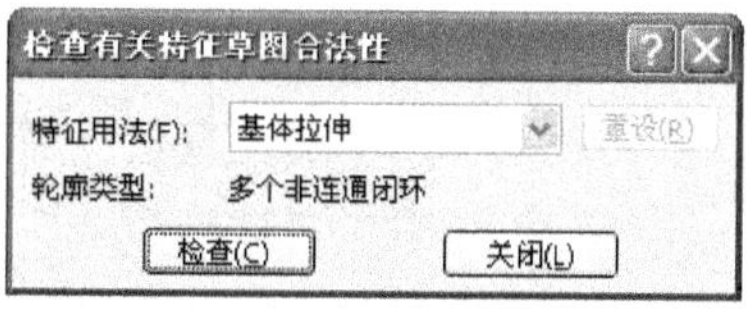

(4) 草图绘制技巧的积累。

1) 每个草图尽可能简单，可以将一个复杂草图分解为若干简单草图，便于约束和修改。

2) 零件的第一幅草图应该参考原点定位，以确定特征在空间的位置。

3) 中心线（构造线）不参与特征的生成，主要用于定位。

4) 对于比较复杂的草图，最好避免"构造完所有的曲线，然后再加约束"，这会增加全约束的难度。一般的过程为：创建第一条主要曲线，然后施加约束，同时修改尺寸至设计值；按设计意图创建其他曲线，但每创建一条或几条曲线，应随之施加约束，同时修改尺寸至设计值。这种先创建几条曲线然后施加约束的过程，可减少过约束、约束矛盾等错误。

5) 施加约束的一般次序是定位主要曲线至外部几何体，按设计意图，施加大量几何约束，施加少量尺寸约束（表达设计关键尺寸）。

6) 一般情况下圆角和斜角不在草图里生成，而用特征来生成。

【例1.3】草图综合练习。绘制如图1.64所示草图。

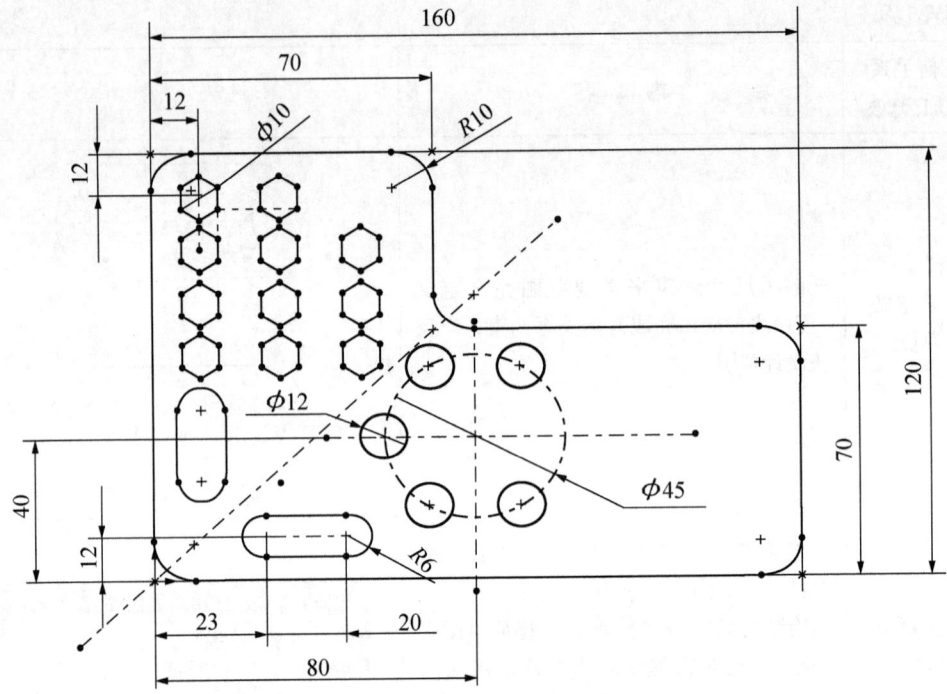

图1.64 综合练习草图效果

(1) 单击"新建"按钮,新建一个零件文件。
(2) 选取"前视基准面",单击"草图绘制"按钮,进入草图绘制。
(3) 单击"直线"按钮,画出零件的大致形状。单击"智能尺寸"按钮,标注尺寸(图1.65)。
(4) 单击"中心线"按钮,绘制中心线A、B和C,单击"圆"按钮,绘制φ45圆B,单击"构造几何线"按钮,选取圆D,标注尺寸(图1.66)。

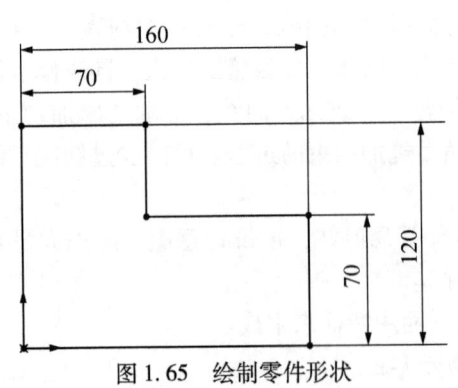

图1.65 绘制零件形状

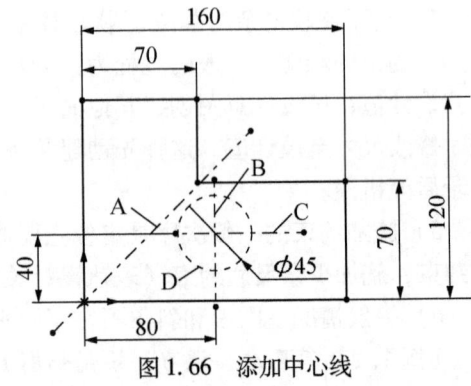

图1.66 添加中心线

(5) 单击"圆"按钮⊙，绘制圆 E（图 1.67）。单击"添加几何关系"按钮，选取圆 D、C 中心线和圆 E 的圆心，单击"交叉点"按钮，建立"交叉点"几何关系，单击"确定"按钮，标注尺寸（图 1.68）。

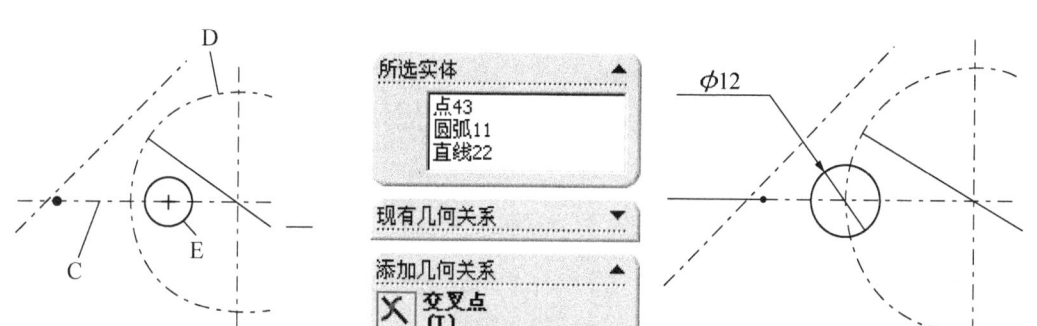

图 1.67　绘制圆　　　　　图 1.68　建立"交叉点"几何关系

(6) 单击"圆周草图排列和复制"按钮，出现"圆周草图排列和复制"对话框，在"半径"文本框中输入"22.5"，在"角度"文本框内输入"0"，在"中心 X"文本框内输入"80"，在"中心 Y"文本框内输入"40"，在"数量"文本框内输入"6"，"要重复的项目"选择"圆 E"。在"实例"列表框中选中"(4)"，按 Delete 键，在"删除的实例"中出现"(4)"，单击"确定"按钮（图 1.69）。

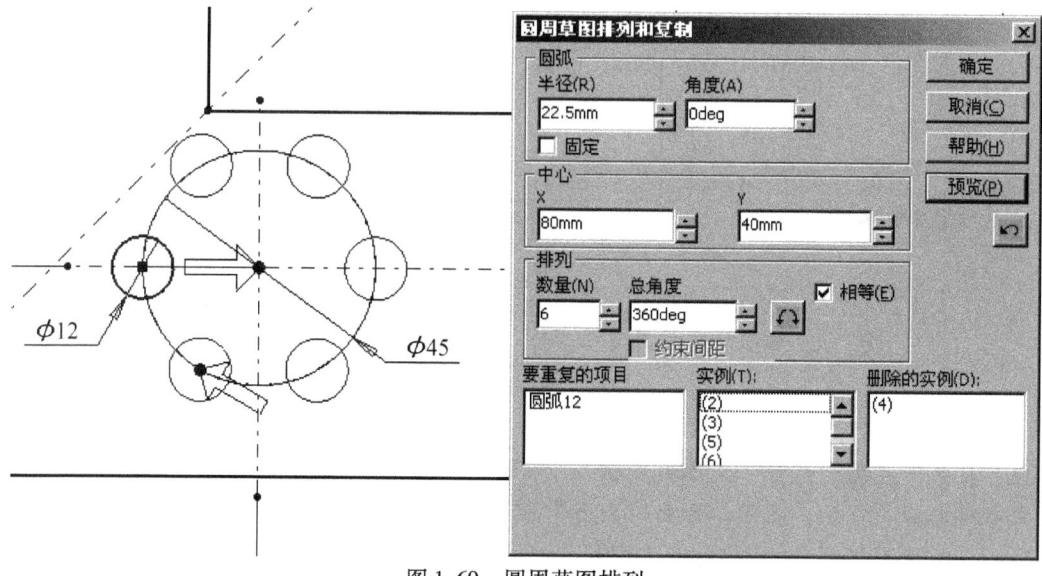

图 1.69　圆周草图排列

(7) 单击"中心线"按钮,绘制中心线 F（图 1.70）。单击"等距实体"按钮,出现"等距实体"属性管理器,选取中心线 F,在"等距距离"文本框内输入"6",选中"双向""顶端加盖"复选框,选中"圆弧"单选按钮,单击"确定"按钮,标注尺寸（图 1.71）。

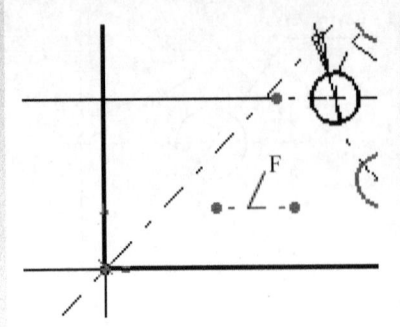
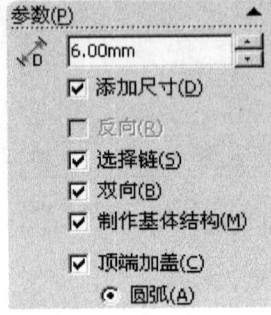
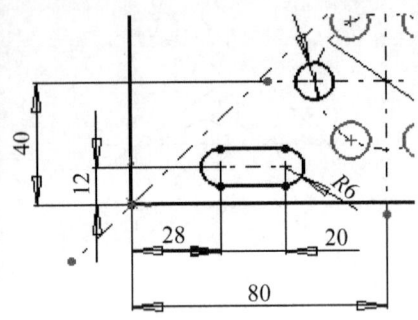

图 1.70　绘制中心线 F　　　　图 1.71　建立"顶端加盖"等距实体

(8) 单击"镜向实体"按钮,在"要镜向的实体"中选取步骤（7）绘制的腰形孔,"镜向点"选取中心线 A,选中"复制"复选框,单击"确定"按钮（图 1.72）。

(9) 单击"多边形"按钮,在"边数"文本框内输入"6",绘制多边形,标注尺寸（图 1.73）。

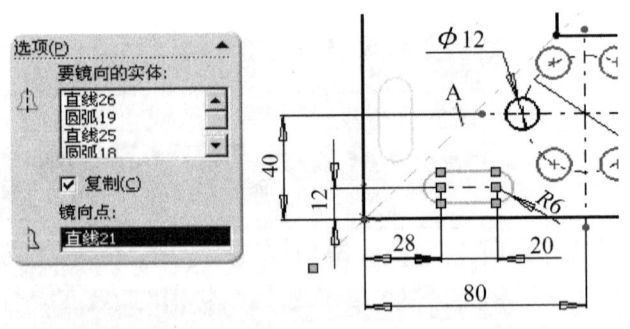
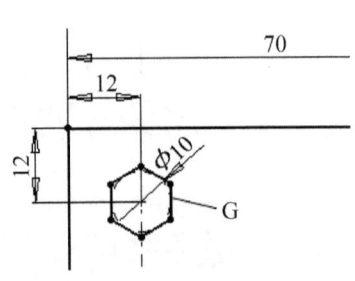

图 1.72　镜向实体　　　　图 1.73　多边形

(10) 单击"线性草图排列和复制"按钮,出现"线性草图排列和复制"对话框。在第一方向"数量"文本框内输入"3","间距"文本框内输入"20","角度"文本框内输入"0";在第二方向"数量"文本框内输入"4","间距"文本框内输入"15","角度"文本框内输入"270";在"要复制的项目"列表框中选择"多边形

G"。在"实例"列表框中选中（3,1），按Delete键，在"删除的实例"框中出现（3,1），单击"确定"按钮（图1.74）。

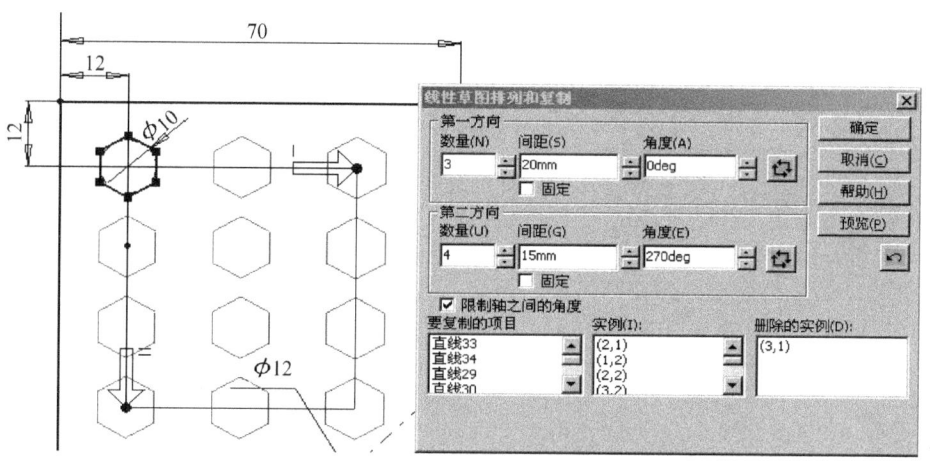

图1.74 线性草图排列

（11）单击"绘制圆角"按钮，出现"绘制圆角"属性管理器，在"半径"文本框内输入"10"，选取6个角创建圆角，如图1.64所示。

（12）单击"重建模型"按钮，结束草图绘制。

草图实体编辑工具有"绘制圆角""绘制倒角""等距实体""转换实体引用""镜向实体""裁剪实体""线性草图阵列""圆周草图阵列""移动实体"等，绘图时应灵活应用草图编辑工具构建草图形状。

【练习】绘制如图1.75至图1.80所示的草图，并标注尺寸。

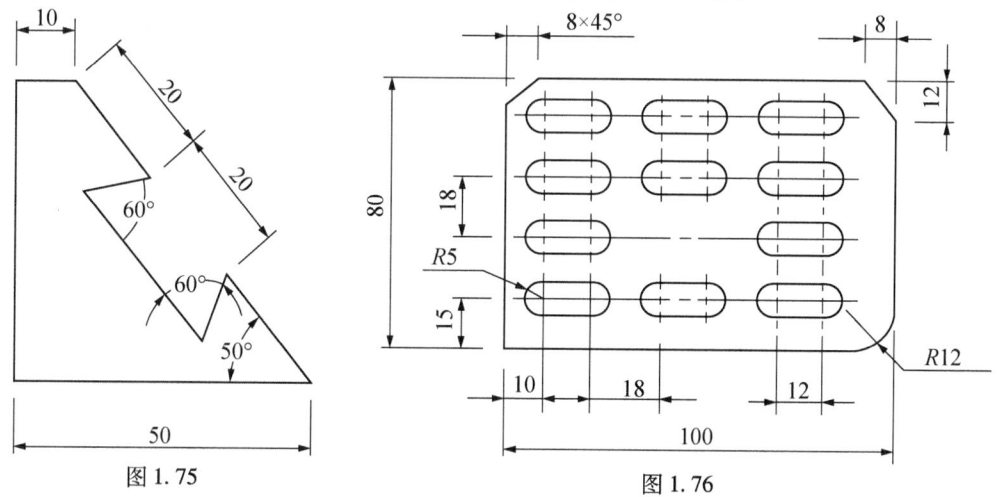

图1.75　　　　　　　　　图1.76

电_梯_零_部_件_设_计

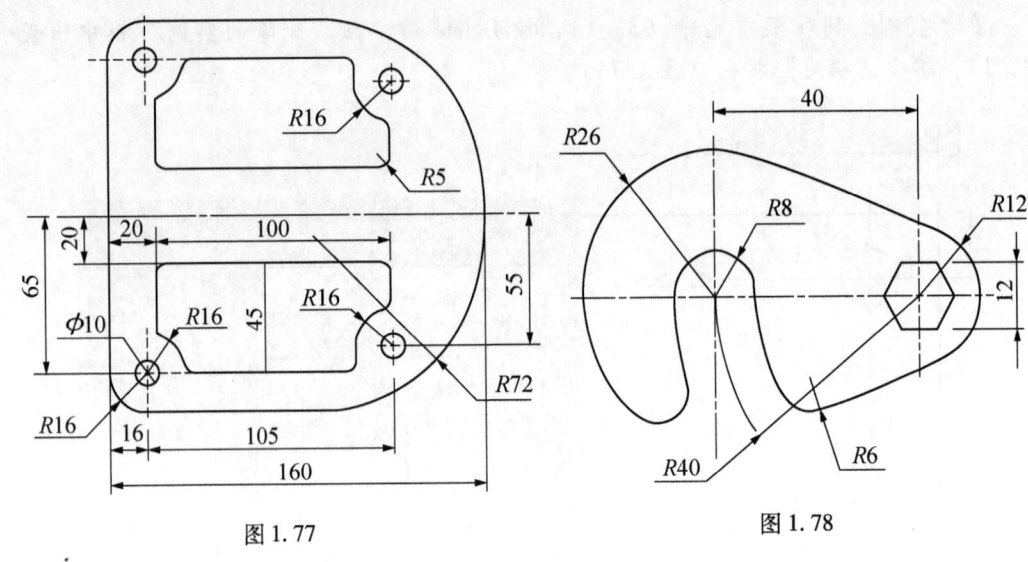

图 1.77　　　　　　　图 1.78

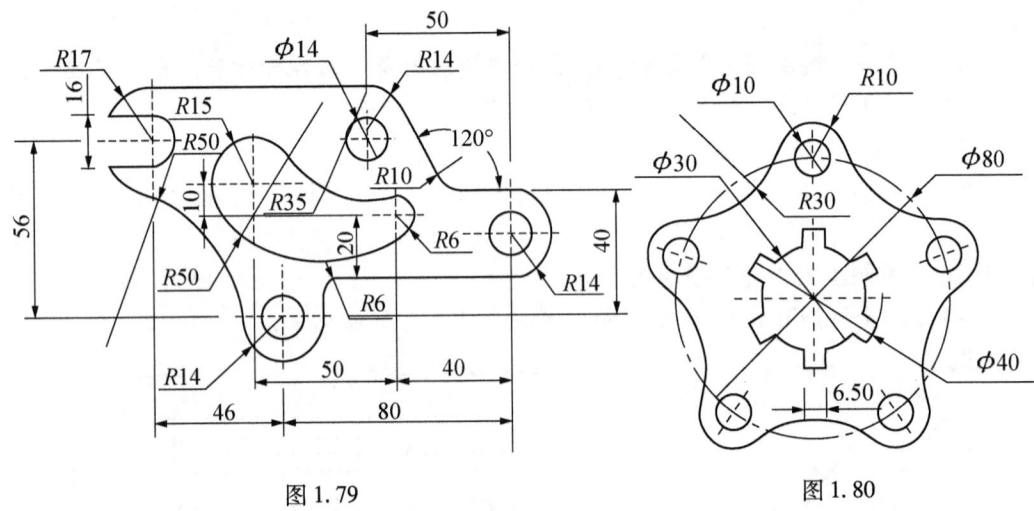

图 1.79　　　　　　　图 1.80

（四）SolidWorks 特征造型

所谓特征造型就是生成一些基本模型元素的操作，如生成圆柱、长方体、球体等，每个零件都是由许多个简单特征经过相互叠加、切割或组合而成的。按照特征生成方法的不同，可以将构成零件的特征分为草绘特征和放置特征。草绘特征是指在特征的创建过程中，设计者必须通过绘制草图然后生成特征。创建草绘特征是零件建模的主要方法。草绘特征主要包括拉伸特征、拉伸切除、旋转特征、旋转切除、圆角特征、扫描特征等。

零件实体建模的基本过程由如下几个操作组成：①分析零件特征，并确定特征创建顺序；②绘制草图；③生成基本特征；④创建与修改其他构造特征；⑤所有特征完成之后，存储零件模型。

【例1.4】拉伸特征、拉伸切除特征练习。应用拉伸特征创建台钳钳身三维模型（图1.81）。

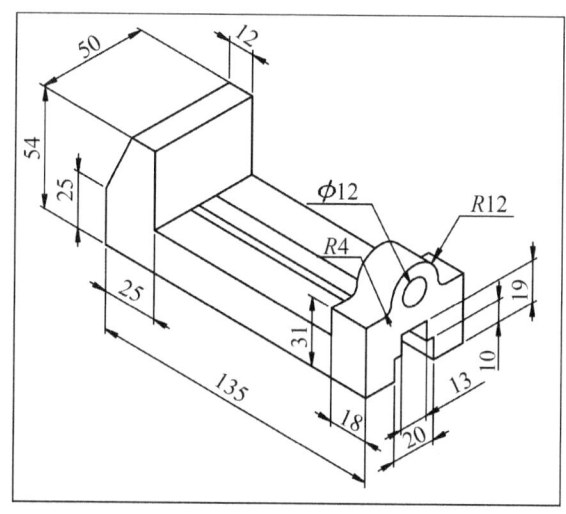

图1.81　台钳钳身

建模分析：建立模型时，应先创建凸台特征，后创建切除特征，此模型的建立将分为A→B→C这3部分完成（图1.82）。

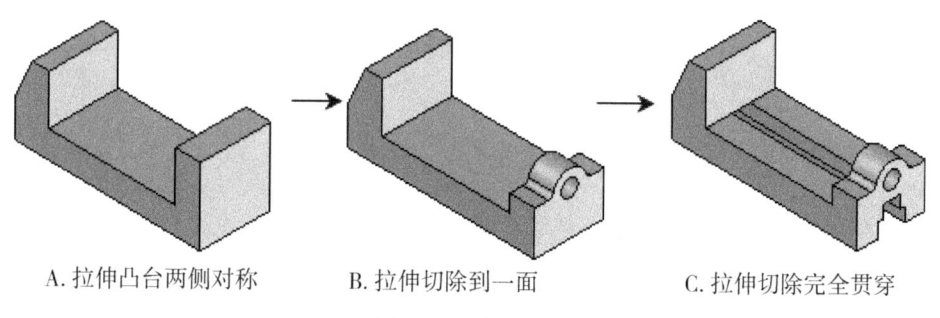

图1.82　建模分析

建模步骤如下：

(1) 新建零件。选择下拉菜单"文件"→"新建"命令,在"新建"对话框中单击"零件"图标,单击"确定"。

(2) A 部分。在 FeatureManager 设计树中选择"前视基准面",单击"草图"工具栏上的"草图绘制"按钮，进入草图绘制,绘制如图 1.83 所示的草图。

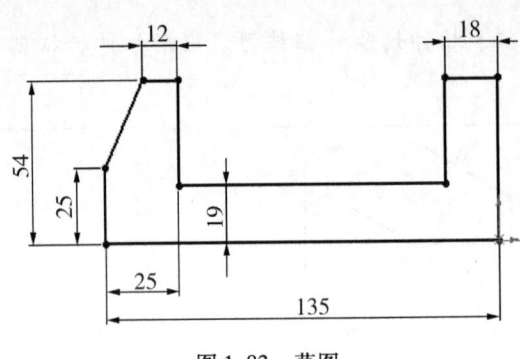

图 1.83　草图

单击"特征"工具栏上的"拉伸凸台/基体"按钮，出现"拉伸"属性管理器,在"开始条件"下拉列表框内选择"草图基准面"选项,在"终止条件"下拉列表框内选择"两侧对称"选项,在"深度"文本框内输入"50"(图 1.84),单击"确定"按钮。

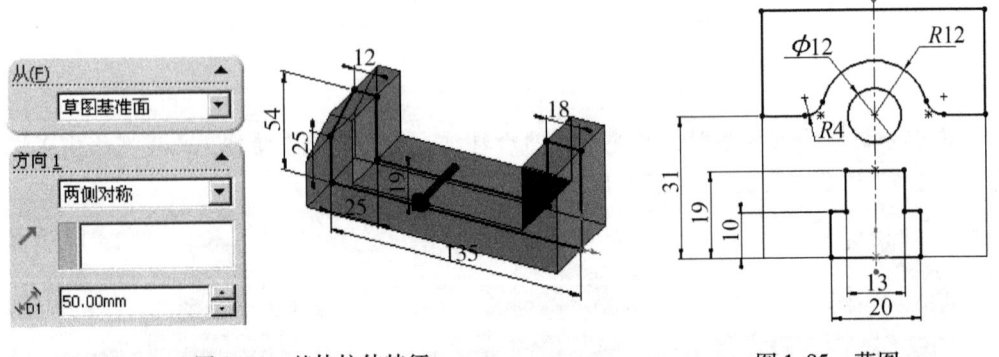

图 1.84　基体拉伸特征　　　　　　图 1.85　草图

(3) B 部分。在图形区选择右端面,单击"草图"工具栏上的"草图绘制"按钮，进入草图绘制,绘制如图 1.85 所示的草图。

单击"特征"工具栏上的"拉伸切除"按钮，出现"切除-拉伸"属性管理器,在"开始条件"下拉列表框内选择"草图基准面"选项,在"终止条件"下拉列表框内选择"成形到下一面"选项,激活"所选轮廓"列表框,在绘图区选择需要切除的面,在"所选轮廓"中出现"草图 2-轮廓<1>"和"草图 2-轮廓<2>"(图 1.86),单击"确定"按钮 。

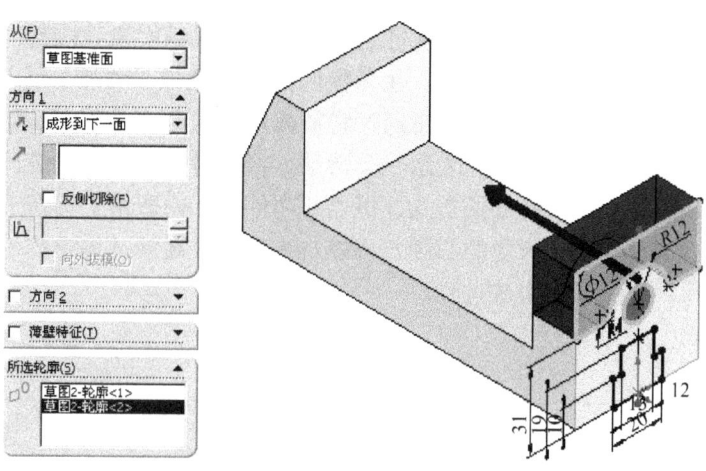

图 1.86 拉伸切除特征

(4) C 部分。在 FeatureManager 设计树中选择"草图 2",单击"特征"工具栏上的"拉伸切除"按钮 ,出现"切除-拉伸"属性管理器,在"开始条件"下拉列表框内选择"草图基准面"选项,在"终止条件"下拉列表框内选择"完全贯穿"选项,激活"所选轮廓"列表框,在绘图区选择需要切除的面,在"所选轮廓"中出现"草图 2-轮廓<1>"(图 1.87),单击"确定"按钮。

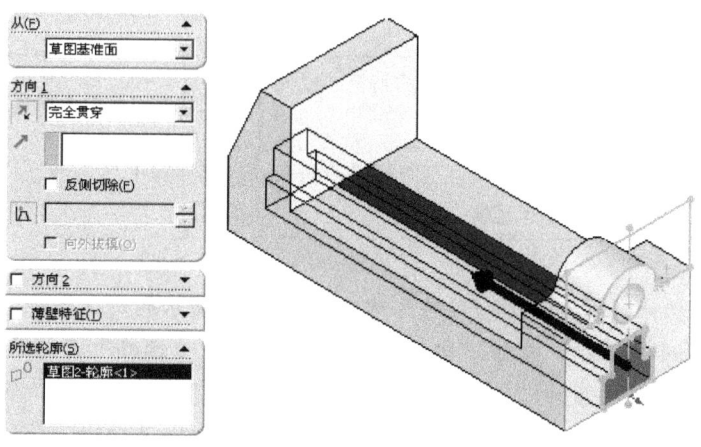

图 1.87 拉伸切除特征

(5) 完成，存盘。

小结：创建特征的任何模型都是由一个个特征组合而成，一个模型一般由多种特征组成，如草图特征、圆孔特征、倒角特征、切削特征等，后3种特征一般称为应用特征。任何应用特征都必须建立在草图特征之上。所以，在每次建立模型时，首先要做的工作是建立草图，然后才是建立特征。在建模时需要遵循以下步骤：①创建草图特征；②应用特征；③特征操作。特征的编辑通过特征树来完成（表1.10）。零件特征树记录了零件构造的过程，树上每一节点表示一个特征，特征树中按照特征设计的顺序和相互关系显示组成零部件的每个特征的信息，可以从零件特征构造树上选择节点来选择实体中相应的特征。通过对设计历史的回溯，可以观察和修改设计过程中的每一个步骤，或者改变设计顺序，优化设计构造过程。

表1.10 特征编辑要素

名 称	功 能	操 作
编辑草图	进入草图编辑状态，以便修改草图	右击设计树中的草图名称，然后在快捷菜单中选择相应菜单项
编辑草图平面	改变草图所在平面，用于调整视向	
编辑特征	进入特征编辑状态，以便修改特征尺寸	右击设计树中的特征名称，然后在快捷菜单中选择相应菜单项
压缩/解除压缩	隐藏/显示特征，且不装入/装入内存	
删除	零件中删除特征（不可恢复）	
更改顺序	更改特征要素先后顺序	单击设计树中的特征名并拖动定位（不能改变具有父子关系的特征位置）
插入特征（回退）	暂时隐藏回退棒之后的特征，以便插入特征	在设计树中拖动回退棒（设计树底线）
重命名	对特征树中的特征或草图进行重命名，以便于理解	在设计树中单击特征或草图项，输入新名称

【例1.5】拉伸特征建模综合练习。建立如图1.88所示的阀体零件的三维模型。

(1) 启动SolidWorks，选择"文件"→"新建"→"零件"命令，确定进入绘图环境，单击将零件存盘为"阀体.sldprt"。

(2) 首先绘制如图1.89所示的图形。

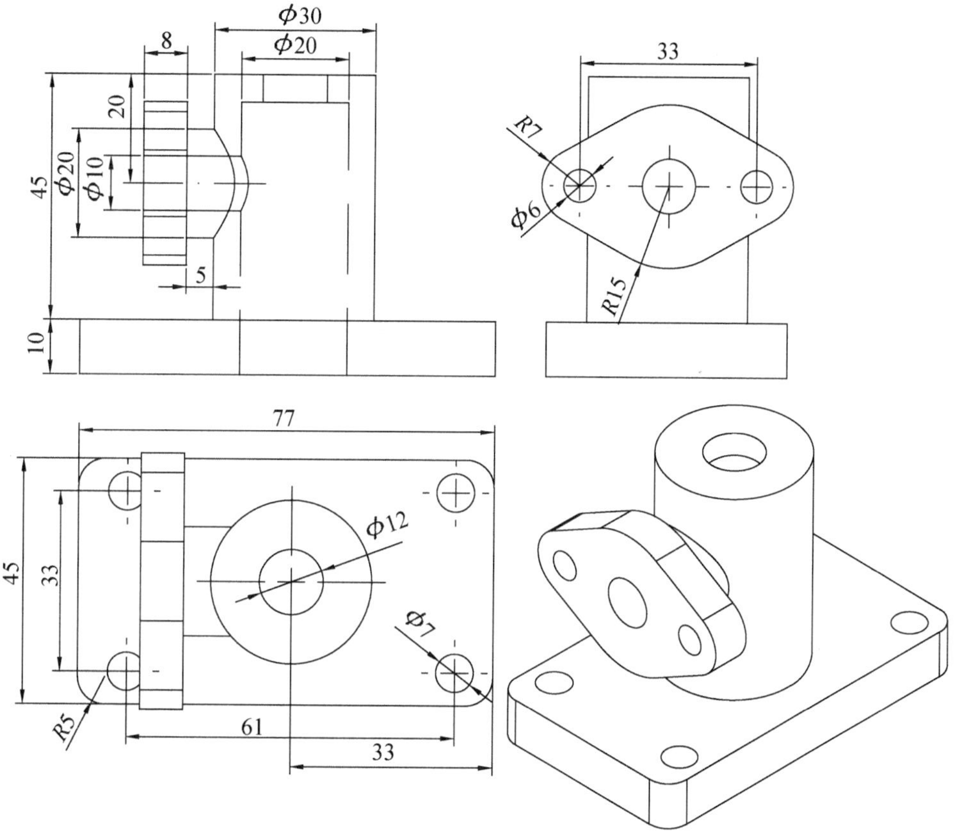

电梯零部件设计基础　第一章

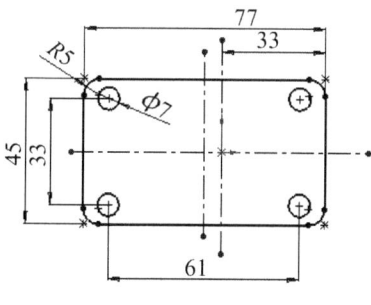

图1.88　阀体的草图

图1.89　阀体草图1

（3）在屏幕左边设计树中选择"上视基准面"，单击"标准视图"工具栏中的 。

69

单击"草图绘制"按钮，进入草图绘制方式，选择下拉菜单"工具"→"草图绘制实体"→"矩形"命令，或从"草图"工具条中单击图标，绘制草图；然后选择下拉菜单"工具"→"草图绘制实体"→"中心线"命令，或从"草图"工具条中单击图标，画出中心对称线，注意确定原点的位置。

选择下拉菜单"工具"→"草图绘制实体"→"圆"命令，或从"草图"工具条中单击图标，在矩形的一个角处绘制一个圆；选择下拉菜单"工具"→"草图绘制工具"→"镜向"命令，或从"草图"工具条中单击图标，出现如图1.90①所示的图形，在"要镜向的实体"框里面选择"圆弧1"，在"镜向点"框里面选择"直线6"，单击按钮；继续做镜向，这次选择两个圆实体，"镜向点"选择垂直的中心线，单击按钮。按住Ctrl键，分别单击矩形的上下两条边线和水平中心线，出现属性管理器，在"添加几何关系"里面单击"对称"，如图1.90②所示单击按钮后，继续按住Ctrl键，选择矩形的两条竖线和左边中心线，做对称；选择下拉菜单"工具"→"草图绘制工具"→"圆角"命令，或从"草图"工具条中单击图标，在属性管理器中，输入半径5，如图1.90③所示，然后分别单击矩形的角的两条边线，做出圆角；选择下拉菜单"工具"→"标注尺寸"→"智能尺寸"命令，或从"草图"工具条中单击图标，标注尺寸如图1.89所示。

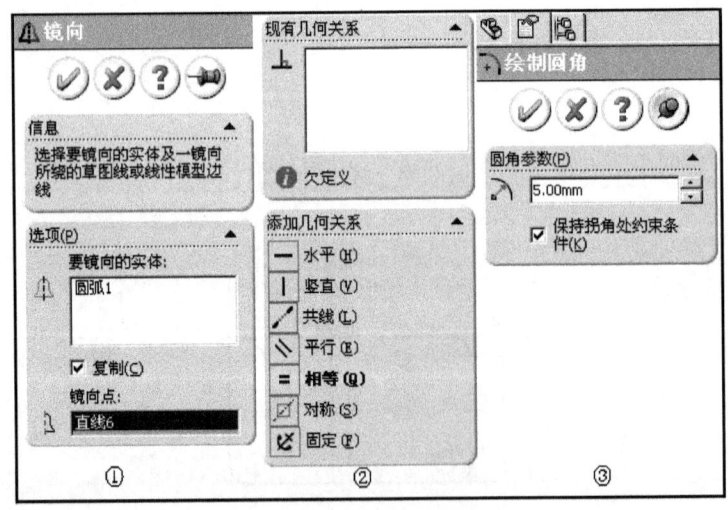

图1.90 属性管理器

（4）选择"插入"→"凸台/基体"→"拉伸"命令，或单击"特征"工具栏中"拉伸"按钮，参数设置如图1.91所示，单击按钮，这样就可以得到底板。

(5) 选择零件的上表面,单击"草图绘制"按钮,在控制区单击"上视",然后单击"正视于"按钮,选择下拉菜单"工具"→"草图绘制实体"→"圆"命令,或从"草图"工具条中单击⊙图标,选择原点作为圆心,绘制圆,选择下拉菜单"工具"→"标注尺寸"→"智能尺寸"命令,或从草图工具条中单击◇图标,标注尺寸如图1.92所示。

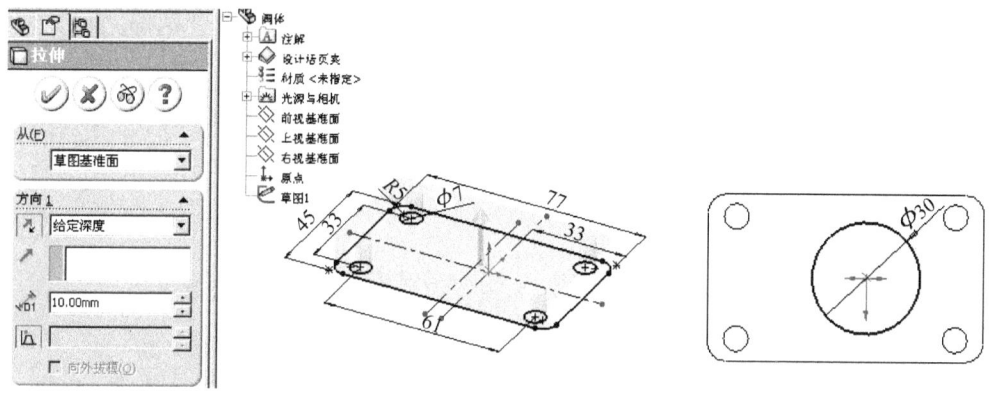

图1.91　阀体拉伸特征1　　　　　　图1.92　阀体草图2

(6) 选择"插入"→"凸台/基体"→"拉伸"命令,或单击"特征"工具栏中"拉伸"按钮,参数设置如图1.93所示,单击按钮。

(7) 选择"右视基准面",先单击"正视于"按钮,再单击"草图绘制"按钮,绘制草图3,如图1.94所示。

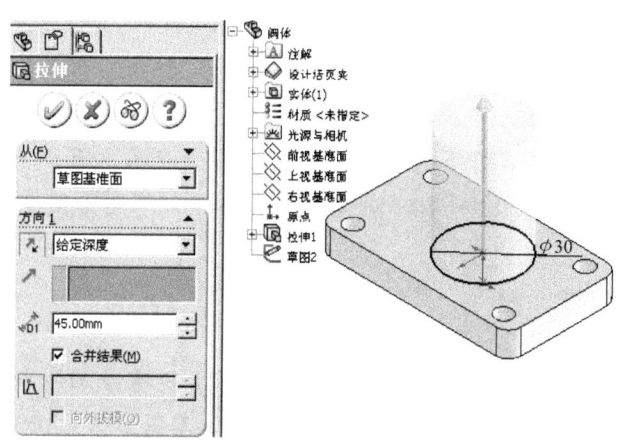
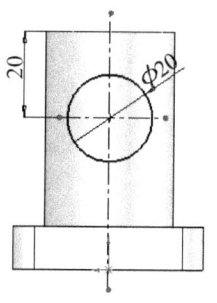

图1.93　阀体拉伸特征2　　　　　　图1.94　阀体草图3

(8) 选择"插入"→"凸台/基体"→"拉伸"命令,或单击"特征"工具栏中"拉伸"按钮,参数设置如图 1.95 所示,注意单击给定深度前面的按钮,确定拉伸的方向,单击按钮。

(9) 选择刚才拉伸的圆柱左上表面,单击"草图绘制"按钮,选择"右视基准面",单击"正视于"按钮,绘制草图如图 1.89 所示。单击控制区的拉伸 3 前面的加号,出现草图 3,右击,在快捷菜单中选择"显示"选项,过圆心做垂直的中心线,然后做圆和圆弧,可以利用镜向来做,标注尺寸,做直线,然后利用"添加几何关系"按钮,将直线和圆弧相切。选择"工具"→"草图绘制工具"→"剪裁"命令,或单击"草图绘制"工具栏中"剪裁实体"按钮,将多余的线段删除,即可得到图 1.96 所示的草图 4。

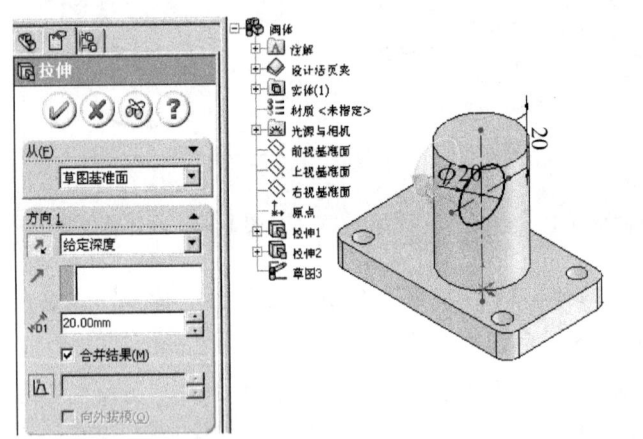
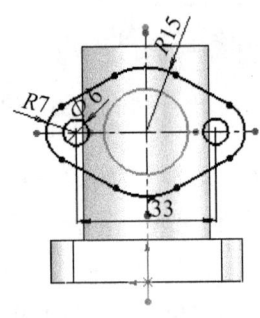

图 1.95　阀体拉伸特征 3　　　　图 1.96　阀体草图 4

(10) 选择"插入"→"凸台/基体"→"拉伸"命令,或单击"特征"工具栏中"拉伸"按钮,参数设置如图 1.97 所示,单击按钮。

(11) 选择竖立圆柱上表面,单击"草图绘制"按钮,选择上视基准面,单击"正视于"按钮,绘制一个直径为 12 mm 的圆,圆心和原点重合,草图如图 1.98 所示。

(12) 选择"插入"→"切除"→"拉伸"命令,或单击"特征"工具栏中"拉伸切除"按钮,参数设置如图 1.99 所示,单击按钮。

(13) 选择底板的下表面,单击"草图绘制"按钮,选择上视基准面,单击"正视于"按钮,绘制一个直径为 20 mm 的圆,圆心和原点重合,草图如图 1.100 所示。

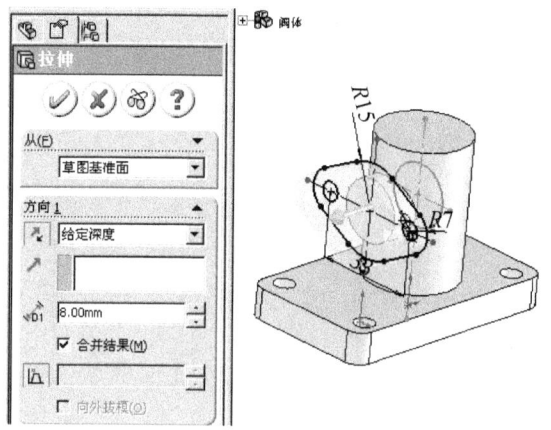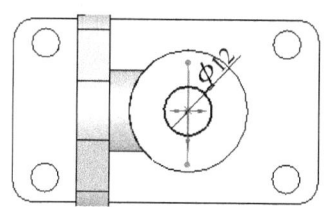

图 1.97　阀体拉伸特征 4　　　　　　图 1.98　阀体草图 5

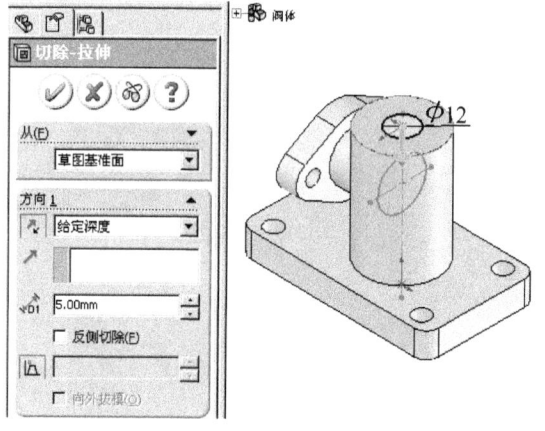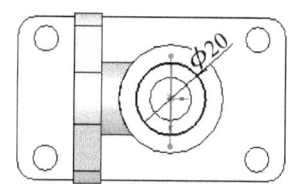

图 1.99　阀体拉伸切除特征 1　　　　图 1.100　阀体草图 6

（14）选择"插入"→"切除"→"拉伸"命令，或单击特征工具栏中"拉伸切除"按钮，参数设置如图 1.101 所示，单击按钮。

（15）选择阀体法兰表面，单击"草图绘制"按钮，选择右视基准面，单击"正视于"按钮，绘制一个直径为 10 mm 的圆，圆心和草图 3 圆心重合，草图如图 1.102 所示。

（16）选择"插入"→"切除"→"拉伸"命令，或单击"特征"工具栏中"拉伸切除"按钮，参数设置如图 1.103 所示，"方向 1"选择：成形到一面，"面/平面"选择：阀体的底面，然后单击按钮，即可得到图 1.104 所示的图形。

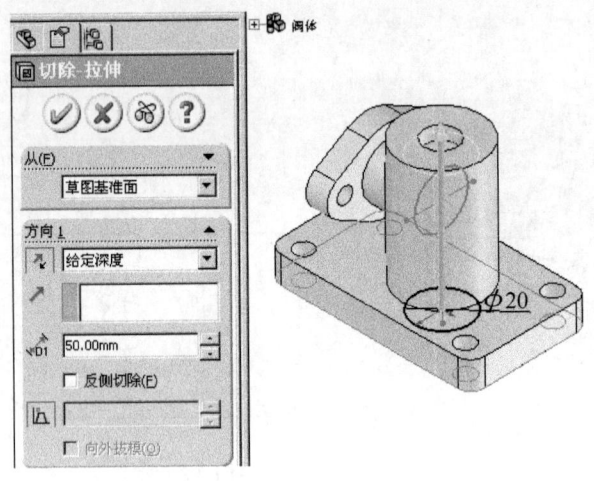
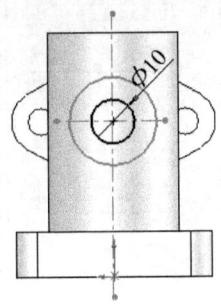

图1.101　阀体拉伸切除特征2　　　　　图1.102　阀体草图7

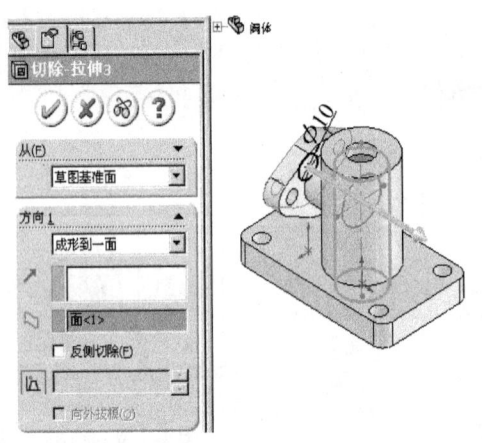

图1.103　阀体拉伸切除特征3　　　　　图1.104　阀体

【例1.6】旋转特征练习。应用旋转特征创建轮三维模型（图1.105）。

建模分析：建立模型时，应先创建旋转凸台特征，后创建切除特征，此模型的建立将分为 A→B 两部分完成（图1.106）。

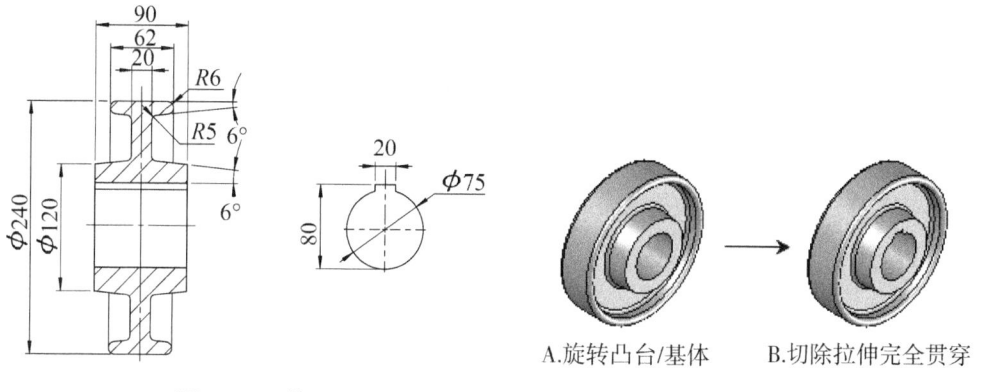

图 1.105　轮　　　　　　　　　　　图 1.106　建模分析

建模步骤如下：

（1）新建文件。选择下拉菜单"文件"→"新建"命令，在"新建"对话框中单击"零件"图标，单击"确定"。

（2）A 部分。在 FeatureManager 设计树中选择"上视基准面"，单击"草图"工具栏上的"草图绘制"按钮，进入草图绘制，绘制如图 1.107 所示的草图。

单击"特征"工具栏上的"旋转凸台/基体"按钮，出现"旋转"属性管理器，在"旋转轴"选择"直线2"，在"旋转类型"下拉列表框内选择"单向"选项，在"角度"文本框内输入"360"（图 1.108），单击"确定"按钮。

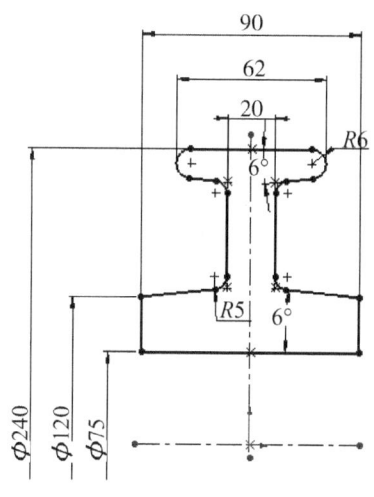

图 1.107　草图

 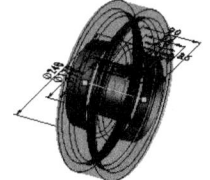

图 1.108　旋转特征

(3) B 部分。在 FeatureManager 设计树中选择"右视基准面",单击"草图"工具栏上的"草图绘制"按钮，进入草图绘制,绘制如图 1.109 所示的草图。

单击"特征"工具栏上的"拉伸切除"按钮，出现"切除-拉伸"属性管理器,在"开始条件"下拉列表框内选择"草图基准面"选项,在"终止条件"下拉列表框内选择"完全贯穿"选项,选中"方向2"复选框,在"终止条件"下拉列表框内选择"完全贯穿"选项（图 1.110）,单击"确定"按钮。

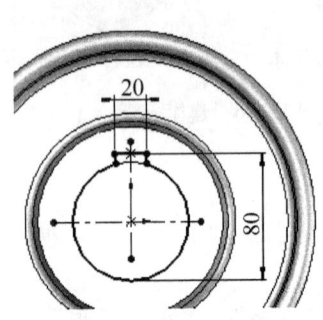

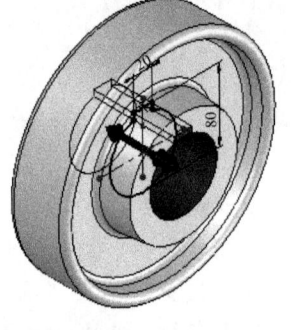

图 1.109　草图　　　　　　　　　图 1.110　切除拉伸特征

【例 1.7】 特征建模综合练习。应用特征建模方法创建支架模型（图 1.111）。

建模分析：建立模型时,应先创建凸台特征,后创建切除特征,添加附加特征。此模型的建立将分为 A→B→C→D→E→F 六部分完成（图 1.112）。

建模步骤如下：

新建零件。选择下拉菜单"文件"→"新建"命令,在"新建"对话框中单击"零件"图标,单击"确定"。

(1) A 部分。在 FeatureManager 设计树中选择"上视基准面",单击"草图"工具栏上的"草图绘制"按钮，进入草图绘制,绘制如图 1.113 所示的草图。

单击"特征"工具栏上的"拉伸凸台/基体"按钮，出现"拉伸"属性管理器,在"开始条件"下拉列表框内选择"草图基准面"选项,在"终止条件"下拉列表框内选择"给定深度"选项,在"深度"文本框内输入"7",激活"所选轮廓"列表框,在绘图区选择底座草图,在"所选轮廓"中出现"草图1-轮廓<1>"（图 1.114）,单击"确定"按钮。

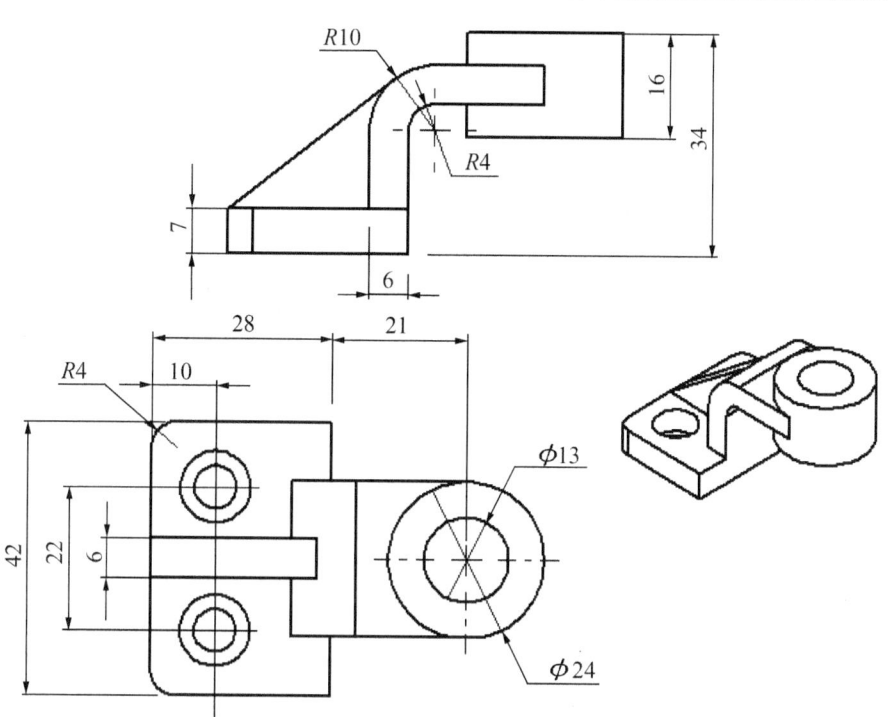

图 1.111 支架

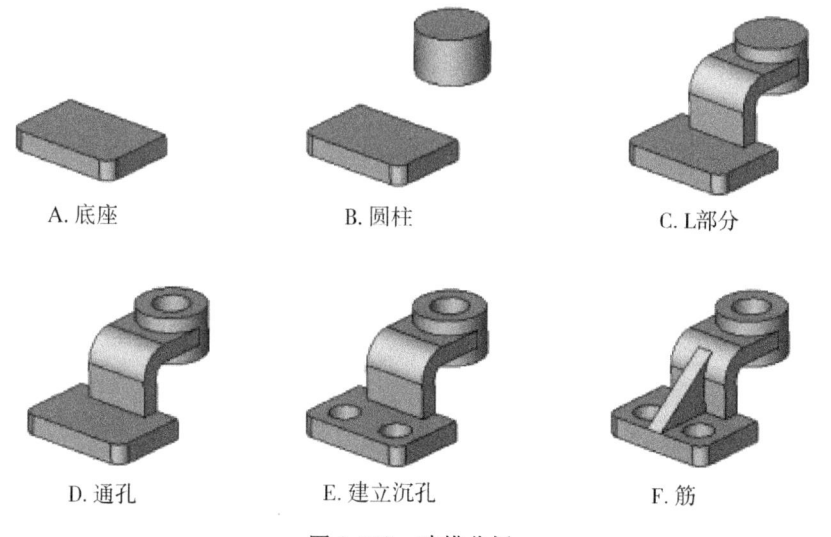

图 1.112 建模分析

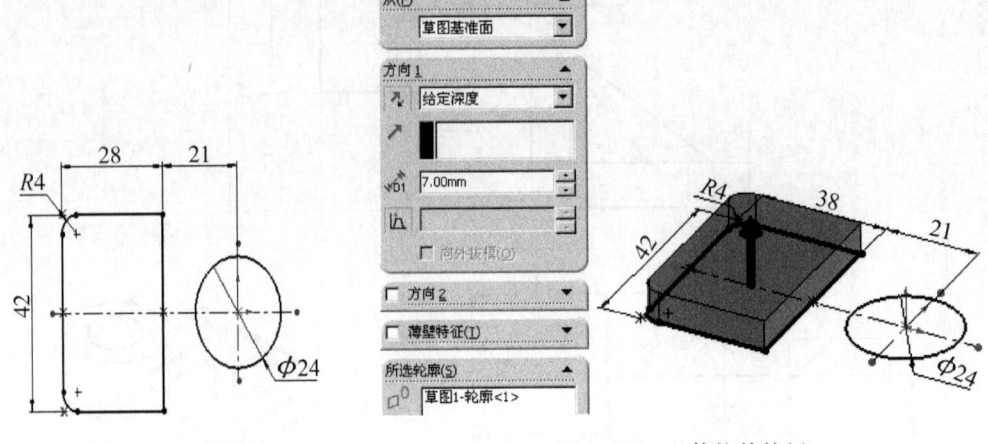

图1.113　草图　　　　　　　　图1.114　基体拉伸特征

(2) B部分。在FeatureManager设计树中选择"草图1"，单击"特征"工具栏上的"拉伸凸台/基体"按钮，出现"拉伸"属性管理器，在"开始条件"下拉列表框内选择"等距"选项，在"等距值"文本框内输入"34"，在"终止条件"下拉列表框内选择"给定深度"选项，在"深度"文本框内输入"16"，单击"方向"按钮，激活"所选轮廓"列表框，在绘图区选择圆柱草图，在"所选轮廓"中出现"草图1－轮廓<1>"（图1.115），单击"确定"按钮。

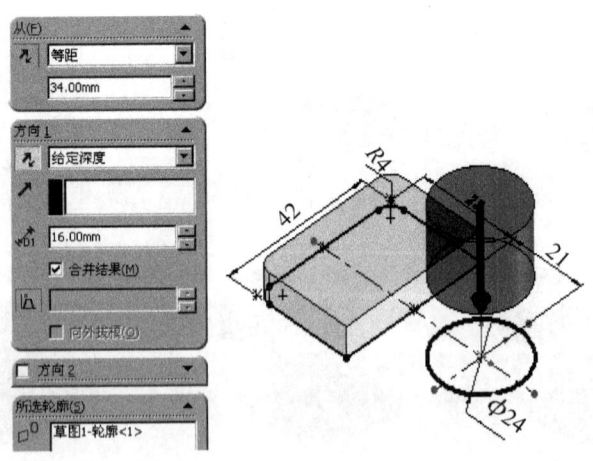

图1.115　拉伸特征

(3) C部分。在FeatureManager设计树中选取"前视基准面"，单击"草图绘制"按钮，进入草图绘制，绘制草图（图1.116）。

单击"特征"工具栏上的"拉伸凸台/基体"按钮,出现"拉伸"属性管理器,在"终止条件"下拉列表框内选择"两侧对称",在"深度"文本框内输入"24"(图1.117),单击"确定"按钮。

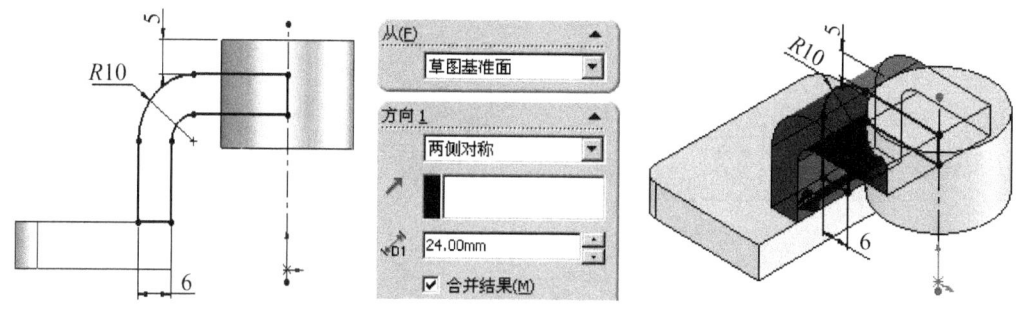

图1.116 草图　　　　　　　　　　图1.117 拉伸特征

(4) D部分。选取圆柱上表面为基准面,单击"草图绘制"按钮,进入草图绘制,绘制草图(图1.118)。

单击"特征"工具栏上的"拉伸切除"按钮,出现"切除-拉伸"属性管理器,在"终止条件"下拉列表框内选择"完全贯穿"(图1.119),单击"确定"按钮。

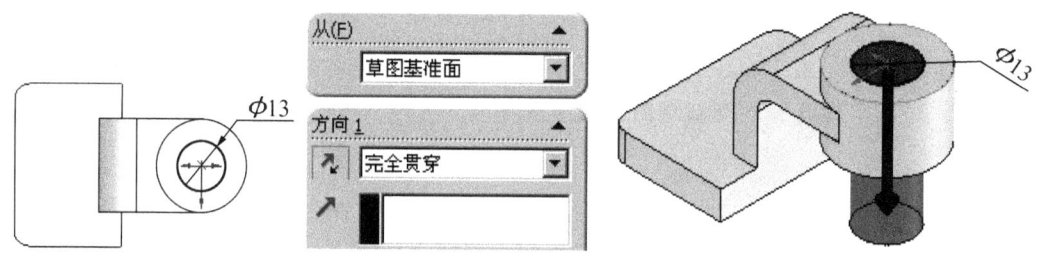

图1.118 草图　　　　　　　　　　图1.119 拉伸切除特征

(5) E部分。单击"特征"工具栏上的"异形孔向导"按钮,出现"孔规格"属性管理器,单击"类型"选项卡,在"标准"下拉列表框内选择"ISO",在螺纹"类型"下拉列表框内选择"六角凹头 ISO 4762",在"大小"下拉列表框内选择"M6",在"终止条件"下拉列表框内选择"完全贯穿",单击"位置"选项卡,在凸台端面初选沉孔的位置(图1.120),单击"确定"按钮。

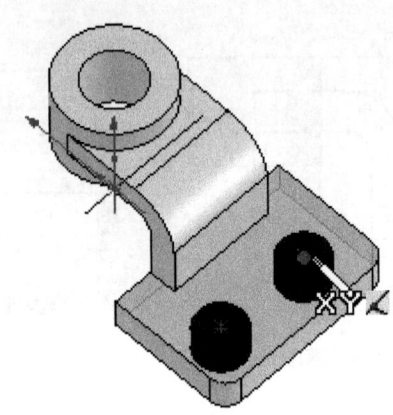

图1.120 绘制异形孔

在FeatureManager设计树中单击新建"M6 六角凹头螺钉的柱形沉头孔1"前面的符号,展开特征包含的定义。右击"3D草图1",从快捷菜单中选择"编辑草图"命令,在草图编辑状态下,添加尺寸,确定孔的位置(图1.121),单击"重建模型"按钮。

(6)F部分。在FeatureManager设计树中选取"前视基准面",单击"草图绘制"按钮,进入草图绘制,绘制草图(图1.122)。

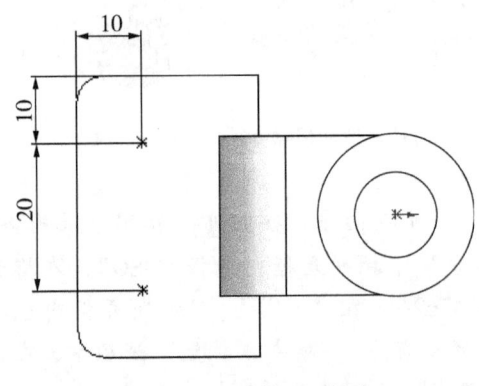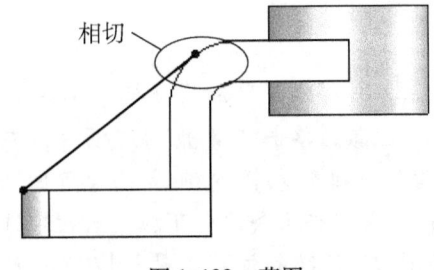

图1.121 编辑3D草图   图1.122 草图

单击"特征"工具栏上的"筋"按钮，出现"筋"属性管理器，在"筋厚度"文本框内输入"6"，单击"两侧"按钮，在"拉伸方向"上单击"平行于草图"按钮（图1.123），单击"确定"按钮。

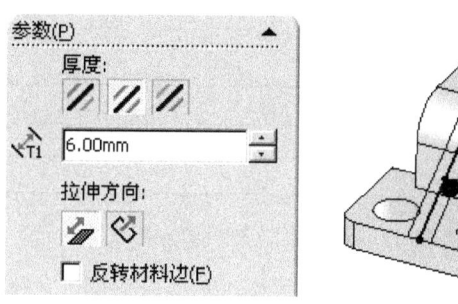

图1.123 "筋"特征

【练习】完成如下图形（图1.124至图1.128）的三维图绘制。

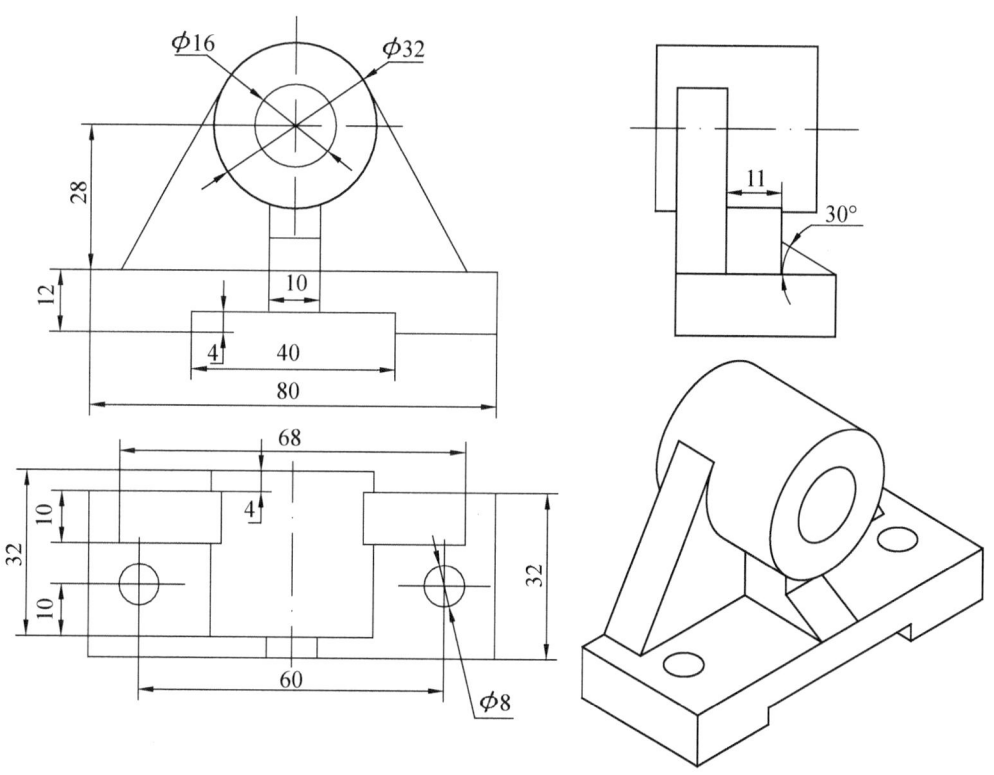

图1.124 平面连杆机构底座

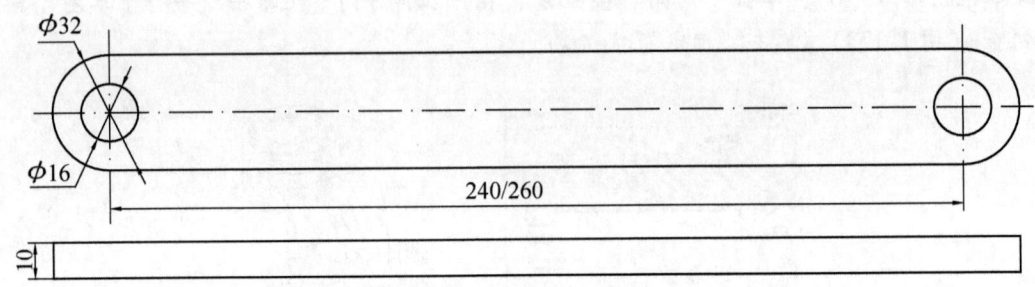

图 1.125　平面连杆机构连杆

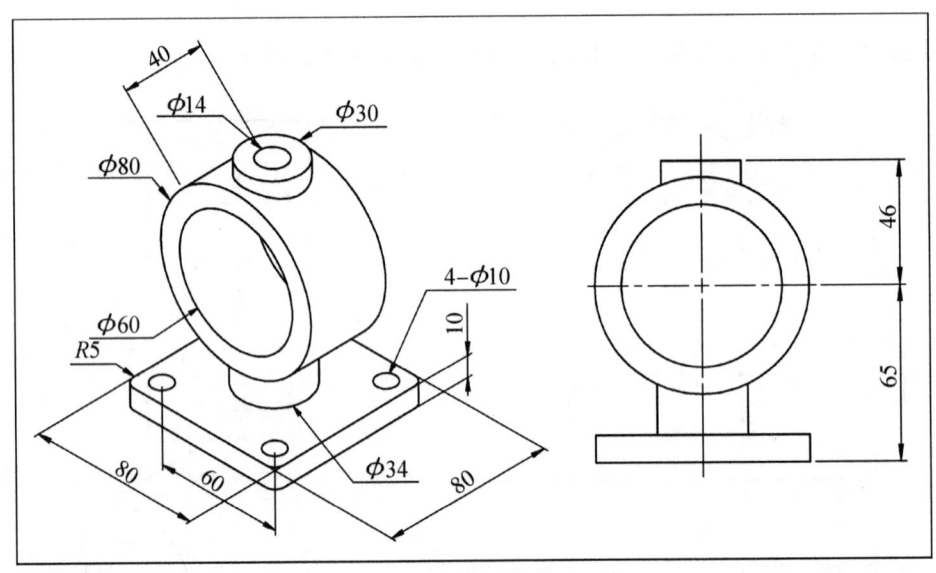

图 1.126　支架

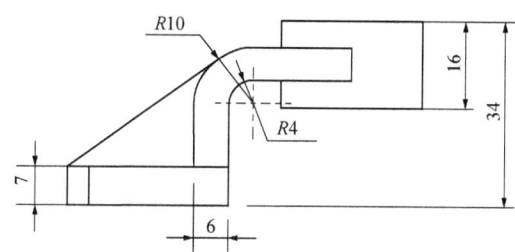

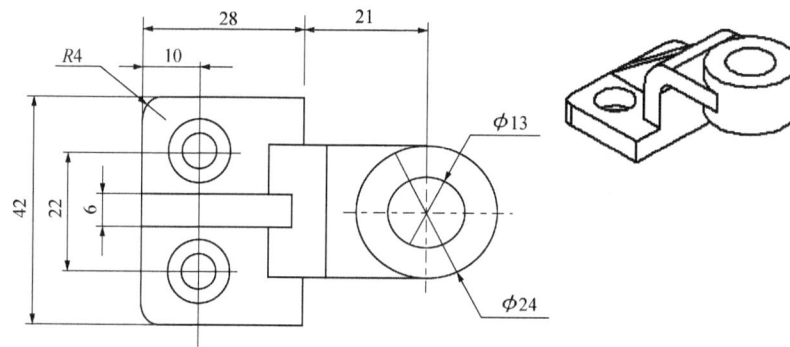
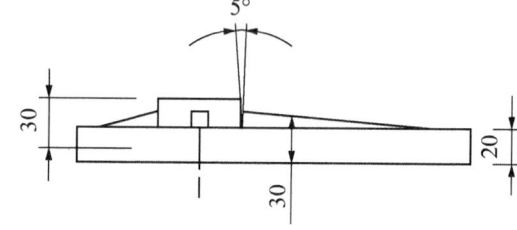
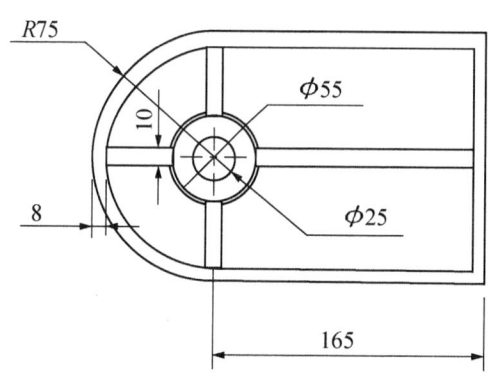
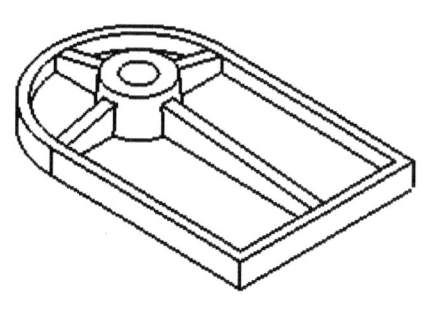

图 1.128　底座

（五）SolidWorks 装配体建模

装配体是将已经完成的各个独立的零部件，根据预先的设计要求装配成为一个完整的装配体，其扩展名为.sldasm。它表达的是部件（或机器）的工作原理和装配关系，将所需的零件全部绘制完成，并分别保存之后，就可以把这些零件按着一定的相对位置逐一装配起来，以验证相关的设计尺寸是否正确无误，零部件之间是否有干涉，或者外观造型是否达到预期的效果。必要时可以对零件进行适当的修改，并可以制作爆炸视图，这在进行设计、装配、检验、安装和维修过程中都是非常重要的。

复杂的装配体可以包括独立的零件和其他装配体（子装配体），可以将大型的装配体拆分成若干个子装配体，根据零部件的具体特征按着由内到外、由上到下或由下到上的原则进行装配，然后再将子装配体进行装配。当一个零部件（单个零件或子装配体）放入装配体中时，这个零部件文件会与装配体文件链接，对零部件文件所进行的任何改变都会更新装配体。

【例1.8】平面四杆机构的装配过程。

以图1.124及图1.125所创建的零件为例，介绍构建平面四杆机构装配体。

1. 创建装配体，插入第一个零件。

（1）选择菜单栏中的"文件"→"新建"命令，将出现"新建SolidWorks文件"对话框（图1.129）。

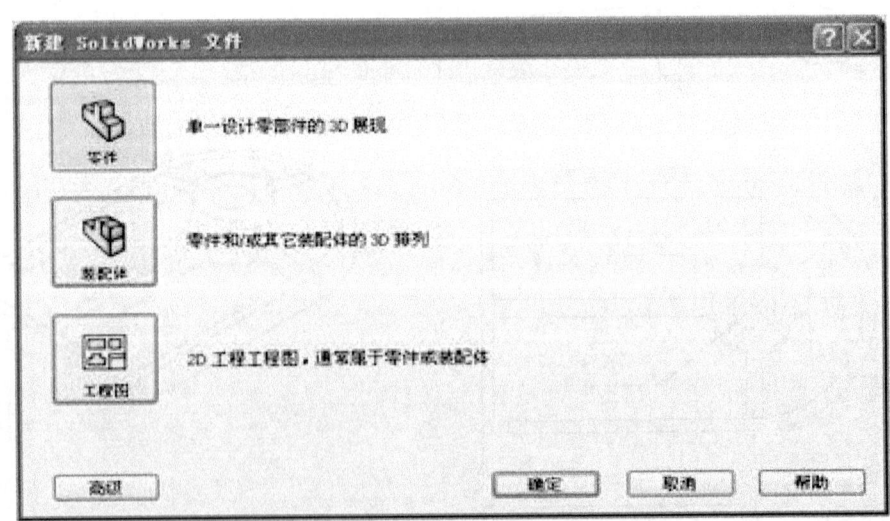

图1.129 "新建SolidWorks文件"对话框

(2) 在"新建 SolidWorks 文件"对话框中内选择装配体图标, 单击"确定"按钮后即进入装配体制作界面(图 1.130)。

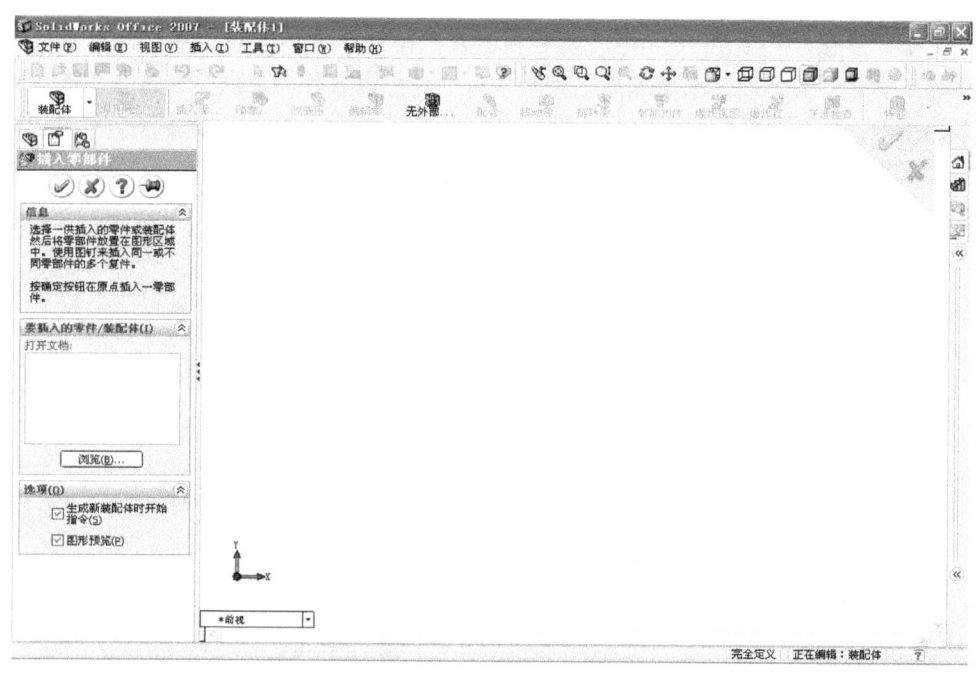

图 1.130 装配体制作界面

装配体制作界面与零件的制作界面基本相同,特征管理器中出现一个配合组,在工具栏中出现"装配体"工具栏(图 1.131),对"装配体"工具栏的操作与前面介绍的工具栏操作相同。

图 1.131 "装配体"工具栏

(3) 选择菜单栏中的"插入"→"零部件"→"现有零件/装配体"命令,或者选择"装配体"工具栏中的按钮,出现"插入零部件"PropertyManager 设计树(图 1.132)。

单击"插入零部件"PropertyManager 设计树下"要插入的零件/装配体"面板下的

"浏览"按钮,出现"打开"对话框,在对话框右上方可以对零件形成预览。

(4)选择一个零件作为装配体的基准零件,导入一个装配体中的固定件,单击"打开"按钮,打开零件后,鼠标箭头旁会出现一个零件图标。一般固定件放置在原点,单击"视图"→"原点"将原点显示出来,在窗口中合适的位置让零件原点与装配体原点重合放置零件,在原点处单击插入该零件。以零件和装配体的原点重合方式固定第一个零件,并且第一个零件的各默认基准面将与装配体默认的各基准面对齐。此时特征管理器中的该零件前面会自动加有"🗞(固定)"标志(图1.133),表明其已定位。

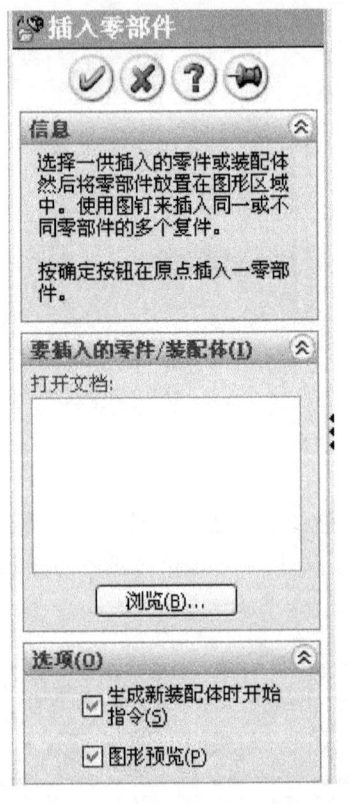

图1.132 "插入零部件"设计树

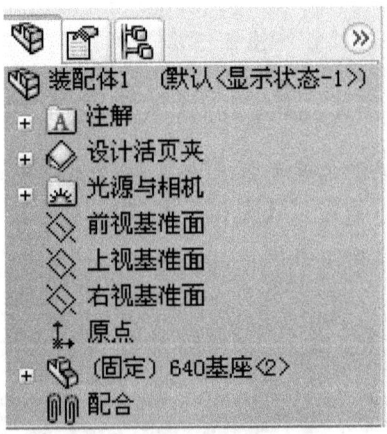

图1.133 特征管理器

(5)在装配体编辑窗口,将基准零件调整视图为"等轴测",即可得到导入零件后的界面(图1.134)。

另外,在编辑零件状态,单击"标准"工具栏中的 🗞 (从零件/装配体制作装配体)按钮,也可以进入装配体制作界面。当将一个零部件(单个零件或子装配体)放入装配体中时，这个零部件文件会与装配体文件链接，虽然零部件出现在装配体中，但零部件的数据还保存在源零部件文件中，对零部件文件所进行的任何改变都会更新装配体。

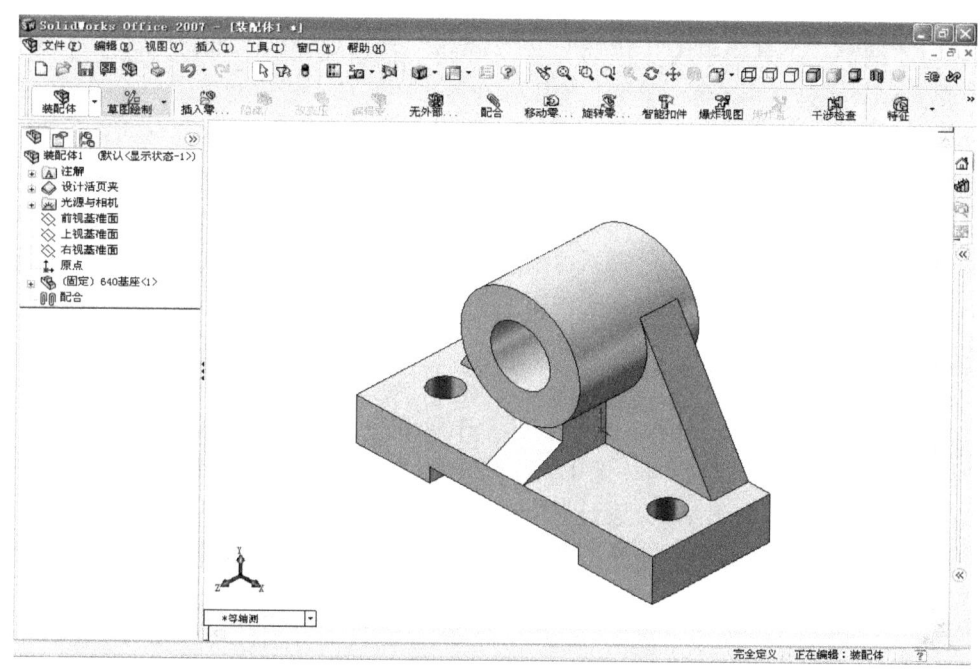

图 1.134　导入零件后的界面

2. 插入其他装配零件

制作装配体需要按照装配的过程，依次插入相关零件。

（1）在"插入零部件"PropertyManager 设计树中选择"浏览"按钮，出现"打开"对话框。在该对话框中选择要插入的零件，零件可放置在要配合的零件附近（图1.135）。

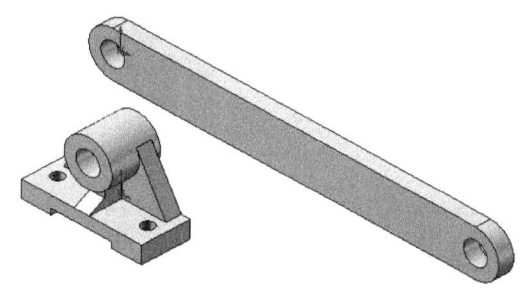

图 1.135　插入曲柄

(2)此时使用"装配体"工具栏的"移动零件"按钮 和"旋转零件"按钮 ,可以移动新插入的零件,以便放置到合适的位置。此处"移动零件"按钮 和"旋转零件"按钮 只对其他零件(如此处的曲柄)起作用,对固定零件(基座)不起作用,因为固定零件在导入时已经被固定到原点,而此时其他零件尚未定位。值得注意的是,"编辑"工具栏中的"移动"和"旋转"按钮对固定零件和其他零件都起作用,它们是调整图形的视角,整个装配体随着原点一起移动或旋转以改变视图的方向。

(3)接着按照装配的过程,用同样的方法导入其他零件。

此外,还有很多种方法可以将零部件添加到一个新的或现有的装配体中:①从一个打开的文件窗口中拖动;②从特征管理器中拖动;③在装配体中拖动以增加现有零部件的实例;④从任何窗格中的文件探索器拖动;⑤从Internet Explorer中拖动超文本链接;⑥从任何窗格中的设计库中拖动;⑦使用"插入"→"智能扣件"来添加螺栓、螺钉、螺母、销钉、垫圈等。

3. 进行零件定位配合

进行零件配合时,需要单击"配合"工具栏中的"配合"按钮 ,此时会出现"配合"PropertyManager设计树(图1.136),建立装配体文件时常用的几种配合方法都出现在"配合"PropertyManager设计树中。其中各选项的含义如下所述。

(1)"配合选择"面板。选择想要配合在一起的面、边线、基准面等,被选择的选项出现在其后的选项面板中。

(2)"标准配合"面板(图1.137)。标准配合面板下有重合、平行、垂直、相切、同轴心、距离和角度等配合类型。所有配合类型会始终显示在PropertyManager设计树中,但只有适用于当前选择的配合才可供使用。

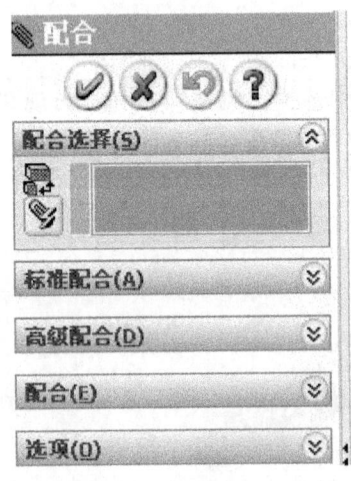

图1.136 "配合"设计树

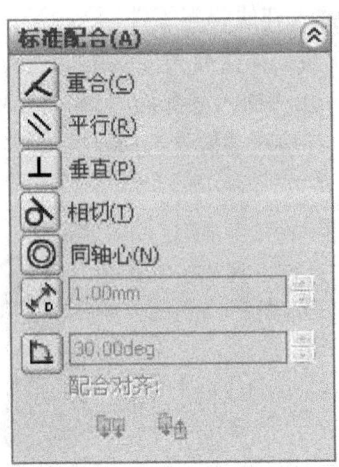

图1.137 "标准配合"面板

重合配合：该配合会将所选择的面、边线及基准面（它们之间相互组合或与单一项组合）重合在一条无限长的直线上，或将两个点重合，定位两个顶点使它们彼此接触。重合配合效果如图 1.138 所示。

平行配合：所选的项目会保持相同的方向，并且相互保持相同的距离。

垂直配合：该配合会将所选项目以 90°相互垂直配合，如两个所选的面垂直配合，配合效果如图 1.139 所示。

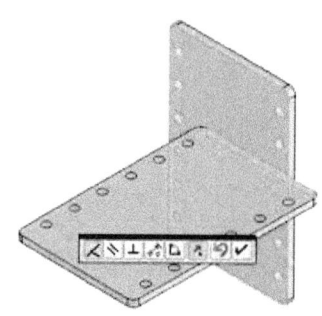
图 1.138　重合配合效果

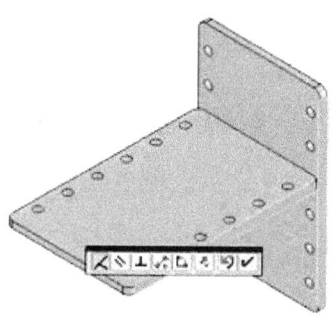
图 1.139　垂直配合效果

相切配合：所选的项目会保持相切，至少有一选择项目必须为圆柱面、圆锥面或球面。

同轴心配合：该配合会将所选的项目位于同一中心点上。

距离配合：所选的项目之间会保持指定的距离。单击此按钮，利用输入的数据确定配合件的距离。配合时必须在"配合"PropertyManager 设计树的距离框中键入距离值。默认值为所选实体之间的当前距离。距离配合效果如图 1.140 所示。

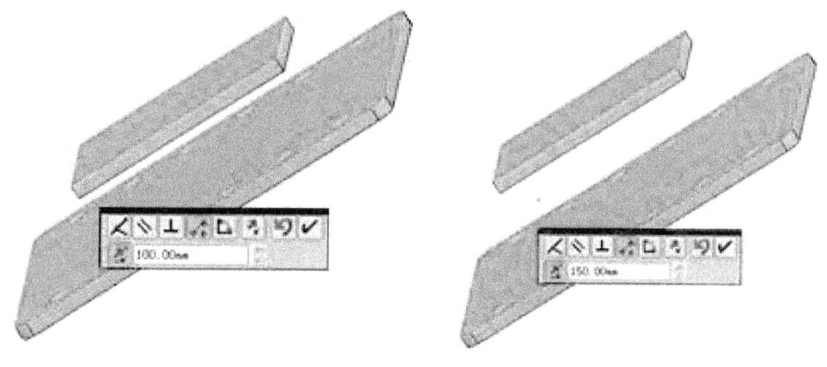
图 1.140　设置不同的距离值效果

角度配合：该配合会将所选项目以指定的角度配合。单击此按钮，则可输入一定的角度以便确定配合的角度。

（3）"高级配合"面板。"高级配合"面板（图1.141）下有对称、凸轮、宽度、齿轮、齿条小齿轮、距离和角度等配合类型，可以根据需要切换配合对齐。

（4）"配合"面板（图1.142）。配合框包含 PropertyManager 设计树打开时添加的所有配合，或正在编辑的所有配合。当配合框中有多个配合时，可以选择其中一个进行编辑。如果要同时编辑多个配合，则要在设计树中选择多个配合，然后右击并选择编辑特征，所有配合即会出现在配合框中。

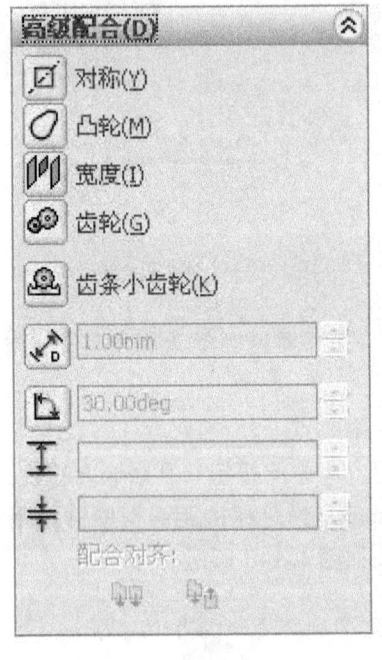

图1.141　"高级配合"面板

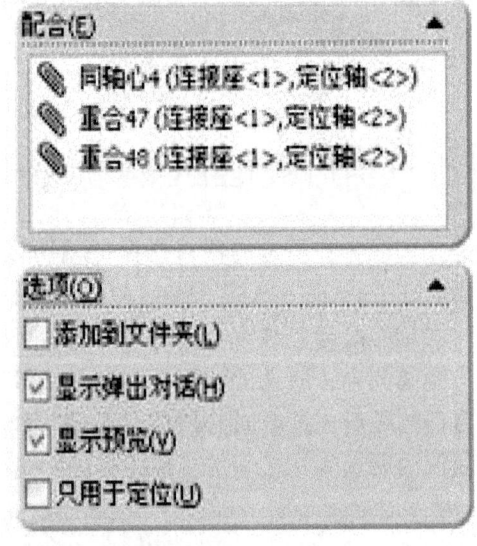

图1.142　"配合"与"选项"面板

（5）"选项"面板（图1.142）。

"添加到文件夹"复选框：选择该选项后，新的配合会出现在特征管理器中的配合组文件夹中。清除该选项后，新的配合会出现在配合组中。

"显示弹出对话"复选框：选择该选项后，当添加标准配合时会出现"配合"弹出工具栏。清除该选项后，需要在 PropertyManager 设计树中添加标准配合。

"显示预览"复选框：选择该选项后，在为有效配合选择了足够对象后便会出现配合预览。

"只用于定位"复选框:选择该选项后,零部件会移至配合指定的位置,但不会将配合添加到特征管理器中。

为了有一个比较直观的参考,下面简单介绍平面四杆机构装配的具体过程:

(1) 通过移动和旋转,找到要装配的曲柄与固定基座配合的面。单击"配合"工具栏中的"配合"按钮,会出现"配合"PropertyManager 设计树。

(2) 选择基座圆孔的内侧面和曲柄的内侧面(图 1.143),所选基座和曲柄的面都被列在所选项目方框中,同时会出现"配合"弹出工具栏。

(3) 此时在"配合"弹出工具栏中,"同轴心"按钮已经处于按下的选择状态(这是系统默认的状态,可以选择其他配合状态),并且两个配合面也处在默认的重合状态。

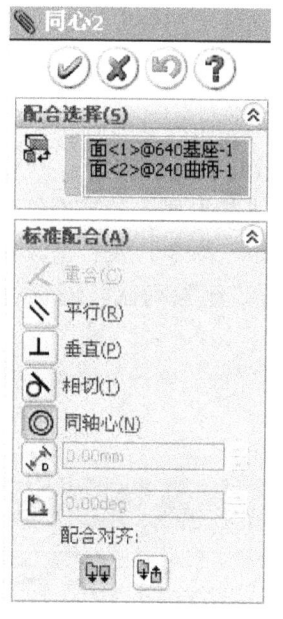
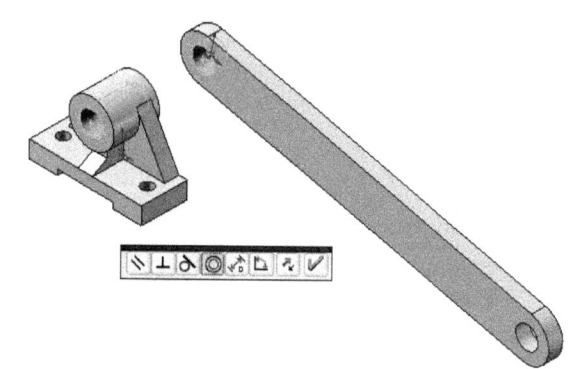

图 1.143 选择需要配合的面

(4) 单击"确定"按钮,两个平面的配合关系即可确定。

(5) 装配过程中还要对基座和曲柄进行重合定位,继续设置"配合选项"面板的内容,此时默认配合为重合,预览效果如图 1.144 所示。

(6) 如果配合正确,单击"确定"按钮。单击"关闭"按钮,退出零件配合状态。在配合过程中,可以利用"移动零件"按钮和"旋转零件"按钮移动或旋转零件。

用同样的方法可以按照装配顺序依次装入其他零件,得到最终的装配效果(图 1.145),这样就完成了一个装配体的装配过程。

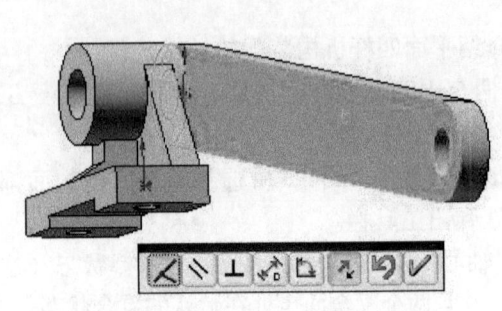

图 1.144 两个平面重合配合

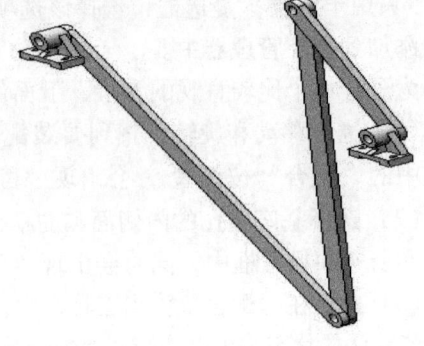

图 1.145 最终零件装配效果

4. 删除配合和装配零件

如果想要删除某种配合，只要在特征管理器中选择其名称，并右击，在弹出的快捷菜单中选择"删除"命令，或按 Del 键即可。

如果想要从装配体中删除零部件，可以按下面的步骤进行：

（1）在装配体的图形区域或 FeatureManager 设计树中单击想要删除的零部件。

（2）按 Delete 键，或选择菜单栏中的"编辑"→"删除"命令，或右击，在弹出的快捷菜单中选择"删除"命令（图 1.146），此时会出现"删除确认"对话框（图 1.147）。

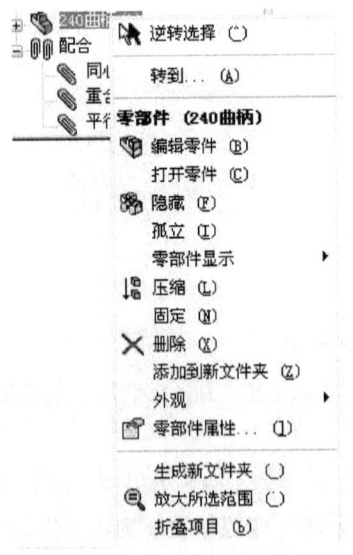

图 1.146 右键快捷菜单

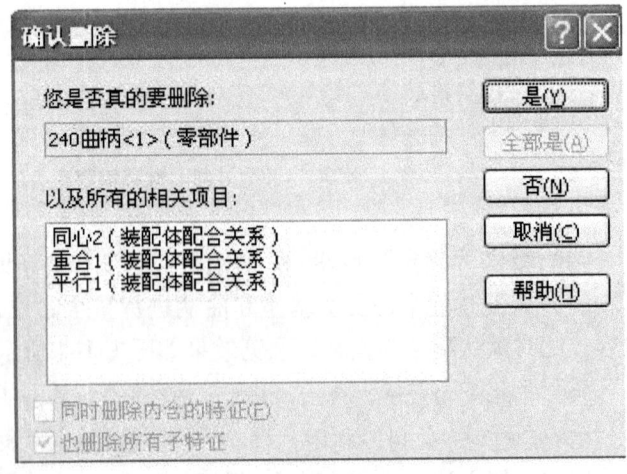

图 1.147 "删除确认"对话框

（3）单击对话框中"是"按钮以确认删除。此零部件及其所有相关项目（配合、零部件阵列、爆炸步骤等）都会被删除。

任务1　电梯井道布置图的分析与绘制

任务1　电梯井道布置图的分析与绘制任务书

一、任务目标

1．知识目标：

（1）掌握电梯井道图的组成及识图方法、电梯井道图的绘图方法和步骤。

（2）掌握草图、实体、装配体的绘图方法和步骤，绘制三维井道图。

（3）掌握 GB/T 7025—2008《电梯主参数及轿厢、井道、机房的型式与尺寸》的要求。

2．能力目标：

（1）能操作 AutoCAD 软件。

（2）能操作 SolidWorks 软件。

（3）能运用设计资料（标准、手册、图册）进行技术分析，完成简单的子项设计任务。

3．素质目标：

（1）树立正确的设计思想，养成依照行业标准、规范，按章设计、使用的安全意识。

（2）通过项目训练培养职业技能，形成善于思考、勤奋好学的学习风气，养成严谨的科学态度、良好的职业道德和敬业精神。

（3）通过项目组共同完成任务培养团队精神和合作意识。

（4）培养学生的创新精神和实践能力。

二、任务内容

完成 8 层 8 站电梯井道三维模型的绘制及装配（图1.148）。进行杂货电梯的井道布置图的设计，包括：

（1）电梯井道立面图的提升高度、顶层高度、窗口高度、门洞高度、开门高度、检修门高度的设计。

（2）电梯井道平面图的井道深度、井道宽度、门洞宽度、开门宽度的设计。

（3）顶层立面图的检修门宽度、机房尺寸等的设计，同时标明对应项目名称、设备号以及电梯的主要技术参数。

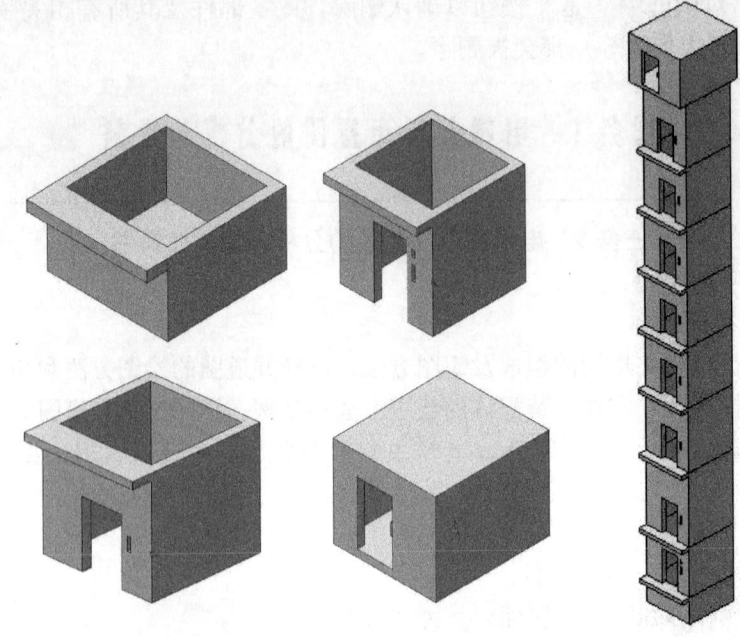

图 1.148　8 层 8 站电梯井道三维模型的绘制及装配示例

三、任务要求

1. 在教师指导下，按时、按量、保质完成全部设计。图纸命名形式为图纸名+（姓名）。图纸命名形式示例：2 层站（张三）.sldprt。

2. 学生间可以相互讨论、协助，但必须独立完成，每人交一份井道布置图和一份井道三维图（全部零件及装配体）。

四、考核与评价

1. 看懂电梯井道布置图（图 1.6），完成电梯井道墙体三维图的绘制，结构尺寸要求正确，其中底坑、层站、机房三维图正确绘制得 30 分，正确完成装配得 20 分，共计 50 分。

2. 完成杂货电梯井道图的设计，包括建筑物井道立面图、顶层立面图及井道平面图的各尺寸的确定，共计 50 分。

3. 平时表现：是否遵守纪律，设计态度是否端正，能否按进度独立完成工作量，是否请假、迟到、早退、旷课等，课堂提问、作业、抽查当场演示等将计入平时成绩。

复习题 1

绘制下列零件的三维实体模型（图 1.149 至图 1.151）。

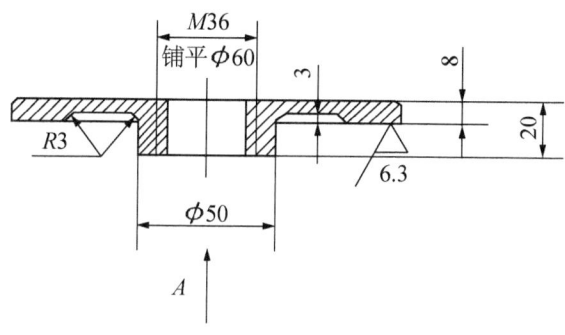

图 1.149 零件 1

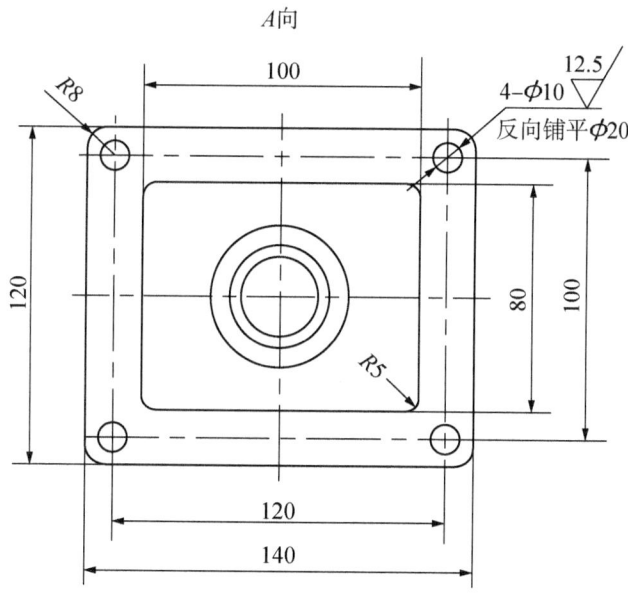

图 1.150 零件 2

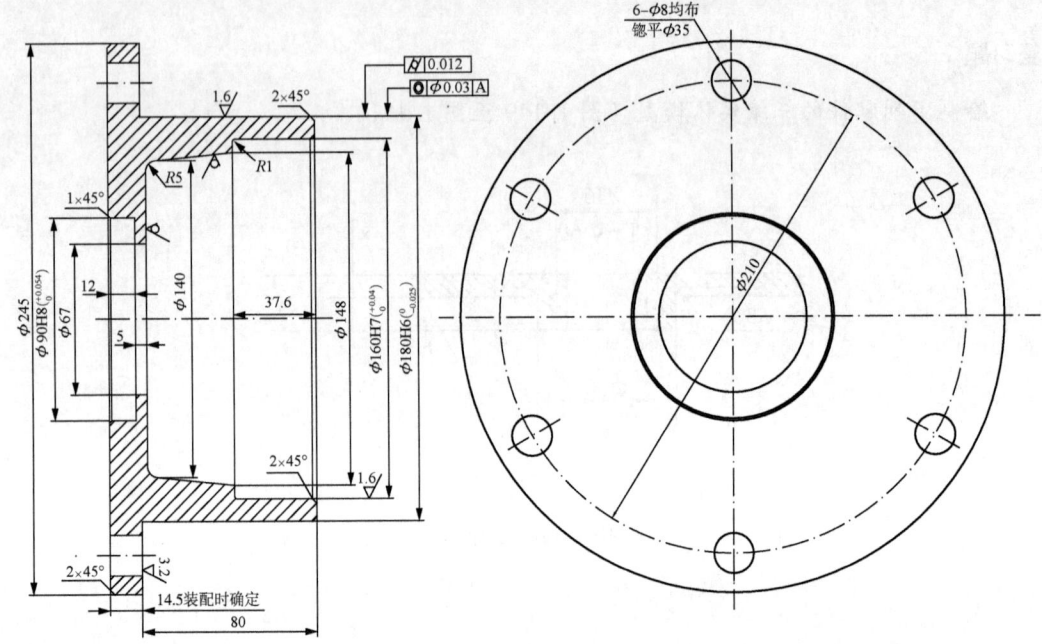

图 1.151　零件 3

第二章 动力系统设计

动力机械是把自然界中的能量转换为机械能而带动机器工作的机械装置。现代机器由原动机部分、传动部分、执行部分及辅助系统组成。原动机部分是驱动整部机器以完成预定功能的动力源。通常一部机器只用一个原动机,复杂的机器也可能有几个动力源,它们都是把其他形式的能量转换为可以利用的机械能的装置。

曳引机是电梯的动力源(又称主机),是靠曳引钢丝绳与曳引轮的摩擦来实现轿厢运行的驱动机。曳引机一般由曳引电动机、制动器、减速器、曳引轮、曳引机座等组成。在电梯的曳引机设计中,要根据工作载荷大小及性质、转速高低、启动特性和过载情况、工作环境、安装要求及空间尺寸限制等方面来选择电动机的类型、结构形式、容量和转速,确定具体型号。本章课程任务需要完成"杂货电梯曳引机的设计"项目中的动力系统的设计。

一、电 动 机

实现电能与机械能相互转换的电工设备总称为电机。电机是利用电磁感应原理实现电能与机械能的相互转换的。把机械能转换成电能的设备称为发电机,而把电能转换成机械能的设备叫做电动机。电动机按结构及工作原理可分为直流电动机、交流电动机(异步电动机和同步电动机)。异步电动机可分为感应电动机和交流换向器电动机。感应电动机又分为三相异步电动机、单相异步电动机和罩极异步电动机等。同步电动机还可分为永磁同步电动机、磁阻同步电动机和磁滞同步电动机。电梯中用的有齿曳引机主要采用三相异步电动机作为动力源。

三相异步电动机具有结构简单、坚固耐用、运行可靠、价格低廉、维护方便等优点。它被广泛地用来驱动各种电梯、金属切削机床、起重机、传送机械设备等。

(一) 三相异步电动机的基本参数

三相异步电动机的铭牌上标识了一台电动机的基本参数(图2.1)。

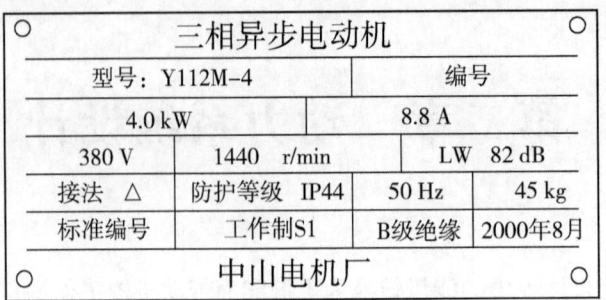

图 2.1 三相异步电动机的参数

(1) 型号。Y112M-4 中"Y"表示 Y 系列鼠笼式异步电动机(YR 表示绕线式异步电动机),"112"表示电机的中心高为 112 mm,"M"表示中机座(L 表示长机座,S 表示短机座),"4"表示 4 极电动机。有些电动机型号在机座代号后面还有一位数字,代表铁心号,如 Y132S2-2 型号中 S 后面的"2"表示 2 号铁心长(1 为 1 号铁心长)。

(2) 额定功率。电动机在额定状态下运行时,其轴上所能输出的机械功率称为额定功率,如 4.0 kW。

(3) 额定转速。在额定状态下运行时的转速称为额定转速,如 1440 r/min。

(4) 额定电压。额定电压是电动机在额定运行状态下,电动机定子绕组上应加的线电压值。Y 系列电动机的额定电压都是 380 V。

(5) 额定电流。电动机加以额定电压,在其轴上输出额定功率时,定子从电源取用的线电流值称为额定电流,如 8.8 A。

(6) 防护等级。防护等级指防止人体接触电机转动部分、电机内带电体和防止固体异物进入电机内的防护等级。防护标志 IP44 的含义:

IP——特征字母,为"国际防护"的缩写。

44——4 级防固体(防止大于 1 mm 固体进入电机),4 级防水(任何方向溅水应无害影响)。

(7) LW 值。LW 值指电动机的总噪声等级,LW 值越小表示电动机运行的噪声越低,噪声单位为 dB。电梯机房内测量的电梯噪音值应≤80 dB。

(8) 工作制。工作制是指电动机的运行方式,一般分为"连续"(代号为 S1)、"短时"(代号为 S2)、"断续"(代号为 S3)。

(9) 绝缘等级。电动机绝缘等级是按电动机所用绝缘材料的允许极限温度划分的。所谓允许极限温度是指电机绝缘材料的允许最高工作温度,它反映绝缘材料的耐热性能。绝缘材料按耐热能力分为 Y 级、A 级、E 级、B 级、F 级、H 级、C 级,允许温度分别为 90、105、120、130、155、180、180 ℃以上。

(10) 额定频率。电动机在额定运行状态下，定子绕组所接电源的频率叫额定频率。我国规定的额定频率为 50 Hz。

(11) 接法。接法表示电动机在额定电压下，定子绕组的连接方式（星形连接"Y"和三角形连接"△"）。当电压不变时，如将星形连接接为三角形连接，线圈的电压为原线圈的 1.732 倍，这样电动机线圈的电流将变大。如果把三角形连接的电动机改为星形连接，电动机线圈的电压为原线圈的 1/1.732，电动机的输出功率将会降低。一般来说，鼠笼式电动机的三相绕组功率大于 4 kW 的都接成三角形，而功率小于 3 kW 的一般都接成星形。值得注意的是电动机的星三角启动法，是电动机软启动的方法之一，目的是降低电动机启动电流。即在电动机启动的瞬间，通过软启动装置将电动机定子绕组接法改为星形，在电动机达到稳定转速时，再改接成三角形，因为采用星形接线时，每相定子绕组的电压只有三角形接线的 1/1.732 倍，因而电流仅为三角形的 1/3 倍，这样就达到了降压、降低启动电流的目的。

（二）三相异步电动机的结构及工作原理

1. 三相异步电动机的结构

三相异步电动机的两个基本组成部分为定子（固定部分）和转子（旋转部分），此外还有端盖、风扇等附属部分（图 2.2）。

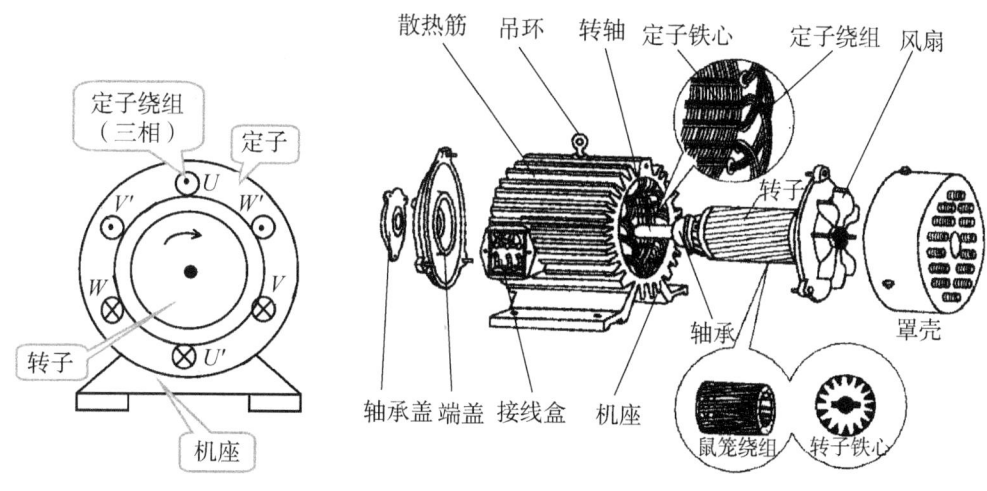

图 2.2　三相异步电动机的结构　　　图 2.3　鼠笼式异步电动机

（1）定子。三相异步电动机的定子由定子铁心、定子绕组和机座三部分组成（表 2.1）。

表2.1 定子的组成

定子铁心	由厚度为0.5 mm、相互绝缘的硅钢片叠成，硅钢片内圆上有均匀分布的槽，其作用是嵌放定子三相绕组 UU'、VV'、WW'
定子绕组	三组用漆包线绕制好的、对称地嵌入定子铁心槽内的相同的线圈。这三相绕组可接成星形或三角形
机座	机座用铸铁或铸钢制成，其作用是固定铁心和绕组

（2）转子。三相异步电动机的转子由转子铁心、转子绕组和转轴三部分组成（表2.2）。

表2.2 转子的组成

转子铁心	由厚度为0.5 mm、相互绝缘的硅钢片叠成，硅钢片外圆上有均匀分布的槽，其作用是嵌放转子三相绕组
转子绕组	转子绕组有两种形式：鼠笼式——鼠笼式异步电动机，绕线式——绕线式异步电动机
转轴	转轴上加机械负载

鼠笼式异步电动机笼形转子绕组是由铜条通过铜环组成的闭合导体，形似鼠笼。由于构造简单，价格低廉，工作可靠，使用方便，成为生产上应用得最广泛的一种电动机（图2.3、图2.4）。

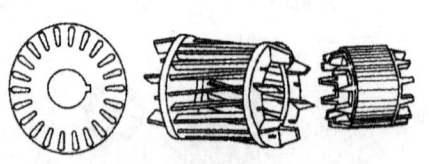

图2.4 鼠笼式转子

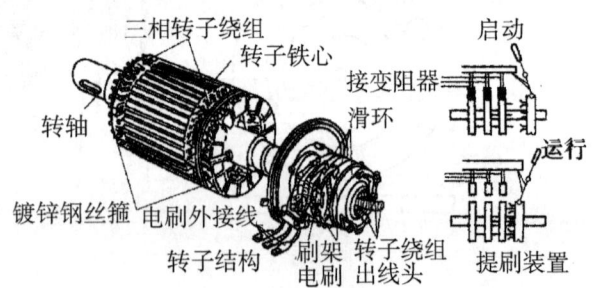

图2.5 绕线式异步电动机转子的外形结构

绕线式异步电动机转子绕组与定子绕组相似，由绝缘导线做成绕组元件，放在转子铁心槽内，然后连接成对称的三相绕组。转子三相绕组通常接成星形，每相的始端连接在三个铜制的滑环上，滑环固定在转轴上，环与环、环与转轴都相互绝缘。在环上用弹簧压着碳质电刷，借助电刷将转子绕组从三个接线端引出来并与外电路相连接，改善异步电动机的启动性能或调节电动机的转速。正常情况下，转子绕组短接，结构如图 2.5 所示。绕线式异步电动机结构复杂，价格高，控制电动机运行也相对复杂一些，其应用相对要少一些。绕线式异步电动机因为其启动、运行的力矩较大，一般用在重载负荷中。

为了保证转子能够自由旋转，在定子与转子之间必须留有一定的空气隙。中小型电动机的空气隙在 0.2～1.0 mm 之间。

2. 三相异步电动机的转动原理

（1）旋转磁场的产生。图 2.6 表示最简单的三相定子绕组 UU'、VV'、WW'，它们在空间按互差 120°的规律对称排列，并接成星形与三相电源 U、V、W 相联，则三相定子绕组便通过三相对称电流，随着电流在定子绕组中通过，在三相定子绕组中就会产生旋转磁场。

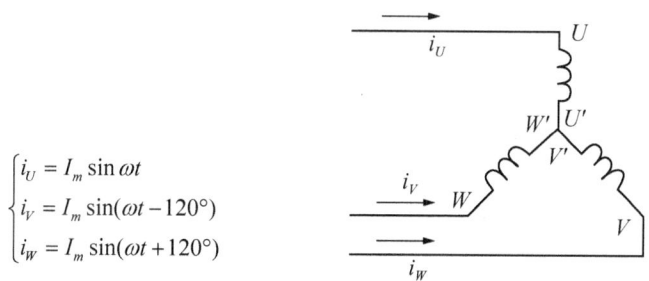

图 2.6 三相异步电动机定子接线

当 $\omega t = 0°$ 时，$i_U = 0$，UU' 绕组中无电流；i_V 为负，VV' 绕组中的电流从 V' 流入、从 V 流出；i_W 为正，WW' 绕组中的电流从 W 流入、从 W' 流出。由右手螺旋定则可得合成磁场的方向如图 2.7（a）所示。

当 $\omega t = 120°$ 时，$i_V = 0$，VV' 绕组中无电流；i_U 为正，UU' 绕组中的电流从 U 流入、从 U' 流出；i_W 为负，WW' 绕组中的电流从 W' 流入、从 W 流出。由右手螺旋定则可得合成磁场的方向如图 2.7（b）所示。

当 $\omega t = 240°$ 时，$i_W = 0$，WW' 绕组中无电流；i_U 为负，UU' 绕组中的电流从 U' 流入、从 U 流出；i_B 为正，VV' 绕组中的电流从 V 流入、从 V' 流出。由右手螺旋定则可得合成磁场的方向如图 2.7（c）所示。

可见，当定子绕组中的电流变化一个周期时，合成磁场也按电流的相序方向在空间

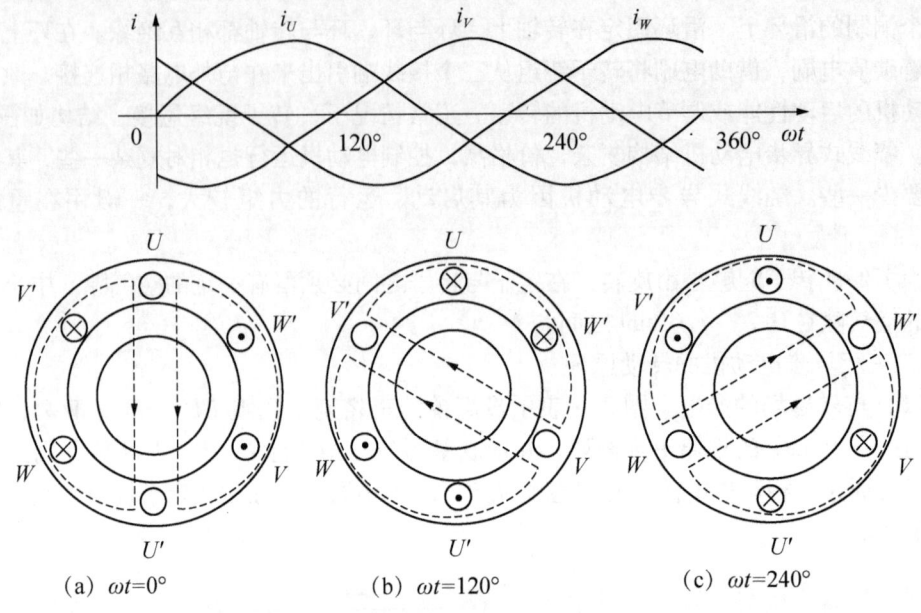

(a) $\omega t=0°$ (b) $\omega t=120°$ (c) $\omega t=240°$

图 2.7 旋转磁场的形成

旋转一周。随着定子绕组中的三相电流不断地作周期性变化，产生的合成磁场也不断地旋转，因此称为旋转磁场。

（2）旋转磁场的方向。旋转磁场的方向是由三相绕组中电流相序决定的，若想改变旋转磁场的方向，只要改变通入定子绕组的电流相序，即将三根电源线中的任意两根对调即可。这时，转子的旋转方向也跟着改变。

（3）三相异步电动机转子的转动原理。为了说明三相异步电动机的工作原理，我们做如下演示实验（图 2.8）。

1）演示实验。在装有手柄的蹄形磁铁的两极间放置一个闭合导体，当转动手柄带动蹄形磁铁旋转时，将发现导体也跟着旋转；若改变磁铁的转向，则导体的转向也跟着改变。

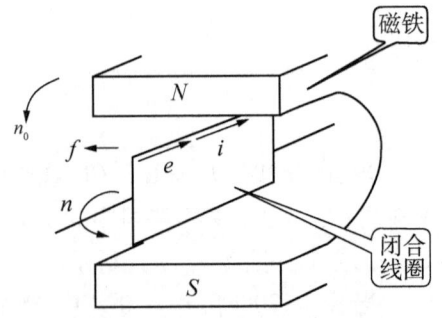

图 2.8 三相异步电动机工作原理

2）现象解释。当磁铁旋转时，磁铁与闭合的导体发生相对运动，鼠笼式导体切割磁力线而在其内部产生感应电动势和感应电流。感应电流使导体受到一个电磁力的作用，于是导体就沿磁铁的旋转方向转动起来。这就是异步电动机的基本原理。转子转动的方向和磁极旋转的方向相同。

3）结论。欲使异步电动机旋转，必须有旋转的磁场和闭合的转子绕组。定子绕组通入电流后，产生旋转磁场，与转子绕组间产生相对运动，由于转子电路是闭合的，产生转子电流。根据左手定则可知，在转子绕组上产生了电磁力。电磁力分布在转子两侧，对转轴形成一个电磁转矩 T，电磁转矩的作用方向与电磁力的方向相同，因此转子顺着磁场的旋转方向转动起来。

（三）三相异步电动机主要参数的计算方法

1. 极数（磁极对数 p）

三相异步电动机的极数就是旋转磁场的极数，旋转磁场的极数和三相绕组的安排有关。当每相绕组只有一个线圈，绕组的始端之间相差 120° 空间角时，产生的旋转磁场具有一对极，即 $p=1$；当每相绕组为两个线圈串联，绕组的始端之间相差 60° 空间角时，产生的旋转磁场具有两对极，即 $p=2$；同理，如果要产生三对极，即 $p=3$ 的旋转磁场，则每相绕组必须有均匀安排在空间的串联的三个线圈，绕组的始端之间相差 $120°/p = 40°$ 空间角。极数 p 与绕组的始端之间的空间角 θ 的关系为：

$$\theta = \frac{120°}{p}。$$

2. 旋转磁场的转速 n_0

三相异步电动机旋转磁场的转速 n_0 与电动机磁极对数 p 和电流频率 f 有关，它们的关系是：

$$n_0 = \frac{60f}{p}。$$

对某一异步电动机而言，f 和 p 通常是一定的，所以磁场转速 n_0 是个常数。

在我国，工频 $f = 50$ Hz，因此对应于不同极对数 p 的旋转磁场转速 n_0 如表 2.3 所示。

表 2.3　不同极对数 p 的旋转磁场转速 p

p	1	2	3	4	5	6
n_0	3000	1500	1000	750	600	500

3. 电动机的转速 n 及转差率 s

电动机转子转动方向与磁场旋转的方向相同，但转子的转速 n 不可能达到与旋转磁场的转速 n_0 相等，否则转子与旋转磁场之间就没有相对运动，磁力线就不会切割转子导体，转子电动势、转子电流和转矩也就都不存在。也就是说，旋转磁场与转子之间存在转速差，因此我们把这种电动机称为异步电动机。又因为这种电动机的转动原理是建立在电磁感应基础上的，故又称之为感应电动机。旋转磁场的转速 n_0 常称为同步转速。

转差率 s 是用来表示转子转速 n 与磁场转速 n_0 相差的程度的物理量。即：

$$s = \frac{n_0 - n}{n_0} = \frac{\Delta n}{n_0}。$$

转差率是异步电动机的一个重要的物理量。当旋转磁场以同步转速 n_0 开始旋转时，转子尚未转动，转子的瞬间转速 $n = 0$，这时转差率 $s = 1$；转子转动起来之后，$n > 0$，电动机的转差率 $s < 1$。异步电动机运行时，转速与同步转速一般很接近，转差率很小，在额定工作状态下 0.015～0.06 之间。

【例 2.1】 有一台三相异步电动机，其额定转速 $n = 975$ r/min，电源频率 $f = 50$ Hz，求电动机的极数和额定负载时的转差率 s。

解：电动机的额定转速接近而略小于同步转速，而同步转速对应于不同的磁极对数有一系列固定的数值，显然，与 975 r/min 最相近的同步转速 $n_0 = 1000$ r/min，与此相应的磁极对数 $p = 3$。因此，额定负载时的转差率为：

$$s = \frac{n_0 - n}{n_0} \times 100\% = \frac{1000 - 975}{1000} \times 100\% = 2.5\%。$$

4. 三相异步电动机的电磁转矩和机械特性

（1）电磁转矩（简称转矩）。异步电动机的转矩 T 是由旋转磁场的每极磁通量 Φ 与转子电流 I_2 相互作用而产生的。电磁转矩的大小与转子绕组中的电流 I 及旋转磁场的强弱有关。经理论证明，它们的关系是：

$$T = K_T \Phi I_2 \cos\varphi_2。$$

式中：T——电磁转矩；

K_T——与电动机结构有关的常数；

Φ——旋转磁场每个极的磁通量；

I_2——转子绕组电流的有效值；

φ_2——转子电流滞后于转子电势的相位角。

若考虑电源电压及电动机的一些参数与电磁转矩的关系，有：

$$T = K'_T \frac{s R_2 U_1^2}{R_2^2 + (s X_{20})^2}。$$

式中：K'_T——常数；

U_1——定子绕组的相电压；

s——转差率；

R_2——转子每相绕组的电阻；

X_{20}——转子静止时每相绕组的感抗。

由上式可知，转矩 T 还与定子每相电压 U_1 的平方成比例，所以当电源电压有所变动时，对转矩的影响很大。此外，转矩 T 还受转子电阻 R_2 的影响。电动机的转矩 T 与转差率 s 之间的关系曲线 $T=f(s)$ 称为异步电动机的转矩特性曲线，如图 2.9（a）所示。

（2）机械特性曲线。在一定的电源电压 U_1 和转子电阻 R_2 下，转速与转矩的关系曲线 $n=f(T)$ 称为异步电动机的机械特性曲线，如图 2.9（b）所示。

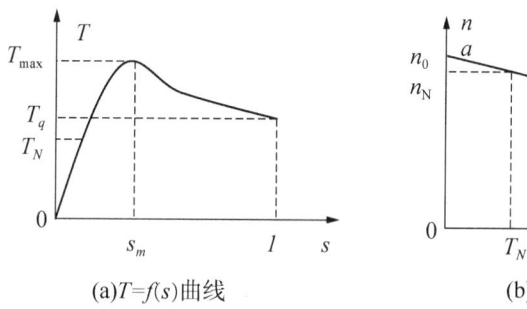

图 2.9 三相异步电动机的转矩特性曲线和机械特性曲线

在机械特性曲线上我们要讨论三个转矩：

1）额定转矩 T_N。T_N 是异步电动机带额定负载时转轴上的输出转矩，单位是 N·m。

$$T_N = 9550\frac{P}{n}。$$

式中：P——电动机轴上输出的机械功率（W）；

n——转速（r/min）。

当忽略电动机本身机械摩擦转矩 T_0 时，阻转矩近似为负载转矩 T_L。电动机作等速旋转时，电磁转矩 T 必然与阻转矩 T_L 相等，即 $T = T_L$。额定负载时，则有 $T_N = T_L$。

2）最大转矩 T_{max}。T_{max} 又称为临界转矩，是电动机可能产生的最大电磁转矩。它反映了电动机的过载能力。最大转矩 T_{max} 与额定转矩 T_N 之比称为电动机的过载系数 λ，即

$$\lambda = T_{max}/T_N。$$

一般三相异步电动机的过载系数在 1.8～2.2 之间。在选用电动机时，必须考虑可能出现的最大负载转矩，而后根据所选电动机的过载系数算出电动机的最大转矩，它必须大于最大负载转矩；否则，就要重选电动机。

3）启动转矩 T_{st}。T_{st} 为电动机启动初始瞬间的转矩，即 $n=0$，$s=1$ 时的转矩。为确保电动机能够带额定负载启动，必须满足 $T_{st} > T_N$。一般的三相异步电动机有 T_{st}/T_N

= 1～2.2。

【例2.2】已知Y2-90S-4型三相异步电动机,其额定数据如表2.4所示。

表2.4 电动机额定数据

额定功率/kW	额定电压/V	满载时			启动电流/额定电流	启动转矩/额定转矩	最大转矩/额定转矩	接法
		转速/(r·min^{-1})	效率/%	功率因数				
1.1	380	1390	76.2	0.77	6	2.3	2.3	△

求:(1) 额定电流 I_N;
(2) 额定转差率 s_N;
(3) 额定转矩 T_N、最大转矩 T_{max}、启动转矩 T_{st};
(4) 额定输入功率 P_N。

解:(1) 额定电流

$$I_N = \frac{P_N}{\sqrt{3}U_N\cos\varphi_N\eta_N} = \frac{1.1\times10^3}{\sqrt{3}\times380\times0.77\times0.762} = 2.85(A);$$

(2) 额定转差率　　　　$s_N = (1500-1390)/1500 = 0.073$;

(3) 额定转矩

$$T_N = 9550\times\frac{P}{n} = 9550\times\frac{1.1}{1390} = 7.56(N\cdot m),$$

启动转矩　　　　　　$T_{st} = 2.3T_N = 17.39(N\cdot m)$,

最大转矩　　　　　　$T_{max} = \lambda T_N = 2.3\times7.56 = 17.39(N\cdot m)$;

(4) 额定输入功率 $P_N = P/\eta_N = 1.1/0.762 = 1.44$ (kW)。

【例2.3】一台Y132-52-4型三相异步电动机的额定数据如下:转速为1450 r/min,功率为10 kW,电压为380 V,接法为△,效率为87.5%,功率因数为0.87, $T_{st}/T_N = 1.4$, $T_{max}/T_N = 2.0$。试求:
(1) 接380 V电压直接启动时的 T_{st};
(2) 采用Y—△降压启动时的 T'_{st};
(3) 在下述情况下电动机能否起动:负载转矩为 $0.5T_N$,负载转矩为 $0.25T_N$。

解:(1) 电机直接启动时,

$$T_N = 9550\times\frac{P}{n} = 9550\times\frac{10}{1450} = 65.86(N\cdot m),$$

启动转矩　　　　　　$T_{st} = 1.4T_N = 92.21(N\cdot m)$;

(2) 采用Y—△降压启动时

$$T'_{st} = \frac{T_{st}}{3} = 30.74(\mathrm{N \cdot m});$$

(3) 有 $0.25T_N < T'_{st} < 0.5T$,所以当负载转矩为 $0.5T_N$ 时,电动机不能启动。

二、轴

轴系部件是指轴、轴上传动件和轴承组合等,需要传动的零件有链轮、带轮、齿轮、蜗轮、曳引轮、电动机转子等。轴用来安装传动件并实现回转运动以及传递动力,通常采用阶梯轴,便于零件的安装与定位。轴要由轴承支承以承受作用在轴上的载荷,这种起支持作用的零部件称为支承零部件。很多的轴上零件需要彼此连接,包括轴承、轴承盖、密封件和调整垫片等,它们的性能互相影响,所以将轴及轴上零部件统称为轴系零部件。

(一) 轴的基本概念

轴是组成机器的重要零件,其功用是支承旋转零件(如齿轮、带轮等),并传递运动和动力。如图2.10所示电动机的输出轴由联轴器、键、轴、转子、轴承等组成。

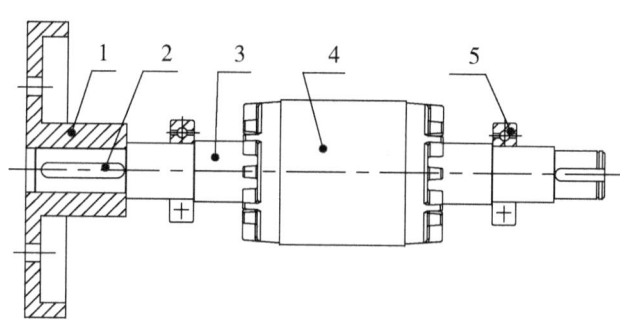

1. 联轴器;2. 键;3. 轴;4. 转子;5. 轴承

图2.10 电动机的输出轴

1. 轴的功用与分类

根据受载情况,轴可分为三类:

(1) 心轴。心轴是指承受弯矩(M),不传递转矩(T)的轴,如图2.11所示的自行车前轮轴(固定心轴)和图2.12所示的火车车轮轴(转动心轴)。

(2) 传动轴。传动轴是指以传递转矩为主,不承受弯矩或承受很小弯矩的轴,如汽车的传动轴（图 2.13）。

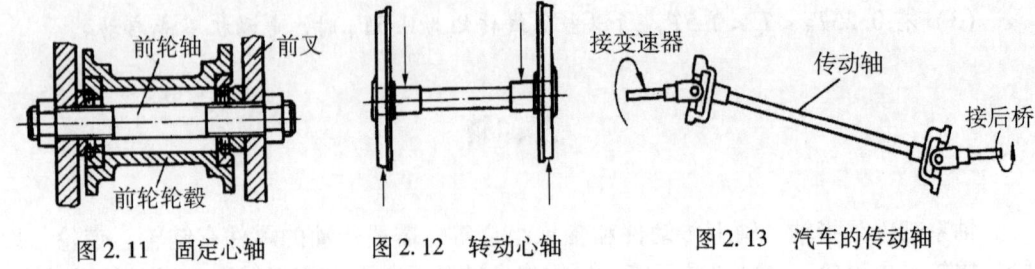

图 2.11　固定心轴　　　图 2.12　转动心轴　　　图 2.13　汽车的传动轴

（3）转轴。转轴是指既传递转矩，又承受弯矩的轴，如图 2.14 所示的齿轮轴。

根据轴线的几何形状，轴还可分为直轴、曲轴（图 2.15）和挠性钢丝轴（图 2.16）。

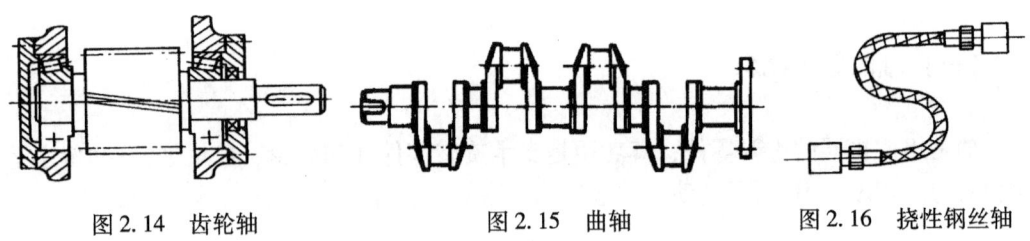

图 2.14　齿轮轴　　　　图 2.15　曲轴　　　　图 2.16　挠性钢丝轴

2. 轴的材料

轴的失效多为疲劳破坏，所以轴的材料应满足强度、刚度、耐磨性等方面的要求。常用的轴的材料有：

（1）碳素钢。对较重要或传递载荷较大的轴，常用 35、40、45 和 50 号优质碳素钢，其中 45 钢应用最广泛。这类材料的强度、塑性和韧性等都比较好。进行调质或正火处理可提高其机械性能。对不重要或传递载荷较小的轴，可用 Q235、Q275 等普通碳素钢。

（2）合金钢。合金钢具有较好的机械性能和淬火性能，但对应力集中比较敏感，价格较高，多用于有特殊要求的轴，如要求重量轻或传递转矩大而尺寸又受到限制的轴。常用的低碳合金钢有 20Cr、20CrMnTi 等，一般采用渗碳淬火处理，使表面耐磨性和芯部韧性都较好。

（3）球墨铸铁。球墨铸铁具有价廉、吸振性好、耐磨，对应力集中不敏感，容易制成复杂形状的轴等特点；但品质不易控制，可靠性差。

轴常用的金属材料及其力学性能如表 2.5 所示。

表 2.5 轴的常用金属材料及其力学性能

材料牌号	热处理类型	毛坯直径/mm	硬度/HBS	抗拉强度/($\sigma_b \cdot MPa^{-1}$)	屈服点/($\sigma_s \cdot MPa^{-1}$)	应用说明
Q275~Q235				600~440	275~235	用于不重要的轴
35	正火	≤100	149~187	520	270	用于一般的轴
	调质	≤100	156~207	560	300	
45	正火	≤100	170~217	560	300	用于强度高、韧性中等的较重要的轴
	调质	≤200	217~255	650	360	
40Cr	调质	25	≤207	1000	800	用于强度要求高、有强烈磨损而无很大冲击的重要轴
		≤100	241~286	750	550	
35SiMn	调质	25	≤229	900	750	可代替40Cr,用于中、小型轴
		≤100	229~286	800	520	
42SiMn	调质	25	≤220	900	750	与35SiMn相同,但专供表面淬火之用
		≤100	229~286	800	520	
		>100~200	217~269	750	470	
40MnB	调质	25	≤207	1000	800	可代替40Cr,用于小型轴
		≤200	241~286	750	500	
35CrMo	调质	25	≤229	1000	350	用于重载的轴
		≤100	207~269	750	550	
		>100~300		700	500	
QT600-2			229~302	600	420	用于发动机的曲轴和凸轮等

（二）轴的结构设计

轴的结构设计就是根据工作条件，确定轴的合理外形、各段轴径和长度以及全部结构尺寸。

1. 轴的结构

为了便于装拆，一般的转轴均为中间大、两端小的阶梯轴。轴与轴承配合处的轴段称为轴颈，安装轮毂的轴段称为轴头，轴颈间的轴段称为轴身。阶梯轴上截面尺寸变化的部位，称为轴肩和轴环，轴肩和轴环常用于轴上零件的定位。图 2.17 中的转子由左方压装到轴中，左端的联轴器和轴承靠轴肩定位。为了固定轴上的零件，轴上还设有其他相应的结构，如右端制有固定风扇用的弹性挡圈的槽；轴上还开有键槽，通过键连接实现轮毂的周向固定。为便于加工和装配，轴上还常设有倒角、中心孔、退刀槽安装轴端挡圈的螺纹孔等工艺结构。

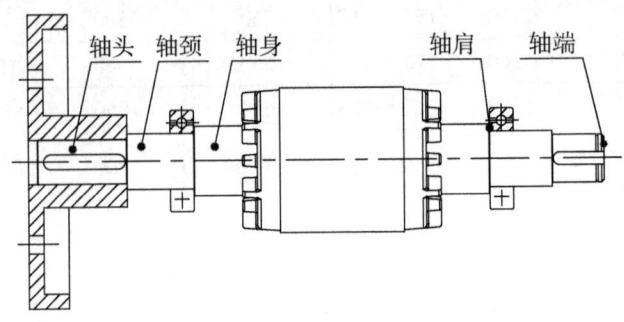

图 2.17　电动机转子轴的结构

2. 轴的结构设计的要求

初步设计时，还不知道轴上支反力的作用点，故不能按轴的弯矩计算轴径。通常按扭转强度来初步估算轴的最小直径，然后按拟订的装配方案，从最小直径起逐一确定各段轴的直径和长度。设计时应考虑各轴径与装配在该轴段上的传动件、标准件的孔相匹配。轴的各段长度可根据各零件与轴配合部分的轴向尺寸确定。

轴的结构设计应满足：①轴上零件定位准确，固定可靠；②轴上零件便于装拆和调整；③具有良好的制造工艺性；④尽量减少应力集中。轴的结构形式取决于轴上零件的装配方案，以轴的结构简单、轴上零件少为佳。

3. 轴上零件的轴向定位及固定

为了传递运动和动力，保证机械的工作精度和使用可靠，零件必须可靠地安装在轴上，不允许零件沿轴向发生相对运动。因此，轴上零件都必须有可靠的轴向定位措施。轴上零件的轴向定位方法取决于零件所承受的轴向载荷大小，轴上零件的轴向定位及固定的方式常用轴肩、轴环、锁紧挡圈、套筒、圆螺母和止动垫圈、弹性挡圈、轴端挡圈等。其特点和应用如表 2.6 所示。

表2.6 轴上零件的轴向定位和固定方法

固定方式	结构图形	应用说明
轴肩或轴环结构	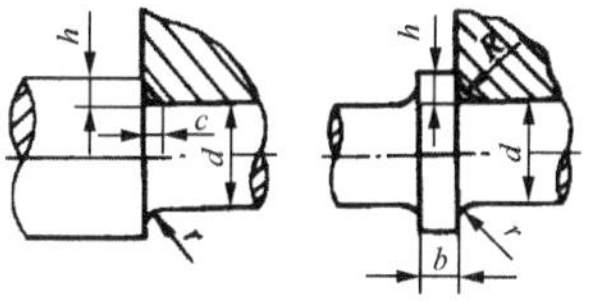	固定可靠,承受轴向力大,轴肩、轴环高度 h 应大于轴的圆角半径 R 和倒角高度 c,一般取 $h_{min} \geq (0.07 \sim 0.1)d$;但安装滚动轴承的轴肩、轴环高度 h 必须小于轴承内圈高度 h_1(由轴承标准查取),以便于轴承的拆卸。轴环宽度 $b \approx 1.4h$
套筒结构	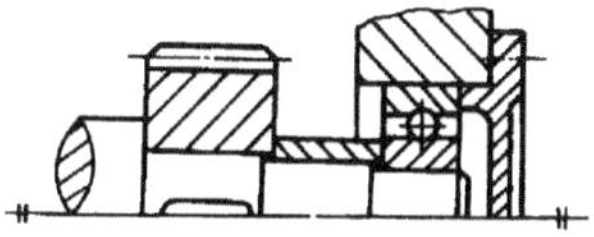	同上,多用于两个相距不远的零件之间
圆螺母与垫圈结构	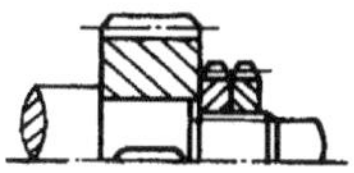 双圆螺母 　圆螺母与止动垫圈	常用于轴承之间距离较大且轴上允许车制螺纹的场合
弹性挡圈结构	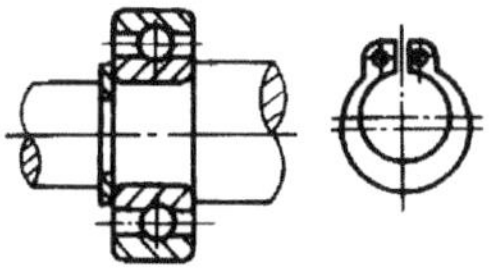	承受轴向力小或不承受轴向力的场合,常用作滚动轴承的轴向固定
轴端挡圈结构	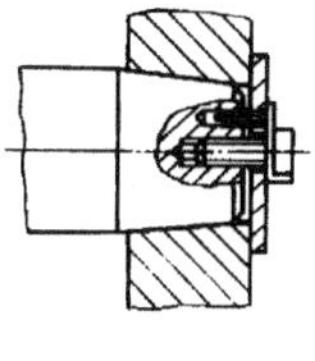	用于轴端要求固定可靠或承受较大轴向力的场合

续表2.6

固定方式	结构图形	应用说明
紧定螺钉结构		承受轴向力小或不承受轴向力的场合

4. 轴上零件的周向固定

轴上零件常用的周向固定方法有键连接、销连接以及过盈配合、成型连接等（图2.18），力不大时，也可采用紧定螺钉作为周向固定方法。

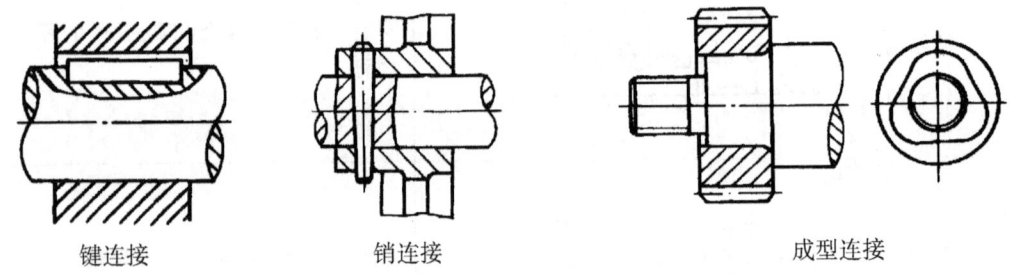

图2.18 轴上零件的周向固定

5. 轴的结构工艺性

轴的结构应便于加工和装配。为了便于切削加工，一根轴上的圆角应尽可能取相同半径；为了能选用合适的圆钢和减少切削用量，阶梯轴各轴段的直径不宜相差过大，一般取为 5～10 mm；退刀槽或砂轮越程槽尽可能取相同宽度；一根轴的各轴段上的键槽应开在同一母线上。为了能够顺利地装拆轴上零件，轴的结构多半设计成中间粗、两端逐渐细的阶梯轴形状；为了便于装配，轴端应加工倒角，倒角尺寸相同；为装拆方便，轴肩一般可取为 1～3 mm，安装轴承的轴肩高度应小于轴承内圈厚度。

6. 提高轴的强度和刚度的措施

提高轴的强度、刚度和减轻轴的质量的措施有：

（1）改进轴的结构，降低应力集中。应力集中多产生在轴截面尺寸发生急剧变化的地方，要降低应力集中，就要尽量减缓截面尺寸的变化。直径变化处应平滑过渡，制成半径尽可能大的圆角；轴上尽可能不开槽、孔及制螺纹，以免削弱轴的强度；为了减小过盈配合处的应力集中，可采用卸荷槽（图2.19）。

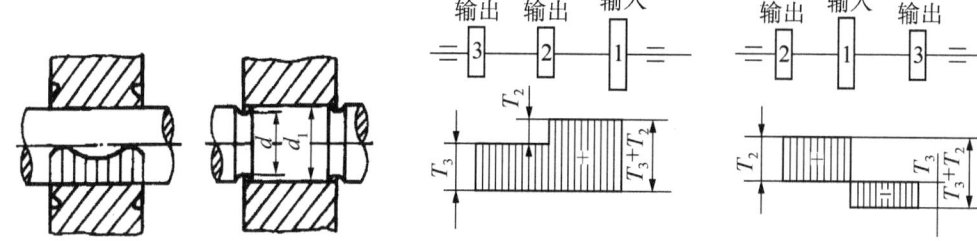

图 2.19 卸荷槽　　图 2.20 轴上零件的合理布置

（2）提高轴的表面质量。因疲劳裂纹常发生在轴表面质量差的地方，故提高轴的表面质量有利于提高轴的强度。除控制轴的表面粗糙度外，还可采用表面强化处理，如渗碳、碾压、喷丸等方法。

（3）改变轴上零件的位置，减小载荷。如图 2.20 所示，轴上转矩需由两轮输出，输入轮 1 宜置于两输出轮 2 和 3 中间。此时轴的最大扭矩为 T_2。

（三）轴的受力分析及强度计算

轴的强度计算应根据轴的承载情况，采用相应的计算方法：①心轴只受弯矩作用，因此按弯曲强度计算；②传动轴只受转矩作用，因此按扭转强度计算；③转轴受弯矩和转矩共同作用，因此按弯扭合成强度计算。

1. 按扭转强度校核

对于传递转矩的圆截面轴，其强度条件为：

$$\tau = \frac{T}{W_T} = \frac{9.55 \times 10^6 P}{0.2 d^3 n} \leqslant [\tau]。$$

式中：τ——转矩 T（N·mm）在轴上产生的扭剪应力；

$[\tau]$——材料的许用剪切应力（MPa，可查表 2.8）；

W_T——抗扭截面系数（mm³），对圆截轴 $W_T = \frac{\pi d^3}{16} \approx 0.2 d^3$；

P——轴所传递的功率（kW）；

n——轴的转速（r/min）；

d——轴的直径（mm）。

对于既传递转矩又承受弯矩的轴，也可用上式初步估算轴的直径；但必须把轴的许用剪切应力 $[\tau]$ 适当降低，以补偿弯矩对轴的影响。将降低后的许用剪切应力代入上式，并改写为设计公式：

$$d \geqslant \sqrt[3]{\frac{9.55 \times 10^6}{0.2[\tau]}} \times \sqrt[3]{\frac{P}{n}} \geqslant A\sqrt[3]{\frac{P}{n}} \text{ (mm)}。$$

式中：A——由轴的材料和承载情况确定的常数（可查表2.8）。

应用上式求出的 d 值作为轴最细处的直径。此外，也可采用经验公式来估算轴的直径。例如在一般减速器中，高速输入轴的直径可按与其相连的电动机轴的直径 D 估算，$d = (0.8 \sim 1.2)D$；各级低速轴的轴径可按同级齿轮中心距 a 估算，$d = (0.3 \sim 0.4)a$。

2. 按弯扭合成强度计算

当零件在草图上布置妥当后，外载荷和支反力的作用位置即可确定。由此可作轴的受力分析及绘制弯矩图和转矩图。这时就可按弯扭合成强度计算轴径。

对于一般钢制的轴，可用第三强度理论求出危险截面的当量应力 σ_e，其强度条件为：

$$\sigma_e = \sqrt{\sigma_b^2 + 4\tau^2} \leqslant [\sigma_b]。$$

式中：σ_b——危险截面上弯矩 M 产生的弯曲应力。

对于直径为 d 的圆轴，有：

$$\sigma_b = \frac{M}{W} = \frac{M}{\pi d^3/32} \approx \frac{M}{0.1d^3},$$

$$\tau = \frac{T}{W_T} = \frac{T}{2W}。$$

式中：W——轴的抗弯截面系数；

W_T——轴的抗扭截面系数。

将 σ_b 和 τ 值代入 σ_e 计算公式，得：

$$\sigma_e = \sqrt{\left(\frac{M}{W}\right)^2 + 4\left(\frac{T}{2W}\right)^2} = \frac{1}{W}\sqrt{M^2 + T^2} \leqslant [\sigma_b]。$$

由于一般转轴的 σ_b 为对称循环变应力，而扭剪应力 τ 的循环特性往往与 σ_b 不同，为了考虑两者循环特性不同的影响，对上式中的转矩 T 乘以折合系数 α，即

$$\sigma_e = \frac{M_e}{W} = \frac{1}{0.1d^3}\sqrt{M^2 + (\alpha T)^2} \leqslant [\sigma_{-1b}]。$$

式中：M_e——当量弯矩，$M_e = \sqrt{M^2 + (\alpha T)^2}$；

α——根据转矩性质而定的校正系数（对不变的转矩 $\alpha \approx 0.3$；当转矩脉动变化时，$\alpha \approx 0.6$；对于频繁正反转的轴，τ 可看成对称循环变应力，$\alpha = 1$。若转矩的变化规律不清楚，一般也按脉动循环处理）；

$[\sigma_{-1b}]$、$[\sigma_{0b}]$ 和 $[\sigma_{+1b}]$——对称循环、脉动循环及静应力状态下的许用弯曲应力（可查表2.7）。

通常外载荷不是作用在同一平面内，这时应先将这些力分解到水平面和垂直面内，

并求出各面的支反力，再绘出水平面弯矩 M_H 图、垂直面弯矩 M_V 图和合成弯矩 M 图，$M = \sqrt{M_H^2 + M_V^2}$；绘出转矩 T 图；最后由公式 $M_e = \sqrt{M^2 + (\alpha T)^2}$ 绘出当量弯矩图。

计算轴的直径时，可将上式写成：

$$d \geqslant \sqrt[3]{\frac{M_e}{0.1[\sigma_{-1b}]}}。$$

其中，M_e 的单位为 N·mm，$[\sigma_{-1b}]$ 的单位为 MPa。

当轴上开有一个键槽时轴径应增大 3%～5%，有两个键槽时轴径应增大 7% 左右，以补偿对轴的削弱。计算出的轴径还应与结构设计中初步确定的轴径相比较，若初步确定的直径较小，说明强度不够，结构设计要进行修改；若计算出的轴径较小，除非相差很大，一般就以结构设计的轴径为准。

（四）轴的具体设计过程

轴不是标准零件，需经过初步强度计算，确定轴的最小直径以及轴上零件尺寸（主要是毂孔直径及宽度）后才进行轴的结构设计。轴的结构设计常与轴的强度计算和刚度计算、轴承及联轴器尺寸的选择计算、键连接强度校核计算等交叉进行，反复修改，最后确定最佳结构方案。其主要步骤为：

（1）确定轴上零件装配方案。轴的结构与轴上零件的位置及从轴的哪一端装配有关。在进行结构设计时，首先应按传动简图上所给出的各主要零件的相互位置关系，拟订轴上零件的装配方案；轴上零件的装配方案不同，轴的结构形状也不同。在实际设计过程中，往往拟订几种不同的装配方案进行比较，从中选出一种最佳方案。

（2）确定轴上零件定位方式。根据具体工作情况，对轴上零件的轴向和周向的定位方式进行选择。轴向定位通常是轴肩或轴环与套筒、螺母、挡圈等组合使用，周向定位多采用平键、花键或过盈配合连接。

（3）确定各轴段直径。轴的结构设计是在初步估算轴径的基础上进行的，为了零件在轴上定位的需要，通常轴设计为阶梯轴。根据作用的不同，轴的轴肩可分为定位轴肩和工艺轴肩（为装配方便而设）：定位轴肩的高度值有一定的要求；工艺轴肩的高度值则较小，无特别要求。所以直径的确定是在强度计算的基础上，根据轴向定位的要求，定出各轴段的最终直径。需要注意的是：①轴上与标准零件相配合的直径应取为标准值，非配合轴段允许为非标准值，但最好取为整数；②与滚动轴承相配合的直径，必须符合滚动轴承的内径标准；③安装联轴器的轴径应与联轴器的孔径范围相适应；④轴上的螺纹直径应符合标准。

（4）确定各轴段长度。主要根据轴上配合零件毂孔长度、位置、轴承宽度、轴承端盖的厚度等因素确定。为保证轴向定位可靠,轴头长一般比与之配合的轮毂长缩短 2～3 mm。轴上各零件之间应该留有适当的间隙,以防止运转时相碰。

(5) 确定轴的结构细节。如确定倒角尺寸、过渡圆角半径、退刀槽尺寸、轴端螺纹孔尺寸、键槽尺寸等。

(6) 确定轴的加工精度、尺寸公差、形位公差、配合、表面粗糙度及技术要求。轴的精度根据配合要求和加工可能性而定。精度越高,成本越高。通用机器中轴的精度多为 IT5～IT7。轴应根据装配要求,定出合理的形位公差,主要有:配合轴段的直径相对于轴颈(基准)的同轴度及其圆度、圆柱度,定位轴肩的垂直度,键槽相对于轴心线的平行度和对称度,等等。

(7) 画出轴的零件图。

【例 2.4】设计如图 2.21 所示减速器的从动轴。已知:传递功率 $P = 13\ \text{kW}$,从动齿轮转速 $n_2 = 220\ \text{r/min}$,齿轮分度圆直径 $d_2 = 269.1\ \text{mm}$,螺旋角 $\beta = 9°59'12''$,齿轮宽度 $b = 90\ \text{mm}$,设采用 7211 角接触球轴承,单向传动。

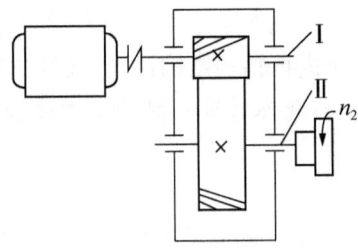

图 2.21 减速器的从动轴设计

(1) 选择轴的材料,确定许用剪切应力。因减速器为一般机械,无特殊要求,故选用 45 钢,正火处理。查表 2.5,取 $\sigma_b = 600\ \text{MPa}$。查表 2.7 得 $[\sigma_{-1b}] = 55\ \text{MPa}$。

表 2.7 轴的许用弯曲应力

单位:MPa

材料	σ_b	$[\sigma_{+1b}]$	$[\sigma_{0b}]$	$[\sigma_{-1b}]$
碳素钢	400	130	70	40
	500	170	75	45
	600	200	95	55
	700	230	110	65

续表2.7

材料	σ_b	$[\sigma_{+1b}]$	$[\sigma_{0b}]$	$[\sigma_{-1b}]$
合金钢	800	270	130	75
	900	300	140	80
	1000	330	150	90

（2）按扭转强度初估轴的最小直径。查表2.8确定计算系数$A = 115$。

表2.8 常用材料的A值和$[\tau]$

轴的材料	Q235，20	35	45	40Cr，35SiMn，42SiMn，38SiMnMo，20CrMnTi
A	160～135	135～118	118～107	107～98
$[\tau]$/MPa	12～20	20～30	30～40	40～52

说明：当作用在轴上的弯矩比传递的转矩小或只传递转矩时，A取较小值；否则A取较大值。

把A代入轴径的计算公式得：

$$d \geqslant A\sqrt[3]{\frac{P}{n}} = 115\sqrt[3]{\frac{13}{220}} = 44.8(\text{mm})。$$

由上式求出的直径值，需圆整成标准直径，并作为轴的最小直径。如果轴上有一个键槽，可将值增大3%～5%；如果有两个键槽，可将值增大7%～10%。轴端装联轴器开有键槽，故应将轴径增大5%，即$d = 44.8 \times 1.05 = 47.04$（mm）。考虑补偿轴的位移，选用弹性柱销联轴器。由转速n和转矩T得到考虑扭转影响而增大的转矩T_c：

$$T_c = KT = K \times 9550 \times \frac{P}{n} = 1.5 \times 9550 \times \frac{13}{220} = 846.5(\text{N}\cdot\text{mm})。$$

查GB/T 5014—2003选用LX4弹性柱销联轴器，标准孔径$d = 48$ mm（工况系数取$K = 1.5$）。

（3）轴的结构设计。做轴的结构设计时，绘制轴的结构草图（图2.22）和确定各部分尺寸应交替进行。

1）确定轴上零件的位置和固定方式。斜齿轮传动有轴向力，故采用角接触球轴承。半联轴器左端用轴肩定位，依靠A型普通平键连接和过渡配合（H7/k6）实现周向固定。齿轮布置在两轴承中间，左侧用轴环定位，右侧套筒与轴承隔开并作轴向定位；齿轮和轴选用A型平键和间隙配合（H7/h6）作周向固定；两端轴承选用过渡配合（k6）作周向固定；左轴承靠轴肩和轴承盖作轴向定位，右轴承靠套筒和轴承盖作轴向定位。

2) 径向尺寸的确定。从轴段 $d_1 = 48$ mm 开始，逐段选取相邻轴段的直径（图 2.22）。d_2 起定位作用，定位轴肩高度 h_{min} 可在 $(0.06 \sim 0.1) d_1$ 范围内选取，故 $d_2 = d_1 + 2h \geq 48 \times (1 + 2 \times 0.06) = 53.76$ mm，取 $d_2 = 54$ mm（若该处考虑毡圈密封，则 d_2 应根据毡圈取标准值），右轴颈直径按滚动轴承的标准取 $d_3 = 55$ mm；装齿轮的轴头直径取 $d_4 = 60$ mm；轴环高度 $h_{min} \geq (0.07 \sim 0.1) d_4$，取 $h = 4$ mm，故直径 $d_5 = 68$ mm，宽度 $b \approx 1.4h = 5.6$ mm，取 $b = 7$ mm；左轴颈直径 d_7 与右轴颈直径 d_3 相同，即 $d_7 = d_3 = 55$ mm；根据题意，轴承型号为 7211，由附表查得 $r = 1.5$ mm，考虑到轴承的装拆，左轴颈与轴环间的轴段直径 $d_6 = 64$ mm。

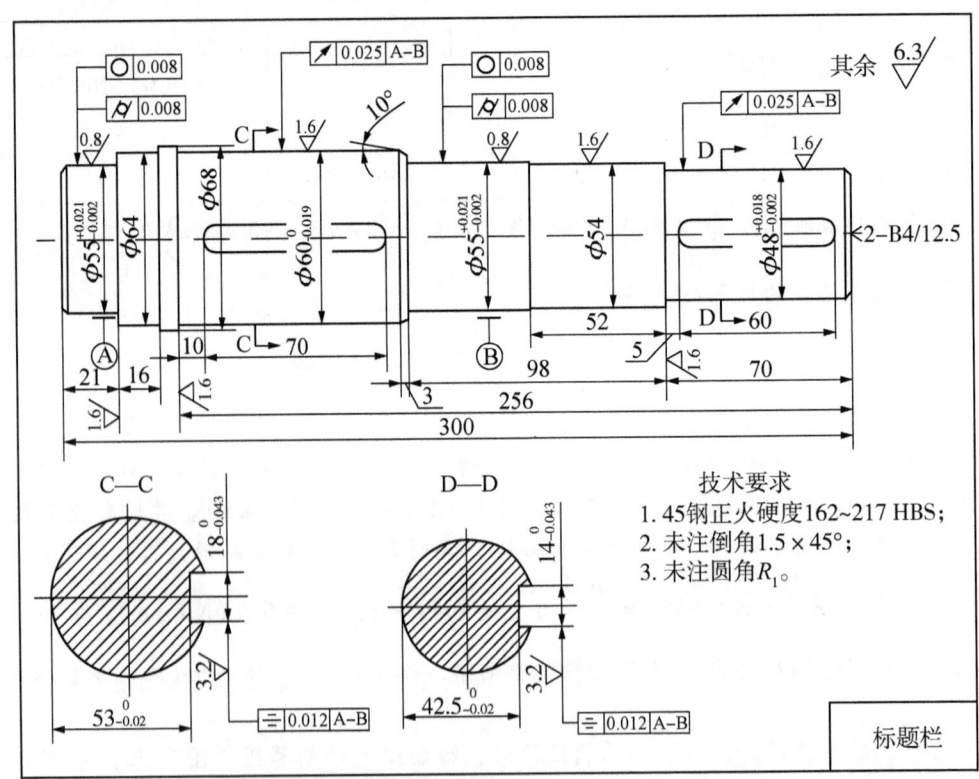

图 2.22 轴的零件

3) 轴向尺寸的确定。与传动零件（如齿轮、带轮、联轴器等）相配合的轴段长度，一般略小于传动零件的轮毂宽度。根据齿轮宽度为 90 mm，取轴头长为 88 mm，以保证套筒与轮毂端面贴紧；7211 轴承宽度由手册查得为 21 mm，故左轴颈长亦取 21

mm；为使齿轮端面、轴承端面与箱体内壁均保持一定距离（图2.22中分别取为18 mm和5 mm），取套筒宽为23 mm；轴穿过轴承盖部分的长度，根据箱体结构取52 mm；轴外伸端长度根据联轴器尺寸取70 mm。可得出两轴承的跨距为 $L = 157$ mm。

(4) 按弯扭组合校核轴的强度。

1) 计算齿轮受力。

转矩

$$T = 9550\frac{P}{n_2} = 9550 \times \frac{13}{220} = 564 \text{ (N} \cdot \text{m)},$$

齿轮圆周力

$$F_t = \frac{2000T}{d_2} = \frac{2000 \times 564}{269.1} = 4192 \text{ (N)},$$

齿轮径向力

$$F_r = F_t\frac{\tan\alpha_n}{\cos\beta} = 4192\frac{\tan20°}{\cos9°59'12''} = 1557 \text{ (N)},$$

齿轮轴向力

$$F_a = F_t\tan\beta = 4192\tan9°59'12'' = 739 \text{ (N)}。$$

2) 绘制轴的受力简图，如图2.23（a）所示。

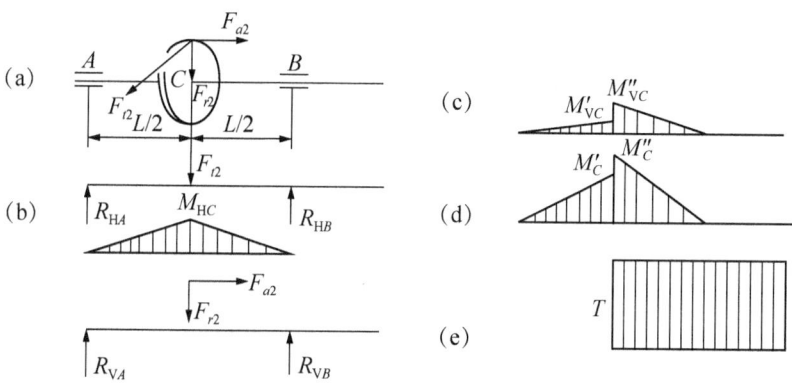

图2.23 轴的受力和弯矩、扭矩

3) 计算支承反力，如图2.23（b）、（c）。

水平平面支承反力

$$R_{HA} = R_{HB} = \frac{F_t}{2} = \frac{4192}{2} = 2096 \text{ (N)};$$

垂直平面支承反力

$$R_{VA} = \frac{F_r \cdot \frac{L}{2} - F_a \cdot d_2/2}{L} = \frac{1557 \times \frac{157}{2} - 739 \times \frac{269.1}{2}}{157} = 145 \text{ (N)},$$

$$R_{VB} = F_r - R_{VA} = 1557 - 145 = 1412 \text{ (N)}。$$

(5) 绘制弯矩图。

水平平面弯矩图如图 2.23（b）所示。C 截面处的弯矩为：

$$M_{HC} = R_{HA} \cdot \frac{L}{2} = 2096 \times \frac{0.157}{2} = 164.5 \text{ (N·m)}。$$

垂直平面弯矩图如图 2.23（c）所示。C 截面偏左处的弯矩为：

$$M'_{VC} = R_{VA} \cdot \frac{L}{2} = 145 \times \frac{0.157}{2} = 11 \text{ (N·m)};$$

C 截面偏右处的弯矩为

$$M''_{VC} = R_{VB} \cdot \frac{L}{2} = 1412 \times \frac{0.157}{2} = 110.8 \text{ (N·m)}。$$

作合成弯矩图，如图 2.23（d）所示。C 截面偏左的合成弯矩为：

$$M'_C = \sqrt{M_{HC}^2 + M_{VC}'^2} = \sqrt{164.5^2 + 11^2} = 165 \text{(N·m)};$$

C 截面偏右的合成弯矩为

$$M''_C = \sqrt{M_{HC}^2 + M_{VC}''^2} = \sqrt{164.5^2 + 110.8^2} = 198 \text{(N·m)}。$$

(6) 作扭矩图，如图 2.23（e）所示，则有：

$$T = 564 \text{ N·m}。$$

(7) 校核轴的强度。轴在截面 C 处的弯矩和扭矩最大，故 C 处为轴的危险截面，校核该截面直径。因是单向传动，扭矩可认为按脉动循环变化，故取 $\alpha = 0.6$，危险截面的最大当量弯矩为：

$$M_e = \sqrt{M_C''^2 + (\alpha T)^2} = \sqrt{198^2 + (0.6 \times 564)^2} = 392 \text{ (N·m)};$$

轴危险截面所需的直径为：

$$d_C \geq \sqrt[3]{\frac{M_e}{0.1[\sigma_{-1b}]}} = \sqrt[3]{\frac{392 \times 10^3}{0.1 \times 55}} = 41.5 \text{ (mm)}。$$

考虑到该截面上开有键槽，故将轴径增大 5%，即 $d_C = 41.5 \times 1.05 = 43.6 < 60$ (mm)。

结论：所设计的轴强度足够。如所选轴承和键连接等经计算后确认寿命和强度均能满足，则该轴的结构无须修改。

三、轴　承

轴承是支承轴的部件，根据轴承工作的摩擦性质，可分为滑动轴承和滚动轴承两大类。一般情况下，滚动摩擦小于滑动摩擦，因此滚动轴承应用很广泛。

（一）滚动轴承的基本概念

1. 概述

滚动轴承是标准件，由轴承厂大批量生产。因此，熟悉标准，正确选用并进行轴承组合设计是学习本节的主要任务。滚动轴承一般由内圈、外圈、滚动体和保持架组成（图2.24）。内圈、外圈分别与轴颈、轴承座孔装配在一起。当内圈、外圈相对转动时滚动体即在内圈、外圈的滚道间滚动。常见的滚动体的形状如图2.25所示。保持架使滚动体分布均匀，减少滚动体的摩擦和磨损。滚动轴承的内圈、外圈和滚动体一般由轴承钢制造，工作表面经过磨削和抛光，其硬度不低于60 HRC。保持架一般用低碳钢板冲压制成，也可用有色金属和塑料制成。

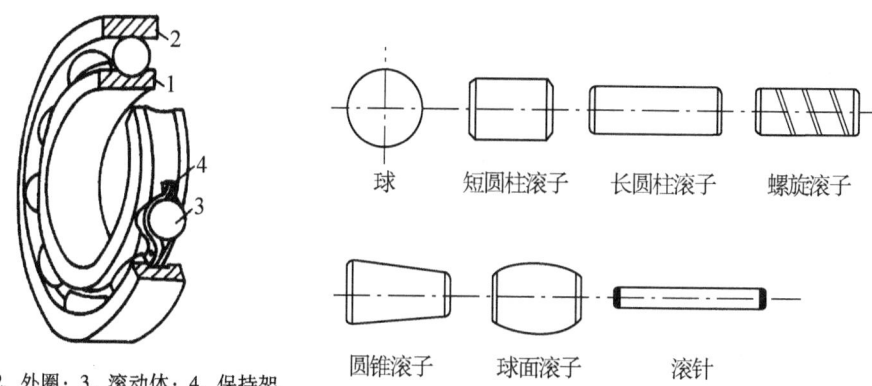

1. 内圈；2. 外圈；3. 滚动体；4. 保持架
图2.24　滚动轴承的结构

图2.25　滚动轴承的滚动体的类型

2. 滚动轴承的类型和代号

（1）滚动轴承的类型。滚动轴承按受载方向分为向心轴承和推力轴承两大类。向心轴承主要承受径向载荷，推力轴承主要承受轴向载荷。按滚动体形状，滚动轴承又可分为球轴承与滚子轴承两大类。轴承的类型代号及特性如表2.9所示。

表2.9 滚动轴承的基本类型及特性

类型及代号	结构简图	承载方向	主要性能及应用
调心球轴承（1）	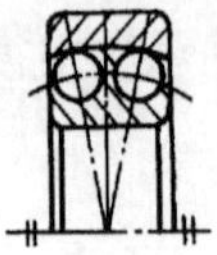		其外圈的内表面是球面，内、外圈轴线间允许角偏移为2°～3°，极限转速低于深沟球轴承。可承受径向载荷及较小的双向轴向载荷。用于轴变形较大及不能精确对中的支承处
调心滚子轴承（2）	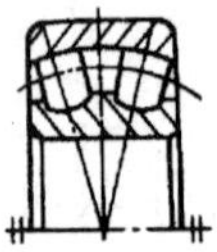		轴承外圈滚道是球面，主要承受径向载荷及一定的双向轴向载荷，但不能承受纯轴向载荷，允许角偏移0.5°～2°。常用在长轴或受载荷作用后轴有较大变形及多支点的轴上
圆锥滚子轴承（3）	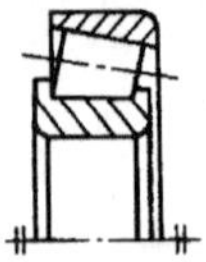		可同时承受较大的径向及轴向载荷，承载能力大于（7）类轴承。外圈可分离，装拆方便，成对使用
推力球轴承（5）	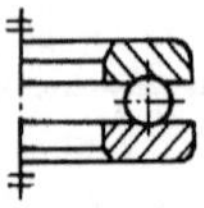		只能承受轴向载荷，而且载荷作用线必须与轴线相重合，不允许有角偏差，极限转速低
双向推力轴承（5）	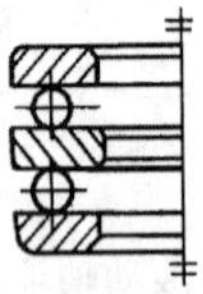		能承受双向轴向载荷。其余与推力轴承相同
深沟球轴承（6）	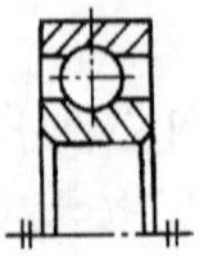		可承受径向载荷及一定的双向轴向载荷。内外圈轴线间允许角偏移为8′～16′

续表2.9

类型及代号	结构简图	承载方向	主要性能及应用
角接触球轴承（7）	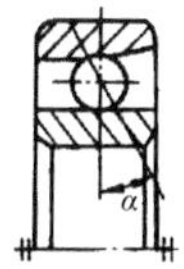 7000C型（α=15°） 7000AC型（α=25°） 7000B型（α=40°）	 ↑→	可同时承受径向及轴向载荷。承受轴向载荷的能力由接触角α的大小决定，α大，承受轴向载荷的能力高。由于存在接触角α，承受纯径向载荷时，会产生内部轴向力，使内、外圈有分离的趋势，因此这类轴承要成对使用。极限转速较高
推力滚子轴承（8）	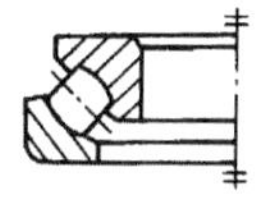 GB/T 4663—93	 ↓	能承受较大的单向轴向载荷，极限转速低
圆柱滚子轴承（N）	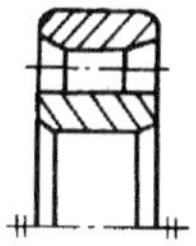	 ↑	能承受较大的径向载荷，不能承受轴向载荷，极限转速也较高，但允许的角偏移很小（2′～4′）。设计时，要求轴的刚度大，对中性好
滚针轴承（NA）	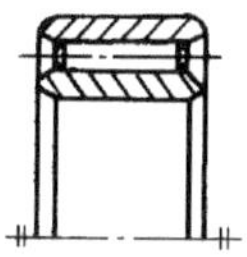	 ↑	不能承受轴向载荷，不允许有角度偏斜，极限转速较低。结构紧凑，在内径相同的条件下，与其他轴承比较，其外径最小。适用于径向尺寸受限制的部件中

（2）滚动轴承的代号。GB/T 272—93《滚动轴承代号方法》规定，轴承的类型、尺寸、精度和结构特点由轴承代号表示。轴承代号由基本代号、前置代号和后置代号三部分构成，代号一般刻在外圈端面上，排列顺序如表2.10所示。

表 2.10 滚动轴承代号的排列顺序

前置代号	基本代号					后置代号						
	五	四	三	二	一							
轴承的分部件代号	类型代号	尺寸系列代号		内径代号		内部结构代号	密封与防尘结构代号	保持架及其他材料代号	特殊轴承材料代号	公差等级代号	游隙代号	多轴承配置代号	其他代号
		宽（高）度系列代号	直径系列代号										

1）前置代号。在基本代号左侧用字母表示成套轴承的分部件，如 L 表示可分离的轴承是分离内圈或外圈，K 表示滚子和保持架组件。例如 LN308，表示（0)3 尺寸系列的单列圆柱滚子轴承可分离外圈。

2）基本代号。基本代号表示轴承的类型、结构和尺寸，一般由 5 个数字或字母加 4 个数字表示。各代号意义如表 2.11 所示。

表 2.11 基本代号

类型代号	宽（高）度系列代号	直径系列代号	内径代号				
用一位数字或一至两个字母表示，见表2.9	表示内径、外径相同而轴承宽（高）度不同，有一个递增的系列尺寸，用一位数字表示	表示同一内径而不同外径的系列，用一位数字表示	内径代号为 04～96 时内径 d = 代号×5 mm。内径为 22，28，32，>500 的轴承直接用内径数值表示内径代号，如 62/32 表示内径 32 的深沟球轴承。$d = 10 \sim 17$ 的内径代号如下:				
	两代号连用，通常除圆锥滚子轴承外，当宽（高）度系列代号为 0 时可省略		内径代号	00	01	02	03
			内径/mm	10	12	15	17

3）后置代号。后置代号作为补充代号，轴承在结构形状、尺寸公差、技术要求等有改变时，才在基本代号右侧予以添加。后置代号分为 8 组，一般用字母（或字母加数字）表示。第 1 组表示内部结构变化。例如，角接触球轴承接触角 α =40°时，代号为 B；α =25°时，代号为 AC；α =15°时，代号为 C。第 2 组表示密封、防尘与外部形状变化代号，如轴承两面带防尘盖，代号为 2Z。第 3 组表示保持架及其材料。第 4 组表

示轴承材料。第5组表示公差等级，按精度由低到高代号依次为/P0、/P6、/P6x、/P5、/P4、/P2，其中/P0为普通级，可省略不标注。第6组表示轴承的径向游隙，分1、2、0、3、4、5共6个组别，分别以/C1、/C2、/C3、/C4、/C5为代号，0组不标注。第7组表示配置。第8组为其他。

【例2.5】请说明6208、71210B、LN312/P5等轴承代号的含义。

答：①6208为深沟球轴承，尺寸系列（0）2（宽度系列0，直径系列2），内径40 mm，精度P0级；②71210B为角接触球轴承，尺寸系列12（宽度系列1，直径系列2），内径50 mm，接触角$\alpha = 40°$，精度P0级；③LN312/P5为单列圆柱滚子轴承，可分离外圈，尺寸系列（0）3（宽度系列0，直径系列3），内径60 mm，精度P5级。

3. 滚动轴承的选用

滚动轴承的类型、品种及规格很多，为了充分发挥机械装置的性能，选择最适宜的轴承至关重要。通常情况下，必须综合考虑各种因素，遵循以下顺序来选择轴承：①分析掌握机械装置和轴承的使用条件与环境条件；②明确对轴承的要求；③选择轴承的类型；④选择轴承的配置方式；⑤选择轴承的尺寸规格；⑥选择轴承的安装方法。轴承选用的一般规则如下：

（1）根据轴承工作载荷的大小、方向及性质来选择。根据载荷的大小选择轴承类型时，滚子轴承滚动体是线接触，可承受较大载荷，承载后变形小；球轴承滚动体为点接触，宜承受较轻或中等的载荷。当载荷较小而平稳、转速较高时，可选用球轴承；反之，宜选用滚子轴承。

根据载荷的方向选择轴承类型时，纯轴向载荷一般选用推力轴承，较小的载荷选用推力球轴承，较大的载荷选用推力滚子轴承；纯径向载荷可选用深沟球轴承、圆柱滚子轴承或滚针轴承；承受径向载荷的同时，还有不大的轴向载荷时，可选用深沟球轴承、接触角不大的角接触轴承或圆锥滚子轴承；轴向载荷较大时，可选用向心轴承和推力轴承组合在一起的结构；径向载荷和轴向载荷均较大时可选用圆锥滚子轴承或接触角较大的角接触球轴承。

（2）根据转速来选择。一般转速下，对轴承类型的选择影响不大，只有在转速较高时才有较显著的影响。①球轴承有较高的极限转速，故在高速时应优先选用球轴承；②在内径相同的条件下，外径越小，滚动体越轻巧，运转时加在外圈滚道上的离心惯性力越小，因而适合在高转速下工作；③保持架的材料与结构对轴承转速影响极大，实体保持架比冲压保持架允许更高的转速；④推力轴承的极限转速均很低，工作转速较高时，若轴向载荷不大，可采用角接触球轴承承受纯轴向力；⑤若工作转速略超过规定的极限转速，可以提高轴承的公差等级，或者适当加大轴承的径向游隙、选用循环润滑、加强循环油冷却等措施来改善轴承性能。

（3）根据对轴承的特殊要求来选择。跨距较大或难以保证两轴承孔同轴度的轴及多支点轴，宜选用调心轴承。当轴中心线与轴承座中心线不重合而有高度误差，或因受轴向力而弯曲或倾斜时，会造成轴承内圈、外圈轴线偏斜，这时应采用有一定调心性能的调心球轴承或调心滚子轴承。为便于安装、拆卸和调整轴承游隙，宜选用内圈、外圈可分离的圆锥滚子轴承。

（4）根据经济性来选择。一般球轴承比滚子轴承价廉，有特殊结构的轴承比普通结构的轴承贵。同型号的轴承，精度越高，价格也越高。一般机械传动宜选用普通级（P0）精度。

以电动机为例，不同大小的电动机要选择不同种类的轴承，机座号在160以下的电动机采用双面密封轴承，并在轴伸端装有波形弹簧垫圈，以适度压力压靠轴承，有效抵制电动机运转时产生的振动和噪声。机座号在180号以上的电动机采用内、外盖式结构，轴承不用密封，在转子安装轴承的部位加装一挡圈，起到定位作用。如果在小端盖或大端盖钻孔，安装注油装置，可大大方便日常的维护保养工作。一般情况下，电动机的型号表示的是电动机的机座号，不同的机座号所对应的电动机的轴承型号是固定的，如表2.12所示。

表2.12　Y2系列电动机的轴承型号

机座号	轴伸端			风风扇端		
	2P	4，6，8P	10P	2P	4，6，8P	10P
63	6201－2Z/C_3	6201－2Z/C_3		6201－2Z/C_3	6201－2Z/C_3	
71	6202－2Z/C_3	6202－2Z/C_3		6202－2Z/C_3	6202－2Z/C_3	
80	6204－2Z/C_3	6204－2Z/C_3		6204－2Z/C_3	6204－2Z/C_3	
90	6205－2Z/C_3	6205－2Z/C_3		6205－2Z/C_3	6205－2Z/C_3	
100	6206－2Z/C_3	6206－2Z/C_3		6206－2Z/C_3	6206－2Z/C_3	
112	6306－2Z/C_3	6306－2Z/C_3		6306－2Z/C_3	6306－2Z/C_3	
132	6308－2Z/C_3	6308－2Z/C_3		6308－2Z/C_3	6308－2Z/C_3	
160	6309－2Z/C_3	6309－2Z/C_3		6309－2Z/C_3	6309－2Z/C_3	
180	6311/C_3	6311/C_3		6311/C_3	6311/C_3	
200	6312/C_3	6312/C_3		6312/C_3	6312/C_3	
225	6313/C_3	6313/C_3		6313/C_3	6313/C_3	
250	6314/C_3	6314/C_3		6314/C_3	6314/C_3	
280	6314/C_3	6317/C_3		6314/C_3	6317/C_3	
315	6317/C_3	NU319	NU319	6317/C_3	6319/C_3	6319/C_3
355	6319/C_3	NU322	NU322	6319/C_3	6322/C_3	6322/C_3

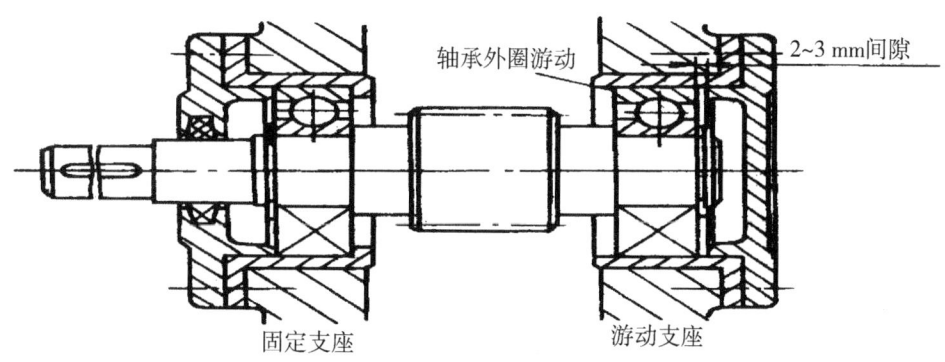

图 2.29 一端双向固定、一端游动

4. 轴系的调整

（1）轴承游隙的调整。滚动轴承的内圈、外圈与滚动体之间存在一定的间隙（图 2.30），因此，内圈、外圈可以有相对位移，最大位移量称为轴承游隙。当轴承的一个座圈固定，则另一座圈沿径向的最大移动量称为径向游隙 Δr，沿轴向的最大移动量称为轴向游隙 Δa。游隙的大小对轴承的寿命、温升和噪声都有很大的影响。

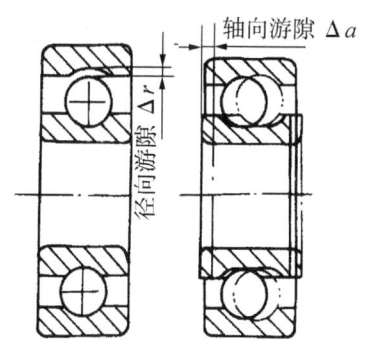

图 2.30 滚动轴承的游隙

向心角接触轴承的游隙在制造时已确定，有些轴承装配时可通过移动轴承套圈位置来调整轴承游隙。移动轴承套圈、调整轴承游隙的方法有增减轴承盖与机座间垫片厚度、用螺纹调整等。

（2）轴承的预紧。轴承的预紧是指在安装时采取某种措施，让滚动体和内圈、外圈之间产生一定量的预变形，使轴承中保持一定的轴向力，消除轴承内部游隙，提高轴承刚度，从而提高运转精度，减少振动和噪声。预紧的方法很多，如前述移动轴承套圈以及在两轴承之间的内圈或外圈间加金属垫片、用弹簧压紧等（图 2.31）。

(3)轴系的轴向调整。为保证机器的正常工作，装配时必须使轴上零件处于正确位置，为此，轴应能做必要的轴向调整。图2.32所示轴承组合结构中，垫片组1用来调整小锥齿轮轴的轴向位置，而垫片组2用来调整轴承的内部间隙。

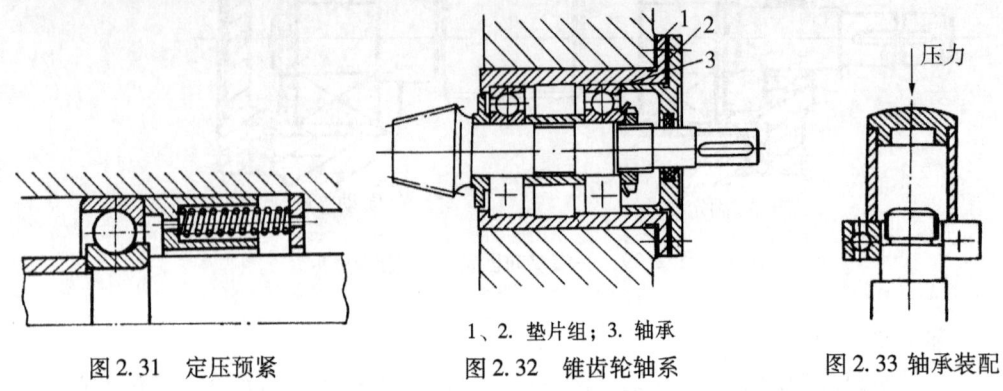

1、2. 垫片组；3. 轴承

图2.31 定压预紧　　图2.32 锥齿轮轴系　　图2.33 轴承装配

5. 轴承的安装和拆卸

当轴承内圈与轴颈、外圈与座孔之间的配合有过盈量时，其装配方法可以用装配套管锤打（图2.33）、压力机压入，也可用温差法装配。内圈定位轴肩的高度不宜过高，否则拆卸拉模的钩头就无法钩住内圈端面（图2.34）；或在轴肩上开槽，以便拆卸内圈时放入拆卸器的钩头（图2.35）；同理，外圈定位凸台高度应合理（图2.36），或在凸台处开孔，以便拆卸。

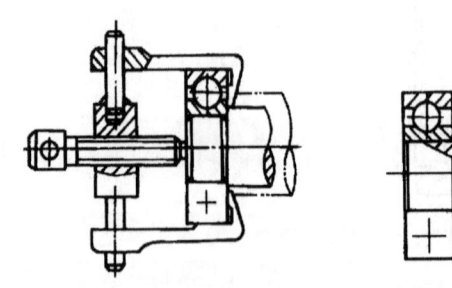 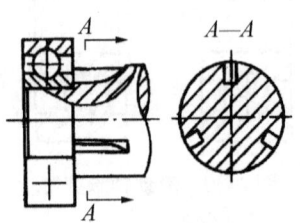 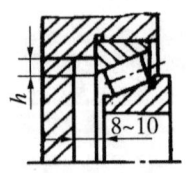

图2.34 轴承内圈拆卸　　图2.35 轴肩处开槽结构　　图2.36 便于外圈拆卸的结构

6. 滚动轴承的润滑、密封

轴承在运转中，润滑是很重要的工作。滚动轴承的润滑剂一般按轴承内径 d 与转速 n 的乘积来选择，当 $d \times n < 2 \times 10^5$ 时采用脂润滑。润滑脂的填充量要适当，过多将会导致摩擦加剧，温度升高，黏度下降，影响正常工作。因此，润滑脂的填充量一般不超过轴承空间的 $1/3 \sim 1/2$。高速和较高温度的场合，应优先选用油润滑。当载荷大、工

作温度高时，选用黏度高的油；转速高时，则应选用黏度低的油。根据工作温度和 $d \times n$ 值，由图 2.37 选择润滑油的黏度，再选用润滑油的牌号。

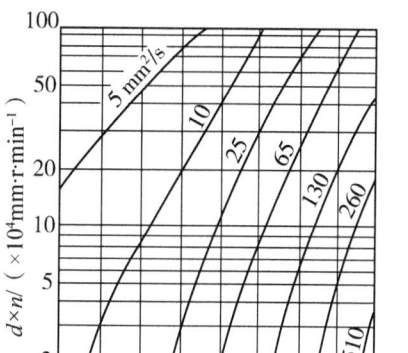

图 2.37　润滑油黏度选择

以电动机为例。双面密封轴承不用再添加油脂，正确使用就能够保证它的正常寿命。内外盒盖构成腔室的轴承，我们加润滑脂时可控制在加满量的 1/3～1/2。加油过多，运行中容易积温过高，油质变性，损坏轴承；加油过少，则不能保证其润滑。转速较低的电动机，可适量多加。加油过程中，要保证现场洁净卫生，工具清洁，不用棉纱、纤维类物品接触所用的油脂，严禁砂粒、灰尘等掺杂其中。不同类油脂不能混用，原先变质的润滑脂要彻底清洗，然后再注入新油脂。对于有注油装置的电动机，应先拆下面的挡油板或放油孔塞子，然后加油，在电动机运行几十分钟后，再上好盖板，或堵上排放孔。这样保证了润滑油对滚动体的均匀润滑，并且有足够的空间散热。电动机日常维护保养时，小型电动机加润滑脂控制在 30 g 左右，中型电动机在 40 g 左右。小型电动机加润滑脂保养时间在 3000 h 以内，中型电动机保养时间为 1000～2000 h，转速较高的电动机（2 极）控制在 1000 小时内加润滑脂保养一次。

滚动轴承密封的目的是阻止润滑剂流失，防止灰尘、水分等的侵入而加速轴承的磨损与锈蚀。密封方式主要分接触式、非接触式和组合式三类（表 2.13）。

表2.13 滚动轴承的常用密封方式

密封类型	图例	适用场合	说明
接触式密封	毡圈式密封 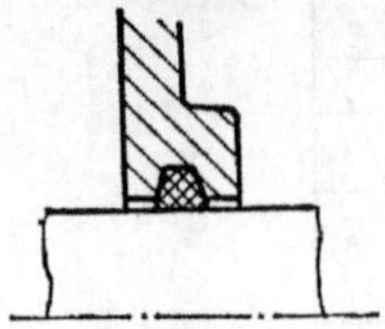	脂润滑。要求环境清洁，轴颈圆周速度 v 不大于 $4\sim5$ m/s，工作温度不超过 90 ℃	矩形截面的毛毡圈被安装在梯形槽内，它对轴产生一定的压力而起到密封作用
	皮碗式密封 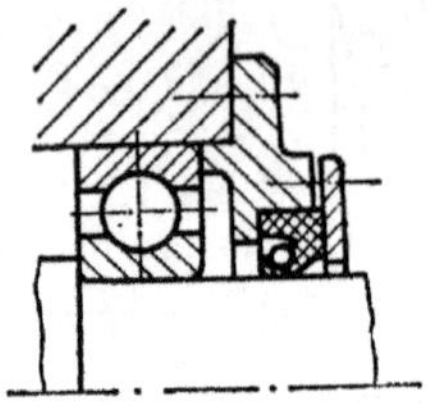	脂或油润滑。圆周速度 $v<7$ m/s，工作温度范围 $-40\sim100$ ℃	皮碗用皮革或耐油橡胶制成，有的具有金属骨架，有的没有骨架。皮碗是标准件。左图密封唇朝里，目的是防漏油；若密封唇朝外，则主要目的是防灰尘、杂质进入
非接触式密封	间隙式密封 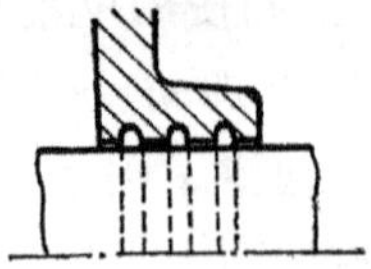	脂润滑。环境干燥清洁	靠轴与盖间的细小环形间隙密封，间隙愈小愈长，效果愈好，间隙 δ 取 $0.1\sim0.3$ mm，开有油沟时效果更好
	迷宫式密封 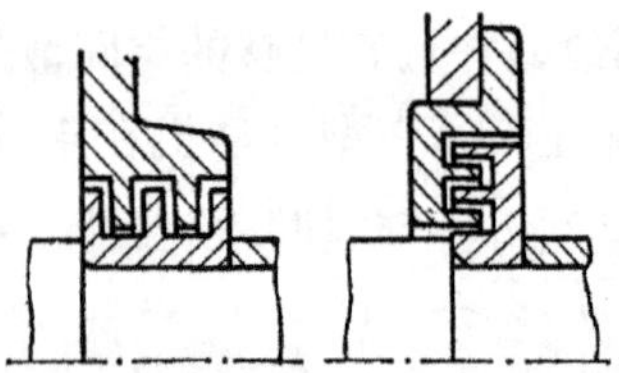	脂润滑或油润滑。工作温度不高于密封用脂的滴点。这种密封效果可靠	将旋转件与静止件之间间隙做成迷宫（曲路）形式，在间隙中充填润滑油或润滑脂以加强密封效果。左图为轴向曲路，因考虑到轴要伸长，轴向间隙应大些，取 $1.5\sim2$ mm；右图为径向曲路，径向间隙不大于 $0.1\sim0.2$ mm

【例2.6】某传动装置轴，选用两只单列深沟球轴承，轴颈的直径 $d=35$ mm，轴的转速 $n=1800$ r/min，要求轴承的寿命 $L_{10h}=8000$ h。若作用在两轴承上的径向力 $F_{r1}=1500$ N，$F_{r2}=2500$ N，中等冲击，试选择轴承的型号。

4. 滚动轴承的受载情况和失效形式

（1）一般转速时，若轴承只承受径向载荷 F_r 作用，由于各元件的弹性变形，轴承上半圈的滚动体将不受力，而下半圈各滚动体受力的大小则与其所处的位置有关。故轴承运转时，轴承套圈滚道和滚动体受变应力作用，滚动轴承的主要失效形式是疲劳点蚀。为防止疲劳点蚀现象的发生，滚动轴承应按额定动载荷进行寿命计算。

（2）转速较低的滚动轴承，可能因过大的静载荷或冲击载荷，使套圈滚道与滚动体接触处产生过大的塑性变形。因此，低速重载的滚动轴承应进行静强度计算。

（3）高速转动的轴承，可能因润滑不良等原因引起磨损甚至胶合。因此，除进行寿命计算外，还要校核极限转速。

（二）轴承的组合设计

1. 轴承套圈的轴向固定

轴承内圈、外圈轴向固定的作用是当受到轴向力后，使轴和套圈具有所要求的轴向约束。轴承内圈的轴向固定如图 2.26 所示，外圈的轴向固定如图 2.27 所示。

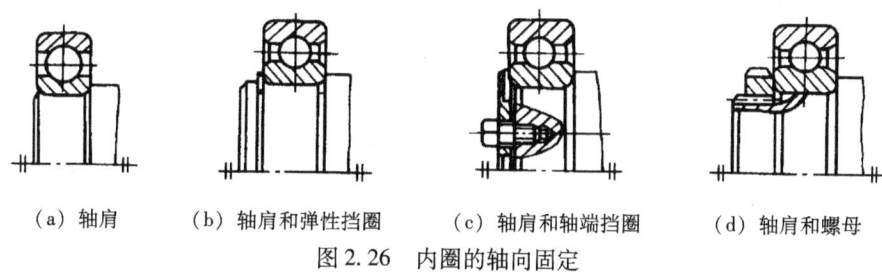

(a) 轴肩　　(b) 轴肩和弹性挡圈　　(c) 轴肩和轴端挡圈　　(d) 轴肩和螺母

图 2.26　内圈的轴向固定

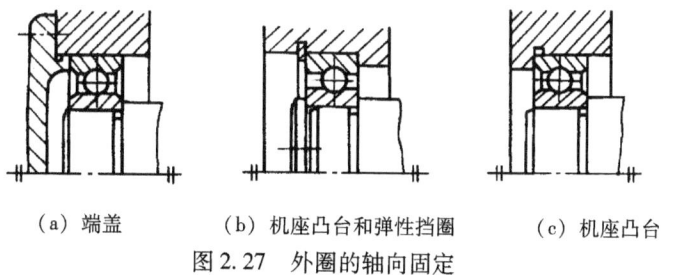

(a) 端盖　　(b) 机座凸台和弹性挡圈　　(c) 机座凸台

图 2.27　外圈的轴向固定

2. 轴承套圈的周向固定和配合

轴承套圈的周向固定，靠外圈和轴承座孔（或回转零件）、内圈与轴颈之间的配合来保证。由于滚动轴承是标准件，所以内圈与轴的配合采用基孔制，外圈与座孔的配合采用基轴制。当内圈旋转、外圈固定时，内圈与轴颈之间应采用较紧的配合，如 n6、m6、k6 等；外圈与轴承座孔之间应选较松的配合，如 J7、H7、G7 等。因为轴承内径公差带在零线下方，故内圈与轴的配合比圆柱公差中规定的基孔制同类配合要紧些。

3. 轴系的轴向固定

轴系在机器中必须有确定的位置，以保证工作时不发生轴向窜动；但同时为补偿轴的热伸长，又允许在适当范围内有微小的自由伸缩。轴系的轴向固定方式可采用两端单向固定，或者一端双向固定、一端游动。

(1) 两端单向固定。普通工作温度下的短轴可选用较简单的两端都单向固定的形式。这种形式结构简单，安装调整方便，适用于支承跨距较小（$L < 300 \text{ mm}$）和温差不大的场合。

在轴的两个支承点上，采用两个深沟球轴承，分别利用轴肩、轴承端盖固定轴承内圈、外圈。两个支承各限制轴系的一个方向的轴向移动，对整个轴系而言，两个方向都受到了定位。为补偿轴的热伸长，在一个轴承外圈和轴承盖之间，留有轴向补偿间隙 Δ，通常取 $\Delta = 0.2 \sim 0.3 \text{ mm}$，如图 2.28（a）所示。间隙量可用调整轴承盖与机座端面间的垫片厚度来控制，如图 2.28（b）所示。对于向心角接触轴承，补偿间隙可留在轴承内部。

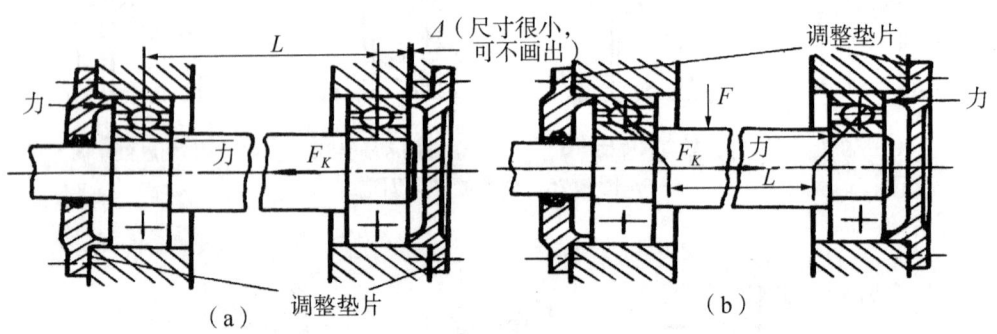

图 2.28 两端单向固定

(2) 一端双向固定、一端游动。当轴较长或工作温度较高时，因伸缩量大，宜选用一端双向固定、一端游动的形式，以保证轴自由伸缩。这种固定方式适用于跨距较大、温差较大的轴。如图 2.29 所示，一个支点处的轴承内圈、外圈双向固定，另一个支点处的轴承可以轴向游动，以适应轴的热伸长。图中游动端为深沟球轴承，在轴承外圈与端盖间留适当间隙 C（$C = 2 \sim 3 \text{ mm}$）。

解：（1）要求计算该轴承应该具有的基本额定动载荷值 C，首先要确定轴承的当量动载荷 $P = XF_r + YF_a$。

因为选用深沟球轴承，$\varepsilon = 3$，且不受轴向力，因此 $X = 1$，$Y = 0$。

当轴承承受冲击载荷时，当量动载荷为：
$$P = f_P(XF_r + YF_a)。$$
式中：f_P 为冲击载荷系数，参见表2.14。

表2.14　冲击载荷系数 f_P

载荷性质	机器举例	f_P
平稳运转或轻微冲击	电机、汽轮机、通风机、水泵	1.0～1.2
中等冲击	车辆、动力机械、起重机、冶金机械、机床、内燃机、传动装置	1.2～1.8
强大冲击	破碎机、轧钢机、石油钻机、振动筛、工程机械	1.8～3.0

工作受中等冲击，由表2.14得 $f_P = 1.6$。因此两轴承的当量动载荷分别是：
$$P_1 = 1.6(X_1 F_{r1} + Y_1 F_{a1}) = 2400 \text{（N）}，$$
$$P_2 = 1.6(X_2 F_{r2} + Y_2 F_{a2}) = 4000 \text{（N）}。$$

一般来说，两个轴承采用同一型号时，可按当量动载荷较大的一个轴承计算其基本额定动载荷值，则有：
$$C' = P_2 \sqrt[3]{\frac{60n}{10^6} L'_{h10}} = 4000 \times \sqrt[3]{\frac{60 \times 1800}{10^6} \times 8000} = 38097 \text{（N）}。$$

（2）选择轴承型号。根据 $d = 35$ mm，$C > C'$，查轴承标准（GB/T 276—1994），应选用 6407 型轴承，其 $C = 42630$ N。

四、螺纹连接、键连接和销连接

常用的连接方式有可拆卸连接和不可拆卸连接。可拆卸连接拆开时不破坏连接件和被连接件，如螺纹连接、键连接、销连接等；不可拆卸连接拆开时会破坏连接件或被连接件，如焊接、铆接、黏接等。

(一) 螺纹连接

1. 螺纹的分类、特点和应用

螺纹有外螺纹和内螺纹之分,共同组成螺纹副使用。起连接作用的螺纹称为连接螺纹,起传动作用的螺纹称为传动螺纹。按螺纹的旋向可分为左旋和右旋,常用的为右旋螺纹。螺纹的螺旋线数分单线、双线及多线,连接螺纹一般用单线。螺纹又分为米制和英制两类,我国除管螺纹外,一般都采用米制螺纹。

常用螺纹的类型主要有普通螺纹、管螺纹、矩形螺纹、梯形螺纹、锯齿形螺纹。前两种主要用于连接,后三种主要用于传动,除矩形螺纹外其他已标准化。标准螺纹的基本尺寸可查阅有关标准。常用螺纹的类型、特点和应用如表2.15所示。

表2.15 常用螺纹的类型、特点和应用

类型	型 图		特 点 和 应 用
连接螺纹	普通螺纹	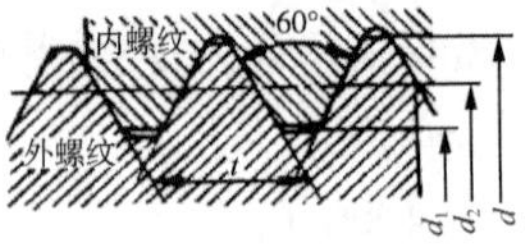	牙型角 $\alpha=60°$。当量摩擦系数大,自锁性能好。螺牙根部较厚,强度高,应用广泛。同一公称直径,按螺距大小分为粗牙和细牙,常用粗牙。细牙的螺距和升角小,自锁性能较好,但不耐磨,易滑扣,常用于薄壁零件,或受动载荷和要求紧密性的连接,还可用于微调机构等
	圆柱管螺纹	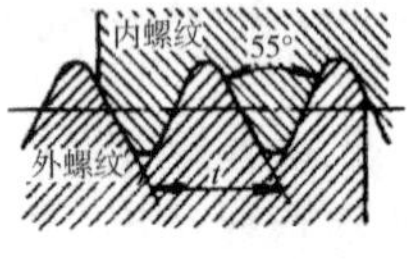	牙型角 $\alpha=55°$。公称直径近似为管子孔径,以英寸为单位,螺距以每英寸的牙数表示。牙顶、牙底呈圆弧,牙高较小。螺纹副的内外螺纹间没有间隙,连接紧密,常用于低压的水、煤气、润滑或电线管路系统中的连接
	圆锥管螺纹	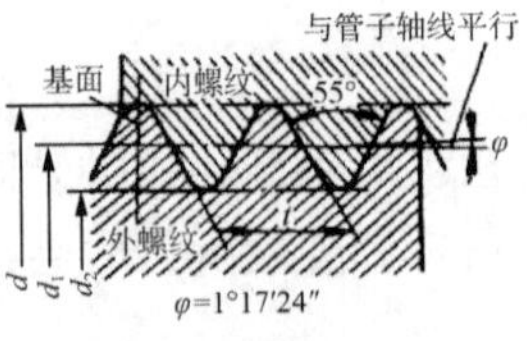	牙型角 $\alpha=55°$。与圆柱管螺纹相似,但螺纹分布在1:16的圆锥管壁上。旋紧后,依靠螺纹牙的变形使连接更为紧密,主要用于高温、高压条件下工作的管子连接。如汽车、工程机械、航空机械、机床的燃料、油、水、气输送管路系统

续表 2.15

类型		型　图	特　点　和　应　用
传动螺纹	矩形螺纹		螺纹牙的剖面多为正方形，牙厚为螺距的一半，牙根强度较低。因其摩擦系数较小，效率较其他螺纹为高，故多用于传动。但难于精确加工，磨损后松动、间隙难以补偿，对中性差，常用梯形螺纹代替
	梯形螺纹		牙型角 α = 30°，效率虽较矩形螺纹低，但加工较易，对中性好，牙根强度较高，用剖分螺母时，磨损后可以调整间隙，故多用于传动
	锯齿螺纹		工作面的牙边倾斜角为 3°，便于铣制；另一边为 30°，以保证螺纹牙有足够的强度。它兼有矩形螺纹效率高和梯形螺纹牙强度高的优点，但只能用于承受单向载荷的传动

2. 螺纹的主要参数

圆柱普通螺纹的主要参数如图 2.38 所示。

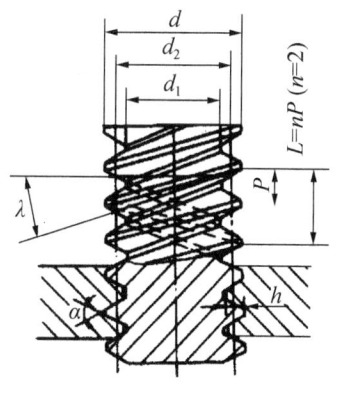

图 2.38　螺纹的主要参数

(1) 大径 d。它是与外螺纹牙顶或内螺纹牙底相重合的假想圆柱的直径,一般定为螺纹的公称直径。

(2) 小径 d_1。它是与外螺纹牙底或内螺纹牙顶相重合的假想圆柱的直径,一般取为外螺纹的危险剖面的计算直径。

(3) 中径 d_2。它是一个假想圆柱的直径,该圆柱的母线通过牙型上沟槽和凸起宽度相等的地方。对于矩形螺纹,$d_2 = 0.5(d + d_1)$,其中 $d \approx 1.25 d_1$。

(4) 螺距 P。相邻螺牙在中径线上对应两点间的轴向距离称为螺距。

(5) 导程 L 和螺纹线数 n。导程是同一螺纹线上的相邻牙在中径线上对应两点间轴向距离。导程和螺纹线数的关系为:

$$L = nP。$$

其中单线螺纹 $n=1$,双线螺纹 $n=2$,其余类推。

(6) 升角 λ。在中径圆柱上螺旋线的切线与垂直于螺纹轴线的平面间的夹角称为升角,其计算式为:

$$\tan\lambda = \frac{L}{\pi d_2} = \frac{nP}{\pi d_2}。$$

显然,在公称直径 d 和螺距 P 相同的条件下,螺纹线数 n 越多,导程 L 将成倍增加,升角 λ 也相应增大,传动效率也将提高。

(7) 牙型角 α。在轴向剖面内螺纹牙型两侧边的夹角称为牙型角。

3. 螺纹连接的主要类型和使用

螺纹连接的主要类型及基本形式如图 2.39 所示。

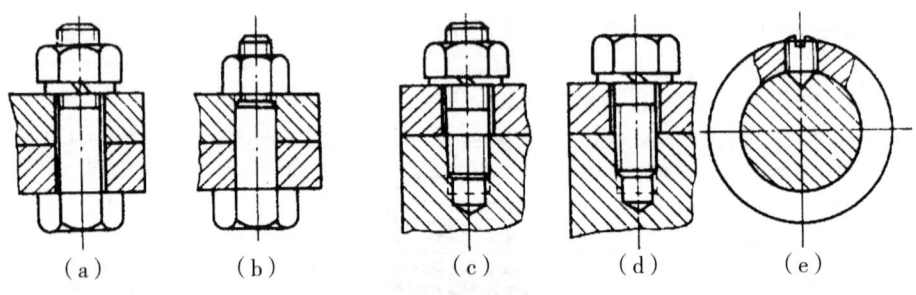

图 2.39 螺纹连接的基本形式

(1) 螺栓连接。图 2.39 (a) 所示的螺栓连接是将螺栓穿过被连接件的孔(螺栓与孔之间留有间隙),然后拧紧螺母,即将被连接件连接起来。由于被连接件的孔无须切制螺纹,所以结构简单、装拆方便,应用广泛。铰制孔用螺栓(图 2.39 (b))一般用于利用螺栓杆承受横向载荷或固定被连接件相互位置的场合。这时,孔与螺栓杆之间没有间隙，常采用基孔制过渡配合。

（2）双头螺柱连接（图2.39（c））。这种连接是利用双头螺柱的一端旋紧在被连接件的螺纹孔中，另一端则穿过另一被连接件的孔，拧紧螺母后将被连接件连接起来。这种连接通常用于被连接件之一太厚不便穿孔，结构要求紧凑或需经常装拆的场合。

（3）螺钉连接（图2.39（d））。这种连接不需要螺母，将螺钉穿过被连接件的孔并旋入另一被连接件的螺纹孔中。它适用于被连接件之一太厚且不宜经常装拆的场合。

（4）紧定螺钉连接（图2.39（e））。这种连接利用紧定螺钉旋入一零件的螺纹孔中，并以末端顶住另一零件的表面或顶入该零件的凹坑中以固定两零件的相互位置。

螺纹连接除上述四种基本形式外，还有吊环螺钉、地脚螺栓、T型槽螺栓等连接形式。常用螺纹紧固件的类型和标记如表2.16所示。

表2.16 常用螺纹紧固件的类型和标记示例

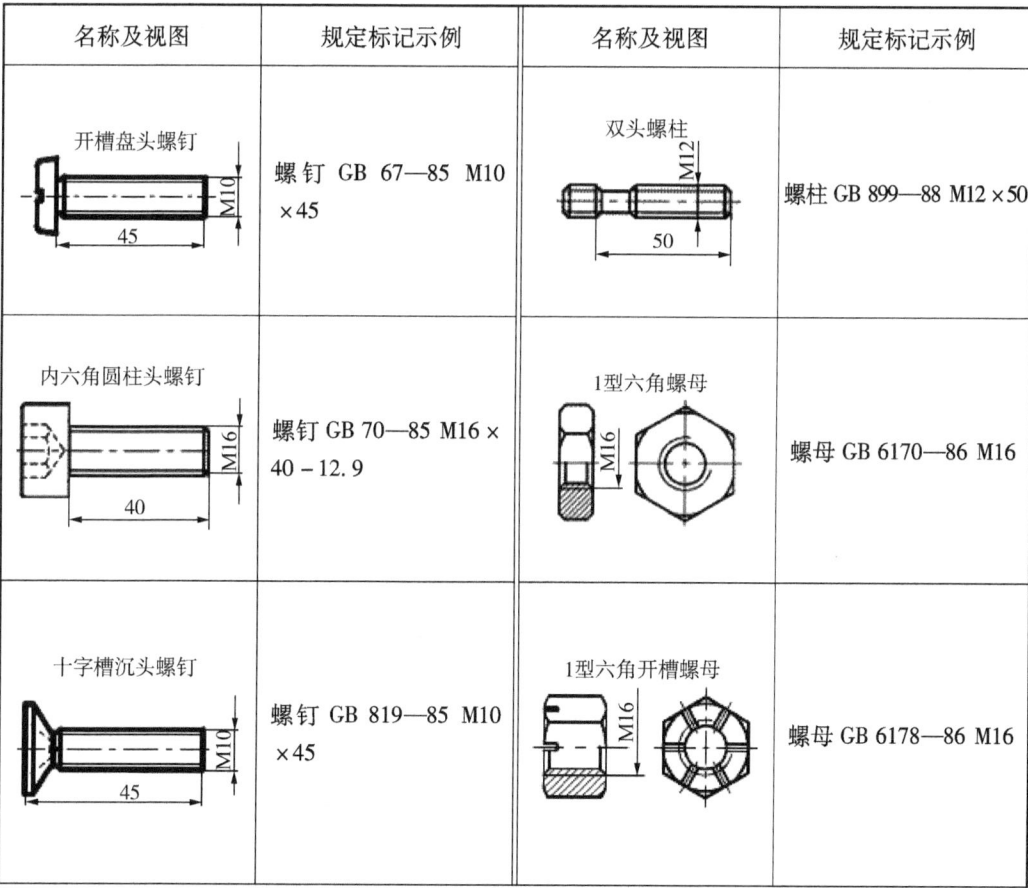

名称及视图	规定标记示例	名称及视图	规定标记示例
开槽盘头螺钉	螺钉 GB 67—85 M10×45	双头螺柱	螺柱 GB 899—88 M12×50
内六角圆柱头螺钉	螺钉 GB 70—85 M16×40－12.9	1型六角螺母	螺母 GB 6170—86 M16
十字槽沉头螺钉	螺钉 GB 819—85 M10×45	1型六角开槽螺母	螺母 GB 6178—86 M16

续表2.16

名称及视图	规定标记示例	名称及视图	规定标记示例
开槽锥端紧定螺钉 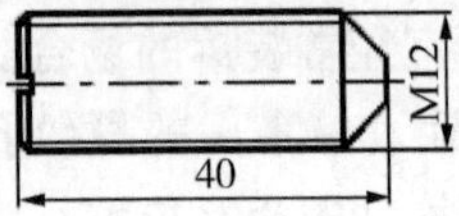	螺钉 GB 71—85 M12×40	平垫圈 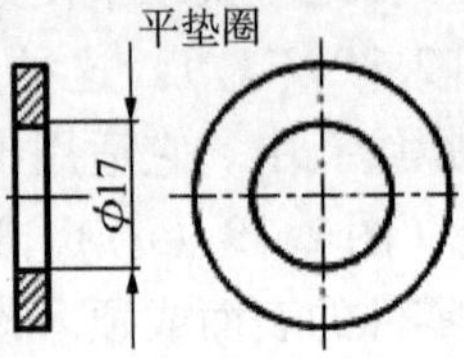	垫圈 GB 97.1—85 16-140HV
六角头螺栓 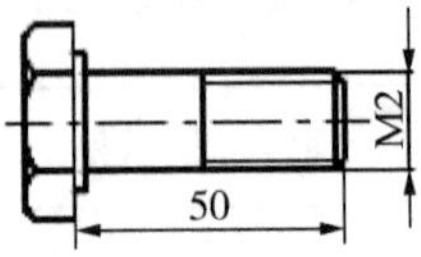	螺栓 GB 5782—86 M12×50	弹簧垫圈 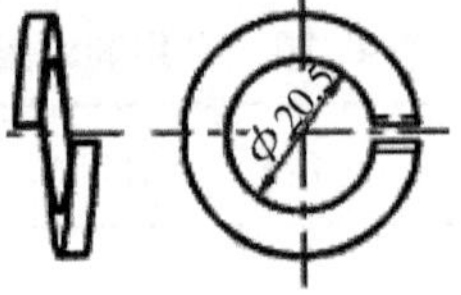	垫圈 GB 93—87 20

一般螺纹连接件常用材料为低碳钢和中碳钢，如 Q215、Q235、15、35、45 等；受冲击、振动和变载荷作用的螺栓可用合金钢，如 15Cr、40Cr、30CrMnSi 等；其他对螺纹有特殊要求（如防腐、耐高温）时，应选择有特殊性能的材料。

4. 螺纹连接的拧紧和防松

（1）螺纹连接的拧紧。绝大多数螺纹连接在装配时需要拧紧，使连接在承受工作载荷之前，预先受到力的作用，这个预加的作用力称为预紧力。预紧的目的是增大连接的紧密性和可靠性。此外，适当地提高预紧力还能提高螺栓的疲劳强度。拧紧时主要使用的工具为扳手。扳手是利用杠杆原理拧转螺栓、螺钉、螺母和其他螺纹紧持螺栓或螺母的开口或套孔固件的手工工具。扳手通常在柄部的一端或两端制有夹持螺栓或螺母的开口或套孔，使用时沿螺纹旋转方向在柄部施加外力，就能拧转螺栓或螺母。扳手通常用碳素结构钢或合金结构钢制造。

（2）常用扳手的类型（图2.40）。

1）呆扳手：一端或两端制有固定尺寸的开口，用以拧转一定尺寸的螺母或螺栓。它有单头和双头两种，其开口是和螺钉头、螺母尺寸相适应的，并根据标准尺寸做成一套。

2）两用扳手：一端与单头呆扳手相同，另一端与梅花扳手相同，两端拧转相同规格的螺栓或螺母。

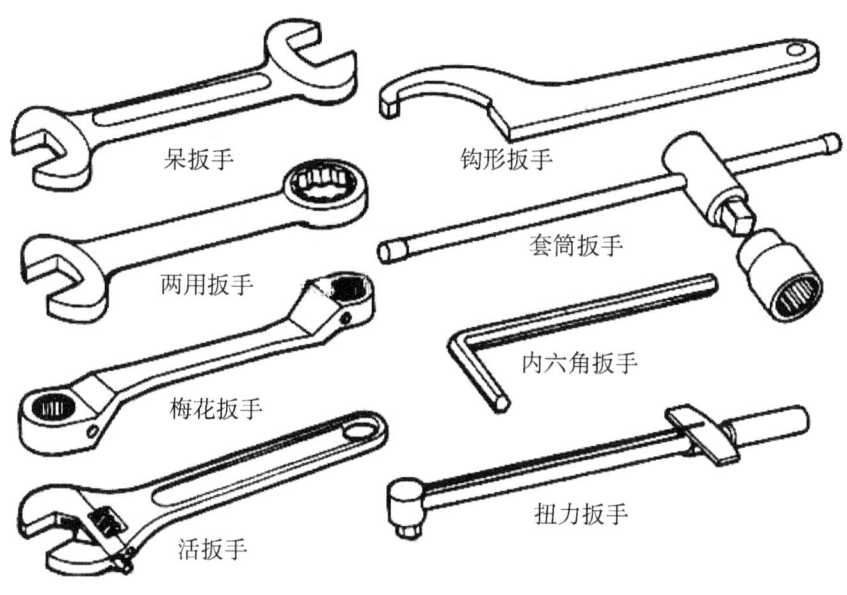

图 2.40 各类扳手

3）梅花扳手：两端具有带六角孔或十二角孔的工作端，适用于工作空间狭小，不能使用普通扳手的场合，用于拆装六角螺母或螺栓。拆装位于稍凹处的六角螺母或螺栓特别方便。

4）活扳手：开口宽度可在一定尺寸范围内进行调节，能拧转不同规格的螺栓或螺母。

5）钩形扳手：又称月牙形扳手，用于拧转厚度受限制的扁螺母等。

6）套筒扳手：它是由多个带六角孔或十二角孔的套筒并配有手柄、接杆等多种附件组成，特别适用于拧转空间十分狭小或凹陷很深的螺栓或螺母。

7）内六角扳手：成 L 形的六角棒状扳手，专用于拧转内六角螺钉。内六角扳手的型号是按照扳手的长度及六边形的对边尺寸、对角宽度来规定的。

8）扭力扳手：它在拧转螺栓或螺母时，能显示出所施加的扭矩；或者当施加的扭矩到达规定值后，会发出光或声响信号。扭力扳手适用于对扭矩大小有明确规定的情形。

外六角螺栓头部对边尺寸及配合使用的国标扳手规格尺寸如表 2.17 所示。

表2.17 外六角螺栓头部对边尺寸及配合使用的国标扳手规格尺寸

单位：mm

螺纹直径	头部对边尺寸 S	套筒扳手 S	两用扳手 S	双头开口扳手 ($S1 \times S2$)	双头梅花扳手 ($S1 \times S2$)
M5	8	8	8	7×8	7×8
M6	10	10	10	10×11	10×11
M8	13	13	13	13×16	13×16
M10	16	16	16	13×16	13×16
M12	18	18	18	18×21	18×21
M14	21	21	21	18×21	18×21
M16	24	24	24	24×27	24×27
M18	27	27	27	24×27	24×27
M20	30	30	30	30×34	30×34
M22	34	34	34	30×34	30×34
M24	36	36	36	36×41	36×41
M27	41	41	41	36×41	36×41
M30	46	46	46	46×50	46×50

（3）螺纹连接的防松。在静载荷作用下，连接螺纹的升角较小，故能满足自锁条件。但在受冲击、振动或变载荷以及温度变化大时，连接有可能自动松脱，这就容易发生事故。因此，设计螺纹连接时必须考虑防松的问题。常用的防松方法如表2.18所示。

表2.18 常用的防松方法

方法	螺纹类型		
利用摩擦力防松	**弹簧垫圈式** 材料为弹簧钢，装配后垫圈被压平，靠错开的刃口分别切入螺母和被连接件以及弹力保持的预紧力防松	**对顶螺母** 利用两螺母对顶预紧使螺纹旋合部分（此处在工作中几乎不变形）始终受到附加的预拉力及摩擦力而防松	**自锁螺母** 螺母尾部做得弹性较大（开槽或镶弹性材料）且螺纹中径比螺杆稍小，旋合后产生附加径向压力而防松
用专门防松元件防松	**槽形螺母与开口销** 螺母尾部开槽，拧紧后用开口销穿过螺母槽和螺栓的径向孔而可靠防松	**圆螺母与止动垫圈** 垫圈内舌嵌入螺栓的轴向槽内，拧紧螺母后将垫圈外舌之一折嵌入螺母的一个槽内	**单耳止动垫圈** 在螺母拧紧后将垫圈一端扣起扣压到螺母的侧平面上，另一端折下扣紧被连接件

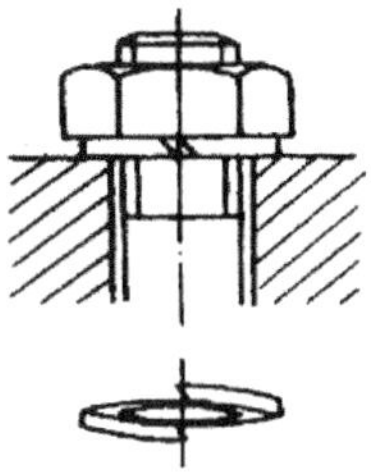

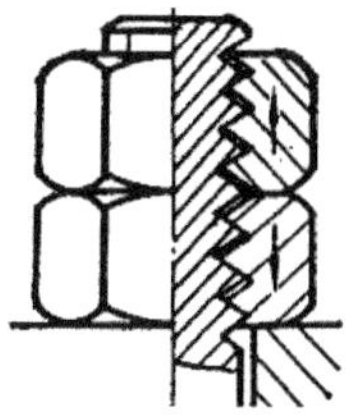

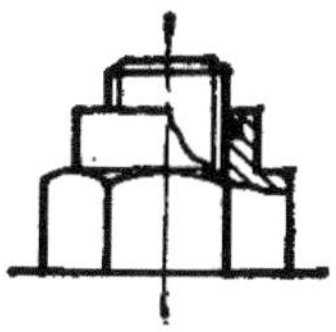

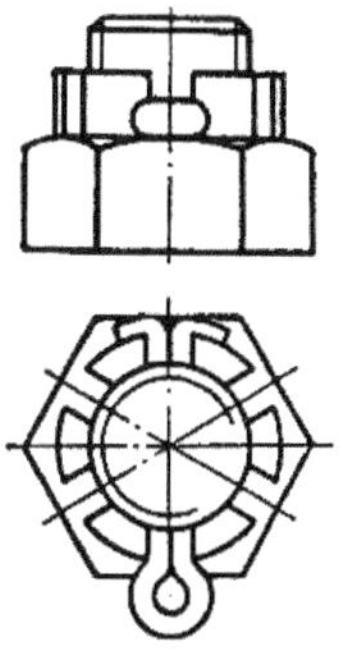

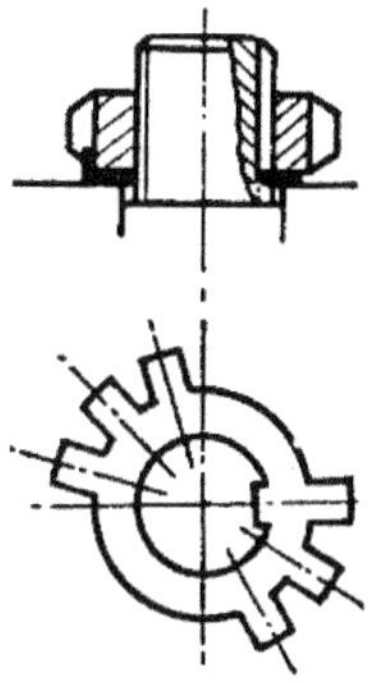

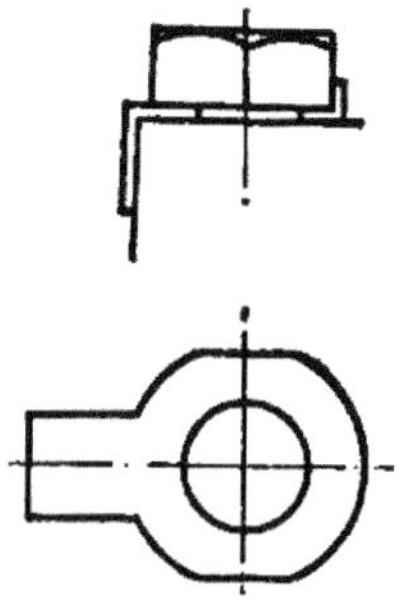

续表2.18

方法	螺纹类型		
其他方法防松	**端铆** 拧紧后螺栓露出1～1.5个螺距，打压这部分使螺栓头使螺纹变大成永久性防松	**冲点、焊点** 拧紧后在螺栓和螺母的骑缝处用样冲冲打或用焊具点焊2～3点成永久性防松	**黏合剂** 用厌氧性黏合剂涂于螺纹旋合表面，拧紧螺母后自行固化获得良好的防松效果

5. 螺旋传动

螺旋传动由螺杆和螺母组成，主要用来将旋转运动变换为直线运动。螺旋传动按其螺旋副（又称螺纹副）中摩擦性质的不同一般分为两类：①螺旋副作相对运动时产生滑动摩擦的滑动螺旋传动；②螺旋副作相对运动时产生滚动摩擦的滚动螺旋传动。

滑动螺旋传动结构简单，由螺母与螺杆组成，由于螺母和螺杆的啮合是连续的，所以工作平稳无噪音；因为啮合时接触面积大，故承载能力强。当选择合适的参数时，还可以使传动实现自锁（即反向锁止），尤其对起重机以及调整装置有很重要的意义。

滑动螺旋传动按其用途和受力情况分为如下三类。

（1）传力螺旋。它主要用来传递轴向力，要求用较小的力矩转动螺杆（或螺母）而使螺母（或螺杆）产生直线移动和较大的轴向力，如螺旋千斤顶（图2.41）。

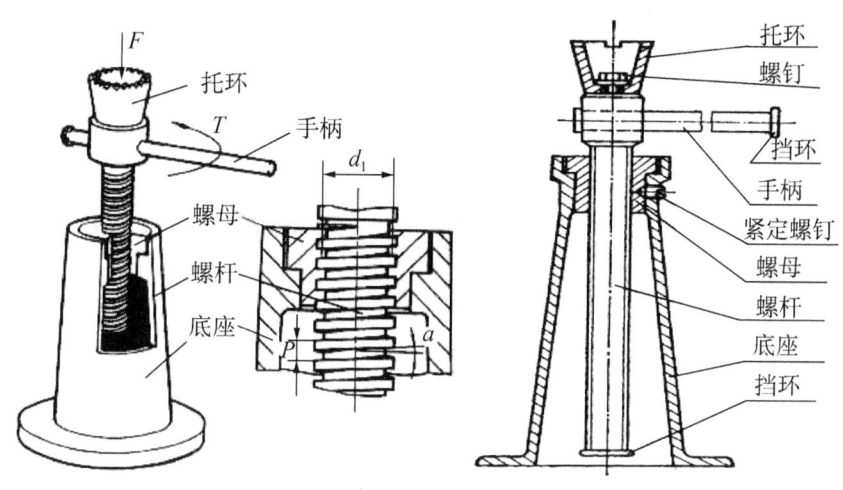

图 2.41 螺旋千斤顶

（2）传导螺旋。它主要用来传递轴向力，要求具有较高的传动精度，如车床刀架和进给机构的螺旋等。

（3）调整螺旋。它主要用来调整和固定零件或工件的相互位置，不经常传动，受力也不大，如车床尾座和卡盘头的螺旋等。

按螺杆与螺母相对运动方式分类，螺旋传动的运动形式有下面四种（分别如图 2.42（a）至（d）所示）：①螺母固定不动，螺杆旋转并往复移动（千斤顶）；②螺杆固定旋转，螺母作直线往复移动（机床丝杠）；③螺杆固定不动，螺母旋转并沿直线运动（应用较少）；④螺母固定旋转，螺杆作直线运动（应用较少）。

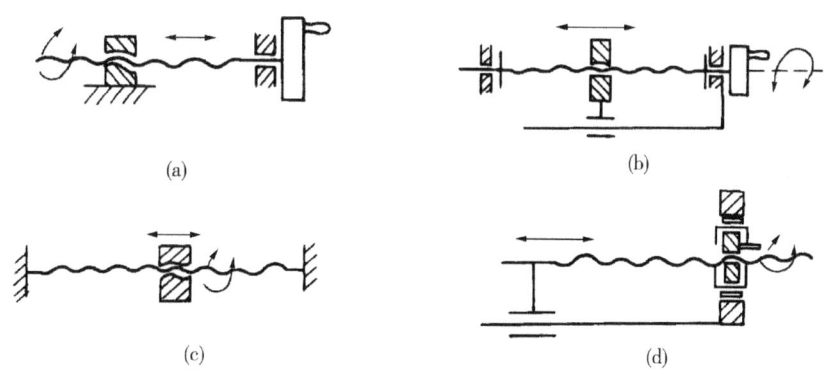

图 2.42 螺旋传动的运动形式

螺旋传动一般采用梯形螺纹、锯齿形螺纹或矩形螺纹，其主要特点是：结构简单，运转平稳无噪声，便于制造，易于自锁；但传动效率较低，摩擦和磨损较大等。一般螺旋传动螺杆的材料选用原则如下：高精度传动时多选碳素工具钢；需要较高硬度时，可采用铬锰合金钢或者采用65Mn钢；一般情况下可用45、50钢。螺母材料可采用铸造锡青铜，重载低速的场合可选用铸造铝铁青铜，而轻载低速时也可选用耐磨铸铁（表2.19）。

表2.19 螺旋传动常用的材料

螺旋副	材料牌号	应用范围
螺杆	Q235、Q275、45、50	材料不经热处理，适用于经常运动、受力不大、转速较低的传动
	40Cr、65Mn、T12、40WMn、18CrMnTi	材料需经热处理，以提高其耐磨性，适用于重载、转速较高的重要传动
	9Mn2V、CrWMn、38CrMoAl	材料需经热处理，以提高其尺寸的稳定性，适用于精密传导螺旋传动
螺母	ZCu10P1、ZCu5Pb5Zn5	材料耐磨性好，适用于一般传动
	ZCuAl9Fe4Ni4Mn2、ZCuZn25Al6Fe3Mn3	材料耐磨性好，强度高，适用于重载、低速的传动。对于尺寸较大或高速传动，螺母可采用钢或铸铁制造，内孔浇注青铜或巴氏合金

滑动螺旋在工作时，螺旋面上受很大的压力并且产生相当大的滑动，磨损是其主要失效形式。由于摩擦力的影响，螺旋传动效率低（一般为0.25～0.70）；具备自锁的条件下，效率小于50%。

（二）键连接

轴毂连接主要是用来实现轴和轮毂之间的周向固定并用来传递运动和扭矩。常用的轴毂连接有键连接。键连接主要用于轴上零件的周向固定并传递转矩，有些兼作轴上零件的轴向固定，还有的对沿轴向移动的零件起导向作用。

1. 键连接的类型、特点和应用

键是标准件。按结构特点及工作原理，键连接可分为平键连接、半圆键连接和楔键连接等。

（1）平键连接。平键连接上、下表面为非工作面（图2.43），键的两侧面为工作表面，靠键与键槽间的挤压力传递扭矩。平键连接由于结构简单、装拆方便、对中较好，广泛用于传动精度要求较高的场合。按用途可将平键分为如下三种：

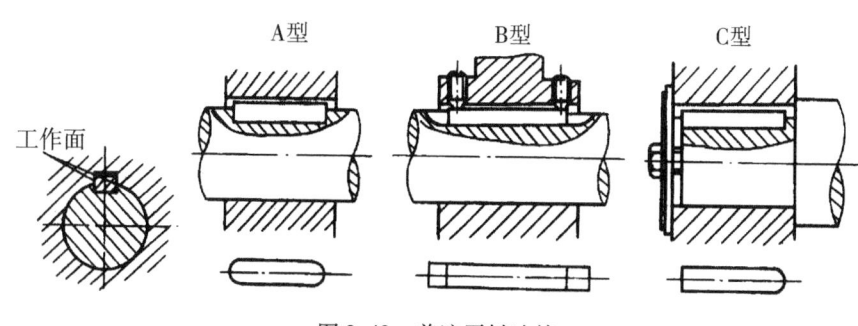

图 2.43 普遍平键连接

1）普通平键。如图 2.43 所示，按结构分为圆头（A 型）、平头（B 型）和单圆头（C 型）三种。A 型键定位好，应用广泛。C 型键用于轴端。A、C 型键的轴上键槽用立铣刀加工，端部应力集中较大。B 型键的轴上键槽用盘铣刀加工，轴上应力集中较小，但键在键槽中的轴向固定不好，在轴上键槽中容易松动，一般用在轴的端部，也可以用在轴的中间轴端上，故尺寸较大的键要用紧定螺钉压紧。

2）导向平键。导向平键（图 2.44）是加长的普通平键，有圆头（A 型）和方头（B 型）两种。导向平键用螺钉固定在轴上，轮毂可沿键作轴向移动。为拆卸方便，在键的中部制有起键用的螺孔。

3）滑键。当轴上零件移动距离较大时，可用滑键连接（图 2.45）。滑键固定在轮毂上，轮毂带着滑键在轴上键槽中作轴向移动，因此需要在轴上加工长键槽。

（2）半圆键连接。如图 2.46 所示，键的底面为半圆形。工作时靠两侧面传递转矩，键在槽中能绕几何中心摆动，以适应轮毂上键槽的斜度。但轴上键槽较深，对轴的强度削弱较大，主要用于轻载时锥形轴头与轮毂的连接。

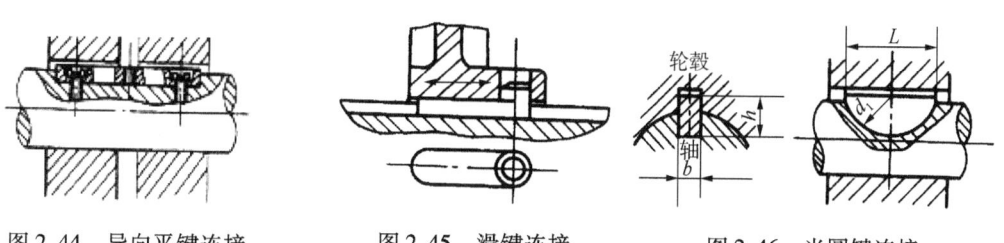

图 2.44 导向平键连接　　　图 2.45 滑键连接　　　图 2.46 半圆键连接

（3）楔键连接。楔键的上、下表面为工作面（图 2.47），分别与轮毂和轴上键槽底面紧贴。键的上表面与轮毂键槽底面均有 1∶100 的斜度，装配时需把键打紧，使键楔紧在轴和毂之间，靠楔紧产生的摩擦力传递转矩和单向的轴向力。

楔键分为普通楔键和钩头楔键，前者又分为圆头（A 型）和平头（B 型）两种。

圆头普通楔键是放入式的（放入轴上键槽后打紧轮毂），其他楔键都是打入式的（先将轮毂装到适当位置再将键打紧）。

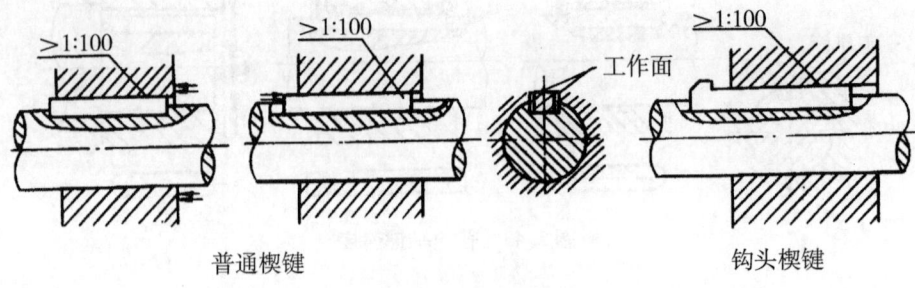

图 2.47 楔键连接

键楔紧后迫使轴上零件与轴产生偏斜，故受冲击、受载荷作用时，楔键连接容易松动。楔键连接只适用于对中性要求不高、载荷平稳、低速运转的场合，如农业机械、建筑机械等。当轴径 $d > 100$ mm 且传递较大转矩时，可采用由一对楔键组成的切向键连接。若要传递双向转矩，则需用两对相隔 120°～130°的切向键（图 2.48）。

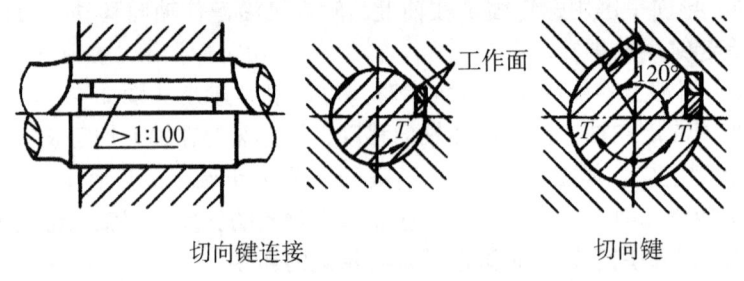

图 2.48 切向键连接

2. 平键的选择和强度校核

（1）平键的选择。首先根据键连接的工作要求和使用特点选择平键的类型，再按照轴径 d 从标准中选取键的剖面尺寸 $b \times h$（表 2.20）。键的长度 L 一般按轮毂宽度选取，即键长等于或略短于轮毂宽度，并应符合标准值。

表2.20 平键连接尺寸（据GB 1095—2003）

单位：mm

轴 公称直径 d	键			槽							
	b h9	h h11	L h14	宽度 b				深度			半径 r
				极限偏差				轴 t		毂 t_1	
				松连接		正常连接		紧密连接			
				轴 H9	毂 D10	轴 N9	毂 Js9	轴和毂 P9	公称尺寸	极限偏差	公称尺寸	极限偏差	最小	最大

轴 公称直径 d	b h9	h h11	L h14	轴 H9	毂 D10	轴 N9	毂 Js9	轴和毂 P9	公称尺寸	极限偏差	公称尺寸	极限偏差	最小	最大
>10~12	4	4	8~45	+0.030 0	+0.078 +0.030	0 -0.030	±0.015	-0.012 -0.014	2.5	+0.1 0	1.8	+0.1 0	0.08	0.16
>12~17	5	5	10~56						3.0		2.3			
>17~22	6	6	14~70						3.5		2.8		0.16	0.25

续表2.20

轴	键			键槽							
公称直径 d	b h9	h h11	L h14	宽度 b				深度			半径 r
				极限偏差				轴 t		毂 t_1	
				松连接		正常连接		紧密连接			
				轴 H9	毂 D10	轴 N9	毂 Js9	轴和毂 P9	公称尺寸	极限偏差	公称尺寸	极限偏差	最小	最大

公称直径 d	b h9	h h11	L h14	轴 H9	毂 D10	轴 N9	毂 Js9	轴和毂 P9	轴 t 公称	轴 t 偏差	毂 t_1 公称	毂 t_1 偏差	最小	最大
>22~30	8	7	18~90	+0.036 0	+0.098 +0.040	0 −0.036	±0.018	−0.015 −0.051	4.0		3.3			
>30~38	10	8	22~110						5.0		3.3		0.25	0.40
>38~44	12	8	28~140	+0.043 0	+0.120 +0.050	0 −0.043	±0.0215	−0.018 −0.061	5.0	+0.2 0	3.3	+0.2 0		
>44~50	14	9	36~160						5.5		3.8			
>50~58	16	10	45~180						6.0		4.3			
>58~65	18	11	50~200						7.0		4.4			
>65~75	20	12	56~220	+0.052 0	+0.149 +0.065	0 −0.052	±0.026	−0.022 −0.074	7.5		4.9		0.40	0.60
>75~85	22	14	63~250						9.0		5.4			
>85~95	25	14	70~280						9.0		5.4			
95~110	28	16	80~320						10.0		6.4			

L系列: 6, 8, 10, 12, 14, 16, 18, 20, 22, 25, 28, 32, 36, 40, 45, 50, 56, 63, 70, 80, 90, 100, 110, 125, 140, 160, 180, 200, 220, 250, 280, 320, 360, 400, 450, 500

说明: ①在零件图中，轴槽深用 t 或 $(d-t)$ 标注，但 $(d-t)$ 的偏差应取负号；毂槽深用 t_1 或 $(d+t_1)$ 标注；轴槽的长度公差用H14。②松连接用于导向平键，正常连接用于载荷不大的场合，紧密连接用于载荷较大、有冲击和双向转矩的场合。

（2）平键连接的强度校核。键一般采用抗拉强度极限 $\sigma_b < 600$ MPa 的碳钢制造，通常用45钢。键连接的主要失效形式是较弱工作面的压溃（静连接）或过度磨损（动连接）。除非有严重过载，一般不会出现键的剪断。因此按挤压应力或压强 p 进行条件性计算，其校核公式为：

$$\sigma_p = \frac{4T}{dhl} \leq [\sigma_p] \quad 或 \quad p = \frac{4T}{dhl} \leq [p]。$$

式中：T——传递的转矩（N·mm）；

$\quad\quad d$——轴的直径（mm）；

$\quad\quad h$——键的高度（mm）；

$\quad\quad l$——键的工作长度（mm）；

$\quad\quad [\sigma_p]$（或 $[p]$）——键连接的许用挤压应力（或许用压强 $[p]$）（MPa），计算时应取连接中较弱材料的值。

如果单键强度不够，可适当增加轮毂宽和键长，或用间隔180°的两个键。考虑到载荷分布的不均匀性，双键连接的强度可按1.5个键计算。

【例2.8】已知齿轮减速器输出轴与齿轮间用键连接，传递的转矩 $T = 700$ N·m，轴的直径 $d = 60$ mm，轮毂宽 $B = 85$ mm，载荷有轻微冲击，齿轮材料为铸钢。试设计该键连接。

解：（1）选择键的类型。为保证齿轮传动啮合良好，要求轴毂对中性好，故选用A型普通平键。

（2）选择键的尺寸。按轴径 $d = 60$ mm，从表2.20中选择键的尺寸 $b \times h = 18$ mm $\times$ 11 mm，根据轮毂宽取键长 $L = 80$ mm，标记为：键 18×80 GB 1096—79。

（3）校核键连接强度。由表2.21查铸钢材料 $\sigma_p = 100 \sim 120$ MPa，由公式计算键连接的挤压强度：

$$\sigma_p = \frac{4T}{dhl} = \frac{4 \times 700 \times 10^3}{60 \times 11 \times (80-18)} = 68.4 (\text{MPa}) < [\sigma_p]。$$

故所选键连接强度足够。

表2.21 键连接材料的许用应力 $[\sigma_p]$（压强 $[p]$） 单位：MPa

许用应力（压强）	连接性质	键或轴、毂材料	载荷性质		
			静载荷	轻微冲击	冲击
$[\sigma_p]$	静连接	钢	120~150	100~120	60~90
		铸铁	70~80	50~60	30~45
$[p]$	动连接	钢	50	40	30

3. 花键连接

花键连接是由在轴上加工出的外花键齿和在轮毂孔加工出的内花键齿所构成的连接（图2.49）。其优点是：齿数多，承载能力强；且槽较浅，应力集中小，对轴和毂的强度削弱较小，对中性和导向性好。花键连接广泛应用于定心精度要求高和载荷较大的场合。花键已标准化，按齿形不同，常用的花键分为矩形花键和渐开线花键。

（1）矩形花键。矩形花键（图2.50）的键齿面为矩形。按齿数和尺寸不同，矩形花键分为轻、中两个系列，分别适用于轻、中两种不同的载荷情况。如汽车、机床的变速箱中滑移齿轮与轴的连接。矩形花键连接采用小径定心，其定心精度高。花键轴和孔可采用热处理后再磨削的加工方法。

（2）渐开线花键。渐开线花键（图2.51）的键齿齿面为渐开线，齿根较厚，强度较高，受载时齿上有径向分力，能起自动定心作用，有利于保证同轴度。其工艺性好，可用加工齿轮的方法加工。渐开线花键适用于载荷较大、尺寸较大的连接，如起重运输机械、矿山机械等。

  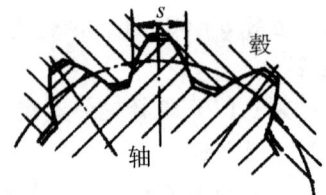

图2.49 花键连接　　图2.50 矩形花键　　图2.51 渐开线花键

渐开线的主要参数为模数m、齿数z、分度圆压力角（30°或45°）。压力角为45°的渐开线花键齿数多、模数小，不易发生根切，多用于轻载、薄壁零件和较小直径的连接。

（三）销连接

销主要用于零件定位，也可用于轴与轴上零件的连接，还可作为过载剪断元件。销按作用分为定位销、连接销、安全销。定位销用于固定零件间的相对位置；连接销用于连接，传递不大的载荷；安全销用作过载而剪断的安全元件。

销按形状可分为圆柱销、圆锥销和开口销等（图2.52、表2.22）。圆柱销靠微量的过盈与铰制的销孔配合，不宜多次装拆，以免降低牢固性和定位精度。圆锥销有1:50的锥度，以小端直径为标准值，靠锥面的挤压作用固定在铰光的孔中，定位精度高，自锁性能好，装拆方便。开口销是一种防松零件，它常与槽形螺母一起使用，螺母拧紧后把开口销插入螺母柄与螺栓尾部孔内，并将开口销尾部扳开，防止螺母与螺栓的相对转动。销的材料为 35、45 钢（开口销为低碳钢）。

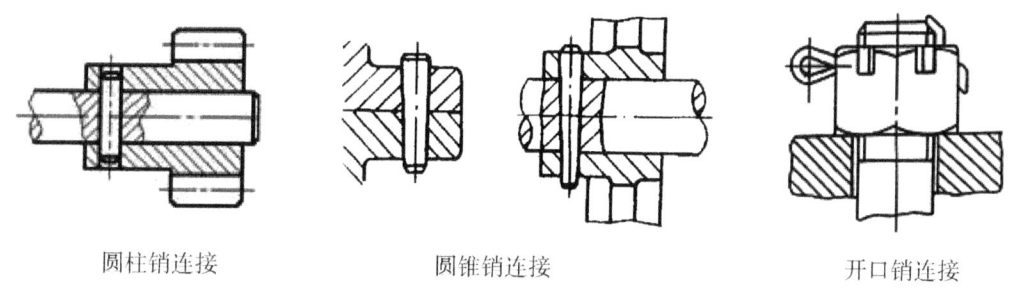

图 2.52　销连接

表 2.22　常见连接销的类型

名称	简　图	标记示例
圆柱销 GB 119—86		销 GB 119—86 A8×30 表示公称直径 $d=8$，长度 $l=30$ 的 A 型圆柱销
圆锥销 GB 117—86		销 GB 117—86 A12×60 表示公称直径 $d=12$，长度 $l=60$ 的 A 型圆锥销
开口销 GB 91—86		销 GB 91—86 5×50 表示公称直径 $d=5$，长度 $l=50$ 的开口销

销是标准件，销的类型按工作要求选择。用于连接的销，可根据连接的结构特点按

经验确定直径，必要时再作强度校核；定位销一般不受载荷或受很小载荷，其直径按结构确定，数目不得少于两个；安全销直径按销的剪切强度计算。

任务2　动力系统及其轴系零部件的设计

曳引机是电梯的动力源（又称主机），通常由电动机、制动器、减速器、曳引轮和曳引机座组成，是靠曳引钢丝绳与曳引轮的摩擦来实现轿厢运行的驱动机（图2.53）。本次设计实践中选用Y系列三相交流异步电动机，这种电动机适用于无特殊要求的各种机械设备中。

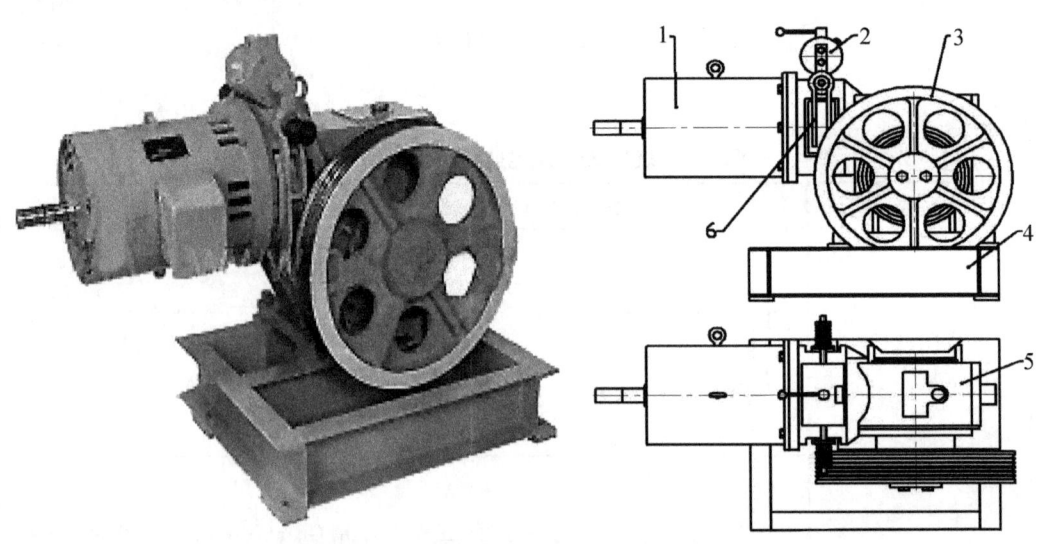

1. 曳引电动机；2. 制动器的制动电磁铁；3. 曳引轮；4. 曳引机底座；5. 蜗杆减速器；6. 制动器的制动臂

图2.53　曳引机的结构

1. 电动机功率计算

曳引电动机是驱动电梯上下运动的动力源，运行过程中需频繁过地启动、制动、正转、反转，负载变化很大，经常工作在重复短时状态、制动状态。因此，要求曳引电动机不但能适应频繁启动、制动的要求，而且启动电流小，启动力矩大，机械特性硬，噪声小，当供电电压在标准波动范围内变化时，还能正常启动和运行。电动机的功率确定是否合适，对电动机的工作和经济性都有影响。功率小于工作要求，则不能保证工作机正常工作，使电动机长期过载、发热而过早损坏；功率过大，则电动机功率不能充分使用，造成浪费。电梯用曳引电动机由于工作情况比较复杂，一般采用以下公式计算电动机功率：

$$P = \frac{G(1-K)v}{102\eta}。$$

式中：P——曳引电动机轴功率（kW）；

G——电梯轿厢额定载重量（kg）；

K——电梯平衡系数，一般客梯 $K = 0.4 \sim 0.5$，货梯 $K = 0.45 \sim 0.55$；

η——电梯机械总效率；

v——电梯的运行速度（m/s）。

采用有齿轮曳引机的电梯，若蜗轮副为阿基米德齿形时，电梯机械总效率取 $0.5 \sim 0.55$；采用无齿轮曳引机的电梯，电梯机械总效率取 $0.75 \sim 0.8$。

【例2.9】有一台额定载重量为 200 kg，额定运行速度为 0.4 m/s 的交流双速电梯，曳引机的蜗轮副采用阿基米德齿形，电动机的额定转速为 1400 r/min，求电动机的功率应为多少（kW）？

解：

$$P = \frac{G(1-K)v}{102\eta} = \frac{200 \times (1 - 0.45) \times 0.4}{102 \times 0.5} \approx 0.863（\text{kW}）。$$

一般选择电动机的额定功率总是略大于计算值，因为还需考虑轿厢运行时产生的附加阻力（风阻、导轨摩擦阻力等）及满载轿厢启动等因素。

电梯的载荷取决于曳引机的电动机的功率、绳槽数。

2. 电动机转速计算

功率相同的同类型电动机，其同步转速有 750 r/min、1000 r/min、1500 r/min 和 3000 r/min。电动机转速越低，则磁极数越多，外廓尺寸及重量都较大，价格也越高；但传动装置总传动比小，可使传动装置的结构紧凑。因此在确定电动机转速时，应进行分析比较，综合考虑，权衡利弊，选择最优方案。

电梯的运行速度取决于曳引机电动机的转速、减速器的传动比、曳引轮的直径和曳引比（曳引方式）。曳引机的运行速度与曳引机的减速比、曳引轮直径、曳引比、曳引电动机的转速之间的关系可用以下公式表示：

$$v = \frac{\pi D n}{60 i_y i_j}。$$

式中：v——电梯的运行速度（m/s）；

D——曳引轮直径（m）；

n——曳引电动机转速（r/min）；

i_y——曳引比（曳引方式）；

i_j——减速比。

【例2.10】 一台电梯,其曳引轮直径为0.3 m,电动机转速1400 r/min,减速比为57:1,曳引比为1:1,求电梯的运行速度是多少?

解:已知 $D=0.3$ m, $n=1400$ r/min, $i_y=1$, $i_j=57$,得:

$$v = \frac{\pi D n}{60 i_y i_j} = \frac{3.14 \times 0.3 \times 1400}{60 \times 1 \times 57} \approx 0.4 \text{(m/s)}。$$

3. 曳引轮直径的计算

根据 GB 7588—2003,为了提高电梯钢丝绳的强度,延长其使用寿命,通常按式 $D/d \geqslant 40$ 选取电梯钢丝绳的直径,即曳引机的曳引轮直径 D 应大于 $40d$。曳引轮直径的计算公式为:

$$D = \frac{6 \times 10^4 \times v_s \times i}{\pi n}。$$

式中:D——曳引轮节圆直径(mm);
v_s——曳引绳额定速度(m/s);
i——减速比;
n——电动机额定转速(r/min)。

【例2.11】 一台电梯曳引比为1:1,额定速度0.4 m/s,$i=57:1$,$n=1400$ r/min,钢丝绳直径为8 mm。求应选用多大的曳引轮直径?

解:

$$D = \frac{6 \times 10^4 \times v_s \times i}{\pi n} = \frac{60000 \times 0.4 \times 57}{3.14 \times 1400} \approx 311 \text{(mm)}。$$

因为钢丝绳直径 $d=8$ mm,则 $40d = 8 \times 40 = 320$ mm,即可知 300 < 320 mm 不能满足 $D > 40d$ 的标准要求。因此,应增大曳引轮直径及降低电动机转速才能满足电梯运行额定速度0.4 m/s的要求,故可考虑曳引轮直径选用 $D=330$ mm。

4. 曳引轮转速限值计算

曳引轮转速允许在 -8% 到 +5% 之间波动。曳引轮转速限值计算公式为:

$$n_{轮} = \frac{60v}{\pi D}。$$

式中:$n_{轮}$——曳引轮线速度(r/min);
v——电梯额定速度(m/s);
D——曳引轮节圆直径(m)。

【例2.12】 有一台额定载重量为200 kg,额定运行速度为0.4 m/s 的交流双速电梯,曳引轮节圆直径为0.3 m,曳引机的蜗轮副采用阿基米德齿形,减速比为57:1,求电动机的转速 n 限值应为多少(r/min)?

解:曳引轮转速为:

$$n_{轮} = \frac{60v}{\pi D} = \frac{60 \times 0.4}{3.14 \times 0.3} \approx 25.48(\text{r/min});$$

电动机转速为:

$$n = i \times n_{轮} = 57 \times 25.48 = 1452(\text{r/min})。$$

曳引轮转速允许在 -8% 到 +5% 之间波动，假设选择的电动机的额定转速为 1400 r/min，则：

电动机最低允许值 $n_{min} = 1400 \times (1 - 8\%) = 1288(\text{r/min})$，

电动机最高允许值 $n_{max} = 1400 \times (1 + 5\%) = 1470(\text{r/min})$。

因为 $n_{min} \leq n \leq n_{max}$，所以曳引机电动机选型转速 $n = 1400$ r/min 能符合电梯运行要求。

任务 2 动力系统及其轴系零部件设计任务书

一、任务目标

1. 知识目标：

（1）掌握三相异步电动机、轴系零件、轴承、螺纹、键连接和销连接的工作原理、类型、特点、结构、标准、选用方法，培养学生分析和解决实际工程设计问题的能力。

（2）掌握通用机械零件的受力分析、失效分析、设计准则及承载能力设计计算方法。

（3）综合运用 SolidWorks 及其他先前修过的课程的知识，进行软件设计训练，使已学知识得以巩固、加深和扩展，提高学生制图水平和机械 CAD 技术水平。

2. 能力目标：

（1）能使用 AutoCAD 和 SolidWorks 二维、三维零部件设计软件，绘出零件图和装配图。

（2）能运用手册、标准、规范、设计软件等技术资料设计和选用传动机构、标准零部件。

（3）根据使用、制造工艺、安装维护、经济和安全等方面的要求对电梯零部件进行结构设计。

3. 素质目标：

（1）树立正确的设计思想，养成依照行业标准、规范，按章设计、使用的安全意识。

（2）通过项目训练培养职业技能，形成善于思考、勤奋好学的学习风气，养成严谨的科学态度、良好的职业道德和敬业精神。

(3) 通过项目组共同完成任务培养团队精神和合作意识。
(4) 培养学生的创新精神和实践能力。

二、任务内容

电梯零部件设计课程的学习，以项目为导向，以具体任务为依托进行单元内容的学习和练习。将从机器功能的要求出发，制定设计方案，合理选择动力源及传动机构类型，掌握通用零件的类型和特点，选用合适的传动零部件，确定其尺寸、形状、结构及材料，在设计过程中能考虑零件的使用、安装与维护及经济性和安全性等问题，能熟练操作机械设计软件。通过课程设计项目实践，最终掌握运用标准、规范、手册、图册完成项目设计工作的方法，具备查阅有关技术资料的能力。

(1) 完成杂货电梯曳引机动力系统的选型计算，包括转速与功率的选型计算。

(2) 完成三相异步电动机轴系零件的设计，确定电动机轴段各部分尺寸，轴的周向和轴向的定位形式，要便于装拆、调整，具有良好的润滑与密封，可参考图 2.54 与图 2.55。

(3) 电动机转子采用轴承作支承，设计轴承的支承结构时确定零部件轴承的类型及型号。

(4) 螺纹连接件的设计，电动机的螺纹连接件的设计包括螺纹连接件的类型选用及连接强度校核。

(5) 键的设计及其虚拟装配，电动机转轴键连接的设计包括键连接类型、型号及参数的确定、键连接强度的校核以及键连接图纸的绘制。

(6) 电动机转子的虚拟装配，包括机座、定子、转子、轴、滚动轴承、前端盖、后端盖、密封圈、风扇、轴卡簧等，可参考图 2.56。

三、任务要求

1. 在教师指导下，按照设计任务内容，确定小组成员（三人一组），并根据各个成员的特长进行分工：一人作为负责人，除日常工作外还需负责整个任务的协调与管理，组员各司其职，按时、按量、保质完成全部设计任务。图纸命名形式为图纸名 +（姓名）。图纸命名形式示例：定子（张三）.sldprt。

2. 学生间可以相互讨论、协助，但必须独立完成，每组交一份设计说明书及三维装配体。

四、考核与评价

1. 完成杂货电梯曳引机三相异步电动机的选型、轴系零件的设计、螺纹连接件的设计、键的设计，确定轴承的类型及型号，撰写设计计算说明书，共计 50 分。

2. 完成杂货电梯曳引机三相异步电动机的虚拟装配，机座、定子、转子、轴、键、滚动轴承、前端盖、后端盖、密封圈、风扇、轴卡簧、风罩、底脚等的正确装配，共计 50 分。

3. 平时表现：是否遵守纪律，设计态度是否端正，能否按进度独立完成工作量，是否请假、迟到、早退、旷课等，课堂提问、作业、抽查当场演示等，将计入平时成绩。

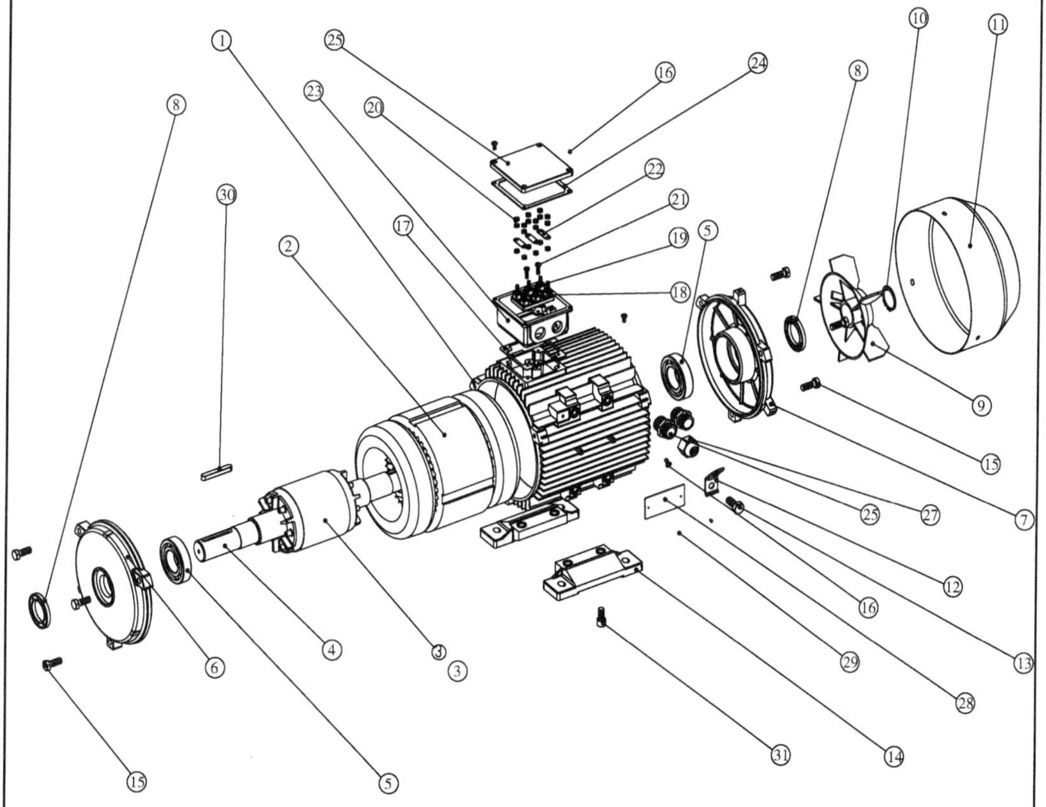

1. 机座；2. 定子；3. 转子；4. 轴；5. 滚动轴承；6. 前端盖；7. 后端盖；8. 密封圈；9. 风扇；10. 轴卡簧；11. 风罩；12. 吊环；13. 吊环螺栓；14. 底脚；15. 六角螺栓 M8；16. 十字槽圆头螺栓 – M5 – L10；17. 接线盒垫；18. 接线支架；19. 接线螺栓；20. 六角螺帽 – M5；21. 十字槽圆头螺栓 – M5；22. 接线垫片；23. 接线盒座；24. 接线盒盖垫；25. 接线盒盖；26. 接线盒螺塞；27. 接线盒螺帽；28. 铭牌；29. 铭牌铆钉；30. 键；31. 内六角螺栓 – M10

图 2.54　Y 型三相异步电动机的爆炸图

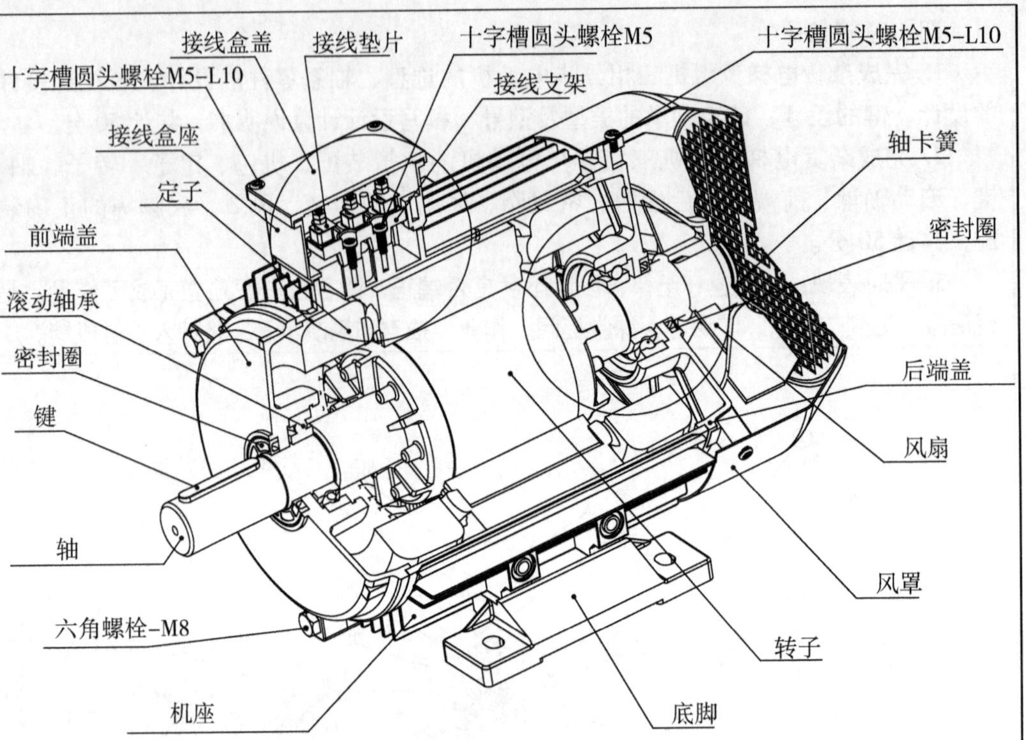

电_梯_零_部_件_设_计

图 2.55　Y 型三相异步电动机的结构组成

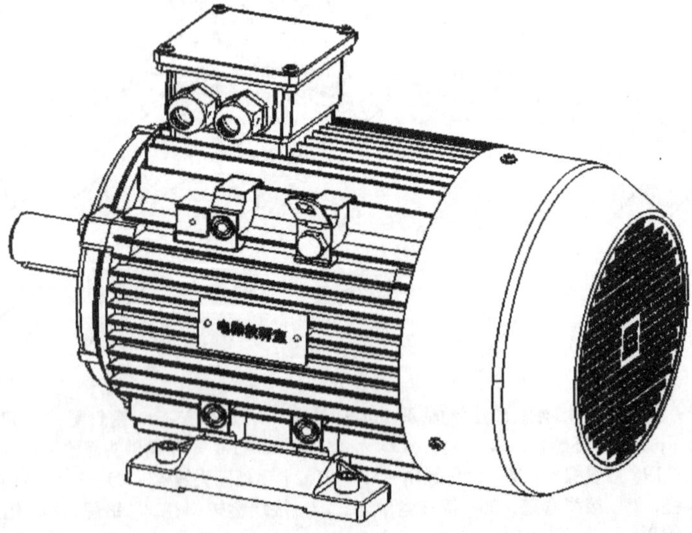

图 2.56　Y 型三相异步电动机的三维装配体

复习题 2

1. 轴上零件的轴向固定方法有哪些？轴上零件的周向固定方法有哪些？

2. 有一离心水泵，由电动机经联轴器带动，传递功率 $P = 3$ kW，转速 $n = 960$ r/min，轴的材料为 45 钢调质，试按强度要求计算轴所需的最小直径。

3. 试讨论图 2.57 所示两种圆柱齿轮轴系结构的优劣，指出结构图正确的原因（齿轮为油润滑，轴承为脂润滑）。

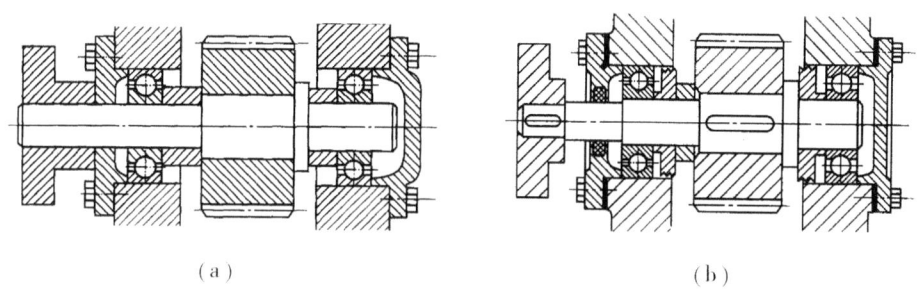

(a)　　　　　　　　　　　　(b)

图 2.57

4. 滚动轴承由哪些元件组成？各有什么作用？各用什么材料制造？

5. 滚动轴承有哪些类型？写出它们的类型代号及名称，并说明各类轴承能承受何种负荷（径向或轴向）。

6. 说明以下列代号表示的滚动轴承的类型、尺寸系列、轴承内径、内部结构、公差等级、游隙及配置方式：1208/P63、30210/P6X/DF、51411、61912、7309C/DB。

7. 滚动轴承内圈与轴颈的配合以及外圈与轴孔的配合_____。

　A. 全部采用基轴制　　　　　　　　B. 全部采用基孔制

　C. 前者采用基孔制，后者采用基轴制　　D. 前者采用基轴制，后者采用基孔制

8. 滚动轴承的内、外圈的固定与锁紧方式有哪些？

9. 有一根轴只用来传递转矩，它用三个支点支承在水泥基础上，如图 2.58 所示。在这种情况下，三个支点的轴承应选用_____。

　A. 深沟球轴承　　B. 调心球轴承　　C. 圆柱滚子轴承　　D. 调心滚子轴承

10. 有一联合收割机的压板装置如图 2.59 所示，在 A、B 处通过一对滚动轴承与机架 C 相连接，压板轮 d 的主轴长 2.5 mm，载荷较轻。在这种情况下，轴承宜选用_____。

　A. 深沟球轴承　　B. 滚针轴承　　C. 调心球轴承　　D. 调心滚子轴承

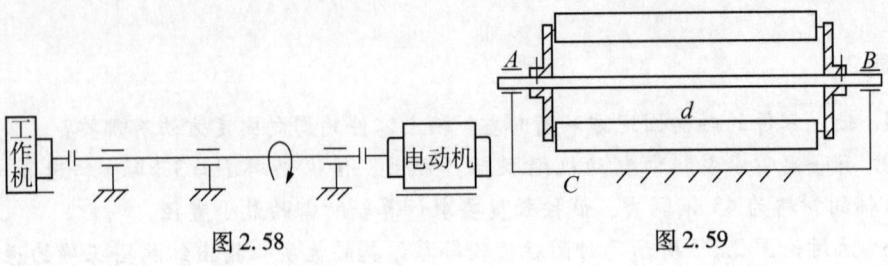

图 2.58　　　　　　　　　图 2.59

11. 螺纹的主要参数有哪些？根据牙型的不同，螺纹可分为哪几种，各有哪些特点？

12. 螺纹连接为什么要防松？常用的防松的方法和装置是什么？

13. 圆头（A 型）、平头（B 型）及单圆头（C 型）普通平键各有何优缺点？它们分别用在什么场合？

14. 图 2.60 所示为一刚性凸缘联轴器（YLD11 联轴器 55×84 GB 5843—86），公称转矩 $T_n=1000$ N·m（设为静载荷），联轴器材料为 HT250。试确定平键连接的尺寸，并校核其强度。若强度不足时应采取什么措施？

15. 图 2.61 所示减速器的低速轴与凸缘联轴器及圆柱齿轮之间分别用键连接。已知：轴传递的转矩 $T=1000$ N·m，齿轮材料为锻钢，凸缘联轴器的材料为 HT250，工作时有轻微冲击，连接处轴及轮毂的尺寸如图示。试选择键的类型和尺寸，并校核其连接强度。

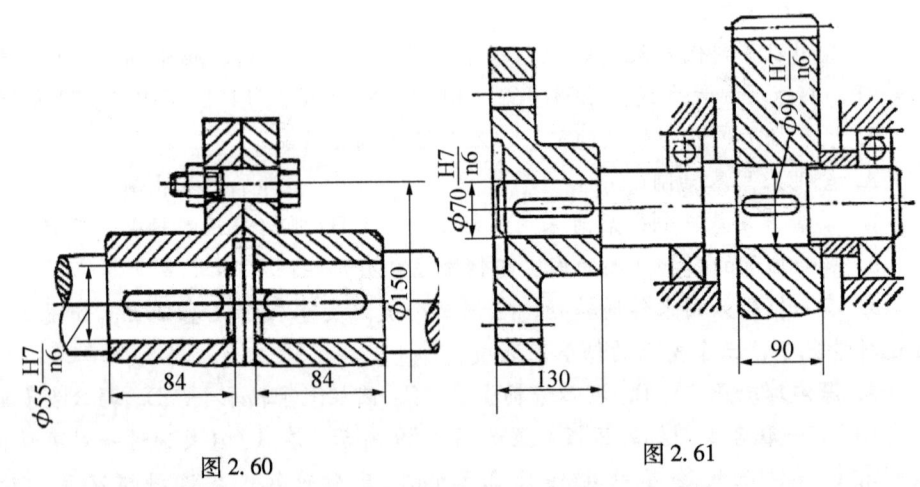

图 2.60　　　　　　　　　图 2.61

16. 已知某台电梯的技术参数为：①额定载荷：$Q=1000$ kg；②额定速度：1.6 m/s；

③减速比为57:2；④曳引比为1:1；⑤最大提升高度：80 m；⑥噪声：≤65 dB；⑦减速器最高温度：80 ℃；⑧曳引轮节径：620 mm；⑨电机转速：1456 r/min；⑩电机功率：15 kW；⑪轿厢质量：$P = 1760$ kg；⑫减速箱中心距：240 mm；⑬钢丝绳根数 – 直径：$5 - \phi 13$。该电梯采用YJ240型曳引机，减速器机械总效率为0.6，平衡系数取0.5。试分析电动机功率是否满足要求。

第三章　减速装置设计

减速器是把电动机的运动形式、运动参数及动力参数转变为执行部分所需要的运动形式、运动参数及动力参数的中间传动装置。减速装置的设计是根据机器的运动参数和动力参数，选定减速器的类型和传动比，然后确定减速器的输入功率、输入转速和输出转速（或传动比），确定减速器箱体内、外零件的材料、参数、尺寸和主要结构。

有齿轮曳引机是将电动机的动力通过中间减速器传递到曳引轮上的曳引机，广泛用在运行速度不大于 2.0 m/s 的各种货梯、客梯、杂物电梯上。为了减小曳引机运行时的噪声并提高平稳性，其中的减速器通常采用蜗轮蜗杆传动，也有用行星齿轮传动的。曳引电动机通过联轴器与蜗杆连接，蜗轮与曳引绳轮同装在一根轴上，由于蜗杆与蜗轮的啮合传动，使曳引电动机能够通过蜗杆驱动蜗轮和曳引轮作正、反方向运行。

一、齿 轮 传 动

齿轮是能互相啮合的有齿的机械零件。齿轮传动是利用两齿轮的轮齿相互啮合传递动力和运动的机械传动。齿轮传动由主动齿轮、从动齿轮、机架等组成。

（一）齿轮传动的特点及分类

1. 齿轮传动的主要特点

齿轮传动是机械传动中最重要、应用最广泛的一种传动。其主要优点是：①工作可靠，寿命长，可达一二十年或更长；②传动效率高，可达 99%；③传动比准确稳定，结构紧凑；④直径、功率及速度适用范围广；⑤可实行平行轴、任意角相交轴及交错轴之间的传动。其主要缺点是：①制造精度要求高，制造费用大；②精度低或在高速运行时振动和噪声大；③不宜用于轴间距离较大的传动。

常见齿轮传动形式如图 3.1 所示。

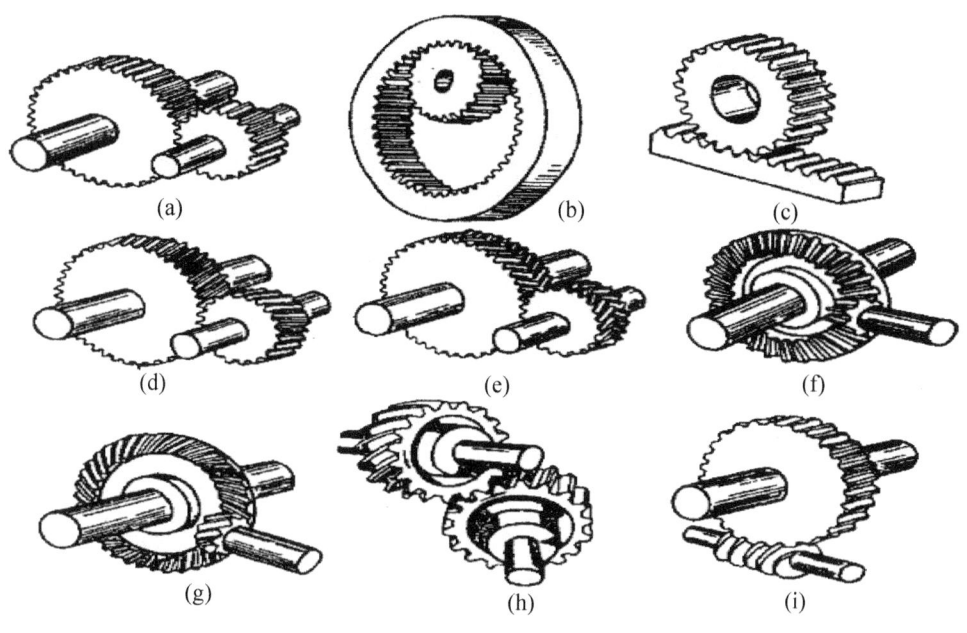

图 3.1　常见齿轮传动形式

2. 齿轮传动的分类

齿轮传动的分类有以下几种形式：

（1）按齿轮廓曲线分类：渐开线齿廓、摆线齿廓和圆弧齿廓。

（2）按轮齿相对母线方向分类：直齿齿轮传动（图 3.1（a）、（b）、（c））、斜齿齿轮传动（图 3.1（d）、（h））、圆锥齿轮传动（图 3.1（f）、（g））和人字齿轮传动（图 3.1（e））。

（3）按两齿轮轴线相对位置分类：平行轴间传动（图 3.1（a）、（b）、（c）、（d）、（e））、平面相交轴间传动（图 3.1（f）、（g）、（i））和空间交错轴间传动（图 3.1（h））。

（4）按工作条件分类：开式齿轮传动和闭式齿轮传动。

（5）按齿面硬度分类：软齿面齿轮传动和硬齿面齿轮传动。

（二）渐开线标准直齿圆柱齿轮各部分名称和几何尺寸计算

1. 渐开线标准直齿圆柱齿轮齿廓的形成及基本参数

一对齿轮传动的基本要求是瞬时传动比必须保持恒定。齿轮传动的瞬时传动比不等于定值时,将引起瞬时角速度的变化,从而产生冲击,影响齿轮传动的平稳性。

假设一直线 tt' 沿半径为 r_b 的圆作纯滚动(图 3.2),此直线上任意一点 K 的轨迹 AK,称为该圆的渐开线,该圆称为基圆,该直线称为渐开线的发生线,渐开线所对应的中心角 θ_K 称为渐开线 AK 段的展角。

一对渐开线标准直齿圆柱齿轮的齿廓为渐开线,该对齿轮传动是靠主动轮齿廓依次推动从动轮齿廓来实现的(图 3.3),两轮的瞬时角速度之比称为传动比:

$$i_{12} = \frac{\omega_1}{\omega_2}。$$

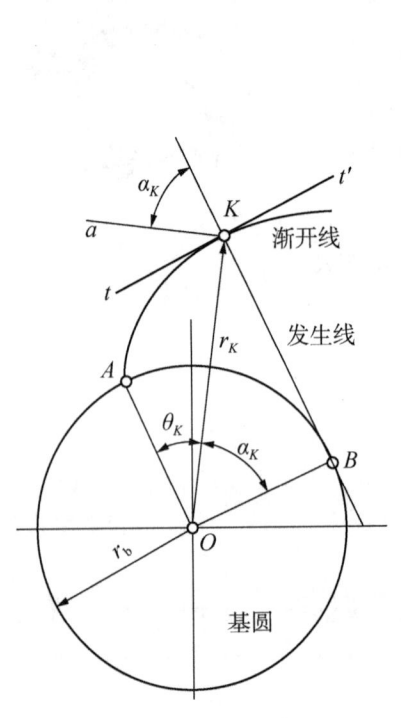

图 3.2 渐开线的形成

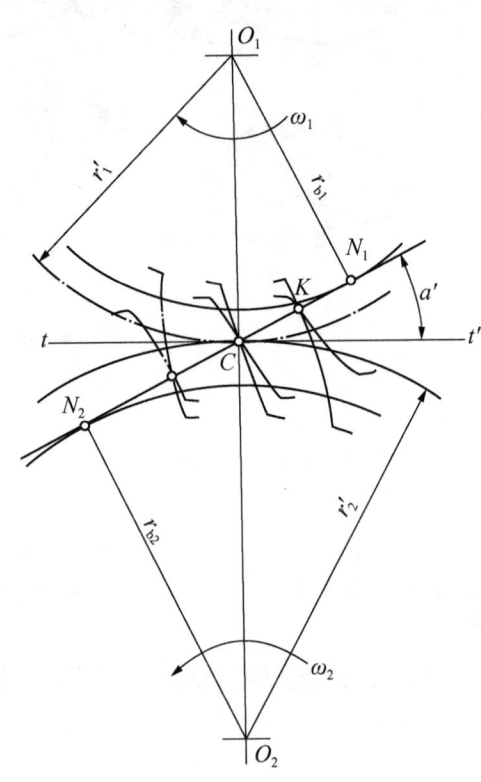

图 3.3 齿廓啮合基本定律

根据定比传动对齿廓形状的要求,为了保证齿廓啮合传动的连续性与次序性,该对齿轮啮合时沿啮合线 N_1N_2 上的分速度必须相等。这时一对相互啮合齿轮的齿廓无论在任何位置啮合,两齿轮的传动比恒等于两齿轮连心线 O_1O_2 被齿廓接触点的公法线 tt' 所分成的两段的反比,这就是齿廓啮合基本定律。即

$$i_{12} = \frac{\omega_1}{\omega_2} = \frac{\overline{O_2N_2}}{\overline{O_1N_1}} = \frac{r_{b2}}{r_{b1}} = \frac{\overline{O_2C}}{\overline{O_1C}}。$$

渐开线齿轮制成后,其基圆大小已确定,当 O_1O_2 位置确定后,两基圆的位置也确定,其内公切线 N_1N_2 的位置也随之确定,故必通过 O_1O_2 上的固定点 C,这就证明了渐开线齿廓能满足定比传动的要求。该交点 C 称为啮合节点,过节点所作的两个相切的圆称为节圆,即传动比与节圆半径成反比。满足齿廓啮合基本定律的一对齿廓称为共轭齿廓,渐开线齿廓是应用最广泛的共轭齿廓。两个齿轮在节点啮合时,两个节圆作纯滚动,齿面上无滑动存在;但由于两轮在 K 点的线速度不重合,必会产生沿着齿面方向的相对滑动,易造成齿面的磨损。

决定齿轮尺寸和齿廓形状的基本参数有 5 个,即齿轮的模数 m、压力角 α、齿数 z、齿顶高系数 h_a^*、顶隙系数 c^*。这 5 个参数,除齿数 z 外均已标准化,为设计、制造及互换使用提供了便利。

(1) 模数 m,表示轮齿的大小。分度圆直径 d 与齿数 z 及齿距 p 存在如下关系:

$$\pi d = pz \quad 或 \quad d = \frac{p}{\pi}z。$$

工程上把 $\frac{p}{\pi}$ 取成有理数(使 p 数值为 π 的倍数),比值 $\frac{p}{\pi}$ 就叫做模数,用 m 表示:

$$m = \frac{p}{\pi} \,(\mathrm{mm})。$$

分度圆就是齿轮上具有标准模数和标准压力角的圆,分度圆的直径 $d = mz$。分度圆齿距为:

$$p = \pi m。$$

从上式可看出,模数 m 代表了轮齿的大小(即反映了轮齿齿距或齿厚的大小)。模数大,轮齿就大;模数小,轮齿就小。从图 3.4 可以看出,当齿数一定,模数增大时,齿轮的尺寸成比例地增大。

模数的数值已经标准化,其部分标准值如表 3.1 所示。

表 3.1 部分标准模数值(据 GB 1357—87)   单位:mm

第一系列	0.1	0.12	1.25	1.5	3	6	8	10	12	16	20	40	50
第二系列	0.35	0.7	1.75	2.75	(3.75)	5.5	(11)	18	22	28	(30)	36	45

说明:①对斜齿圆柱齿轮是指法面模数;②选用模数时,优先选用第一系列,括号内的数值尽可能不用。

(2) 压力角 α,指渐开线齿廓在分度圆处的压力角。图 3.5 中,过分度圆与渐开线的交点 P 作基圆切线的切点 N,线 OP 与线 ON 之间的夹角就叫压力角,用 α 表示。我国标准规定齿轮的压力角 $\alpha = 20°$，少数国家采用 14.5°、15°、22.5°、25°作为标准压力角的数值。通常所说的压力角都是指分度圆处的压力角 α。这样，一对渐开线标准直齿圆柱齿轮的传动比可表达为：

$$i_{12} = \frac{\omega_1}{\omega_2} = \frac{\overline{O_2 N_2}}{\overline{O_1 N_1}} = \frac{\overline{O_2 C}}{\overline{O_1 C}} = \frac{r_2'}{r_1'} = \frac{r_{b2}}{r_{b1}} = \frac{r_2}{r_1} = \frac{z_2}{z_1}。$$

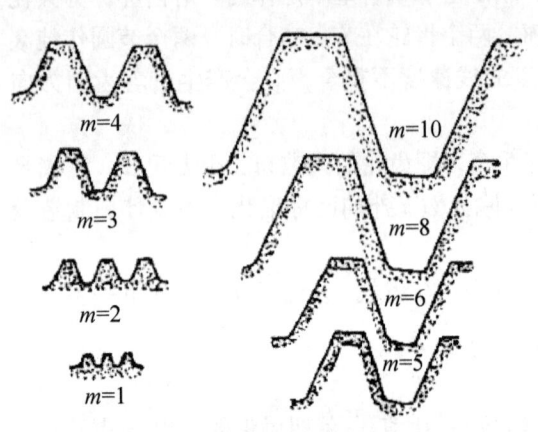

图 3.4 不同模数的基准齿轮剖面尺寸　　图 3.5 压力角

(3) 齿顶高系数 h_a^*。在标准齿轮中，齿顶高 h_a 取模数 m 的倍数，计算式为 $h_a = h_a^* m$。h_a^* 称为齿顶高系数。我国标准规定：正常齿，$h_a^* = 1$；短齿，$h_a^* = 0.8$。

(4) 顶隙系数 c^*。在标准齿轮中，齿根高 h_f 取模数 m 的倍数，计算式为 $h_f = (h_a^* + c^*)m$。c^* 称为顶隙系数，又叫径向间隙系数。我国标准规定：正常齿，$c^* = 0.25$；短齿，$c^* = 0.3$。

(5) 齿数 z。要使两个齿轮正确啮合，必须满足两齿轮的模数和压力角分别相等。齿数比按传动比的要求选取，当中心距（或分度圆直径）一定时，应选用较多的齿数，可以提高重合度，使传动平稳，减小噪声；模数的减小，还可以减小齿轮质量和切削量，提高抗胶合性能。选择齿数时，应保证齿数 z 大于发生根切的最少齿数 17，对内啮合齿轮传动还要避免干涉。当中心距、模数确定之后可计算出小齿轮齿数，在满足传动要求的前提下，应尽量使两齿轮齿数互为质数，以便分散和消除齿轮制造误差对传动的影响。

2. 直齿圆柱齿轮各部分的名称

图 3.6（a）所示为一直齿圆柱齿轮的一部分，其各部分的名称如下：

(1) 齿顶圆。过齿轮各轮齿顶端的圆称为齿顶圆，其直径用 d_a 表示。

(2) 齿根圆。过齿轮各齿槽底部的圆称为齿根圆，其直径用 d_f 表示。

（3）基圆。形成渐开线齿廓的圆称为基圆，其直径用 d_b 表示。

（4）分度圆。对标准齿轮来说，齿厚与齿槽宽相等的圆称为分度圆，其直径用 d 表示。分度圆上的齿厚和齿槽宽分别用 s 和 e 表示，$s=e$。分度圆是设计和制造齿轮的基准圆。

（5）齿宽。沿齿轮轴线量得轮齿的宽度称为齿宽，用 b 表示。

（6）齿厚。在任意圆周上轮齿两侧间的弧长称为齿厚，用 s_r 表示。

（7）齿槽宽。在任意圆周上相邻两齿空间部分的弧长称为齿槽宽，用 e_r 表示。

（8）齿距。相邻两齿在分度圆上对应点间的弧长称为齿距，用 p 表示。

$$p = s + e, \quad s = e = \frac{p}{2}。$$

（9）齿顶高。分度圆与齿顶圆的径向距离称为齿顶高，用 h_a 表示。

（10）齿根高。分度圆与齿根圆的径向距离称为齿根高，用 h_f 表示。

（11）全齿高。齿顶圆与齿根圆的径向距离称为全齿高，用 h 表示，且

$$h = h_a + h_f。$$

（12）齿顶间隙。当齿轮啮合时（图3.6（b）），一个齿轮的齿顶圆与配对齿轮的齿根圆之间的径向距离称为齿顶间隙，用 c 表示，$c = h_f - h_a$。它可避免一个齿轮的齿顶与另一齿轮的齿底相碰并能储存润滑油，有利于齿轮机构的装配和润滑。

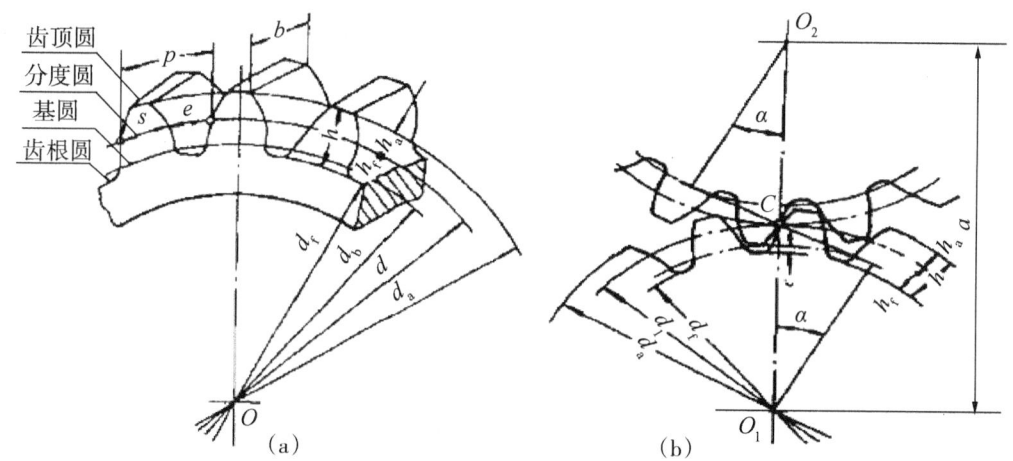

图 3.6　齿轮各部分的名称

3. 标准直齿圆柱齿轮的几何尺寸计算公式

设计时，确定了齿轮的基本参数数值后，就可以计算齿轮的各部分尺寸了。具体计算公式如表 3.2 所示。

表3.2　标准直齿圆柱齿轮的几何尺寸计算公式

名称	符号	计算公式
分度圆直径	d	$d = mz$
齿顶高	h_a	$h_a = h_a^* m$
齿根高	h_f	$h_f = (h_a^* + c^*)m$
全齿高	h	$h = h_a + h_f = (2h_a^* + c^*)m$
齿顶圆直径	d_a	$d_a = d \pm 2h_a = (z \pm 2h_a^*)m$
齿根圆直径	d_f	$d_f = d \mp 2h_f = (z \mp 2.5)m$
基圆直径	d_b	$d_b = d\cos\alpha = mz\cos\alpha$
齿距	p	$p = \pi m$
齿厚	s	$s = \dfrac{\pi m}{2}$
齿槽宽	e	$e = \dfrac{\pi m}{2}$
中心距	a	$a = \dfrac{(d_1 \pm d_2)}{2} = \dfrac{(z_2 \pm z_1)m}{2}$
齿顶间隙	c	$c = c^* m$

说明：①齿轮几何尺寸计算公式中"＋"用于外齿轮，"－"用于内齿轮；②中心距计算公式中"＋"用于外啮合齿轮传动，"－"用于内啮合齿轮传动。

（三）齿轮常用材料和热处理

1. 齿轮材料

制造齿轮的材料主要是各种牌号的钢，其次是铸铁，在特殊情况下采用有色金属、粉末冶金及某些非金属材料等（表3.3）。

（1）钢。钢材的韧性好，耐冲击，还可以通过热处理或化学处理改善材料的机械性能，提高齿面的硬度。常用的钢材有锻钢和铸钢。除尺寸过大或形状复杂只宜铸造外，一般都用锻钢制造齿轮，常用的是含碳量为0.15%～0.6%的碳钢和合金钢。尺寸较大的齿轮多采用铸钢。铸钢的耐磨性及强度较好，但应经退火及失效处理，必要时可进行调质。

（2）铸铁。灰铸铁价廉、易切削，但耐冲击和抗弯曲性能差，主要用于制造低速和不重要的开式齿轮传动及功率不大的齿轮传动。球墨铸铁的机械性能较高，有时可代替铸钢制大齿轮。

（3）非金属材料。对于高速、轻载、精度不高的齿轮传动，有时采用非金属材料制作的齿轮。

表3.3 常用的齿轮材料、热处理硬度和应用举例

材　料	牌号	热处理方法	硬　度		应用举例
			齿芯 HBS	齿面 HRC	
优质碳素钢	35	正火	150～180		低速轻载的齿轮或中速中载的大齿轮
	45		169～217		
	50		180～220		
合金钢	45	调质	217～255		
	35SiMn		217～269		
	40Cr		241～286		
优质碳素钢	35	表面淬火	180～210	40～45	高速中载、无剧烈冲击的齿轮。如机床变速箱中的齿轮
	45		217～255	40～50	
合金钢	40Cr		241～286	48～55	
	20Cr	渗碳淬火		56～62	高速中载、承受冲击载荷的齿轮。如汽车、拖拉机中的重要齿轮
	20CrMnTi			56～62	
	38CrMoAlA	氮化	229	>850 HV	载荷平稳、润滑良好的齿轮
铸钢	ZG45	正火	163～197		重型机械中的低速齿轮
	ZG55		179～207		
球墨铸铁	QT700-2		225～305		可用来代替铸钢
	QT600-2		229～302		
灰铸铁	HT250		170～241		低速中载、不受冲击的齿轮。如机床操纵机构的齿轮
	HT300		187～255		

说明：正火、调质及铸件的齿面硬度与齿心硬度相近。

2. 齿轮热处理

钢制齿轮可以通过不同的热处理方法获得不同的表面硬度。工业上以 350 HB 为界将齿轮传动分为软齿面（布氏硬度≤350 HB）和硬齿面（布氏硬度>350 HB）。

（1）软齿面。软齿面齿轮常用的热处理方法为调质和正火。调质齿轮的强度、韧性和齿面硬度均高于正火齿轮。对于不宜调质、尺寸较大或不太重要的齿轮一般采用正火。

(2) 硬齿面。硬齿面齿轮采用表面硬化处理方法。常用方法如下。

1) 表面淬火。处理后，表面硬度可达 =48～54 HRC。
2) 渗碳淬火。处理后，表面硬度可达 =58～63 HRC。
3) 氮化。处理后，齿轮硬度高，耐磨性好，变形小。
4) 碳氮共渗。处理后，表面硬度可达 =62～67 HRC。
5) 表面激光硬化。处理后，表面硬度可达 950 HV 以上。

（四）齿轮的结构设计和其他设计保证

1. 齿轮的结构设计

齿轮的毛坯制造有锻造、铸造、焊接等工艺方法。齿轮的结构形式有齿轮轴式、实心式、腹板式和轮辐式等，设计时根据尺寸大小和工艺要求来确定。

顶圆直径 d_a < 400～600 mm 的齿轮，一般用锻造。图 3.7 所示为齿轮轴结构，这种结构用于齿轮的直径与轴的直径相近，或齿根与键槽的距离 $e<2m$（m 为模数）的情况。当齿轮直径比轴的直径大得较多时，应将齿轮和轴分开制造，可采用实心式结构（图 3.8）。

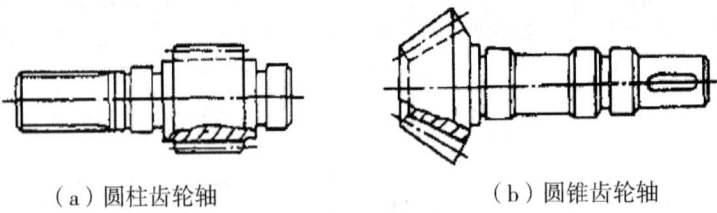

（a）圆柱齿轮轴　　　　　（b）圆锥齿轮轴

图 3.7　齿轮轴

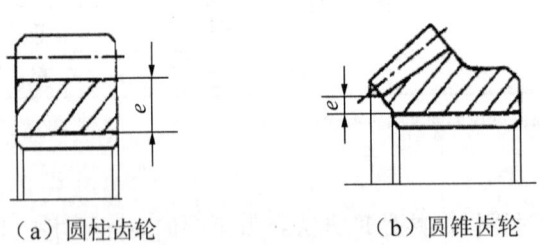

（a）圆柱齿轮　　　　　（b）圆锥齿轮

图 3.8　实心式齿轮结构

顶圆直径 d_a > 400～600 mm 的齿轮，一般用铸钢和铸铁制造。齿宽较小（如 b <

160 mm）的铸造齿轮宜采用腹板式结构（图3.9），齿轮宽度和直径较大时宜采用轮辐式结构（图3.10）。

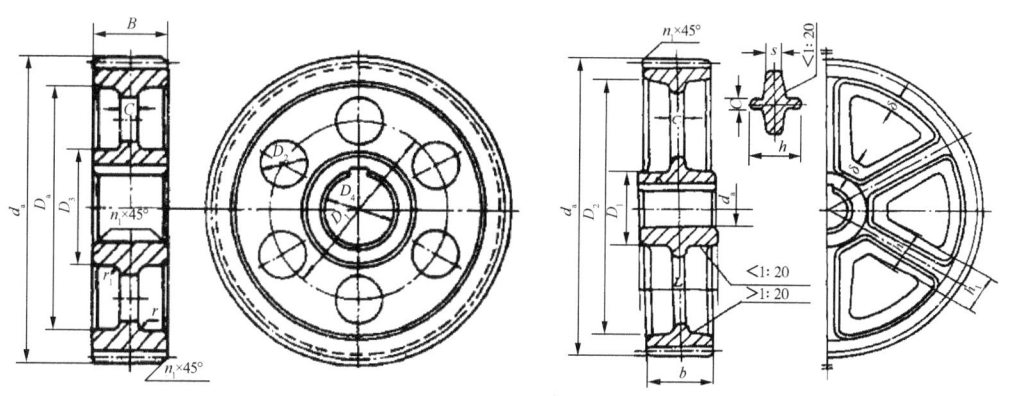

图3.9　腹板式圆柱齿轮的结构　　　　图3.10　十字形轮辐式圆柱齿轮的结构

图3.9为$d_a \leqslant 500$ mm的锻造或铸造腹板式圆柱齿轮的结构，图3.10为$d_a > 400$ mm的铸造十字形轮辐式圆柱齿轮的结构，图3.11为$d_a < 500$ mm的锻造腹板式锥齿轮的结构，图3.12为$d_a > 300$ mm的铸造腹板式锥齿轮的结构。

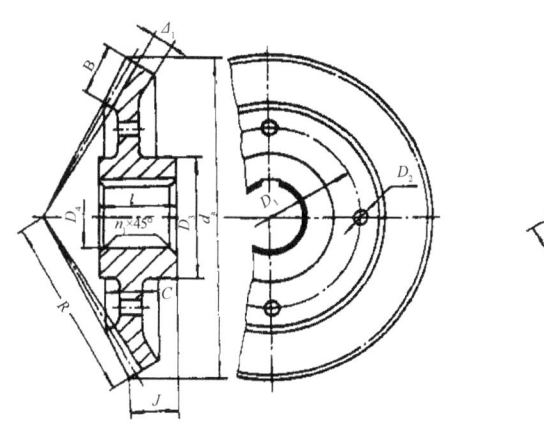 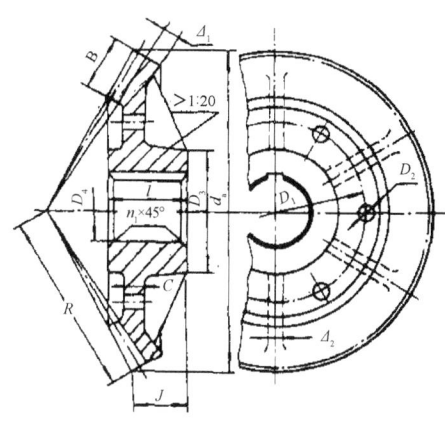

图3.11　锻造腹板式锥齿轮的结构　　　　图3.12　带加强肋铸造腹板式锥齿轮的结构

渐开线圆柱齿轮在齿轮图样上应标注的一般尺寸有：顶圆直径及公差、分度圆直径、齿宽、孔（轴）径及其公差、定位面及其要求、齿轮表面粗糙度；需要用表格列出的数据有：法向模数、齿数、基本齿廓的齿形角、齿顶高系数、螺旋角、螺旋方向、径向变位系数、齿厚、精度等级、齿轮副中心距及其极限偏差、配对齿轮的图号及其齿数、检验项目代号及其公差值；还可根据齿轮的具体形状及其技术条件的要求，给出其他一切在齿轮加工和测量时所必需的数据。

续表3.5

名称	代号	滴点 /℃（≥）	针入度 /10^{-1}mm	性能和主要用途
钠基润滑脂 (GB492—89)	2	160	265～295	耐热性很好但不耐水，用于工作温度在-10～110℃的一般中等载荷机械设备轴承的润滑
	3	160	220～250	
通用锂基润滑脂 (GB 7324—94)	1	170	310～340	多效通用润滑脂。适用于各种机械设备的滚动轴承和滑动轴承及其他摩擦部位的润滑。使用温度为-20～120℃
	2	175	265～295	
	3	180	220～250	
7407号齿轮润滑脂 (SY 4036—84)		160	75～90	用于各种低速，中、高载荷齿轮、链和联轴器的润滑。使用温度小于120℃
滚珠轴承润滑脂 (SH 0386—92)	2	120	250～290	具有良好的润滑性能，用于汽车、电动机、机车及其他机械中滚动轴承的润滑

用脂润滑时，一般是在机械装配时就将它填入轴承内，或用黄油杯（图3.13）旋转杯盖将装在杯体中的润滑脂定期挤入轴承内，也可用黄油枪向轴承油孔内注射润滑脂。

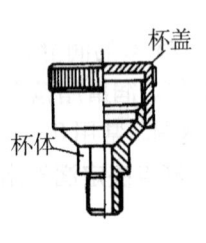

图3.13 黄油杯

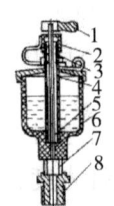

1.手柄；2.调节螺母；3.弹簧；4.管；
5.针阀；6.杯体；7.观察孔；8.接头
(a) 针阀油杯

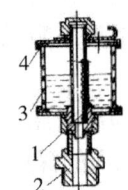

1.油芯；2.接头；3.杯体；4.杯盖
(b) 油绳式油杯

图3.14 油杯

3）固体润滑剂。常用的固体润滑剂有石墨和二硫化钼等，它们能耐高温和高压，附着力强，化学稳定性好，适用于高温和重载的场合。

（2）油润滑方式和润滑装置。除正确地选择润滑剂外，还应选择适当的方法和装置，才能获得良好的润滑效果。下面分别介绍油、脂的润滑方法和装置。

1）手工加油润滑。用油壶或油枪注入设备的油孔、油嘴或油杯中，使油流至需要润滑的部位。这种方式供油方法简单，属于间歇式。适用于轻载、低速和不重要的场合。

2）滴油润滑。滴油润滑用油杯供油，利用油的自重滴流至摩擦表面，属于连续润滑方式。常用油杯有以下几种：

针阀式油杯（图3.14（a））。当手柄1卧倒时，针阀5因弹簧3推压而堵住底部的油孔。当手柄直立时，针阀被提起使油孔打开，润滑油经油孔自动滴进轴承中。供油量用螺母2调节针阀的开启高度来控制。适用于要求供油可靠的轴承。

油绳式油杯（图3.14（b））。油绳用棉线或毛线做成，一端浸在油中，利用毛细管作用吸油滴入轴承。油绳滴油自动连续；但供油量少，不易调节。适用于低速轻载轴承。

3）油环润滑。如图3.15所示，在轴颈上套一油环，油环下部浸在油中，当轴颈旋转时，靠摩擦力带动油环旋转，把油带到轴颈上润滑。适用于转速为50～3000 r/min、水平放置的轴。

4）飞溅润滑。利用齿轮、曲轴等转动件，将润滑油由油池溅到轴承中进行润滑。该方法简单可靠，连续均匀；但有搅油损失，易使油发热和氧化变质。适用于转速不高的齿轮传动、蜗杆传动等。

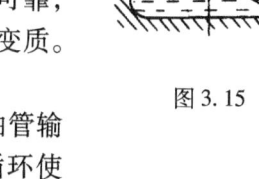

图3.15 油环润滑

5）压力循环润滑。利用油泵将润滑油经油管输送到各轴承中润滑。该方法润滑效果好，油循环使用；但装置复杂，成本高。适用于高速、重载或变载的重要轴承。

（3）齿轮传动润滑方式及润滑剂的选择。

1）齿轮传动润滑方式。对于开式齿轮传动，一般圆周速度较低，常采用定期人工加油的润滑方式。对于闭式齿轮传动，常采用浸油润滑或喷油润滑。

浸油润滑。圆周速度$v \leqslant 12 \sim 15$ m/s时，采用大齿轮浸油润滑（图3.16（a））。为了减小搅油功率损耗，速度高时齿轮浸入油中的深度以1～2个齿高为宜，但不应小于10 mm；速度低时浸油深度可达1/3齿顶圆半径。锥齿轮要使整个齿长浸入油中；对于多级传动，应尽量使各级大齿轮的浸油深度相等；若低速级和高速级的大齿轮直径相差很大，高速级齿轮浸不到油时，可在大齿轮的下面安装一个打油轮（图3.16（b））。

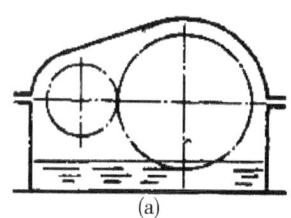 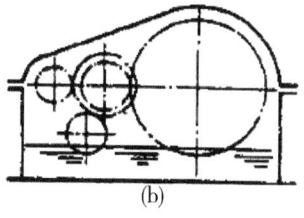 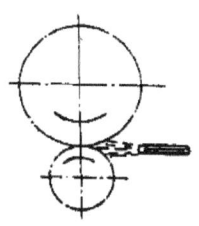

图3.16 浸油润滑 　　　　　　　　图3.17 喷油润滑

油池中的油量，按齿轮传递功率的大小确定。对于单级传动，每 kW 功率需油量为 0.35～0.70 L；对于多级传动，需油量按传动级数成倍增加。为避免齿轮转动搅起箱底的油泥，一般齿轮齿顶圆到箱底面的距离应不小于 30～50 mm。

喷油润滑。当齿轮圆周速度 $v \geqslant 15$ m/s 时，应采用喷油润滑（图 3.17），即通过油路把具有一定压力的润滑油喷到正在工作的齿面上。当 $v \leqslant 25$ m/s 时，喷油嘴置于轮齿啮入边和啮出边均可；当 $v > 25$ m/s 时，喷油嘴置于轮齿啮出边，以便在对轮齿进行润滑的同时迅速冷却刚刚工作过的轮齿。喷油润滑也常用于速度不高而工作相当繁重的重型齿轮传动。

2）齿轮传动润滑剂。齿轮传动的润滑剂有润滑油、润滑脂和固体润滑剂，应用最多的是润滑油。对于开式齿轮传动，由于密闭条件不好，润滑剂容易飞散和流失，故要选用油性好、黏度高的润滑油或润滑脂。对于闭式齿轮传动，根据配对齿轮的材料、齿面硬度和圆周速度选择润滑油种类和牌号。可参考表 3.6 及其他相关资料选择。

表 3.6　齿轮传动润滑剂选择

名称	牌号	主要性能及用途
机械油	HJ-30，HJ-40，HJ-50	各种高速、轻载或中小载荷，循环式或油箱式集中润滑系统，中小型齿轮、蜗杆传动润滑
工业齿轮油	50，70，90，120，150	该类油加有少量挤压剂、抗氧化剂，适用于冶金、矿山用机器等载荷较重的齿轮传动
挤压工业齿轮油	120，150，200，250，300，350	该类油加有挤压剂和油性改性剂，适用于工作条件极差（重载、高温、冲击载荷及潮湿等环境）的齿轮传动和蜗杆传动
汽车齿轮油	HL-20（冬季用），HL-30（夏季用）	汽车变速齿轮传动、重型机器的闭式齿轮及蜗杆传动、各种载荷的齿轮和蜗杆减速器
开式齿轮油	1，2，3	该类油有抗磨、防锈等添加剂，适用于开式齿轮传动，使用时可用溶剂稀释
钙钠基润滑脂	ZGN-2，ZGN-3	适用于 80～100 ℃、有水分或潮湿的环境工作的齿轮
石墨钙基润滑脂	ZG-S	适用于起重机底盘的齿轮传动、开式齿轮传动，需耐潮湿处

（五）齿轮传动的失效形式和计算准则

1. 齿轮传动失效形式和抗失效措施

齿轮传动的失效一般都发生在轮齿部分。两齿轮啮合时，齿面接触点附近及轮齿根部均受到变应力作用，使齿轮产生失效。齿轮传动常见的失效形式如图 3.18 所示。

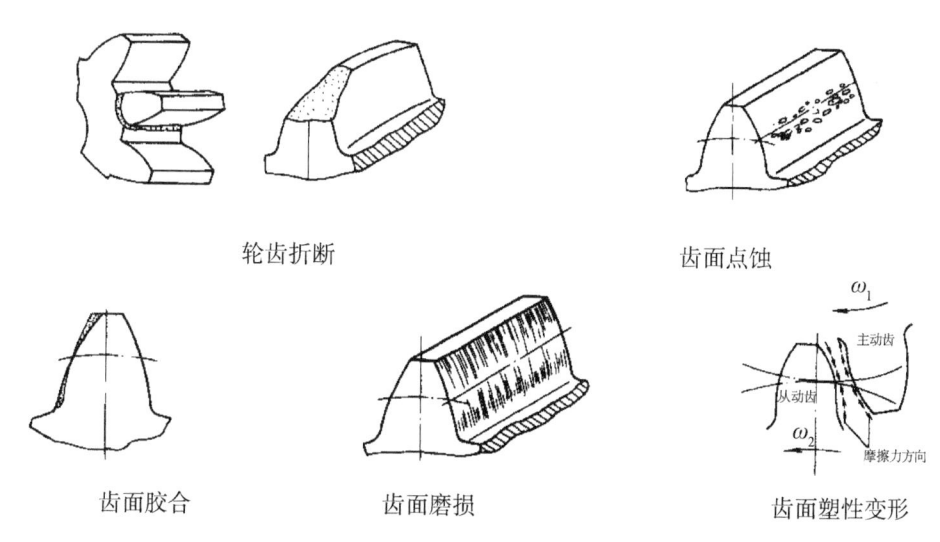

图 3.18 轮齿的失效形式

（1）轮齿折断。轮齿受力后，其根部受交变弯曲应力作用，在齿根过渡圆角处，应力大且有较大的应力集中，易产生弯曲疲劳折断。当齿轮受到较大短期过载或冲击载荷时，对铸铁或淬火齿轮，可能引起轮齿过载折断。增大齿根过渡圆角半径，减小齿面粗糙度，对齿根进行强化处理，消除该处的加工刀痕，选用韧性好的材料，均有助于提高轮齿的抗折断能力。

（2）齿面点蚀。轮齿受力后，齿面接触处将产生脉动循环变化的接触应力。轮齿在接触应力反复作用下，表面或次表层出现疲劳裂纹。疲劳裂纹不断扩展，齿面因金属碎片脱落而形成麻点状凹坑。提高齿面硬度，降低表面粗糙度，采用高黏度润滑油，可提高齿面抗点蚀的能力。

（3）齿面胶合。在高速转动或重载齿轮传动中，齿面间压力大，接触点附近温度高，油膜破裂，两金属表面直接接触，产生黏附，随着齿面的相对运动，使金属从齿面上撕落而引起严重的黏着磨损。提高齿面硬度，降低表面粗糙度，采用有抗胶合添加剂的润滑油，采取有效冷却，可减缓和防止齿面胶合。

（4）齿面磨损。在齿轮传动中，齿面有相对滑动，由此产生摩擦导致齿面产生磨损。齿面磨损后，齿廓形状被破坏，引起冲击、振动和噪声，且由于齿厚减薄而可能发生轮齿折断。磨损是开式齿轮传动的主要失效形式。采用闭式传动或加防护罩，适时更换润滑油，选用黏度高的润滑油，可有效减轻齿面磨损。

（5）齿面塑性变形。当齿面应力较大时，齿面表层的材料就会沿着摩擦力的方向产生塑性流动，从而导致齿面形状损坏。适当提高齿轮硬度及润滑油的黏度，有助于减小和防止齿面塑性变形。

2. 齿轮传动的设计计算准则

齿轮传动中，在不同的载荷和工作条件下，齿轮可能出现不同的失效形式。对于不同的失效形式，应根据其失效机理，分别确立相应的设计准则。但是，对于齿面磨损、齿面塑性变形的设计计算，目前尚未建立实用的、行之有效的计算方法和设计数据。所以，目前设计一般使用条件下的齿轮传动时，通常按保证齿面接触疲劳强度和齿根弯曲疲劳强度两项准则计算。

工程实践中，一般推荐采用以下的设计计算准则：

（1）闭式齿轮传动。闭式齿轮传动的设计计算准则如表3.7所示。

表3.7　闭式齿轮传动的设计计算准则

传动形式		主要失效形式	设计计算准则
中小功率	软齿面	齿面点蚀	接触疲劳强度设计计算准则
		齿根疲劳折断	弯曲疲劳强度设计计算准则
	硬齿面	齿面点蚀	接触疲劳强度设计计算准则
		齿根疲劳折断	弯曲疲劳强度设计计算准则
大功率、重载	高速	齿面点蚀	接触疲劳强度设计计算准则
		齿根疲劳折断	弯曲疲劳强度设计计算准则
		齿面热胶合	热胶合强度设计
	低速	齿面点蚀	接触疲劳强度设计计算准则
		齿根疲劳折断	弯曲疲劳强度设计计算准
		齿面冷胶合	冷胶合强度设计
		齿面塑性变形	轮齿静强度计算

（2）开式齿轮传动。开式齿轮传动的主要失效形式为弯曲疲劳折断和磨粒磨损。按弯曲疲劳强度进行计算，并将得到的模数增大10%～15%来考虑磨损影响。齿轮传动中有短时过载时，均须进行静强度计算。

3. 标准直齿圆柱齿轮传动的设计计算步骤

根据圆柱齿轮的强度计算方法，直齿圆柱齿轮传动设计计算的一般步骤如下：

（1）选择齿轮材料及热处理。根据设计项目提供的工况等条件，选定合适的齿轮材料和热处理方法。

（2）确定齿轮传动的精度等级。在满足使用要求的前提下选择尽可能低的精度等级，可减少加工难度，降低制造成本。

（3）计算 m 或 d_1，并确定齿轮传动的主要参数。

（4）计算齿轮的几何尺寸。

（5）根据设计准则校核接触强度或弯曲强度。

（6）确定齿轮的结构形式并进行结构尺寸计算。

（7）绘制齿轮零件工作图。

【例3.1】 设计一带式运输机减速器的直齿圆柱齿轮传动，已知 $i=4$，$n_1=750$ r/min，传递功率 $P=5$ kW，工作平稳，单向传动，单班工作制，每班 8 h，工作期限 10 年。

解：设计过程和结果如表3.8所示。

表3.8 直齿圆柱齿轮传动设计过程和结果

计 算 与 说 明	结　果
1. 选材与热处理。该齿轮传动无特殊要求，为制造方便，采用软齿面，大小齿轮均用 45 钢。小齿轮调质处理，齿面硬度：217～255 HBS；大齿轮正火处理，齿面硬度：169～217 HBS	小齿轮 45 钢调质处理，大齿轮正火处理
2. 选择齿轮精度等级。运输机是一般工作机械，速度不高，故用 8 级精度	8 级精度
3. 按齿面接触疲劳强度设计。该传动为闭式软齿面，主要失效形式为疲劳点蚀，故按齿面接触疲劳强度设计，再按齿根弯曲疲劳强度校核。设计公式为：$$d_1 \geqslant \sqrt[3]{\frac{2KT_1}{\psi_d}\left(\frac{Z_E Z_H}{[\sigma_H]}\right)^2 \frac{u\pm 1}{u}}。$$ （1）载荷系数 K，查手册取 $K=1.2$。（2）转矩 $T_1 = 9.55\times 10^6 \times \dfrac{P_1}{n_1} = 9.55\times 10^6 \times \dfrac{5}{750} = 63666.7 (\text{N}\cdot\text{mm})$。	$T_1=63666.7$ N·mm

续表 3.8

计 算 与 说 明	结 果
(3) 接触疲劳许用应力 $[\sigma_H] = \dfrac{\sigma_{H\lim}}{S_H} Z_N$。 按齿面硬度中间值查手册，得 $\sigma_{H\lim 1} = 600$ MPa，$\sigma_{H\lim 2} = 550$ MPa。 按一年工作 300 天计算，应力循环次数为： $$N_1 = 60njL_h = 60 \times 750 \times 1 \times 10 \times 300 \times 8 = 1.08 \times 10^9,$$ $$N_2 = \dfrac{N_1}{i} = \dfrac{1.08 \times 10^9}{4} = 2.7 \times 10^8。$$ 查手册得接触疲劳寿命系数 $Z_{N_1} = 1$，$Z_{N_2} = 1.08$（$N_1 > N_0$，$N_0 = 10^9$）。 按一般可靠性要求，取疲劳强度的最小安全系数 $S_H = 1$，则有： $$[\sigma_{H1}] = \dfrac{600 \times 1}{1} = 600 \text{（MPa）},$$ $$[\sigma_{H2}] = \dfrac{550 \times 1.08}{1} = 594 \text{（MPa）}。$$ 取两齿轮中较小的接触应力，则 $[\sigma_H] = 594$ MPa。 (4) 计算小齿轮分度圆直径 d_1。查手册按齿轮相对轴承对称布置： 齿宽系数 $\psi_d = 1.08$，节点区域系数 $Z_H = 2.5$。 查手册得齿轮材料弹性系数 $Z_E = 189.8$； 大齿轮齿数与小齿轮齿数之比，即齿数比 $u = i = 4$。 将以上参数代入外啮合齿轮齿面接触疲劳强度的设计公式，得： $$d_1 \geq \sqrt[3]{\dfrac{2KT_1}{\psi_d} \left(\dfrac{Z_E Z_H}{[\sigma_H]} \right)^2 \dfrac{u \pm 1}{u}}$$ $$= \sqrt[3]{\dfrac{2 \times 1.2 \times 63666.7}{1.08} \times \left(\dfrac{189.8 \times 2.5}{594} \right)^2 \times \dfrac{4+1}{4}} = 48.3 \text{（mm）}。$$ 取 $d_1 = 50$ mm。 (5) 计算圆周速度： $$v = \dfrac{n_1 \pi d_1}{60 \times 1000} = \dfrac{750 \times 3.14 \times 50}{60 \times 1000} = 1.96 \text{（m/s）}。$$ 因 $v < 6$ m/s，故取 8 级精度合适。	$[\sigma_H] = 594$ MPa $d_1 = 50$ mm 8 级精度合适

续表 3.8

计 算 与 说 明	结 果
4. 确定主要参数。 （1）齿数。取 $z_1 = 20$，则 $z_2 = z_1 \cdot i = 20 \times 4 = 80$。 （2）模数。$m = d_1/z_1 = 50/20 = 2.5$（mm）。这正好是标准模数第二系列上的数值。 （3）分度圆直径　$d_1 = z_1 \times m = 20 \times 2.5 = 50$（mm）， $\qquad\qquad\qquad d_2 = z_2 \times m = 80 \times 2.5 = 200$（mm）。 （4）中心距　$a = (d_1 + d_2)/2 = (50 + 200)/2 = 125$（mm）。 （5）齿宽　$b = \psi_d d_1 = 1.08 \times 50 = 54$（mm）。 取 $b_2 = 60$（mm），$b_1 = b_2 + 5 = 65$（mm）。	$z_1 = 20$，$z_2 = 80$， $m = 2.5$ mm $d_1 = 50$ mm $d_2 = 200$ mm $a = 125$ mm $b_2 = 60$ mm $b_1 = 65$ mm
5. 校核弯曲疲劳强度。 （1）齿形系数 Y_{FS}，查手册得：$Y_{FS_1} = 4.35$，$Y_{FS_2} = 4.0$。 （2）弯曲疲劳许用应力　$[\sigma_F] = \dfrac{\sigma_{F\lim}}{S_F} Y_N$。 按齿面硬度中间值查手册得：$\sigma_{F\lim 1} = 240$ MPa，$\sigma_{F\lim 2} = 220$ MPa。 查手册得弯曲疲劳寿命系数：$Y_{N_1} = 1$（$N_0 = 3 \times 10^6$，$N_1 > N_0$）， $\qquad\qquad\qquad Y_{N_2} = 1$（$N_0 = 3 \times 10^6$，$N_2 > N_0$）。 按一般可靠性要求，取弯曲疲劳安全系数 $S_F = 1$，则 $\qquad [\sigma_{F_1}] = \dfrac{\sigma_{F\lim 1}}{S_F} Y_{N_1} = 240$ Mpa，$[\sigma_{F_2}] = \dfrac{\sigma_{F\lim 2}}{S_F} Y_{N_2} = 220$ MPa。 （3）校核计算： $\qquad \sigma_{F_1} = \dfrac{2KT_1}{bmd_1} Y_{FS_1} = \dfrac{2 \times 1.2 \times 63666.7}{60 \times 2.5 \times 50} \times 4.35$ $\qquad\qquad = 88.6$ MPa $< [\sigma_{F_1}]$， $\qquad \sigma_{F_2} = \sigma_{F_1} Y_{FS_2}/Y_{FS_1}$ $\qquad\qquad = 83.53$ MPa $< [\sigma_{F_2}]$。	$[\sigma_{F_1}] = 240$ MPa $[\sigma_{F_2}] = 220$ MPa 弯曲强度足够
6. 结构设计（略）。	

齿轮零件图如图 3.19 所示。

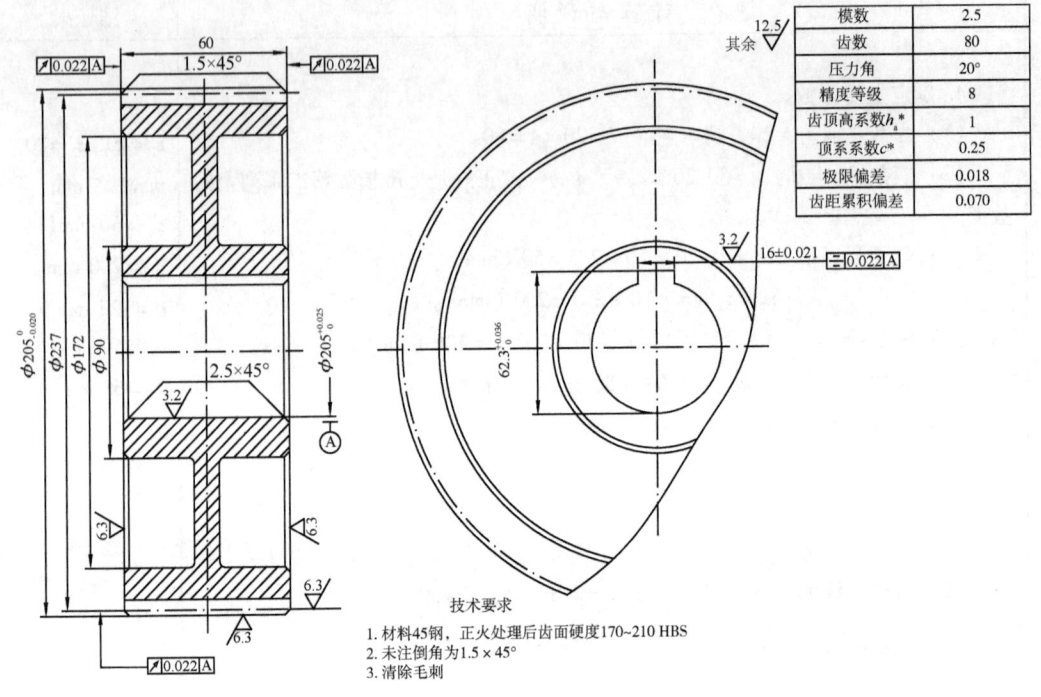

图 3.19 齿轮零件

（六）轮系及其分类

在现代机械中，为了满足各种不同的需要，常常采用一系列齿轮组成的传动系统，这种由一系列相互啮合的齿轮（蜗杆、蜗轮）组成的传动系统即轮系。轮系可以分为两种基本类型：定轴轮系和行星轮系。

在传动时所有齿轮的回转轴线固定不变的轮系称为定轴轮系。定轴轮系是最基本的轮系。由轴线相互平行的齿轮组成的定轴轮系称为平面定轴轮系（图 3.20），包含有相交轴齿轮、交错轴齿轮传动等在内的定轴轮系称为空间定轴轮系（图 3.21）。

有一个或一个以上的齿轮除绕自身轴线自转外，其轴线又绕另一个轴线转动的轮系称为行星轮系，亦称为动轴轮系或周转轮系。如图 3.22 所示的行星轮系，齿轮 2 空套在构件 H 的小轴上，当构件 H 定轴转动时，齿轮 2 一方面绕自己的几何轴线 O_1O_1' 转动（自转），同时又随构件 H 绕固定的几何轴线 OO' 转动（公转），犹如天体中的行星，兼有自转和公转，故把具有运动几何轴线的齿轮 2 称为行星轮，用来支持行星轮的构件 H 称为行星架或系杆，与行星轮相啮合且轴线固定的齿轮 1 和 3 称为中心轮或太阳轮。行星架与中心轮的几何轴线必须重合，否则不能转动。根据机构自由度的不同，行星轮系可以分为差动轮系和简单行星轮系两类。机构自由度为 2 的行星轮系称为差动轮系，机构自由度为 1 的行星轮系称为简单行星轮系（图 3.22）。

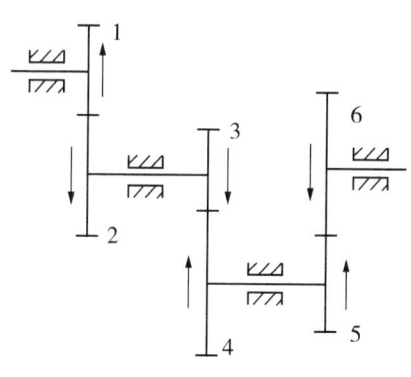
图 3.20　平面定轴轮系

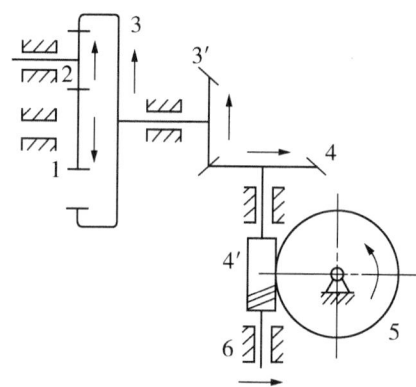
图 3.21　空间定轴轮系

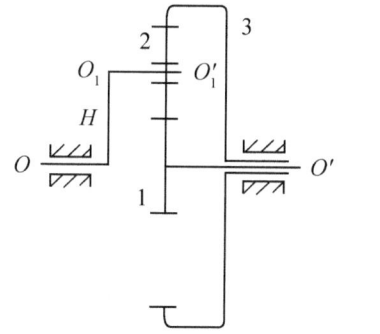
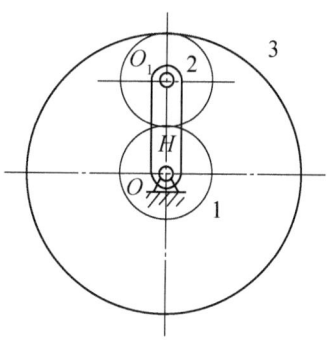

（a）差动轮系（3 号轮可以转动）

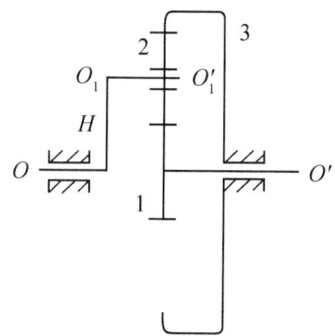
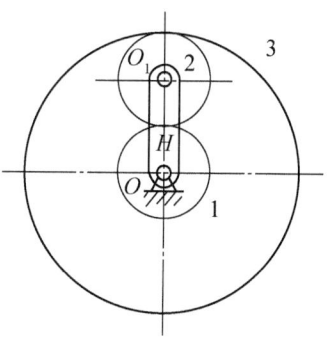

（b）简单行星轮系（3 号轮固定不动）

图 3.22　单级行星轮系

1. 定轴轮系传动比的计算

轮系传动比即轮系中首轮与末轮角速度或转速之比。进行轮系传动比计算时，除计算传动比大小外，一般还要确定首轮、末轮转向关系。

(1) 一对齿轮的传动比。对于圆柱齿轮传动，从动轮与主动轮的转向关系可直接在传动比公式中表示：

$$i_{12} = \frac{n_1}{n_2} = \pm \frac{z_2}{z_1}。$$

式中："+"号表示主从动轮转向相同，用于内啮合；"-"号表示主从动轮转向相反，用于外啮合（图3.23）。对于圆锥齿轮传动和蜗杆传动，由于主从动轮运动不在同一平面内，因此不能用"±"号法确定。圆锥齿轮传动、蜗杆传动和齿轮齿条传动只能用画箭头法确定。

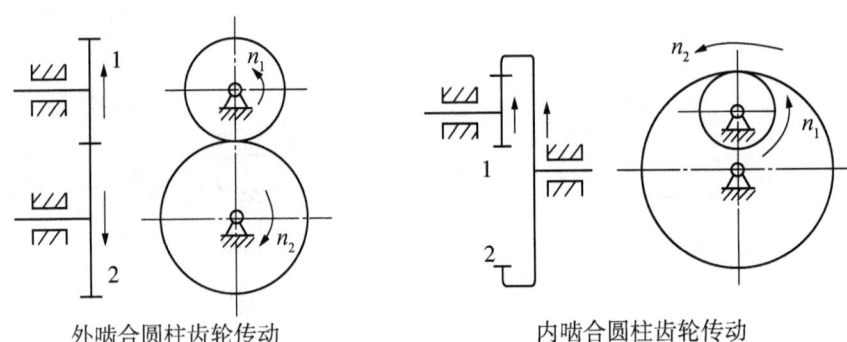

外啮合圆柱齿轮传动　　　　内啮合圆柱齿轮传动

图3.23　一对圆柱齿轮传动

(2) 定轴轮系的传动比。对于一个如图3.24所示的定轴轮系，设各轮的齿数为 z_1、z_2、…，各轮的转速为 n_1、n_2、…，则该轮系的传动比 i_{15} 可由各对啮合齿轮的传动比求出。

根据前面所述，该轮系中各对啮合齿轮的传动比分别为：

$$i_{12} = \frac{n_1}{n_2} = -\frac{z_2}{z_1}, \quad i_{2'3} = \frac{n_{2'}}{n_3} = +\frac{z_3}{z_{2'}},$$

$$i_{3'4} = \frac{n_{3'}}{n_4} = -\frac{z_4}{z_{3'}}, \quad i_{45} = \frac{n_4}{n_5} = -\frac{z_5}{z_4}。$$

将以上各等式两边连乘，并考虑到 $n_2 = n_{2'}$，$n_3 = n_{3'}$，可得：

$$i_{12} \cdot i_{2'3} \cdot i_{3'4} \cdot i_{45} = \frac{n_1 n_{2'} n_{3'} n_4}{n_2 n_3 n_4 n_5} = (-1)^3 \frac{z_2 z_3 z_4 z_5}{z_1 z_{2'} z_{3'} z_4},$$

$$i_{15} = \frac{n_1}{n_5} = i_{12} \cdot i_{2'3} \cdot i_{3'4} \cdot i_{45} = (-1)^3 \frac{z_2 z_3 z_5}{z_1 z_{2'} z_{3'}}。$$

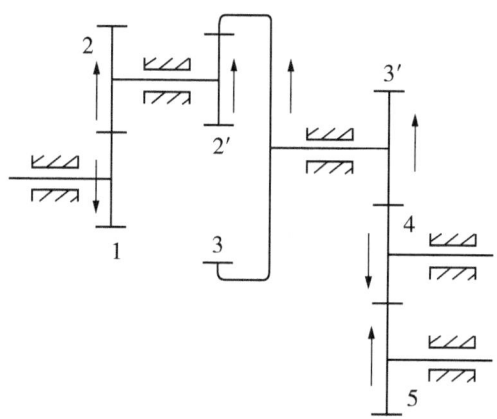

图 3.24 平面定轴轮系

上式表明,定轴轮系传动比的大小等于组成该轮系的各对啮合齿轮传动比的连乘积,也等于各对啮合齿轮中所有从动轮齿数的乘积与所有主动轮齿数乘积之比。

以上结论可推广到一般情况。设轮 1 为计算时的起始主动轮,轮 K 为计算时的最末从动轮,则定轴轮系始末两轮传动比计算的一般公式为:

$$i_{1K} = \frac{n_1}{n_K} = (\pm) \frac{各对啮合齿轮从动轮齿数的连乘积}{各对啮合齿轮主动轮齿数的连乘积}。$$

对于平面定轴轮系,始、末两轮的相对转向关系可以用传动比的正负号表示。i_{1K} 为负号时,说明始、末两轮的转动方向相反;i_{1K} 为正号时,说明始、末两轮的转动方向相同。正负号根据外啮合齿轮的对数确定:奇数为负,偶数为正。也可用画箭头的方法来表示始、末两轮转向关系。

对于空间定轴轮系,若始、末两轮的轴线平行,先用画箭头的方法逐对标出转向;若始、末两轮的转向相同,等式右边取正号,否则取负号,正负号的含义同上。若始、末两轮的轴线不平行,只能用画箭头的方法判断两轮的转向,传动比取正号,但这个正号并不表示转向关系。另外,在该轮系中,齿轮 4 同时和两个齿轮啮合,它既是前一级的从动轮,又是后一级的主动轮。其齿数 z_4 在上述计算式中的分子和分母中各出现一次,最后被消去。即齿轮 4 的齿数不影响传动比的大小。这种不影响传动比的大小,只起改变转向作用的齿轮称为惰轮。

【例 3.2】 如图 3.21 所示的空间定轴轮系,设 $z_1 = z_2 = z_{3'} = 20$,$z_3 = 80$,$z_4 = 40$,$z_{4'} = 2$(右旋),$z_5 = 40$,$n_1 = 1000 \text{ r/min}$,求蜗轮 5 的转速 n_5 及各轮的转向。

解:因为该轮系为空间定轴轮系,所以只能计算其传动比的大小:

$$i_{15} = \frac{n_1}{n_5} = \frac{z_2 \times z_3 \times z_4 \times z_5}{z_1 \times z_2 \times z_{3'} \times z_{4'}} = \frac{20 \times 80 \times 40 \times 40}{20 \times 20 \times 20 \times 2} = 160。$$

蜗轮5的转速为：

$$n_5 = \frac{n_1}{i_{15}} = \frac{1000}{160} = 6.25(\text{r/min})。$$

各轮的转向如图中箭头所示。该例中齿轮2为惰轮，它不改变传动比的大小，只改变从动轮的转向。

二、蜗杆传动

（一）蜗杆传动的类型和特点

蜗杆传动由蜗杆、蜗轮和机架组成，用来传递空间两交错轴的运动和动力。通常两轴交错角为90°，蜗杆为主动件，蜗轮为从动件。

1. 蜗杆传动的类型

如图3.25所示，根据蜗杆的形状，蜗杆传动可分为圆柱蜗杆传动、环面蜗杆传动和锥面蜗杆传动。圆柱蜗杆传动是蜗杆分度曲面为圆柱面的蜗杆传动。环面蜗杆传动的蜗杆体在轴向的外形是以凹弧面为母线所形成的旋转曲面，这种蜗杆同时啮合齿数多，传动平稳。锥面蜗杆齿面利于润滑油膜形成，传动效率较高，同时啮合齿数多，重合度大，传动比范围大（10～360），承载能力和效率较高，可节约有色金属。

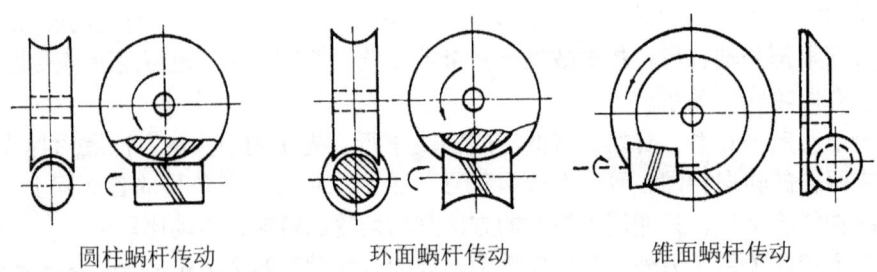

圆柱蜗杆传动　　　环面蜗杆传动　　　锥面蜗杆传动

图3.25　蜗杆传动的类型

圆柱蜗杆传动按蜗杆轴面齿形又可分为普通蜗杆传动和圆弧齿圆柱蜗杆传动（图3.26）。普通蜗杆传动多用直母线刀刃的车刀在车床上切制，又可分为阿基米德圆柱蜗杆（ZA型）、渐开蜗杆（ZI型）和法面直齿廓蜗杆（ZH型）等几种。阿基米德蜗杆的端面齿廓为阿基米德螺旋线，其轴面齿廓为直线。阿基米德蜗杆可以在车床上用梯形车刀加工，所以制造简单，但难以磨削，故精度不高。在阿基米德圆柱蜗杆传动中，蜗杆与蜗轮齿面的接触线与相对滑动速度方向之间的夹角很小，不易形成润滑油膜，故承载能力较低,广泛用于转速较低的场合。圆弧齿圆柱蜗杆传动是一种蜗杆轴面(或法面)齿廓为凹圆弧和蜗轮齿廓为凸圆弧的蜗杆传动。在这种传动中,接触线与相对滑动方向之间的夹角较大,故易于形成润滑油膜,而且凸凹齿廓相啮合,接触线上齿廓当量曲率半径较大,接触应力较低,因而其承载能力和效率均较其他圆柱蜗杆传动为高。蜗杆传动类型很多,本节仅讨论阿基米德蜗杆传动。

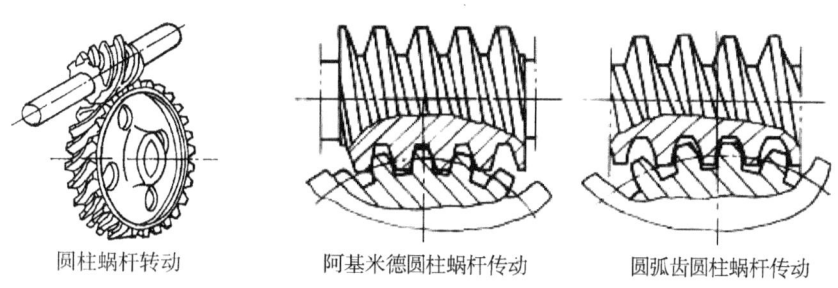

圆柱蜗杆转动　　阿基米德圆柱蜗杆传动　　圆弧齿圆柱蜗杆传动

图 3.26　圆柱蜗杆传动的主要类型

2. 蜗杆传动的特点

(1) 传动比大,结构紧凑。单级传动比一般为 10～40 (<80),只传递运动时(如分度机构),传动比可达 1000。

(2) 传动平稳,噪声小。由于蜗杆上的齿是连续的螺旋齿,蜗轮轮齿和蜗杆是逐渐进入啮合又逐渐退出啮合的,故传动平稳,噪声小。

(3) 有自锁性。当蜗杆导程角小于当量摩擦角时,蜗轮不能带动蜗杆转动,呈自锁状态。手动葫芦和浇铸机械常采用蜗杆传动以满足自锁要求。

(4) 传动效率低。蜗杆蜗轮啮合处有较大的相对滑动,摩擦剧烈、发热量大,故效率低。一般 $\eta = 0.7 \sim 0.9$,具有自锁性能的蜗杆效率仅为 0.4。

(5) 蜗轮造价较高。为了减摩和耐磨,蜗轮常用青铜制造,材料成本较高。

由上述特点可知:蜗杆传动适用于传动比大、传递功率不大、两轴空间交错的场合。

(二) 蜗杆传动的基本参数和几何尺寸计算

图 3.27 所示为阿基米德蜗杆传动,通过蜗杆轴线并垂直于蜗轮轴线的平面称为主平面(中间平面)。在主平面上蜗轮与蜗杆的啮合相当于渐开线齿轮与齿条的啮合,蜗杆两侧边为直线,与之相啮合的蜗轮的齿廓为渐开线。为了加工方便,规定主平面的几何参数为标准值,其设计计算均以主平面的参数和几何关系为准。

1. 蜗杆传动的基本参数

(1) 蜗杆头数 z_1、蜗轮齿数 z_2 和传动比 i。

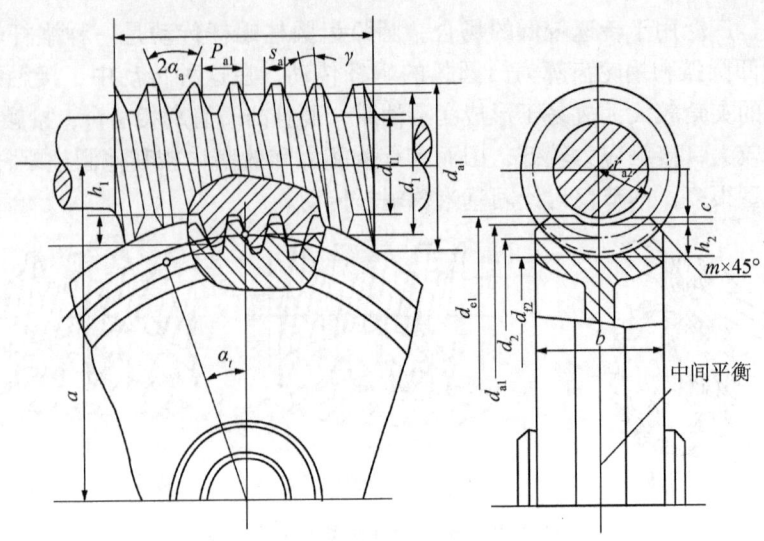

图 3.27 阿基米德蜗杆传动的几何尺寸

蜗杆头数即为蜗杆螺旋线的数目。蜗杆的头数一般取 $z_1 = 1 \sim 6$。当传动比大于 40 或要求自锁时,取 $z_1 = 1$;当传动功率较大时,为提高传动效率,z_1 取较大值,但蜗杆头数过多,加工精度难于保证。

蜗轮的齿数一般取 $z_2 = 27 \sim 80$。z_2 过少将产生根切;z_2 过大,蜗轮直径增大,与之相应的蜗杆长度增加,刚度减小。

蜗杆传动的传动比 i 等于蜗杆与蜗轮转速之比。当蜗杆回转一周时,蜗轮被蜗杆推动转过 z_1 个齿(或 z_1/z_2 周),因此传动比为:

$$i = \frac{n_1}{n_2} = \frac{z_2}{z_1}。$$

式中:n_1——蜗杆的转速(r/min);
  n_2——蜗轮的转速(r/min)。

在蜗杆传动设计中,传动比的公称值按下列数值选取:5、7.5、10、12.5、15、20、25、30、40、50、60、70、80。其中 10、20、40、80 为基本传动比,应优先选用。z_1、z_2 可根据传动比 i 按表 3.9 选取。

表 3.9 z_1 和 z_2 的推荐值

i	7~8	9~13	14~24	25~27	28~40	>40
z_1	4	3~4	2~3	2~3	1~2	1
z_2	28~32	27~52	28~72	50~81	28~80	>40

（2）模数 m 和压力角 α。由于蜗杆传动在主平面内相当于渐开线齿轮与齿条的啮合，而主平面既是蜗杆的轴向平面又是蜗轮的端面。与齿轮传动相同，为保证轮齿的正确啮合，蜗杆的轴向模数 m_{a1} 应等于蜗轮的端面模数 m_{t2}；蜗杆的轴向压力角 α_{a1} 应等于蜗轮的端面压力角 α_{t2}；蜗杆分度圆导程角 γ 应等于蜗轮分度圆螺旋角 β，且两者螺旋方向相同。

$$m_{a1} = m_{t2} = m,$$
$$\alpha_{a1} = \alpha_{t2} = \alpha,$$
$$\gamma = \beta。$$

（3）蜗杆的分度圆直径 d_1 和导程角 γ。如图 3.28 所示，将蜗杆分度圆柱展开，其螺旋线与端平面的夹角 γ 称为蜗杆的导程角。可得：

$$\tan\gamma = \frac{z_1 p_{a1}}{\pi d_1} = \frac{z_1 m}{d_1}。$$

式中：p_{a1}——蜗杆轴向齿距（mm）；

d_1——蜗杆分度圆直径（mm）。

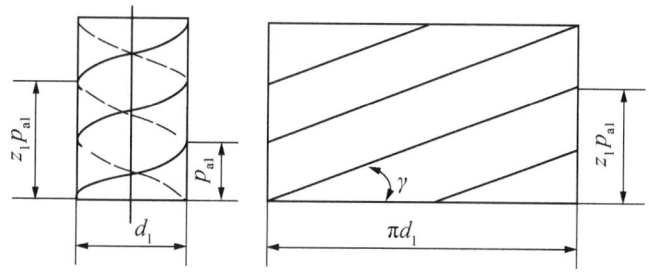

图 3.28　分度圆柱展开

蜗杆的螺旋线与螺纹相似，也分左旋和右旋，一般多为右旋。对动力传动，为提高效率，应采用较大的 γ 值，即采用多头蜗杆；对要求具有自锁性能的传动，应采用 $\gamma < 3°30''$ 的蜗杆传动，此时蜗杆的头数为 1。得：

$$d_1 = m\frac{z_1}{\tan\gamma} = mq。$$

式中：$q = \frac{z_1}{\tan\gamma}$——蜗杆的直径系数，当 m 一定时，q 值增大，则蜗杆直径 d_1 增大，蜗杆的刚度提高。小模数蜗杆一般有较大的 q 值，以使蜗杆有足够的刚度。

蜗杆与蜗轮正确啮合，加工蜗轮的滚刀直径和齿形参数必须与相应的蜗杆相同。为限制蜗轮滚刀的数量，d_1 亦标准化。d_1 与 m 有一定的匹配，如表 3.10 所示。

表 3.10 蜗杆基本参数（$\Sigma = 90°$）（据 GB/T 10085—88）

模数 m /mm	分度圆直径 d_1/mm	蜗杆头数 z_1	直径系数 q	$m^2 d_1$ /mm³	模数 m /mm	分度圆直径 d_1/mm	蜗杆头数 z_1	直径系数 q	$m^2 d_1$ /mm³
1	18	1	18.000	18	6.3	(80)	1, 2, 4	12.698	3175
1.25	20	1	16.000	31.25		112	1	17.778	445
	22.4	1	17.920	35	8	(63)	1, 2, 4	7.875	4032
1.6	20	1, 2, 4	12.500	51.2		(80)	1, 2, 4, 6	10.000	5376
	28	1	17.500	71.68		(100)	1, 2, 4	12.500	6400
2	(18)	1, 2, 4	9.000	72		140	1	17.500	8960
	22.4	1, 2, 4, 6	11.200	89.6	10	(71)	1, 2, 4	7.100	7100
	(28)	1, 2, 4	14.000	112		90	1, 2, 4, 6	9.000	9000
	35.5	1	17.750	142		(112)	1, 2, 4	11.200	11200
2.5	(22.4)	1, 2, 4	8.960	140		160	1	16.000	16000
	28	1, 2, 4, 6	11.200	175	12.5	(90)	1, 2, 4	7.200	14062
	(35.5)	1, 2, 4	14.200	221.9		112	1, 2, 4	8.960	17500
	45	1	18.000	281		(140)	1, 2, 4	11.200	21875
3.15	(28)	1, 2, 4	8.889	278		200	1	16.000	31250
	35.5	1, 2, 4, 6	11.27	352	16	(112)	1, 2, 4	7.000	28672
	45	1, 2, 4	14.286	447.5		140	1, 2, 4	8.750	35840
	56	1	17.778	556		(180)	1, 2, 4	11.250	46080
4	(31.5)	1, 2, 4	7.875	504		250	1	15.625	64000
	40	1, 2, 4, 6	10.000	640	20	(140)	1, 2, 4	7.000	56000
	(50)	1, 2, 4	12.500	800		160	1, 2, 4	8.000	64000
	71	1	17.750	1136		(224)	1, 2, 4	11.200	89600
5	(40)	1, 2, 4	8.000	1000		315	1	15.750	126000
	50	1, 2, 4, 6	10.000	1250	25	(180)	1, 2, 4	7.200	112500
	(63)	1, 2, 4	12.600	1575		200	1, 2, 4	8.000	125000
	90	1	18.000	2250		(280)	1, 2, 4	11.200	175000
6.3	(50)	1, 2, 4	7.936	1985		400	1	16.000	250000
	63	1, 2, 4, 6	10.000	2500					

说明：①表中模数和分度圆直径仅列出了第一系列的较常用数据；②括号内的数字尽可能不用。

（4）中心距 a。蜗杆传动中，当蜗杆节圆与蜗轮分度圆重合时称为标准传动，其中心距为：

$$a = \frac{1}{2}(d_1 + d_2)。$$

GB 10085—88 中规定，标准中心距为 40、50、63、80、100、125、160、(180)、200、(225)、250、(280)、315、(355)、400、(450)、500。在蜗杆传动设计时中心距应按上述标准圆整。

圆柱蜗杆传动的几何尺寸计算见表 3.11。

表 3.11　圆柱蜗杆传动的几何尺寸计算

名称	计算公式	
	蜗杆	蜗轮
分度圆直径	$d_1 = m\dfrac{z_1}{\tan\gamma}$	$d_2 = mz_2$
齿顶高	$h_{a1} = m$	$h_{a2} = m$
齿根高	$h_{f1} = 1.2m$	$h_{f2} = 1.2m$
全齿高	$2.2m$	$2.2m$
齿顶圆直径	$d_{a1} = d_1 + 2h_{a1}$	$d_{a2} = d_2 + 2h_{a2}$
齿根圆直径	$d_{f1} = d_1 - 2h_{f1}$	$d_{f2} = d_2 + 2h_{f2}$
径向间隙	$c = 0.2m$	
中心距	$a = 0.5m(q + z_2)$	
蜗杆轴向齿距、蜗轮端面齿距	$p_{a1} = p_{t2} = \pi m$	
蜗杆螺旋线导程	$p_s = z_1 p_{a1}$	

2. 蜗杆、蜗轮的材料和结构

（1）蜗杆、蜗轮的材料选择。根据蜗杆传动的主要失效形式可知，蜗杆和蜗轮材料不仅要求有足够的强度，更重要的是要具有良好的减摩性、耐磨性和抗胶合能力。

蜗杆一般用碳钢或合金钢制造。对高速重载传动，蜗杆材料常用 15Cr、20Cr、20CrMnTi 等，经渗碳淬火，表面硬度 56～62 HRC，须经磨削。对中速中载传动，蜗杆材料可用 45、40Cr、35SiMn 等，表面淬火，表面硬度 45～55 HRC，需要磨削。对速度不高、载荷不大的蜗杆，材料可用 45 钢调质或正火处理，调质硬度 220～270 HBS。

蜗轮材料可参考相对滑动速度 v_s 来选择。铸造锡青铜抗胶合性、耐磨性好，易加工，允许的滑动速度较高，但强度较低，价格较贵。一般 ZCuSn10P1 允许滑动速度可达 25 m/s，ZCuSn5Pb5Zn5 常用于 $v_s < 12$ m/s 的场合。铸造铝青铜，如 ZCuAl10Fe3，其减磨性和抗胶合性比锡青铜差，但强度高，价格便宜，一般用于 $v_s \leq 4$ m/s 的传动。灰铸铁（HT150、HT200），用于 $v_s \leq 2$ m/s 的低速轻载传动中。

（2）蜗杆、蜗轮的结构。蜗杆常和轴做成一体，称为蜗杆轴，如图 3.29 所示（只有 $d_f/d \geq 1.7$ 时才采用蜗杆齿圈套装在轴上的形式）。车制蜗杆需有退刀槽，$d = d_f - (2 \sim 4)$ mm，故刚性较差（图 3.29（a））；铣削蜗杆无退刀槽时 d 可大于 d_f（图 3.29（b）），刚性较好。

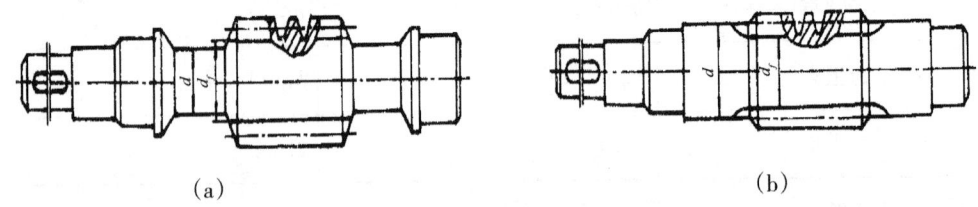

(a)　　　　　　　　　　　(b)

图 3.29　蜗杆轴结构

蜗轮结构分为整体式和组合式两种，如图 3.30 所示。图（a）所示的整体式蜗轮用于铸铁蜗轮及直径小于 100 mm 的青铜蜗轮。图（b）、（c）、（d）均为组合式结构。其中，图（b）为齿圈式蜗轮，轮芯用铸铁或铸钢制造，齿圈用青铜材料，两者采用过盈配合（H7/s6 或 H7/r6），并沿配合面安装 4～6 个紧定螺钉，该结构用于中等尺寸而且工作温度变化较小的场合；图（c）为螺栓式蜗轮，齿圈和轮芯用普通螺栓或铰制孔螺栓连接，常用于尺寸较大的蜗轮；图（d）为镶铸式蜗轮，将青铜轮缘铸在铸铁轮芯上然后切齿，适用于中等尺寸批量生产的蜗轮。

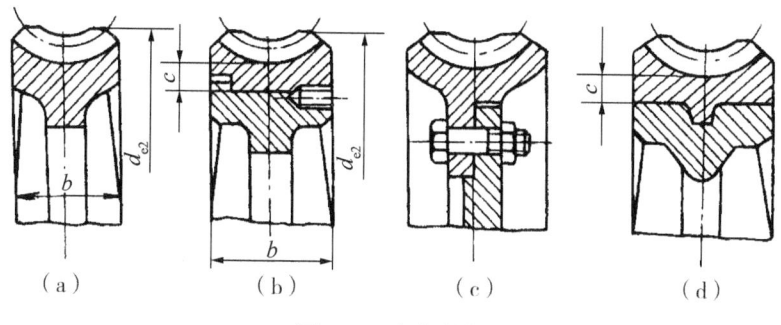

图 3.30 蜗轮结构

(三) 蜗杆传动的失效形式及设计准则

1. 蜗杆传动的失效形式

由于蜗杆与蜗轮齿面间的相对滑动速度较大,效率较低,发热量较大,因此蜗杆传动容易发生的失效形式是齿面磨损和胶合。尤其是当传递载荷大、转速高且润滑不良时,胶合将可能成为限制承载能力的主要失效形式。当蜗轮齿磨损而使齿厚减薄过多时,或当安装不良造成严重偏载时,也会产生蜗轮轮齿的折断。由于材料和结构方面的原因,蜗杆轮齿的强度总是高于蜗轮轮齿的强度,因此,蜗杆传动的失效一般发生在蜗轮轮齿上。

虽然蜗杆轮齿的强度较高,但由于蜗杆轴常因直径较小、支承跨距较大而易使刚度降低,若蜗杆轴受载后产生过大的变形,将会影响蜗杆与蜗轮的正确啮合,从而降低其承载能力。因此,蜗杆轴的主要失效形式是变形过大。

2. 蜗杆传动的设计准则

由蜗杆传动的失效形式可知,蜗杆传动应进行抗磨损和抗胶合计算。但由于蜗轮齿面形状以及载荷在蜗轮轮齿间的分布情况十分复杂,目前主要采用理论计算与经验计算相结合的方法。

蜗杆传动承载能力设计准则是:按蜗轮齿面接触疲劳强度进行设计,对蜗轮轮齿进行抗弯曲疲劳强度校核;在计算齿面接触疲劳强度的同时,进行传动的热平衡计算。即从控制齿面载荷和温度两方面来限制胶合。对蜗杆轴只进行刚度校核。

【例 3.3】 设计用于带式运输机的一级闭式蜗杆传动。蜗杆轴输入功率 $P_1 = 4$ kW,转速 $n = 960$ r/min,传动比 $i = 20$,连续单向运转,载荷平稳,一班制,预期寿命 10 年。

解:计算过程如表 3.12 所示。

表 3.12　蜗杆传动设计计算过程

计算项目	计算与说明	计算结果
1. 选择材料，确定许用应力	（1）选择材料。 蜗杆：45 钢，表面淬火，45～50 HRC； 蜗轮：ZCuSn10P1，砂模铸造（初估 v_s =4 m/s）。 （2）确定许用应力。 （查表手册）$[\sigma_{OH}]$ =200 MPa， $n_2 = \dfrac{n_1}{i} = \dfrac{960}{20} = 48 (\text{r/min})$ $L_h = 8 \times 300 \times 10 = 24000 (\text{h})$， $N = 60 \times n_2 \times L_h = 60 \times 48 \times 24000 = 6.9 \times 10^7$， $Z_N = \sqrt[8]{\dfrac{10^7}{N}} = \sqrt[8]{\dfrac{10^7}{6.9 \times 10^7}} \approx 0.79$ $[\sigma_H] = Z_N [\sigma_{OH}] \approx 200 \times 0.79 = 158 \text{ MPa}$	$[\sigma_H]$ =158（MPa） 蜗杆 45 钢，表面淬火，45～50 HRC； 蜗轮 ZCuSn10P1，砂模铸造
2. 确定 z_1、z_2	$z_1 = 2$（表 3.9），$z_2 = i \times z_1 = 20 \times 2 = 40$	$z_1 = 2$，$z_2 = 40$
3. 计算蜗轮转矩 T_2	$T_2 = 9.55 \times 10^6 (P_1 \eta / n_2)$ $= 9.55 \times 10^6 \times (4 \times 0.8 / 48) = 6.37 \times 10^5 (\text{N·mm})$ （取 $\eta = 0.8$）	$T_2 = 6.37 \times 10^5$ N·mm
4. 按齿面接触疲劳强度计算	$K = 1.1$（工作载荷稳定速度较低）， $m^2 d_1 \geq K T_2 \left(\dfrac{520}{z_2 [\sigma_H]}\right)^2$ $= 1.1 \times 6.37 \times 10^5 \left(\dfrac{520}{40 \times 158}\right)^2$ $= 4744 (\text{mm}^3)$。 由表 3.8 取 $m^2 d = 5376 \text{ mm}^3$ 得： $m = 8$，$q = 10$，$d_1 = 80 \text{ mm}$， $d_2 = m z_2 = 8 \times 40 = 320 (\text{mm})$， $\gamma = \arctan(z_1 m / d_1) = \arctan(2 \times 8 / 80) = 11.31°$	$m = 8$ $q = 10$ $d_1 = 80$ mm $d_2 = 320$ mm $\gamma = 11.31°$
5. 校核齿根弯曲疲劳强度（略）		

续表 3.12

计算项目	计算与说明	计算结果
6. 验算传动效率 η	$v_1 = \pi d_1 n_1/(60 \times 1000)$ $\quad = 3.14 \times 80 \times 960/(60 \times 1000) \approx 4.02$ （m/s）， $v_s = v_1/\cos\gamma = 4.02/\cos 11.31° \approx 4.1$ （m/s）。 查手册得：$\rho_v = 1.36°$， $\eta = (0.95 \sim 0.97) \dfrac{\tan\gamma}{\tan(\gamma + \rho_v)}$ $\quad = (0.95 \sim 0.97) \dfrac{\tan 11.31°}{\tan(11.31° + 1.36°)}$ $\quad = 0.84 \sim 0.86$	$\eta = 0.84 \sim 0.86$， 与初估值 $\eta = 0.8$ 相近
7. 几何尺寸计算（表3.9）蜗杆	$d_1 = 80$ mm， $d_{a1} = m(q+2) = 8 \times (10+2) = 96$ （mm）， $d_{f1} = m(q-2.4) = 8 \times (10-2.4) = 60.8$ （mm）， $p_{a1} = \pi m = 3.14 \times 8 = 25.12$ （mm）， $L \geq (11 + 0.06 z_2) m$ $\quad = (11 + 0.06 \times 40) \times 8 \approx 107$ （mm）	$d_1 = 80$ mm $d_{a1} = 96$ mm $d_{f1} = 60.8$ mm $p_{a1} = 25.12$ mm $L \geq 107$ mm
7. 几何尺寸计算（表3.9）蜗轮	$d_2 = mz_2 = 8 \times 40 = 320$ （mm）， $d_{a2} = m(z_2+2) = 8 \times (40+2) = 336$ （mm）， $d_{f2} = m(z_2-2.4) = 8 \times (40-2.4) = 300.8$ （mm）， $d_{e2} = d_{a2} + 1.5m = 336 + 1.5 \times 8 = 348$ （mm）， $b \leq 0.75 d_{a1} = 0.75 \times 96 = 72$ （mm）	$d_2 = 320$ mm $d_{a2} = 336$ mm， $d_{f2} = 300.8$ mm $d_{e2} = 348$ mm $b \leq 72$ mm
7. 几何尺寸计算（表3.9）中心距	$a = m(q+z_2)/2 = 8 \times (10+40)/2 = 200$ （mm）	$a = 200$ mm
8. 热平衡计算	取 $t_0 = 20$ ℃，$t_1 = 65$ ℃，$k_s = 14$ W/（m² · ℃） $A = \dfrac{1000(1-\eta)P_1}{K_s(t_1-t_0)} = \dfrac{1000 \times (1-0.85) \times 4}{14 \times (65-20)}$ $\quad \approx 0.95$ （m²）	所需散热面积： $A \approx 0.95$ m²
9. 结构设计绘制工作图（图3.31、图3.32）		

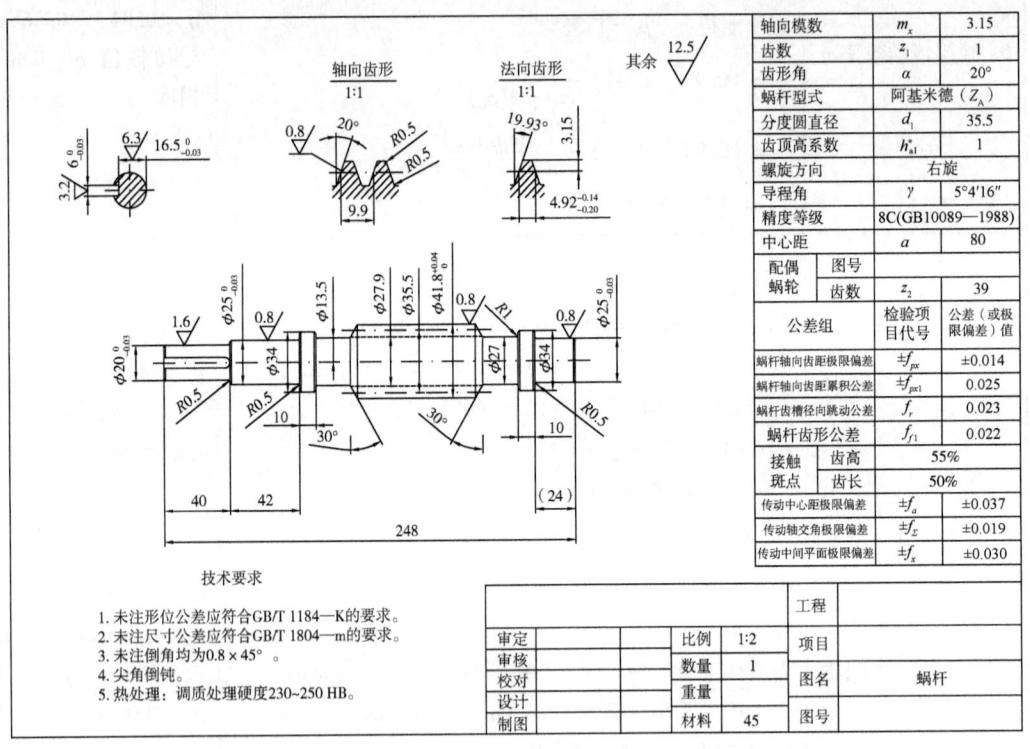

图 3.31 蜗杆零件图示例

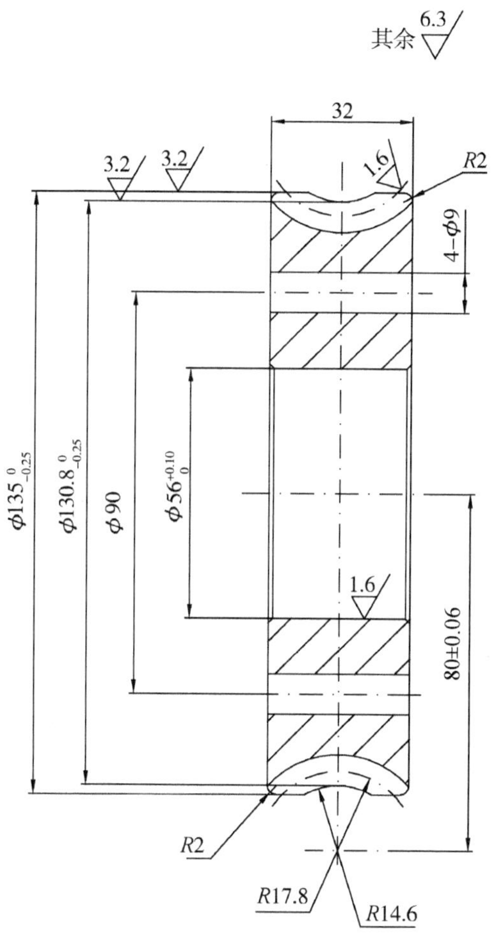

端面模数	m_A	3.15
齿数	z_2	39
齿形角	α	20°
分度圆直径	d_2	122.85
齿顶高系数	h_{a2}^*	1
变位系数	X_2	0.26
精度等级		8C(GB10089—1988)

配偶蜗轮	蜗杆型式	阿基米德(Z_A)
	齿数 z_1	1
	螺旋方向	右旋
	导程角 γ	5°4′16″
	图号	

公差组	检验项目代号	公差(或极限偏差)值
蜗轮齿圈径向跳动公差	F_r	0.050
蜗轮周节极限偏差	$\pm f_{pt}$	±0.020
蜗杆齿形公差	$\pm f_{f2}$	0.014
齿厚	上偏差 E_{ss2}	0
	下偏差 E_{si2}	−0.110
接触斑点	齿高	55%
	齿长	50%
传动轴交角极限偏差	$\pm f_\Sigma$	±0.019
传动中间平面极限偏差	$\pm f_x$	±0.030

技术要求
1. 未注形位公差应符合GB/T 1184—K的要求。
2. 未注尺寸公差应符合GB/T 1804—m的要求。
3. 未注倒角均为0.8×45°。
4. 尖角倒钝。

				工程	
审定		比例	1:1	项目	
审核		数量	5	图名	蜗轮
校对		重量			
设计		材料	ZQSn5-5-5	图号	
制图					

图3.32　蜗轮零件

三、减速器

(一) 减速器的类型、特点、结构与应用

减速器是一种由封闭在刚性壳体内的齿轮传动、蜗杆式或齿轮—蜗杆传动所组成的独立部件,常用在动力机械中动力源与传动机构之间作为减速的传动装置,在少数场合也可用作增速的传动装置(称为增速器)。减速器由于结构紧凑、效率高并可批量生产,在现代机械中应用很广。如图3.33、图3.34所示为减速器在电梯及扶梯驱动装置中的应用。

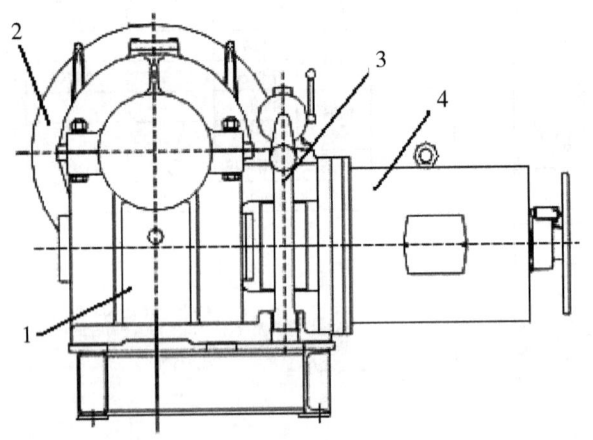

1. 减速器;2. 曳引轮;3. 制动器;4. 电动机
图 3.33 电梯用有齿轮曳引机外形

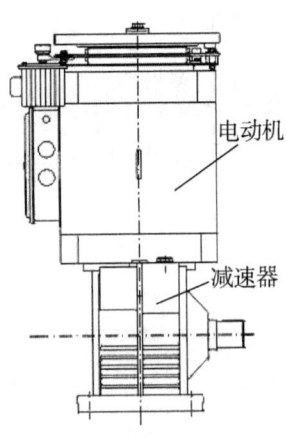

图 3.34 扶梯用驱动主机

1. 减速器的类型

减速器类型很多,按传动级数可分为单级减速器、二级减速器、多级减速器;按传动件类型可分为齿轮减速器、蜗杆减速器、齿轮—蜗杆减速器、蜗杆—齿轮减速器等。齿轮减速器包括圆柱齿轮减速器、圆锥齿轮减速器、圆锥—圆柱齿轮减速器(图3.35),蜗杆减速器包括圆柱蜗杆减速器、圆弧齿蜗杆减速器、锥蜗杆减速器、蜗杆—齿轮减速器(图3.36、图3.37),行星减速器包括渐开线行星齿轮减速器、摆线齿轮减速器、谐波齿轮减速器。

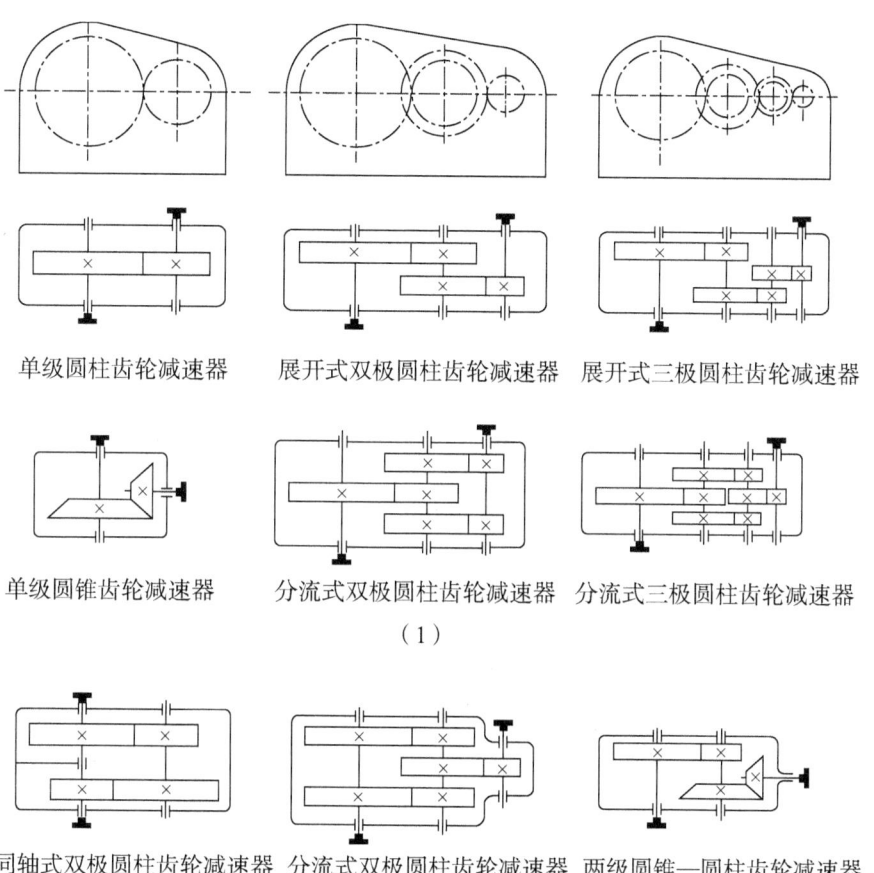

单级圆柱齿轮减速器　　展开式双极圆柱齿轮减速器　　展开式三极圆柱齿轮减速器

单级圆锥齿轮减速器　　分流式双极圆柱齿轮减速器　　分流式三极圆柱齿轮减速器

（1）

同轴式双极圆柱齿轮减速器　　分流式双极圆柱齿轮减速器　　两级圆锥—圆柱齿轮减速器

（2）

图 3.35　齿轮减速器

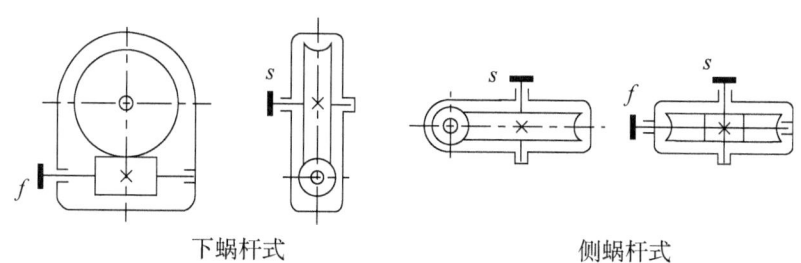

下蜗杆式　　　　　　　　　侧蜗杆式

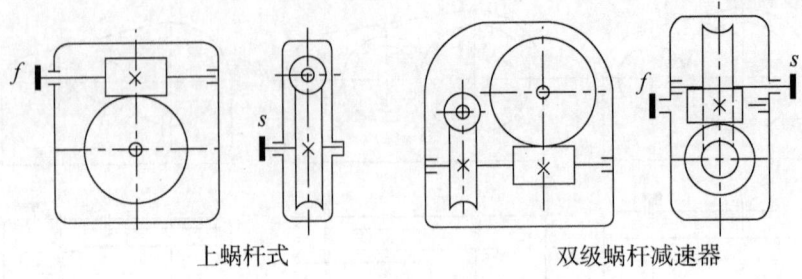

f—输入轴；s—输出轴

图 3.36　蜗杆减速器

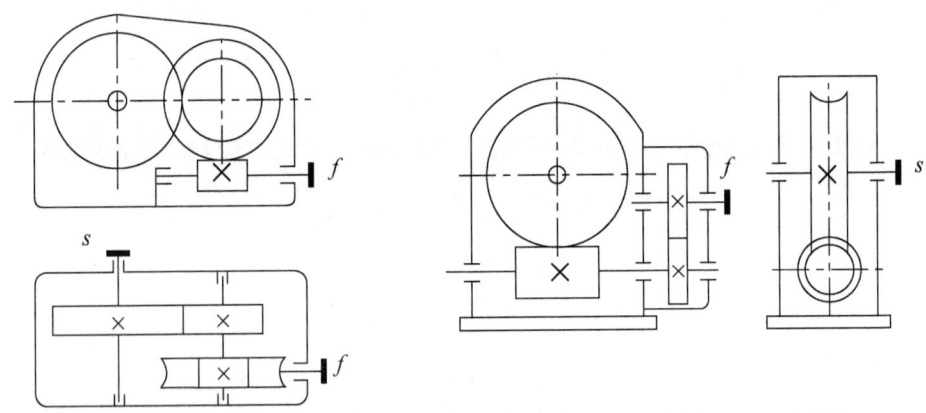

f—输入轴；s—输出轴

图 3.37　蜗杆—齿轮减速器

2. 减速器的特点

减速器系列产品包括：①同轴式斜齿轮减速器，功率可达 100 kW 以上；②平行轴斜齿轮减速器，功率可达 90 kW 以上；③斜齿轮与蜗轮蜗杆结合一体传动减速器，可安装在 90°传动操作位置；④锥齿轮减速器，功率可达 200 kW 以上；⑤行星齿轮减速器，因为结构原因，单级减速比最小为 3，最大一般不超过 10，常见减速比为 3、4、5、6、8、10，减速器级数一般不超过 3；⑥摆线针轮减速器，单级传动具有高的速比和效率，能达到 1:87 的减速比，效率在 90% 以上，如果采用多级传动，减速比更大；⑦直廓环面蜗杆减速器，因采用环面蜗杆副，其蜗杆轴向截面齿廓为直线，故称其为直廓环面蜗杆（亦称球面蜗杆），与其他各种蜗杆减速器相同，为空间交错轴传动，承载能力和传动效率较高，适用于重载、大功率、大转矩传动。

总的来说减速器具有以下特点：①能够合理分配多台动力机之间的功率分配；②隔离震动，具有离合器功能；③传动效率高，反应快；④在轻负荷工况功率消耗低，在空负荷工况功率消耗几乎为0；⑤冷却工作油所消耗的辅助功率小；⑥有自动限速功能。

3. 减速器的结构

减速器的箱体是减速器的一个重要零件，用来支承和固定轴系部件，保证传动零件正确安装和正确啮合，使箱体内零件得到较好的润滑。减速器箱体按毛坯制造工艺和材料种类可以分为铸造箱体和焊接箱体两种，大多采用铸铁铸成，少量生产时也用焊接箱体。箱体通常采用剖分式，由箱座和箱盖两部分组成，其剖面则通过传动的轴线。为保证箱盖与底座装配时准确定位，在两端的凸缘上叉开各布置一个定位销。箱体剖面处的一个凸缘上有螺纹孔，设置有起盖螺钉，以便拧紧螺钉时能将盖顶起来。箱座上设有为方便减速器搬运的起吊耳或起吊钩。为观察或测量油面高度，设有油标尺及油标孔。放油孔及放油螺塞用于排放箱体内的污油。箱盖上有窥视孔，用于检查齿轮润滑并兼作注油孔。在箱体顶部或直接在视孔盖板上设置通气器，以保持箱体内、外压力的平衡。减速器的结构如图3.38所示。

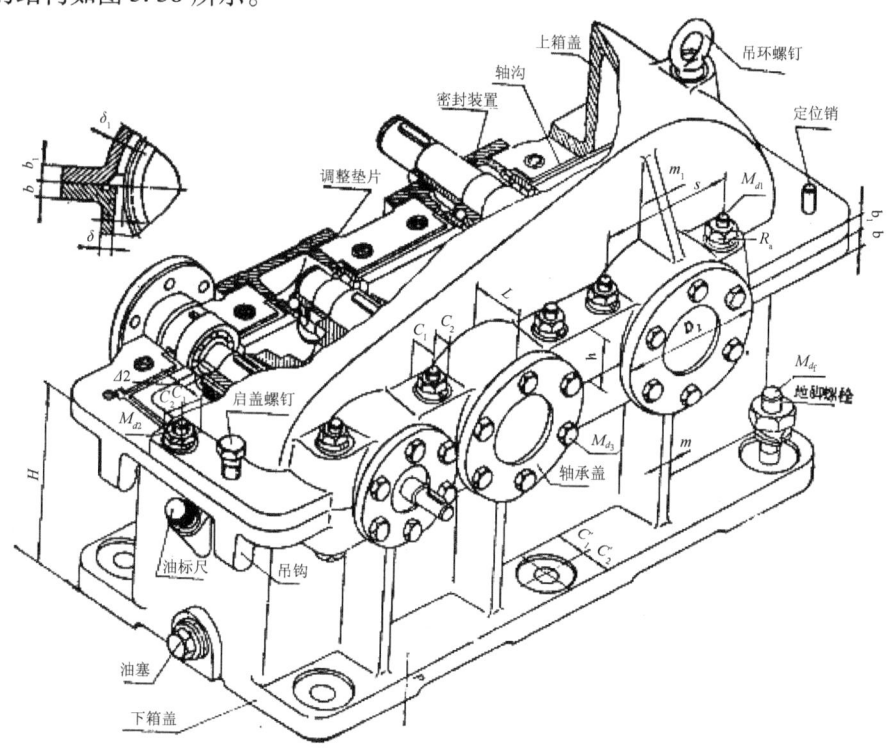

图 3.38 减速器的结构

4. 减速器的主要参数

减速器的主要参数如表3.13所示。

表3.13　减速器的主要参数

参数	工作腔直径/mm	
	700	750
最大输入功率/kW	1500	1500
最大输入转速/(r·min^{-1})	1900	1600
传动效率/%	92～95	
工作油温/℃	≤110	
使用油品	6号或8号液力传动油	
减速比	1.5～3.5	

5. 减速器传动比的分配

减速器各级传动比的分配应满足使各级传动的承载能力接近于相等，使减速器的外轮廓尺寸和质量最小，使传动具有最小的转动惯量，使各级传动中大齿轮的浸油深度大致相等。

（二）减速器的选用与维护

1. 减速器的选用

减速器是比较常用的一种传动设备，种类多样、型号丰富。减速器的类型和安装型式选用步骤如下：①确定电动机的类型、规格、转速、功率（或转矩）、启动特性、短时过载能力、转动惯量等；②确定工作机械的类型、规格、用途、转速、功率（或转矩），工作制度，恒定载荷或变载荷，变载荷的载荷图，启动、制动与短时过载转矩，启动频率，冲击和振动程度，旋转方向等；③确定电动机、工作机与减速器的连接方式，轴伸是否有径向力及轴向力；④确定安装型式（减速器与原动机、工作机的相对位置、立式、卧式）；⑤计算传动比及其允许误差；⑥核对尺寸及重量的要求；⑦核对使用寿命、安全程度和可靠性的要求；⑧分析环境温度、灰尘浓度、气流速度和酸碱度等环境条件，核对润滑与冷却条件（是否有循环水、润滑站）以及对振动、噪声的限制；⑨核对操作、控制的要求；⑩核对材料、毛坯、标准件来源和库存情况；⑪核对制造厂的制造能力；⑫核对批量、成本和价格的要求；⑬确定交货期限。

2. 减速器的维护

减速器的维护主要包括以下内容：①减速器应经常清扫油污、灰尘，保持清洁，以利散热。②油封损坏应及时更换。③应经常检查油位，若油量不足应即时补足。④润滑油应定期更换。新机第一次使用时，运转 7～15 天后须更换润滑油，以后可根据情况 3～6 个月更换一次。使用环境恶劣或长期连续工作的场合应选择短的周期。换油时务必切断电源，保证安全。若发现润滑油明显浑浊，建议尽快更换。⑤不同品质的润滑油不能混合使用。⑥电动机的使用和维护须按电动机的使用说明书进行。

3. 减速器的润滑

减速器大多采用浸油飞溅润滑方式。齿轮系列减速器的润滑油种类按表 3.14 确定，蜗轮蜗杆类减速器的润滑油种类则为 L‑CKE/P（SH/T 0094—1991）蜗轮蜗杆油。

表 3.14 齿轮系列减速器的润滑油种类

减速器使用工况	润滑油种类
冶金轧钢、井下采掘、高温、有冲击、含水等	L‑CKD 重载荷工业齿轮油（GB 5903—1995）
其他工况	L‑CKC 中载荷工业齿轮油（GB 5903—1995）

说明：若选用合适的合成齿轮油，则有良好的抗老化作用，可有效地提高机械效率，具有更优的性能。

齿轮系列减速器的润滑油黏度按表 3.15 选择，蜗轮蜗杆类减速器的润滑油黏度按表 3.16 选择。

表 3.15 齿轮系列减速器的润滑油黏度

润滑条件	润滑油黏度等级
高速级圆周速度 $v<2.5$ m/s 或环境温度在 35～50 ℃之间	VG320（或 VG460）
高速级圆周速度 $v>2.5$ m/s 或 35 ℃以下，或采用循环油润滑	VG220

表 3.16 蜗轮蜗杆类减速器的润滑油黏度

滑动速度/（m·s^{-1}）	黏度等级
<1	VG680（或 VG1000）
1～2.5	VG460
2.5～5	VG320
5～10	VG220

任务3　减速器的设计

任务3　减速器的设计任务书

一、任务目标

1. 知识目标：

（1）掌握直齿圆柱齿轮、蜗杆传动的载荷计算与设计参数的选择及许用应力的计算，减速器、回转类零件的设计方法，培养学生分析和解决实际工程设计问题的能力。

（2）掌握通用机构零件的主要参数、受力分析、失效分析、设计准则及承载能力设计计算方法。

（3）综合运用SolidWorks及其他先前修过的课程知识，进行软件设计训练，使已学知识得以巩固、加深和扩展，提高学生制图水平和机械CAD技术水平。

2. 能力目标：

（1）能使用AutoCAD和SolidWorks二维、三维零部件设计软件绘出零件图和装配图。

（2）能运用手册、标准、规范、设计软件等技术资料设计和选用传动机构、标准零部件。

（3）能运用机械系统设计的基础知识，分析和设计电梯常用机构和简单传动装置。

（4）根据使用、制造工艺、安装维护、经济和安全等方面的要求对电梯零部件进行结构设计。

3. 素质目标：

（1）树立正确的设计思想，养成依照行业标准、规范，按章设计、使用的安全意识。

（2）通过项目训练培养职业技能，形成善于思考、勤奋好学的学习风气，养成严谨的科学态度、良好的职业道德和敬业精神。

（3）通过项目组共同完成任务，培养团队精神和合作意识。

（4）培养学生的创新精神和实践能力。

二、任务内容

根据杂货电梯曳引机的运动形式、运动参数及动力参数计算和选用减速器,完成减速器传动机构的设计与三维模拟装配。减速器的选型计算是曳引机传动装置设计中的重要内容,该任务的主要内容与设计步骤如下:

1. 确定减速器有关参数。

在选择减速器前,首先应选定减速器的类型和传动比,然后确定减速器的输入功率、输入转速和输出转速等。对于通用减速器,应由电动机额定功率和满载转速换算求得减速器的输入功率、输入转速;对于专用减速器,应由工作机功率和转速换算求得减速器的输入功率、输入转速。

2. 传动机构设计计算与绘制。

完成直齿圆柱齿轮、蜗杆传动的载荷计算与设计参数的选择及许用应力的计算。依据减速器的输入功率、输入转速、传动比等,确定齿轮或蜗轮蜗杆的材料、热处理方式、齿数、模数等。对于齿轮传动,还要求出齿轮的分度圆直径、齿顶圆直径、齿根圆直径、基圆直径、齿宽和中心距等尺寸;对于蜗杆传动还要求出蜗杆的齿顶高、齿全高、分度圆直径、齿顶圆直径、齿根圆直径、蜗杆轴向齿距、蜗杆导程、蜗杆螺纹长度。求出蜗轮分度圆、齿根高、齿根圆、顶圆、轮宽、蜗轮齿宽角等。完成传动机构三维模型的绘制。

3. 掌握减速器装配图。

掌握减速器的箱体内部结构、尺寸、工艺要求,明确齿轮或蜗杆蜗轮传动的中心距、齿顶圆直径、齿宽等几何尺寸,确定最小轴径,进行轴系的结构设计与校核,选定轴承类型,确定减速箱、轴承处的润滑剂。

4. 完成减速器附件的设计与绘制。

明确减速器附件的位置,如检查孔、通气器、定位销、启盖螺钉、油面指示器、放油螺塞、油杯、起吊装置等,绘制出减速器附件的三维模型,如轴承盖、端盖、透盖、轴承套、定距环、调整垫、轴端挡板等。

绘制所有零部件,用法恩特 FNT3DTOOL 标准库生成所有的标准件。

5. 完成减速器的虚拟装配。

按照减速器配合尺寸、定位尺寸和外形尺寸等,对应零部件编号、明细表和技术要求,完成减速器三维模型的虚拟装配。

减速器由机盖、机体、蜗杆、蜗轮、轴、轴承盖、端盖、轴承套、调整垫、周端挡板、透盖等零件组成,装配时可以将其分为机盖零件、机座零件、输入轴部件、输出轴部件、螺纹连接部件等子装配(图3.39)。然后再将零件和子装配体按照由下到上的顺序进行装配,得到减速器整机(图3.40)。

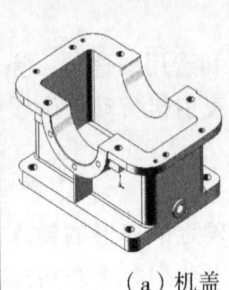 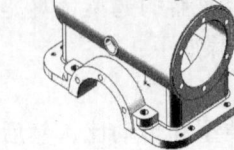 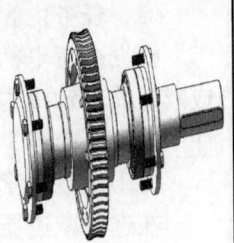

(a)机盖　　　　　(b)机体　　　　　(c)输入轴部件　　　　(d)输出轴部件

图 3.39　减速器的拆分：零件和子装配体

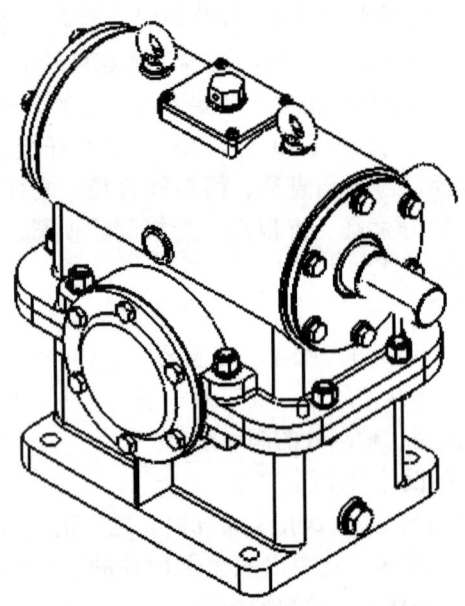

图 3.40　蜗杆减速器三维实体

三、任务要求

1. 在教师指导下，按照设计任务内容，确定小组成员（三人一组），并根据各个成员的特长进行分工：一人作为负责人，除日常工作外还需负责整个任务的协调与管理，组员各司其职，按时、按量、保质完成全部设计任务。

2. 学生间可以相互讨论、协助，但必须独立完成，每组交一份设计说明书。

四、考核与评价

1. 完成杂货电梯曳引机的减速器选型、直齿圆柱齿轮的设计、蜗杆传动的设计，确定减速器有关参数，撰写设计计算说明书，共计 50 分。
2. 完成减速器附件的绘制及三维模型的虚拟装配，共计 50 分。
2. 平时表现：是否遵守纪律，设计态度是否端正，能否按进度独立完成工作量，是否请假、迟到、早退、旷课等，课堂提问、作业、抽查当场演示等，将计入平时成绩。

复习题 3

1. 一对标准渐开线直齿圆柱齿轮，已知 $z_1 = 19$，$z_2 = 68$，$m = 2$ mm，$\alpha = 20°$，计算小齿轮的分度圆直径、齿顶圆直径、齿根圆直径、基圆直径、齿距、齿厚和齿槽宽。

2. 有一通用机械上用的闭式直齿圆柱齿轮传动，已知：齿数 $z_1 = 20$，齿数比 $u = 3$，模数 $m = 6$ mm，齿宽 $b_1 = 125$ mm，$b_2 = 120$ mm，齿轮制造精度为 8 级，小齿轮用 45 钢调质 255 HBS，大齿轮用 45 钢正火 200 HBS；齿轮在轴上相对两轴承对称布置，传动功率 $P_1 = 22$ kW，转速 $n_1 = 730$ r/min，单向转动，原动机为电动机，工作机载荷由中等振动，两半制工作，使用寿命 12 年。试校核该齿轮传动的强度。

3. 常用的蜗轮、蜗杆的材料组合有哪些？设计时如何选择材料？

4. 一标准阿基米德蜗杆传动，测得蜗杆齿顶圆直径 $d_{a1} = 49.95$ mm，蜗杆头数 $z_1 = 1$，右旋，蜗轮齿数 $z_2 = 62$，蜗轮顶圆直径 $d_{a2} = 159.89$ mm。计算该传动的模数、蜗杆分度圆直径 d_1、蜗轮分度圆直径 d_2、蜗杆导程角 γ 及中心距 a，并写出该蜗杆传动尺寸规格的标记。

5. 在图 3.41 所示的齿轮系中，已知各齿轮齿数（括号内为齿数），3' 为单头右旋蜗杆，判断出齿轮 5 的转向（在图中注出），求传动比 i_{15}。

6. 已知某台电梯的技术参数为：①额定载荷：$Q = 1000$ kg；②额定速度：1.6 m/s；③减速比为 57∶2；

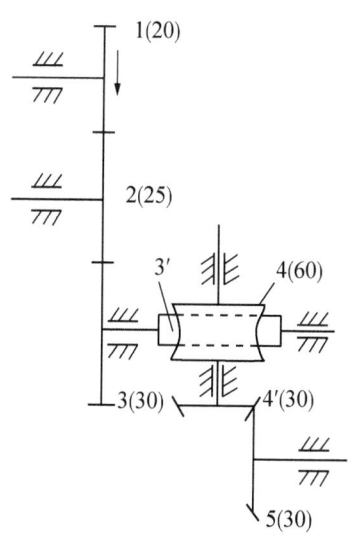

图 3.41 齿轮系

电 梯 零 部 件 设 计

④曳引比为 1:1；⑤最大提升高度：80 m；⑥噪声：≤65 dB；⑦减速器最高温度：80 ℃；⑧曳引轮节径：620 mm；⑨电机转速：1456 r/min；⑩电机功率：15 kW；⑪轿厢质量：$P = 1760$ kg；⑫减速箱中心距：240 mm；⑬钢丝绳根数 - 直径：$5 - \phi 13$。该电梯采用 YJ240 型曳引机，减速器机械总效率为 0.6，平衡系数取 0.5，试计算蜗轮、蜗杆转速、功率、扭矩及蜗轮蜗杆的尺寸参数。

第四章　传动系统设计

　　机器的传动系统是把原动机的运动形式、运动参数及动力参数转变为执行部分所需要的运动形式、运动参数及动力参数的中间传动装置。机器的工作性能在很大程度上取决于传动装置的优劣。常见的机械传动装置包括齿轮传动装置、蜗杆传动装置、带传动、链传动、曳引传动、间歇运动机构以及凸轮机构等。

一、带　传　动

　　带传动是当原动机驱动主动带轮转动时，由于带与带轮之间摩擦力的作用，使从动带轮一起转动，从而实现运动和动力的传递。带传动一般是由主动轮、从动轮、紧套在两轮上的传动带及机架组成，适用于中心距较大的传动场合，在电梯的皮带式曳引机及电梯门机中均有带传动的应用（图4.1）。

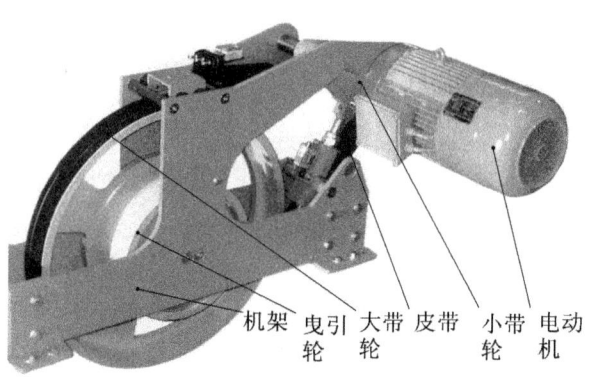

图 4.1　皮带式曳引机

（一）带传动的类型和特点

带传动由主动轮 1、从动轮 2 和挠性带 3 组成，借助带与带轮之间的摩擦或啮合，将主动轮 1 的运动传给从动轮 2（图 4.2）。

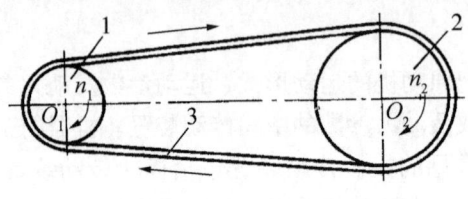

图 4.2 带传动

1. 带传动的类型

根据工作原理不同，带传动可分为摩擦带传动和啮合带传动两类。

（1）摩擦带传动。摩擦带传动是依靠带与带轮之间的摩擦力传递运动的。按带的横截面形状不同，摩擦带传动可分为四种类型（图 4.3）：

1）平带传动。平带的横截面为扁平矩形，内表面与轮缘接触为工作面。常用的平带有普通平带（胶帆布带）、皮革平带和棉布带等，在高速传动中常使用麻织带和丝织带。其中以普通平带应用最广。平带可适用于平行轴交叉传动和交错轴的半交叉传动。

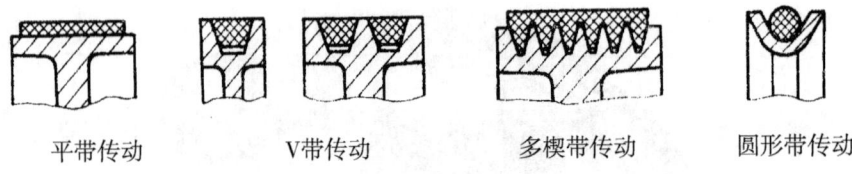

　　平带传动　　　V带传动　　　多楔带传动　　　圆形带传动

图 4.3 带传动的类型

2）V 带传动。V 带的横截面为梯形，两侧面为工作面，工作时 V 带与带轮槽两侧面接触。在同样压力的作用下，V 带传动的摩擦力约为平带传动的 3 倍，故能传递较大的载荷。

3）多楔带传动。多楔带是若干 V 带的组合，可避免多根 V 带长度不等、传力不均的缺点。

4）圆形带传动。横截面为圆形，常用皮革或棉绳制成，只用于小功率传动。

（2）啮合带传动。啮合带传动依靠带轮上的齿与带上的齿或孔啮合传递运动。啮合带传动有两种类型（图 4.4）：

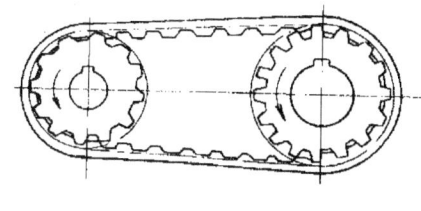
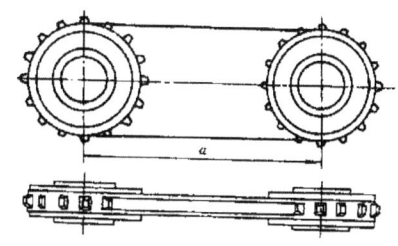

同步带传动　　　　　　　　齿孔带传动

图 4.4　啮合带传动

1）同步带传动。利用带的齿与带轮上的齿相啮合传递运动和动力，带与带轮间为啮合传动，没有相对滑动，可保持主动轮、从动轮线速度同步。

2）齿孔带传动。带上的孔与轮上的齿相啮合，同样可避免带与带轮之间的相对滑动，使主动轮、从动轮保持同步运动。

2. 带传动的特点

带传动具有以下特点：①结构简单，适宜用于两轴中心距较大的场合；②胶带富有弹性，能缓冲吸振，传动平稳，无噪声；③过载时可产生打滑，能防止薄弱零件的损坏，起安全保护作用，但不能保持准确的传动比；④传动带需张紧在带轮上，对轴和轴承的压力较大；⑤外廓尺寸大，传动效率低（一般为 0.94～0.96）。

根据上述特点，带传动多用于以下情况的机械：①中、小功率传动（通常不大于 100 kW）；②原动机输出轴的第一级传动（工作速度一般为 5～25 m/s）；③传动比要求不十分准确。

带传动的缺点是：①在传递运动和动力时有弹性滑动，使传动效率降低，一般不能保持准确的传动比；②传动时需要预加一定的张紧力，以保证传动效率，但增加了对轴的压力；③带传动不适宜高温、易爆、有腐蚀介质的场合；④带的工作寿命一般较短。

（二）V 带和带轮

1. 带的结构和标准

标准 V 带都制成无接头的环形，其横截面由强力层 1、伸张层 2、压缩层 3 和包布层 4 构成（图 4.5）。伸张层和压缩层均由胶料组成，包布层由胶帆布组成。强力层是承受载荷的主体，分为帘布结构（由胶帘布组成）和线绳结构（由胶线绳组成）两种。帘布结构抗拉强度高，一般用途的 V 带多采用这种结构。线绳结构比较柔软，弯曲疲劳强度较好，但拉伸强度低，常用于载荷不大、直径较小的带轮和转速较高的场合。

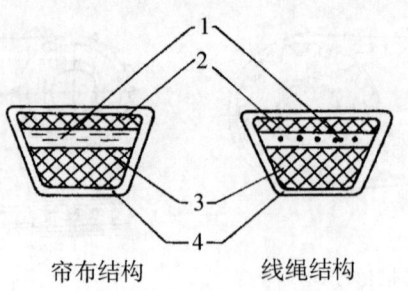

帘布结构　　线绳结构

1强力层；2. 伸张层；3. 压缩层；4. 包布层

图4.5　V带剖面结构

V带在规定张紧力下弯绕在带轮上时外层受拉伸变长，内层受压缩变短，两层之间存在一长度不变的中性层，沿中性层形成的面称为节面（图4.6），其宽度 b_p 称为节宽。V带轮上与 b_p 相应的带轮直径 d_d 称为基准直径。与带轮基准直径相应的带的周线长度称为基准长度，用 L_d 表示（V带 L_d 已标准化）。两带轮轴线间的距离 a 称为中心距，带与带轮接触弧所对应的中心角称为包角 α。

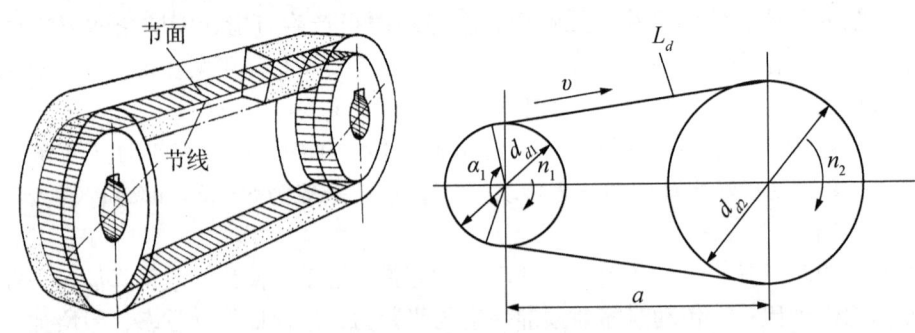

图4.6　V带的节面和节线

V带和带轮有两种尺寸制，即有效宽度制和基准宽度制。基准宽度制是以V带的节宽为特征参数的传动体系，普通V带和SP型窄V带为基准宽度制的传动用带。按GB/T 11544—97规定，普通V带分为Y、Z、A、B、C、D、E共7种，截面高度与节宽的比值为0.7；窄V带分为SPZ、SPA、SPB、SPC共4种，截面高度与节宽的比值为0.9。带的截面尺寸如表4.1所示，基准长度系列如表4.2所示。

表 4.1　V 带的截面尺寸（据 GB/T 11544—97）　　　　　单位：mm

带型		节宽 b_p	顶宽 b	高度 h	质量 q /（kg·m^{-1}）	楔角 θ
普通 V 带	窄 V 带					
Y		5.3	6	4	0.03	
Z	SPZ	8.5	10	6　8	0.06　0.07	
A	SPA	11.0	13	8　10	0.11　0.12	
B	SPB	14.0	17	11　14	0.19　0.20	40°
C	SPC	19.0	22	14　18	0.33　0.37	
D		27.0	32	19	0.66	
E		32.0	38	23	1.02	

说明：在一列中有两个数据的，左边一个对应普通 V 带，右边一个对应窄 V 带。

表 4.2　V 带的基准长度系列及长度系数 K_L（据 GB/T 13575.1—92）　　　　　单位：mm

基准长度 L_d/mm	K_L										
	普通 V 带							窄 V 带			
	Y	Z	A	B	C	D	E	SPZ	SPA	SPB	SPC
200	0.81										
224	0.82										
250	0.84										
280	0.87										
315	0.89										
355	0.92										
400	0.96	0.87									
450	1.00	0.89									
500	1.02	0.91									
560		0.94									
630		0.96	0.81					0.82			
710		0.99	0.83					0.84			
800		1.00	0.85					0.86	0.81		
900		1.03	0.87	0.82				0.88	0.83		
1000		1.06	0.89	0.84				0.90	0.85		
1120		1.08	0.91	0.86				0.93	0.87		
1250		1.11	0.93	0.88				0.94	0.89	0.82	

续表 4.2

基准长度 L_d/mm	K_L									
	普通 V 带						窄 V 带			
	Y	Z	A	B	C	D	E	SPZ	SPA	SPB	SPC
1400		1.14	0.96	0.90				0.96	0.91	0.84	
1600		1.16	0.99	0.92	0.83			1.00	0.93	0.86	
1800		1.18	1.01	0.95	0.86			1.01	0.95	0.88	
2000			1.03	0.98	0.88			1.02	0.96	0.90	0.81
2240			1.06	1.00	0.91			1.05	0.98	0.92	0.83
2500			1.09	1.03	0.93			1.07	1.00	0.94	0.86
2800			1.11	1.05	0.95	0.83		1.09	1.02	0.96	0.88
3150			1.13	1.07	0.97	0.86		1.11	1.04	0.98	0.90
3550			1.17	1.09	0.99	0.89		1.13	1.06	1.00	0.92
4000			1.19	1.13	1.02	0.91			1.08	1.02	0.94
4500				1.15	1.04	0.93	0.90		1.09	1.04	0.96
5000				1.18	1.07	0.96	0.92			1.06	0.98
5600					1.09	0.98	0.95			1.08	1.00
6300					1.12	1.00	0.97			1.10	1.02

窄 V 带的强力层采用高强度绳芯,能承受较大的预紧力,且可挠曲次数增加。当带高与普通 V 带相同时,其带宽较普通 V 带小约 1/3,而承载能力可提高 1.5～2.5 倍。在传递相同功率时,带轮宽度和直径可减小,费用比普通 V 带降低 20%～40%,故应用日趋广泛。V 带的型号和标准长度都压印在胶带的外表面上,以供识别和选用。例如,B2240 GB/T 11544—97,表示 B 型 V 带,带的基准长度为 2240 mm。

2. V 带轮的结构和材料

带轮由轮缘、轮辐、轮毂三部分组成。V 带轮按轮辐结构不同分为 4 种型式(图 4.7)。轮缘是带轮的工作部分,制有梯形轮槽。轮毂是带轮与轴的连接部分,轮缘与轮毂则用轮辐(腹板)连接成一整体。V 带轮按腹板结构的不同分为实心带轮、腹板带轮、孔板带轮、轮辐带轮等型式。

带轮基准直径 $d_d \leqslant (2.5 \sim 3) d_0$($d_0$ 为带轮轴直径)时可采用 S 型(实心带轮,图 4.7(a));$d_d \leqslant 300$ mm 时可采用 P 型(腹板带轮,图 4.7(b));$d_d - d_1 \geqslant 100$ mm 时,可采用 H 型(孔板带轮,图 4.7(c));$d_d > 300$ mm 时可采用 E 型(轮辐带轮,图 4.7(d))。每种型式根据轮毂相对腹板(轮辐)位置的不同分为 Ⅰ、Ⅱ、Ⅲ 等几种,带轮的结构尺寸如表 4.3 所示。

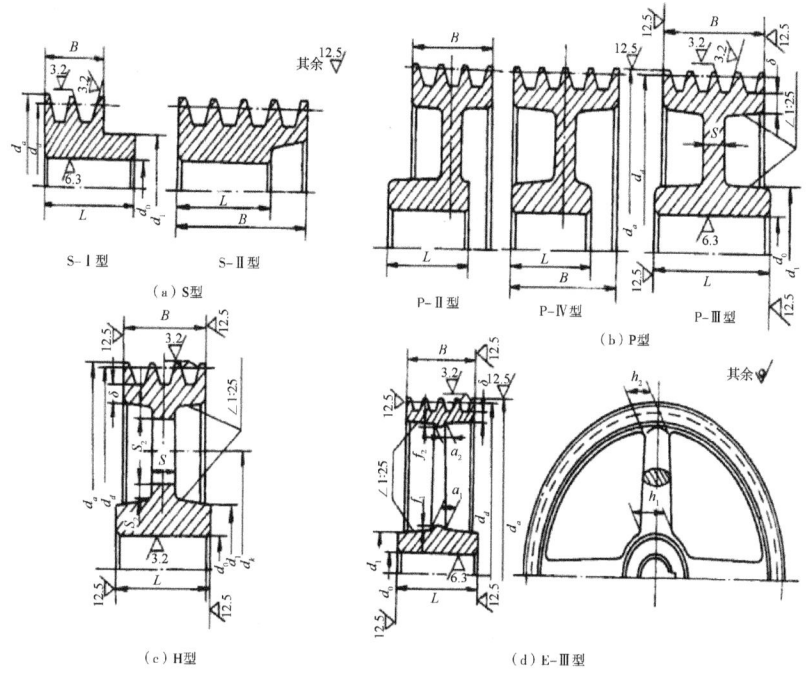

图 4.7 V 带轮的结构

表 4.3 V 带轮的结构尺寸

结构尺寸	计算用经验公式
d_1	$d_1 = (1.8 \sim 2) d_0$,d_0 为带轮轴直径
L	$L = (1.5 \sim 2) d_0$,当 $B < 1.5 d_0$ 时,$L = B$
d_k	$d_k = 0.5 [d_d - 2(h_f + \delta) + d_1]$
S	型号 Y Z A B C D E S_{min} 6 8 10 14 18 22 28
h_1	$h_1 = 290 \sqrt[3]{\dfrac{P}{nm}}$,其中 P 为功率(kW),n 为转速(r/min),m 为轮辐数
h_2、a_1、a_2、S_2、f_1、f_2	$h_2 = 0.8 h_1$,$a_1 = 0.4 h_1$,$a_2 = 0.8 a_1$,$S_2 \geq 0.5 S$,$f_1 = 0.2 h_1$,$f_2 = 0.2 h_2$

带轮的轮缘尺寸如表 4.4 所示。表中 b_d 表示带轮轮槽的基准宽度,通常与 V 带的节面宽度 b_p 相等,即 $b_d = b_p$。基准宽度处带轮的直径称为基准直径 d_d。V 带轮的基准直径系列如表 4.5 所示。

表 4.4　V 带轮的轮缘尺寸（据 GB/T 13575.1—92）

单位：mm

项目	符号	Y	Z	SPZ	A	SPA	B	SPB	C	SPC	D	E
基准宽度	b_d	5.3	8.5		11.0		14.0		19.0		27.0	32.0
基准线上槽深	$h_{a\min}$	1.6	2.0		2.75		3.5		4.8		8.1	9.6
基准线下槽深	$h_{f\min}$	4.7	7.0	9.0	8.7	11.0	10.8	14.0	14.3	19.0	19.9	23.4
槽间距	e	8±0.3	12±0.3		15±0.3		19±0.4		25.5±0.5		37±0.6	44.5±0.7
槽边距	$f_{\min}$	6	7		9		11.5		16		23	28
最小轮缘厚	$\delta_{\min}$	5	5.5		6		7.5		10		12	15
带轮宽	B	\multicolumn{11}{c}{$B = (z-1)e + 2f$　　z 为轮槽数}
外径	d_a	\multicolumn{11}{c}{$d_a = d_d + 2h_a$}
轮槽角 φ	32° 相应的基准直径 d_d	≤60	≤80	—	≤118	—	≤190	—	≤315	—	≤475	≤600
	34°	—	—	—	—	—	—	—	—	—	—	—
	36°	>60	>80	—	>118	—	>190	—	>315	—	>475	>600
	38°	—	—	—	—	—	—	—	—	—	—	—
偏差		\multicolumn{11}{c}{±30′}

表 4.5　V 带轮的基准直径系列（据 GB/T 13575.1—92）　　　　　　　单位：mm

基准直径 $d_{d\min}$	Y	Z SPZ	A SPA	B SPB	C SPC	D	E
			外径 d_a				
20	23.2						
22.4	25.6						
25	28.2						
28	31.2						
31.5	34.7						
35.5	38.7						
40	43.2						
45	48.2						
50	53.2	54*					
56	59.2	60*					
63	66.2	67					
71	74.2	75					
75		79	80.5*				
80	83.2	84	85.5*				
85			90.5*				
90	93.2	94	95.5				
95			100.5				
100	103.2	104	105.5				
106			111.5				
112	115.2	116	117.5				
118			123.5				
125	128.2	129	130.5	132*			
132		136	137.5	139*			
140		144	145.5	147			
150		154	155.5	157			
160		164	165.5	167			
170				177			
180		184	185.5	187			
200		204	205.5	207	209.6*		
212					221.6*		
224		228	229.5	231	233.6		
236					245.6		
250		254	255.5	257	259.6		
280		284	285.5	287	289.6		
300					309.6		
315		319	320.5	322	324.6		
335					344.6		
355		359	360.5	362	364.6	371.2	
375						391.2	
400		404	405.5	407	409.6	416.2	
425						441.2	
450			455.5	457	459.6	466.2	
500		504	505.5	507	509.6	516.2	519.2
630		634	635.5	637	639.6	646.2	649.2

说明：* 只用于普通 V 带。

制造V带轮的材料可采用灰铸铁、钢、铝合金或工程塑料,以灰铸铁应用最为广泛。当带速v不大于25 m/s时采用HT150,$v > 25 \sim 30$ m/s时采用HT200,速度更高的带轮可采用球墨铸铁或铸钢,也可采用钢板冲压后焊接带轮,小功率传动可采用铸铝或工程塑料。

(三) V带传动工作能力分析

1. 带传动的受力分析

带以一定的预紧力套在带轮上。静止时带轮两边的拉力相等,均为预紧力F_0(图4.8(a))。负载转动时,由于带与带轮接触面摩擦力的作用,带绕上主动轮的一边被拉紧,称为紧边,紧边的拉力由F_0增加到F_1;另一边被放松,称为松边,拉力由F_0降至F_2(图4.8(b))。紧边与松边拉力的差值$(F_1 - F_2)$为带传动中起传递力矩作用的拉力,称为有效拉力F。

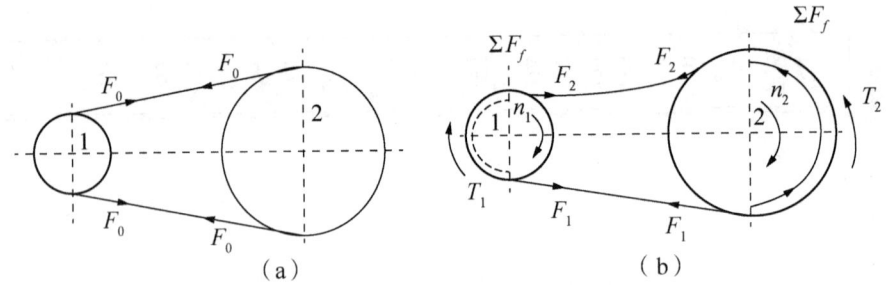

图4.8 带传动的受力分析

在带的高度h一定的情况下,带轮直径d_d越小,带的弯曲应力就越大。为防止过大的弯曲应力,对各种型号的V带都规定了最小带轮直径$d_{d\min}$(表4.6)。

表4.6 V带轮的最小基准直径

型号	Y	Z	SPZ	A	SPA	B	SPB	C	SPC	D	E
$d_{d\min}$/mm	20	50	63	75	90	125	140	200	224	355	500

2. 带的弹性滑动和打滑

(1) 弹性滑动。由于带传动存在紧边和松边,在紧边时带被弹性拉长,到松边时又产生收缩,引起带在轮上发生微小局部滑动,这种现象称为弹性滑动。弹性滑动造成带的线速度略低于带轮的圆周速度,导致从动轮的圆周速度 v_2 低于主动轮的圆周速度 v_1,其速度降低率用相对滑动率 ε 表示。相对滑动率 $\varepsilon = 0.01 \sim 0.02$,故在一般计算中可不考虑,此时带传动的传动比计算公式可简化为:

$$i = \frac{n_1}{n_2} = \frac{d_{d2}}{d_{d1}}。$$

(2) 打滑与极限有效拉力。当外载较小时,弹性滑动只发生在带即将由主动轮、从动轮离开的一段弧上。传递外载增大时,有效拉力随之加大,弹性滑动区域也随之扩大,当有效拉力达到或超过某一极限值时,带与小带轮在整个接触弧上的摩擦力达到极限,若外载继续增加,带将沿整个接触弧滑动,这种现象称为打滑。此时主动轮还在转动,但从动轮转速急剧下降,带迅速磨损、发热而损坏,使传动失效。所以必须避免打滑,在设计时应限制带的最大拉力。

(四) 同步带传动

1. 同步带传动的特点和应用

同步带是以细钢丝绳或玻璃纤维为强力层,外覆以聚氨酯或氯丁橡胶的环形带。由于带的强力层承载后变形小,且内周制成齿状使其与齿形的带轮相啮合,故带与带轮间无相对滑动,构成同步传动。

同步带传动具有传动比恒定、不打滑、效率高、初张力小、对轴及轴承的压力小、速度及功率范围广、不需润滑、耐油、耐磨损以及允许采用较小的带轮直径、较短的轴间距、较大的速比,使传动系统结构紧凑的特点。一般参数为:带速 $v \leqslant 50 \text{ m/s}$,功率 $P \leqslant 100 \text{ kW}$,速比 $i \leqslant 10$,效率 $\eta = 0.92 \sim 0.98$,工作温度为 $-20 \sim 80 \text{ ℃}$。

目前同步带传动主要用于中小功率传动且要求速比准确的场合,如电梯轿门、数控机床、纺织机械、烟草机械等。

2. 同步带的参数、类型和规格

(1) 同步带的参数。

1) 节距 p_b 与基本长度 L_p。在规定张紧力下,同步带相邻两齿对称中心线的距离,称为节距 p_b。同步带工作时保持原长度不变的周线称为节线,节线长度 L_p 为基本长度(公称长度),轮上相应的圆称为节圆(图4.9),显然有 $L_p = p_b z$。

2) 模数 m。与齿轮一样,也规定模数:$m = p_b/\pi$。

(2) 同步带的类型和规格。同步带分为梯形齿同步带和圆弧齿同步带两大类(图4.10)。目前梯形齿同步带应用较广,圆弧齿同步带因其承载能力和疲劳寿命高于梯形齿而应用日趋广泛。同步带按结构分为单面同步带和双面同步带两种型式。双面同步带按齿的排列不同又分为对称齿双面同步带(DA 型)和交错齿双面同步带(DB 型)两种（图 4.11）。此外还有特殊用途和特殊结构的同步带。本节仅讨论单面梯形齿同步带。

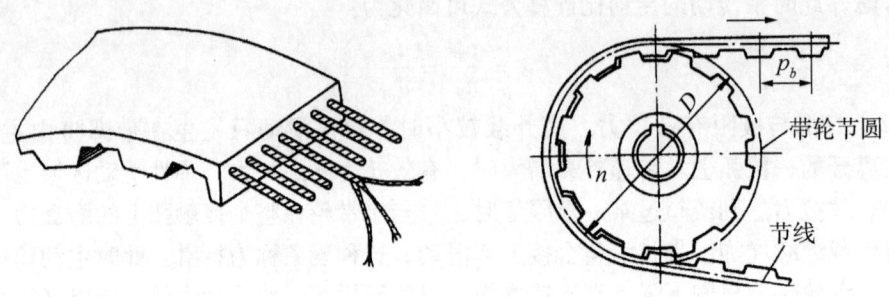

图 4.9　同步带结构与同步带传动

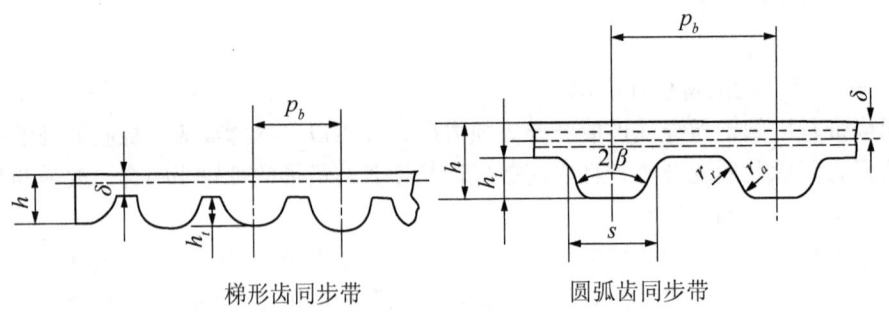

图 4.10　同步带

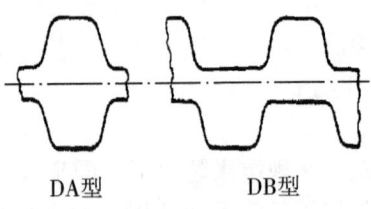

图 4.11　双面同步带

较常用的梯形齿同步带有周节制和模数制两种，其中周节制梯形齿同步带已列入国家标准，称为标准同步带。标准同步带按节距大小分为 7 种类型。带的齿形和带宽如表 4.7 所示，节线长度系列如表 4.8 所示。标准同步带的标记包括型号、节线长度代号、宽度代号和国标号。对称齿双面同步带在型号前加"DA"，交错齿双面同步带在型号前加"DB"。

表4.7 周节制梯形齿同步齿形带的齿形与带宽（GB/T 11616—89） 单位：mm

型号	节距 p_b	齿形角 $2\beta/(°)$	齿根厚 s	齿高 h_t	带高 h	齿根圆角半径 r_r	齿顶圆角半径 r_a	带 宽 b_s 及 代 号			
MXL 最轻型	2.032	40	1.14	0.51	1.14	0.13	0.13	公称尺寸	3.2	4.8	6.4
								代号	012	019	025
XXL 超轻型	3.175	50	1.73	0.76	1.52	0.20	0.30	公称尺寸	3.2	4.8	6.4
								代号	012	019	025
XL 特轻型	5.080	50	2.57	1.27	2.3	0.38	0.38	公称尺寸	6.4	7.9	9.5
								代号	025	031	037
L 轻型	9.525	40	4.65	1.91	3.6	0.51	0.51	公称尺寸	12.7	19.1	25.4
								代号	050	075	100
H 重型	12.700	40	6.12	2.29	4.3	1.02	1.02	公称尺寸	19.1	25.4	38.1
								代号	075	100	150
								公称尺寸	50.8	76.2	—
								代号	200	300	—
XH 特重型	22.225	40	12.57	6.35	11.2	1.57	1.19	公称尺寸	50.8	76.2	101.6
								代号	200	300	400
XXH 超重型	31.750	40	19.05	9.53	15.7	2.29	1.52	公称尺寸	50.8	76.2	101.6
								代号	200	300	400
								公称尺寸	127	—	—
								代号	500	—	—

表4.8 周节制梯形齿同步齿形带的节线长度、齿数（GB/T 11616—89）

长度代号	节线长 L_p/mm	齿数 z MXL	齿数 z XXL	齿数 z XL	齿数 z L	长度代号	节线长 L_p/mm	齿数 z XL	齿数 z L	齿数 z H	齿数 z XH	长度代号	节线长 L_p/mm	齿数 z H	齿数 z XH	齿数 z XXH
36	91.44	45				210	533.40	105	56			630	1600.20	126	72	
40	101.60	50				220	558.80	110				660	1676.40	132		
44	111.76	55				225	571.50		60			700	1778.00	140	80	56
48	121.92	60				230	584.20	115				750	1905.00	150		
50	128.02	63				240	609.60	120	64	48		770	1955.80		88	
56	142.24	70				250	635.00	125				800	2032.00	160		64
60	152.40	75	48	30		255	647.70		68			840	2133.60		96	
64	162.56	80				260	660.40	130				850	2159.00	170		
70	177.80		56	35		270	685.80		72	54		900	2286.00	180		72
72	182.88	90				285	723.90		76			980	2489.20		112	
80	203.20	100	64	40		300	762.00		80	60		1000	2540.00	200		80
88	223.52	110				322	819.15		86			1050	2667.00	210		
90	228.60		72	45		328	833.12		87			1100	2794.00	220		
100	254.00	125	80	50		330	838.20			66		1120	2844.80		128	
110	279.40		88	55		345	876.30		92			1200	3048.00			96
112	284.48	140				360	914.40			72		1250	3175.00	250		
120	304.80		96	60		367	933.45		98			1260	3200.40		144	
124	314.96	155			33	390	990.60		104	78		1400	3556.00	280	160	112
130	330.20		104	65		420	1066.80		112	84		1540	3911.60		176	
140	355.60	175	112	70		450	1143.00		120	90		1600	4064.00			128
150	381.00		120	75	40	480	1219.20		128	96		1700	4318.00	340		
160	406.40	200	128	80		507	1289.05				58	1750	4445.00		200	
170	431.80			85		510	1295.40		136	102		1800	4572.00			144

续表 4.8

长度代号	节线长 L_p/mm	齿 数 z				长度代号	节线长 L_p/mm	齿 数 z				长度代号	节线长 L_p/mm	齿 数 z		
		MXL	XXL	XL	L			XL	L	H	XH			H	XH	XXH
180	457.20	225	144	90		540	1371.60		144	108						
187	476.25				50	560	1422.40				64					
190	482.60			95		570	1447.80			114						
200	508.00	250	160	100		600	1524.00		160	120						

同步带标记示例：

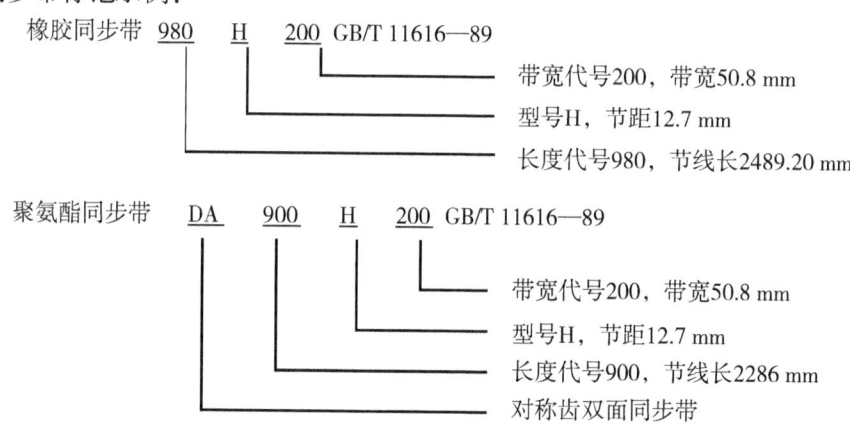

模数制梯形齿同步带以模数为基本参数，模数系列为 1.5、2.5、3、4、5、7、10，齿形角 2β 为 40°，其标记为：模数×齿数×宽度。例如，聚氨酯同步带 $2 \times 45 \times 25$，该标记表示模数 $m = 2$，齿数 $z = 45$，带宽 $b_s = 25$ mm 的聚氨酯同步带。

3. 同步带轮

同步带轮的材料及轮辐、轮毂结构同 V 带轮。为防止齿形带工作时从带轮上脱落，一般推荐小带轮两边均有挡圈，大带轮则无挡圈；或大小带轮均为单面挡圈，但挡圈各在不同侧（表 4.9）。同步带轮轮齿形状有渐开线齿廓和直边齿廓两种（用于梯形齿同步齿形带），其中渐开线齿廓的同步带轮可借用齿轮刀具展成加工，齿廓具体尺寸请参阅有关手册。周节制同步齿形带轮的宽度如表 4.9 所示，直径如表 4.10 所示。周节制同步带轮标记由带轮齿数、带型号、轮宽代号和标准代号组成。

表4.9 周节制梯形齿同步齿形带带轮的宽度（GB/T 11361—89） 单位：mm

型号	轮宽代号	轮宽基本尺寸	b_f	b_f''	b_f'	型号	轮宽代号	轮宽基本尺寸	b_f	b_f''	b_f'
MXL	012	3.0	3.8	5.6	4.7	H	075	19.1	20.3	24.8	22.6
	019	4.8	5.3	7.1	6.2		100	25.4	26.7	31.2	29.0
	025	6.4	7.1	8.9	8.0		150	38.1	39.4	43.9	41.7
							200	50.8	52.8	57.3	55.1
							300	76.2	79.0	83.5	81.3
XXL	012	3.0	3.8	5.6	4.7						
	019	4.8	5.3	7.1	6.2						
	025	6.4	7.1	8.9	8.0						
XL	025	6.4	7.1	8.9	8.0	XH	200	50.8	56.6	62.6	59.6
	031	7.9	8.6	10.4	9.5		300	76.2	83.8	89.8	86.9
	037	9.5	10.7	12.2	11.1		400	101.6	110.7	116.7	113.7
L	050	12.7	14.0	17.0	15.5	XXH	200	50.8	56.6	64.1	60.4
	075	19.1	20.3	23.3	21.8		300	76.2	83.8	91.3	87.3
	100	25.4	26.7	29.7	28.2		400	101.6	110.7	118.2	114.5
							500	127	137.7	145.2	141.5

表4.10 周节制梯形齿同步齿形带带轮的直径（GB/T 11361—89） 单位：mm

齿数 z_1、z_2	型号														
	MXL		XXL		XL		L		H		XH		XXH	
	节径 d	外径 d_0	节径 d	外径 d_0	节径 d	外径 d_0	节径 d	外径 d_0	节径 d	外径 d_0	节径 d	外径 d_0	节径 d	外径 d_0
10	6.47	5.96	10.11	9.60	16.17	15.66								
11	7.11	6.61	11.12	10.61	17.79	17.28								
12	7.76	7.25	12.13	11.62	19.40	18.90	36.38	35.62						
13	8.41	7.90	13.14	12.63	21.02	20.51	39.41	38.65						
14	9.06	8.55	14.15	13.64	22.64	22.13	42.45	41.69	56.60	55.23				
15	9.70	9.19	15.16	14.65	24.26	23.75	45.48	44.72	60.64	59.27				
16	10.35	9.84	16.17	15.66	25.87	25.36	48.51	47.75	64.68	63.31				
17	11.00	10.49	17.18	16.67	27.49	26.98	51.54	50.78	68.72	67.35				
18	11.64	11.13	18.19	17.68	29.11	28.60	54.57	53.81	72.77	71.39	127.34	124.55	181.91	178.86
19	12.29	11.78	19.20	18.69	30.72	30.22	57.61	56.84	76.81	75.44	134.41	131.62	192.02	188.97
20	12.94	12.43	20.21	19.70	32.34	31.83	60.64	59.88	80.85	79.48	141.49	138.69	202.13	199.08
(21)	13.58	13.07	21.22	20.72	33.96	33.45	63.67	62.91	84.89	83.52	148.56	145.77	212.23	209.18
22	14.23	13.72	22.23	21.73	35.57	35.07	66.70	65.94	88.94	87.56	155.64	152.84	222.34	219.29
(23)	14.88	14.37	23.24	22.74	37.19	36.68	69.73	68.97	92.98	91.61	162.71	159.92	232.45	229.40
(24)	15.52	15.02	24.26	23.75	38.81	38.30	72.77	72.00	97.02	95.65	169.79	166.99	242.55	239.50
25	16.17	15.66	25.27	24.76	40.43	39.32	75.80	75.04	101.06	99.69	176.86	174.07	252.66	249.61
(26)	16.82	16.31	26.28	25.77	42.04	41.53	78.83	78.07	105.11	103.73	183.94	181.14	262.76	259.72
(27)	17.46	16.96	27.29	26.78	43.66	43.15	81.86	81.10	109.15	107.78	191.01	188.22	272.87	269.82
28	18.11	17.60	28.30	27.79	45.28	44.77	84.89	84.13	113.19	111.82	198.08	195.29	282.98	279.93
(30)	19.40	18.90	30.32	29.81	48.51	48.00	90.96	90.20	121.28	119.90	212.23	209.44	303.19	300.14
32	20.70	20.19	32.34	31.83	51.74	51.24	97.02	96.26	129.36	127.99	226.38	223.59	323.40	320.35
36	23.29	22.78	36.38	35.87	58.21	57.70	109.15	108.39	145.53	144.16	254.68	251.89	363.83	360.78
40	25.87	25.36	40.43	39.92	64.68	64.17	121.28	120.51	161.70	160.33	282.98	280.18	404.25	401.21

续表 4.10

齿数 z_1、z_2	MXL		XXL		XL		L		H		XH		XXH	
	节径 d	外径 d_0	节径 d	外径 d_0	节径 d	外径 d_0	节径 d	外径 d_0	节径 d	外径 d_0	节径 d	外径 d_0	节径 d	外径 d_0
48	31.05	30.54	48.51	48.00	77.62	77.11	145.53	144.77	194.04	192.67	339.57	336.78	485.10	482.06
60	38.81	38.30	60.64	60.13	97.02	96.51	181.91	181.15	242.55	241.18	424.27	421.67	606.38	603.33
72	46.57	46.06	72.77	72.26	116.43	115.92	218.30	217.53	291.06	289.69	509.36	506.57	727.66	724.61
84							254.68	253.92	339.57	338.20	594.25	591.46	848.93	845.88
96							291.06	290.30	338.08	386.71	679.15	676.35	970.21	967.16
120							363.83	363.07	485.10	483.73	848.93	846.14	1212.76	1209.71
156									630.64	629.26				

说明：括号内的尺寸尽量不采用。

同步带轮标注示例：

带轮　32　H　075　GB/T 11361—89

轮宽代号075，轮宽19.1 mm
带型号H，节距12.7 mm
轮齿数32

（五）带传动的安装、张紧和维护

1. 带传动的张紧与调整

带传动的张紧程度对其传动能力、寿命和轴压力都有很大的影响。带传动工作一段时间后就会由于塑性变形而松弛，使初拉力减小，传动能力下降，这时必须重新张紧。常用的张紧方式有调整中心距方式与张紧轮方式两类。

（1）调整中心距法。

1）定期张紧。如图4.12所示，将装有带轮的电动机1装在滑道2上，旋转调节螺钉3以增大或减小中心距，从而达到张紧或松开的目的。图4.13为把电动机1装在一摆动底座2上，通过调节螺钉3调节中心距达到张紧的目的。

2）自动张紧。把电动机1装在如图4.14所示的摇摆架2上，利用电机的自重，使电动机轴心绕铰点 A 摆动，拉大中心距达到自动张紧的目的。

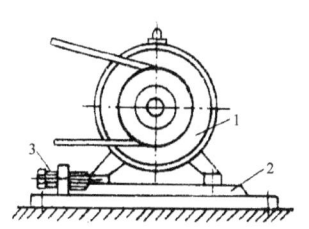 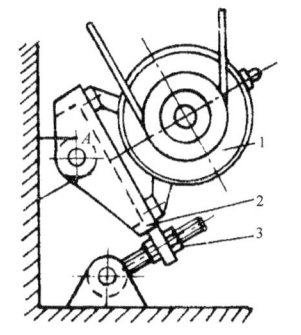 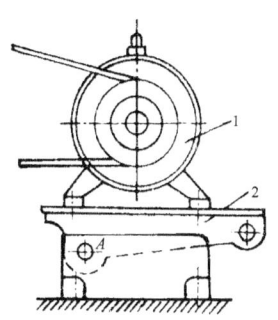

1. 电动机；2. 滑道；3. 调节螺钉　　1. 电动机；2. 摆动底座；3. 调节螺钉　　1. 电动机；2. 摇摆架

图 4.12　水平传动定期张紧装置　　图 4.13　垂直传动定期张紧装置　　图 4.14　自动张紧装置

（2）张紧轮法。带传动的中心距不能调整时，可采用张紧轮法。图 4.15（a）所示为定期张紧装置，定期调整张紧轮的位置可达到张紧的目的。图 4.15（b）所示为摆锤式自动张紧装置，依靠摆锤重力可使张紧轮自动张紧。

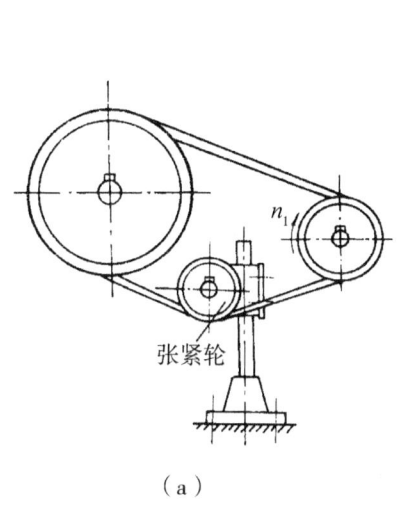 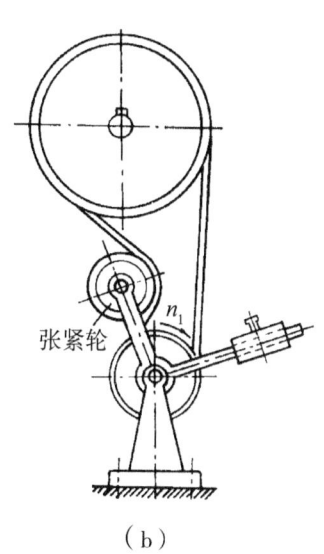

（a）　　　　　　　　　　　　　　（b）

图 4.15　张紧轮的布置

V 带和同步带张紧时，张紧轮一般放在带的松边内侧并应尽量靠近大带轮一边，这样可使带只受单向弯曲，且小带轮的包角不致过分减小，如图 4.15（a）所示。

平带传动时，张紧轮一般应放在松边外侧，并要靠近小带轮处。这样小带轮包角可以增大，提高了平带的传动能力，如图 4.15（b）所示。

2. 带传动的安装与维护

（1）安装 V 带时，应按规定的初拉力张紧。对于中等中心距的带传动，也可凭经验安装，带的张紧程度以大拇指能将带按下 15 mm 为宜。新带使用前，最好预先拉紧一段时间后再使用。严禁用其他工具强行撬入或撬出，以免对带造成不必要的损坏。

（2）安装带时，两带轮轴线应相互平行，其 V 形槽对称平面应重合。

（3）同组使用的带应型号相同、长度相等，以免各带受力不均。

正确的安装和维护是保证带传动正常工作、延长胶带使用寿命的有效措施，一般应注意以下几点：

（1）平行轴传动时各带轮的轴线必须保持规定的平行度。V 带传动主动轮、从动轮轮槽必须调整在同一平面内，误差不得超过 20′，否则会引起 V 带的扭曲，使两侧面过早磨损（图 4.16）。

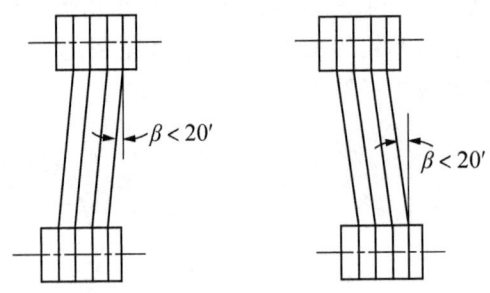

图 4.16　带轮的安装位置

（2）套装带时不得强行撬入。应先将中心距缩小，将带套在带轮上，再逐渐调大中心距拉紧带，直至所加测试力 G 满足规定的挠度 $y = 1.6a/100$ 为止。

（3）多根 V 带传动时，为避免各根 V 带载荷分布不均，带的配组公差（请参阅有关手册）应在规定的范围内。

（4）对带传动应定期检查及时调整，发现损坏的 V 带应及时更换，新带和旧带、普通 V 带和窄 V 带、不同规格的 V 带均不能混合使用。

（5）带传动装置必须安装安全防护罩。这样既可防止绞伤人，又可以防止灰尘、油及其他杂物飞溅到带上影响传动。

（六）普通 V 带的设计

1. 带传动的失效形式和设计准则

带传动靠摩擦力工作，当传递的圆周阻力超过带和带轮接触面上所能产生的最大摩擦力时,传动带将在带轮上产生打滑而使传动失效。另外,传动带在运行过程中由于受循环变应力的作用会产生疲劳破坏。因此,带传动的设计准则是:既要在工作中充分发挥其工作能力而又不打滑,同时还要求传动带有足够的疲劳强度,以保证一定的使用寿命。

V带传动设计计算的内容包括传动带和带轮两部分。传动带设计计算的主要内容是:选择传动带的型号,确定传动带的基准长度和根数,计算传动的中心距和压轴力等。带轮设计计算的主要内容是:确定带轮的基准直径和结构,计算带轮的轮槽尺寸等。

2. 带传动的设计计算步骤

(1) 确定计算功率 P_c。

$$P_c = K_A \cdot P$$

式中:P——传递的额定功率(kW);

K_A——工况系数(表4.11)。

表4.11 工况系数 K_A

工况		K_A					
		空载、轻载启动			重载启动		
		每天工作小时数/h					
		<10	10~16	>16	<10	10~16	>16
载荷变动最小	液体搅拌机、通风机和鼓风机(≤7.5 kW)、离心式水泵和压缩机、轻负荷输送机	1.0	1.1	1.2	1.1	1.2	1.3
载荷变动小	带式输送机(不均匀负荷)、通风机(>7.5 kW)、旋转式水泵和压缩机(非离心式)、发电机、金属切削机床、印刷机、旋转筛、锯木机和木工机械	1.1	1.2	1.3	1.2	1.3	1.4
载荷变动较大	制砖机、斗式提升机、往复式水泵和压缩机、起重机、磨粉机、冲剪机床、橡胶机械、振动筛、纺织机械、重载输送机	1.2	1.3	1.4	1.4	1.5	1.6

续表 4.11

工况		K_A					
		空载、轻载启动			重载启动		
		每天工作小时数/h					
		<10	10~16	>16	<10	10~16	>16
载荷变动很大	破碎机（旋转式、颚式等）、磨碎机（球磨、棒磨、管磨）	1.3	1.4	1.5	1.5	1.6	1.8

说明：①空载、轻载启动，包括电动机（交流启动、三角启动、直流并励）、四缸以上的内燃机、装有离心式离合器、液力联轴器的动力机；②重载启动，包括电动机（联机交流启动、直流复励或串励）、四缸以下的内燃机。

(2) 选择 V 带型号。根据计算功率 P_c 和小带轮转速 n_1，由图 4.17 选择 V 带型号。当在两种型号的交线附近时，可以对两种型号同时计算，最后选择较好的一种。

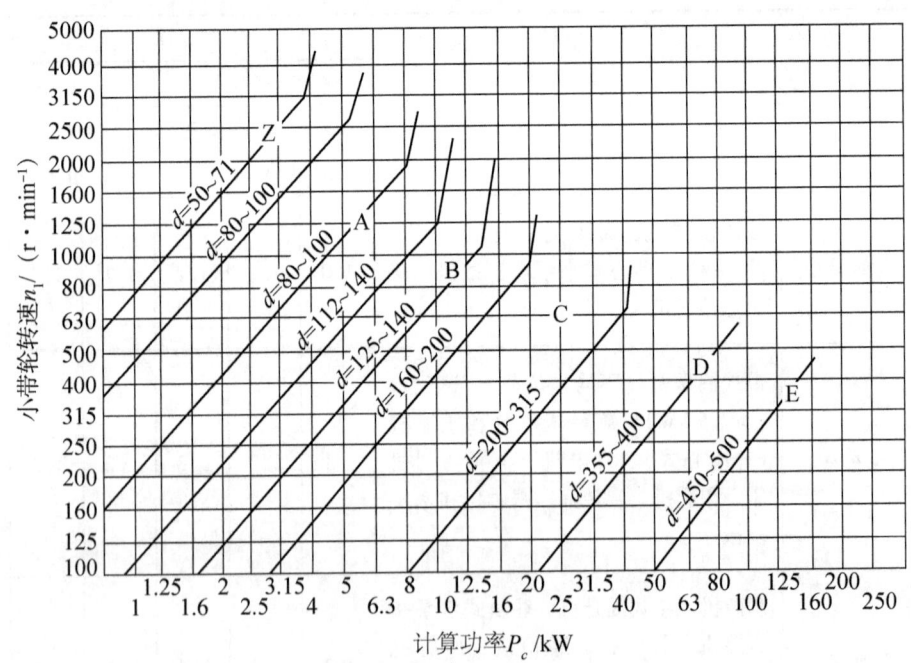

Y 型主要传递运动，故未列入图内

图 4.17　普通 V 带选型

(3) 确定带轮基准直径 d_1 和 d_2。为了减小带的弯曲应力,应采用较大的带轮直径,但这会使传动的轮廓尺寸增大。一般取 $d_1 \geq d_{d\min}$(表4.5),比规定的最小基准直径略大些。大带轮基准直径可按 $d_2 = d_1 n_1/n_2$ 计算。大、小带轮直径一般均应按带轮基准直径系列圆整(表4.12)。仅当传动比要求较精确时,才考虑滑动率 ε 来计算大轮直径,即 $d_2 = d_1 n_1 (1-\varepsilon)/n_2$,这时 d_2 可不按表4.2圆整。

表4.12 普通V带带轮基准直径系列(GB 13575.1—92) 单位:mm

d	Z	A	B	d	Z	A	B	C	d	Z	A	B	C
63	★			125	★	★	★		250	★	★	★	★
71	★			132		★	★		265				★
75	★	★		140	★	★	★		280	★	★	★	
80	★	★		150		★	★		315	★	★	★	
85		★		160	★	★	★		355	★	★	★	
90	★	★		170			★	★	375				
95		★		180	★	★	★		400	★	★	★	
100	★	★		200	★	★	★	★	425				
106		★		212			★		450				★
112	★	★		224	★	★	★		475				
118		★		236				★	500	★	★	★	★

说明:★号表示有此型号。

(4) 验算带的速度 v。由 $P = Fv/1000$ 可知,当传递的功率一定时,带速愈高,则所需有效圆周力 F 愈小,因而V带的根数可减少。但带速过高,带的离心力显著增大,减小了带与带轮间的接触压力,从而降低了传动的工作能力;同时,带速过高,使带在单位时间内绕过带轮的次数增加,应力变化频繁,从而降低了带的疲劳寿命。当带速过小达到某值后,不利因素将使基本额定功率降低。所以带速一般在 5~25 m/s 内为宜,在 20~25 m/s 范围内最有利。如带速过高(Y、Z、A、B、C 型 $v>25$ m/s,D、E 型 $v>30$ m/s)时,应重选较小的带轮基准直径。

(5) 确定中心距 a 和V带基准长度 L_d。根据结构要求初定中心距 a_0。中心距小则结构紧凑,但使小带轮上包角减小,降低带传动的工作能力;同时,由于中心距小,V带的长度短,在一定速度下,单位时间内的应力循环次数增多,导致使用寿命的降低。

所以中心距不宜取得太小。但中心距也不宜太大,太大除了有与中心距太小相反的利弊外,速度较高时还易引起带的颤动。

对于 V 带传动一般可取

$$0.7(d_1 + d_2) \leq a_0 \leq 2(d_1 + d_2)。$$

初选 a_0 后,V 带初算的基准长度 L_{d0} 可根据几何关系由下式计算:

$$L_{d0} = 2a_0 + \frac{\pi}{2}(d_1 + d_2) + \frac{(d_2 - d_1)^2}{4a_0}。$$

根据上式算得的 L_{d0} 值,应由表 4.2 选定相近的基准长度 L_d,然后再确定实际中心距 a。

由于 V 带传动的中心距一般是可以调整的,所以可用下式近似计算 a 值:

$$a \approx a_0 + \frac{L_d - L_{d0}}{2}。$$

考虑到为安装 V 带而必需的调整余量,因此,最小中心距为:

$$a_{\min} = a - 0.015L_d。$$

如 V 带的初拉力靠加大中心距获得,则实际中心距应能调大。又考虑到使用中的多次调整,最大中心距应为:

$$a_{\max} = a + 0.03L_d。$$

(6)验算小带轮上的包角 α_1。小带轮上的包角 α_1 可按下式计算:

$$\alpha_1 = 180° - \frac{d_2 - d_1}{a} \times 57.3°。$$

为使带传动有一定的工作能力,一般要求 $\alpha_1 \geq 120°$(特殊情况允许 $\alpha_1 = 90°$)。如 α_1 小于此值,可适当加大中心距 a;若中心距不可调时,可加张紧轮。从上式可以看出,α_1 也与传动比 i 有关。d_2 与 d_1 相差越大,即 i 越大,则 α_1 越小。为了在中心距不过大的条件下保证包角不会过小,所用传动比不宜过大。普通 V 带传动一般推荐 $i \leq 7$,必要时可 $i = 10$。

(7)确定 V 带根数 z。根据下式确定:

$$z \geq \frac{P_c}{[p_0]} = \frac{P_c}{(P_0 + \Delta P_0)K_\alpha \cdot K_L}。$$

式中:P_c——计算功率(kW);
P_0——基本额定功率(kW);
ΔP_0——额定功率的增量(kW);
K_α——包角系数,其值见表 4.13;
K_L——长度系数,其值见表 4.2。

表 4.13　包角系数 K_α

包角 α_1/(°)	70	80	90	100	110	120	130	140
K_α	0.56	0.62	0.68	0.73	0.78	0.82	0.86	0.89
包角 α_1/(°)	150	160	170	180	190	200	210	220
K_α	0.92	0.95	0.96	1.00	1.05	1.10	1.15	1.20

为使每根 V 带受力比较均匀，根数不宜太多，通常应小于 10 根，一般取 $z = 2 \sim 5$ 根。否则应改选 V 带型号，重新设计。

（8）确定初拉力 F_0。适当的初拉力是保证带传动正常工作的重要因素之一。初拉力小，则摩擦力小，易出现打滑；反之，初拉力过大，会使 V 带的拉应力增加而降低寿命，并使轴和轴承的压力增大。对于非自动张紧的带传动，由于带的松弛作用，过高的初拉力也不易保持。为了保证所需的传递功率，又不出现打滑，并考虑离心力的不利影响，单根 V 带适当的初拉力为：

$$F_0 = \frac{500P_c}{zv}\left(\frac{2.5}{K_\alpha} - 1\right) + qv^2。$$

由于新带容易松弛，所以对非自动张紧的带传动，安装新带时的初拉力应为上述初拉力计算值的 1.5 倍。

初拉力是否恰当，可用下述方法进行近似测试。如图 4.18 所示，在带与带轮的切点跨距的中点处垂直于带加一载荷 G，若带沿跨距每 100 mm 中点处产生的挠度为 1.6 mm（即挠角为 1.8°），则初拉力恰当。这时中点处总挠度 $y = 1.6t/100$ mm。

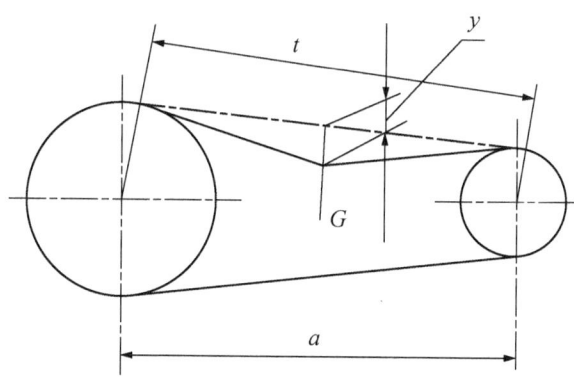

图 4.18　初拉力的测试方法

跨度长 t 可以实测，或按下式计算：

$$t = \sqrt{a^2 - \frac{(d_2 - d_1)^2}{4}}。$$

G 的计算如下：

新安装的 V 带：
$$G = \frac{1.5F_0 + \Delta F_0}{16};$$

运转后的 V 带：
$$G = \frac{1.3F_0 + \Delta F_0}{16};$$

最小极限值：
$$G_{\min} = \frac{F_0 + \Delta F_0}{16}。$$

上三式中：ΔF_0——初拉力的增量（表 4.14）。

表 4.14 初拉力的增量　　　　单位：N

带型	Y	Z	A	B	C	D	E
ΔF_0	6	10	15	20	29.4	58.8	108

（9）确定作用在轴上的压力 F_Q。传动带的紧边拉力和松边拉力对轴产生压力，它等于紧边拉力和松边拉力的向量和。一般多用初拉力 F_0 由图 4.19 近似地用下式求得：

$$F_Q = 2zF_0\sin\frac{\alpha_1}{2}。$$

式中：α_1——小带轮上的包角；
　　　z——V 带根数。

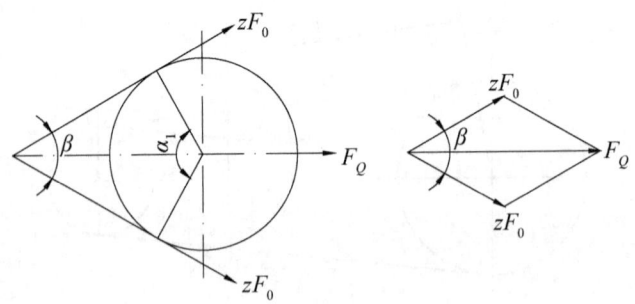

图 4.19　作用在轴上的压轴力

【例 4.1】设计某机床上电动机与主轴箱的 V 带传动。已知：电动机额定功率 $P =$

7.5 kW，转速 $n_1 = 1440$ r/min，传动比 $i_{12} = 2$，中心距 a 为 800 mm 左右，三班制工作，开式传动。

解：计算过程如表 4.15 所示。

表 4.15 带传动设计计算过程

计算项目	计算与说明	计算结果
1. 确定设计功率 P_c	查表 4.11 取 $K_A = 1.3$ 得：$P_c = 1.3 \times 7.5 = 9.75$ (kW)	$P_c = 9.75$ kW
2. 选择带型号	根据 $P_c = 9.75$ kW，$n_1 = 1440$ r/min，查图 4.17 选 A 型 V 带	选 A 型 V 带
3. 确定小带轮基准直径 d_{d_1}	由表 4.5、表 4.6 取 $d_{d_1} = 140$ mm	$d_{d_1} = 140$ mm
4. 确定大带轮基准直径 d_{d_2}	$d_{d_2} = i_{12} d_{d_1} = 2 \times 140 = 280$ (mm)，由表 4.12 取 $d_{d_2} = 280$ mm	$d_{d_2} = 280$ mm
5. 验算带速 v	$v = \pi d_{d_1} n_1 / (60 \times 1000) = 3.14 \times 140 \times 1440 / (60 \times 1000) = 10.55$ (m/s)。 5 m/s < v < 25 m/s，符合要求	$v = 10.55$ m/s 符合要求
6. 初定中心距 a_0	按要求取 $a_0 = 800$ mm	$a_0 = 800$ mm
7. 确定带的基准长度 L_d	$L_0 = 2a_0 + \pi(d_{d_1} + d_{d_2})/2 + (d_{d_2} - d_{d_1})^2/4a_0$ $= 2 \times 800 + \pi(140 + 280)/2 + (280 - 140)^2/(4 \times 800)$ $= 2265.53$ (mm) 由表 4.2 取 $L_d = 2240$ mm	$L_d = 2240$ mm
8. 确定实际中心距 a	$a \approx a_0 + (L_d - L_0)/2 = 800 + (2240 - 2265.53)/2$ $= 787.24$ (mm) 中心距变动调整范围： $a_{max} = a + 0.03 L_d = 787.24 + 0.03 \times 2240$ $= 854.44$ (mm)， $a_{min} = a - 0.015 L_d = 787.24 - 0.015 \times 2240 = 753.64$ mm	$a = 787.24$ mm， $a_{max} = 854.44$ mm， $a_{min} = 753.64$ mm

续表 4.15

计算项目	计算与说明	计算结果
9. 验算小带轮包角 α_1	$\alpha_1 = 180° - \dfrac{d_{d_2} - d_{d_1}}{a} \times 57.3° = 180° - \dfrac{280 - 140}{787.24} \times 57.3°$ $= 169.81°$ $\alpha_1 > 120°$，合用	$\alpha_1 = 169.81°$，合用
10. 确定单根 V 带的额定功率 P_0	根据 $d_{d_1} = 140$ mm, $n_1 = 1440$ r/min，查手册得 A 型带 $P_0 = 2.27$ kW	$P_0 = 2.27$ kW
11. 确定额定功率增量 ΔP_0	查手册得 $\Delta P_0 = 0.17$ kW	$\Delta P_0 = 0.17$ kW
12. 确定 V 带根数 z	$z \geq \dfrac{P_c}{[P_0]} = \dfrac{P_c}{(P_0 + \Delta P_0)K_\alpha K_L}$，查表 4.13 得 $K_\alpha \approx 0.96$； 由表 4.2 查得 $K_L = 1.06$。 $z \geq \dfrac{9.75}{(2.27 + 0.17) \times 0.96 \times 1.06} = 3.93$，取 $z = 4$ 根	$z = 4$ 根
13. 确定单根 V 带的初拉力 F_0	$F_0 = 500 \dfrac{P_c}{zv}\left(\dfrac{2.5}{K_\alpha} - 1\right) + qv^2 = 500 \dfrac{9.75}{4 \times 10.55}\left(\dfrac{2.5}{0.98} - 1\right) +$ 0.11×10.55^2 ≈ 191.42 (N)	$F_0 = 191.42$ N
14. 计算带对轴的压力 F_Q	$F_Q = 2zF_0\sin(\alpha_1/2) = 2 \times 4 \times 191.42\sin(169.81/2)$ ≈ 1525.31 (N)	$F_Q = 1525.31$ N
15. 确定带轮结构，绘工作图	如图 4.20 所示	

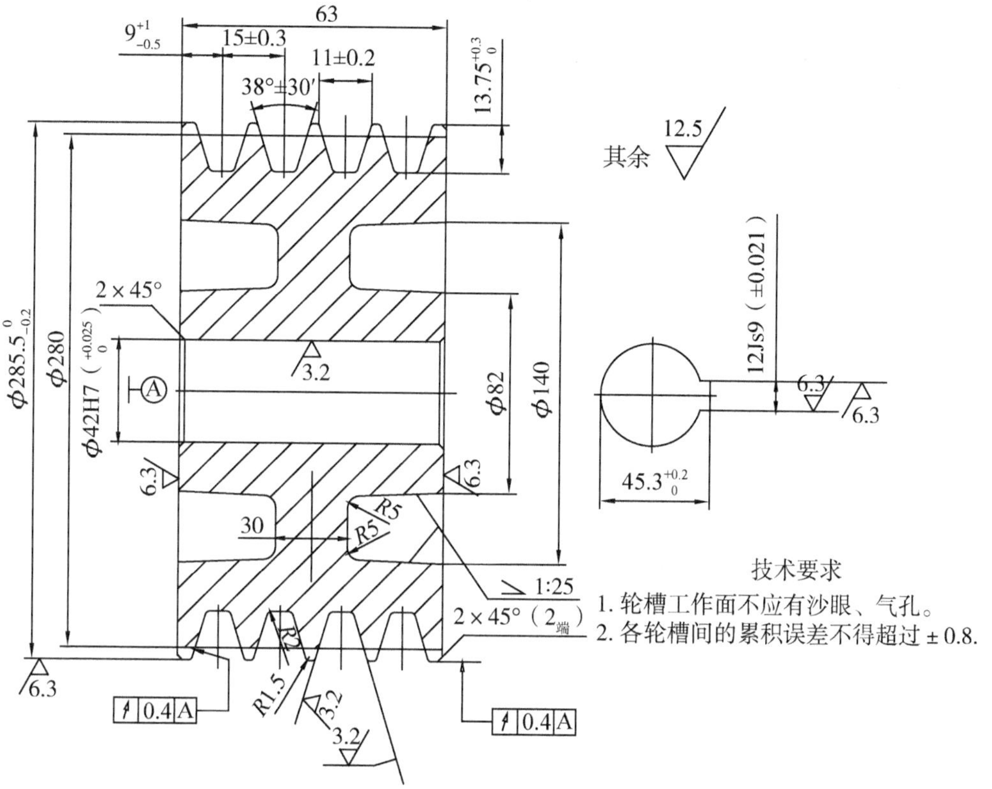

图 4.20　皮带轮零件

二、链 传 动

链传动是两轮间以链条为中间挠性元件来传递运动和动力的啮合传动。

（一）链传动的特点和类型

1. 链传动的特点

（1）和带传动相比，链传动能保持平均传动比不变，传动效率高，张紧力小，因此作用在轴上的压力较小，能在低速重载和高温条件下及尘土飞扬的不良环境中工作。

（2）和齿轮传动相比，链传动可用于中心距较大的场合，且其制造精度要求较低。

(3) 缺点是只能传递平行轴之间的同向运动,不能保持恒定的瞬时传动比,运动平稳性差,工作时有噪声。

通常链传动传递的功率 $P \leqslant 100$ kW,中心距 $a \leqslant 5 \sim 6$ m,传动比 $i \leqslant 8$,线速度 $v \leqslant 15$ m/s,广泛应用于扶梯驱动、农业机械、建筑工程机械、轻纺机械、石油机械等各种机械传动中。

2. 链传动的类型

链传动是以链条为中间传动件的啮合传动。如图 4.21 所示,链传动由主动链轮 1、从动链轮 2 和绕在链轮上并与链轮啮合的链条 3 组成。

按照用途不同,链可分为起重链、牵引链和传动链三大类。起重链主要用于起重机械中提起重物,其工作速度 $v \leqslant 0.25$ m/s;牵引链主要用于链式输送机中移动重物,其工作速度 $v \leqslant 4$ m/s;传动链用于一般机械中传递运动和动力,其工作速度 $v \leqslant 15$ m/s。

传动链有齿形链和滚子链两种。齿形链是利用特定齿形的链片和链轮相啮合来实现传动的(图 4.22)。齿形链允许的工作速度可达 40 m/s,但制造成本高,重量大,故多用于高速或运动精度要求较高的场合。滚子链结构较简单、重量轻,价格便宜,已标准化,应用最广。本单元重点讨论应用最广泛的套筒滚子链传动。

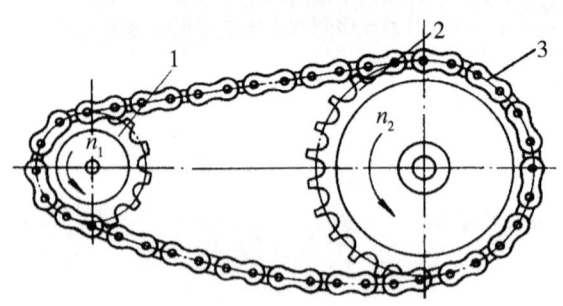

1. 主动链轮; 2. 从动链轮; 3. 链条

图 4.21 链传动

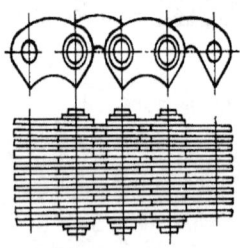

图 4.22 齿形链

(二) 滚子链和链轮

1. 滚子链的结构和规格

滚子链由内链板 1、套筒 2、销轴 3、外链板 4 和滚子 5 组成(图 4.23)。内链板和套筒、外链板和销轴用过盈配合固定,构成内链节和外链节。销轴和套筒之间为间隙配合,构成铰链,将若干内外链节依次铰接形成链条;滚子和套筒之间为间隙配合,滚子和套筒间可自由转动,链轮轮齿与滚子之间的摩擦主要是滚动摩擦。链条上相邻两销轴中心的距离称为节距,用 p 表示。节距是链传动的重要参数。节距越大,链的各部分尺寸和质量也越大，承载能力越高，但传动时的不平稳性、动载荷和噪声也越大，且在链轮齿数一定时，链轮尺寸和质量随之增大。因此，在保证承载能力的前提下，设计时应尽量采取较小的节距。载荷较大时可选用双排链（图4.24）或多排链，排数越多，则其承载能力越强，传动的轴向尺寸也越大；但排数一般不超过三排或四排，以免由于制造和安装误差的影响使各排链受载不均。

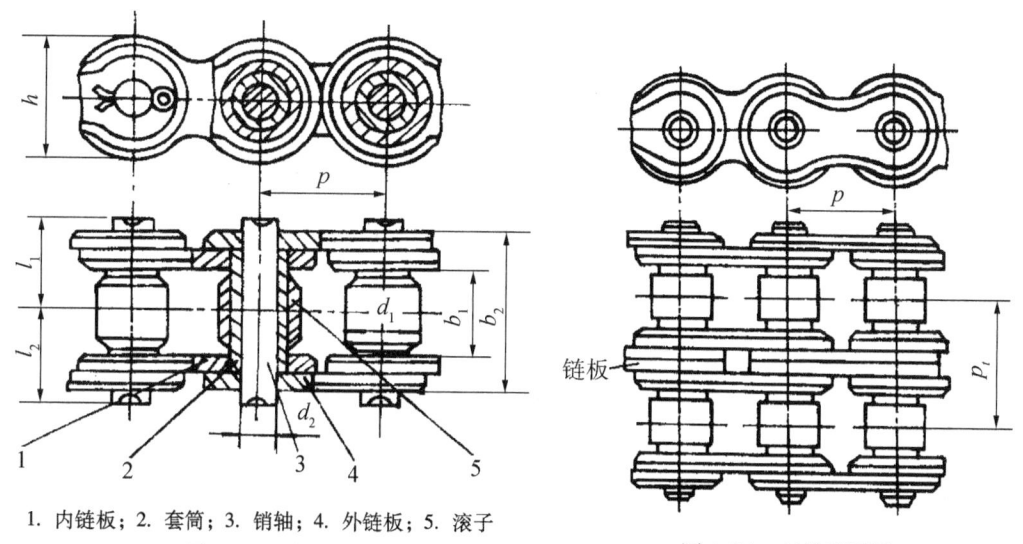

1. 内链板；2. 套筒；3. 销轴；4. 外链板；5. 滚子

图4.23 滚子链　　　　　　　　　图4.24 双排滚子链

链条的长度用链节数表示，一般选用偶数链节，这样链的接头处可采用开口销或弹簧卡片来固定，如图4.25（a）、（b）所示，前者用于大节距链，后者用于小节距链。当链节为奇数时，需采用过渡链节，如图4.25（c）所示。由于过渡链节的链板受附加弯矩的作用，一般应避免采用。

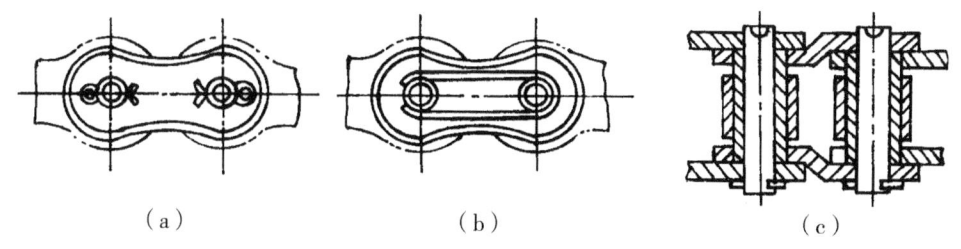

图4.25 滚子链接头形式

GB/T 1243—97规定滚子链分为A、B系列，其中A系列供设计采用，B系列主要供维修采用,其主要参数如表 4.16 所示。表中链号和相应的国际标准号一致,链号乘以 25.4/16 mm 即为节距值。

表 4.16 部分滚子链的基本参数和尺寸(GB/T 1243—97) 单位:mm

链号	节距 p	排距 p_t	滚子外径 d_1	内链节内宽 b_1	销轴直径 d_2	内链板高度 h_2	单排极限拉伸载荷 F_0/kN	单排每米质量 q/kg
05B	8.00	5.64	5.00	3.00	2.31	7.11	4.4	0.18
06B	9.525	10.24	6.35	5.72	3.28	8.26	8.9	0.40
08A	12.70	14.38	7.92	7.85	3.98	12.07	13.8	0.60
10A	15.875	18.11	10.16	9.40	5.09	15.09	21.8	1.00
12A	19.05	22.78	11.91	12.57	5.96	18.08	31.1	1.50
16A	25.40	29.29	15.88	15.75	7.94	24.13	55.6	2.60
20A	31.75	35.76	19.05	18.90	9.54	30.18	86.7	3.80
24A	38.10	45.44	22.23	25.22	11.11	36.20	124.6	5.60
28A	44.45	48.87	25.40	25.22	12.71	42.24	169.0	7.50
32A	50.80	58.55	28.58	31.55	14.29	48.26	222.4	10.10
40A	63.50	71.55	39.68	37.85	19.85	60.33	347.0	16.10
48A	76.20	87.83	47.63	47.35	23.81	72.39	500.4	22.60

滚子链的标记为:链号—排数—链节数 标准号。标注示例:

16A—1—82 GB/T 1243—97

表示:A 系列滚子链,节距为 25.4 mm,单排,链节数为 82,制造标准为 GB/T 1243—97。

2. 滚子链链轮

(1) 链轮的基本参数及主要尺寸。链轮的基本参数有链轮的齿数 z、配用链条的节距 p、滚子外径 d_1 及排距 p_t。为保证传动平稳,减小冲击和动载荷,小链轮齿数 z_1 不宜过小(一般应大于 17),通常可按表 4.17 选取。大链轮齿数 $z_2 = iz_1$,z_2 不宜过多,齿数过多除了会增大传动的尺寸和重量外,还会出现跳齿和脱链等现象,通常 $z_2 < 120$。由于链节数常取为偶数,为使链条与链轮的轮齿磨损均匀,链轮齿数一般应取与链节数互为质数的奇数。链轮的主要尺寸及计算公式如表 4.18 所示。

表 4.17 滚子链小链轮齿数

链速 $v/$ (m·s^{-1})	$0.6 \sim 3$	$3 \sim 8$	>8
z_1	$\geqslant 17$	$\geqslant 21$	$\geqslant 35$

表 4.18 滚子链链轮主要尺寸   单位：mm

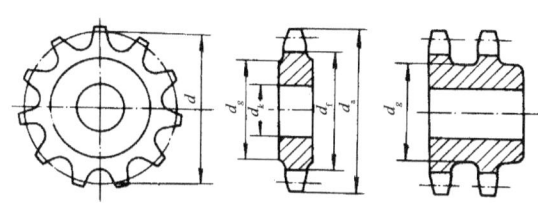

名 称	代号	计 算 公 式	备 注
分度圆直径	d	$d = p/\sin\dfrac{180°}{z}$	
齿顶圆直径	d_a	$d_{a\,max} = d + 1.25p - d_1$ $d_{a\,min} = d + (1 - \dfrac{1.6}{z})p - d_1$	可在 $d_{a\,max}$、$d_{a\,min}$ 范围内任意选取。但选用 $d_{a\,max}$ 时，应考虑采用展成法加工时有发生顶切的可能性
分度圆弦齿高	h_a	$h_{a\,max} = (0.625 + \dfrac{0.8}{z})p - 0.5d_1$ $h_{a\,min} = 0.5(p - d_1)$	h_a 是为简化放大齿形图的绘制而引入的辅助尺寸。$h_{a\,max}$ 相应于 $d_{a\,max}$，$h_{a\,min}$ 相应于 $d_{a\,min}$
齿根圆直径	d_f	$d_f = d - d_1$	
齿侧凸缘（或排间槽）直径	d_g	$d_g \leqslant p\cot\dfrac{180°}{z} - 1.04h_2 - 0.76$ h_2 为内链板高度（见表 3.27）	

说明：d_a、d_g 值取整数，其他尺寸精确到 0.01 mm。

（2）链轮的齿形。链轮的齿形应能保证链节平稳而自由地进入和退出啮合，不易脱链，且形状简单，便于加工。GB/T 1243—97 规定了滚子链链轮的端面齿形（表4.19）和轴面齿形（表4.20）。由于滚子表面齿廓与链轮齿廓为非共轭齿廓，故链轮齿形设计有较大的灵活性，即在最大、最小范围内均可使用。

表4.19 滚子链链轮的齿槽尺寸计算公式

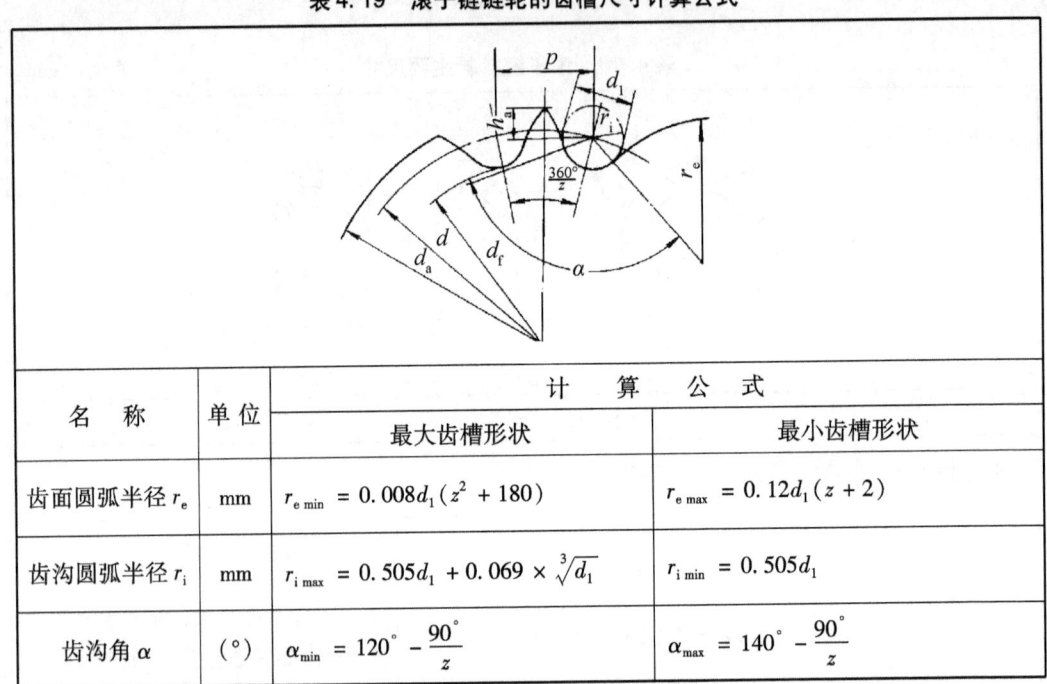

名 称	单位	计 算 公 式	
		最大齿槽形状	最小齿槽形状
齿面圆弧半径 r_e	mm	$r_{e\min} = 0.008 d_1 (z^2 + 180)$	$r_{e\max} = 0.12 d_1 (z + 2)$
齿沟圆弧半径 r_i	mm	$r_{i\max} = 0.505 d_1 + 0.069 \times \sqrt[3]{d_1}$	$r_{i\min} = 0.505 d_1$
齿沟角 α	(°)	$\alpha_{\min} = 120° - \dfrac{90°}{z}$	$\alpha_{\max} = 140° - \dfrac{90°}{z}$

说明：链轮的实际齿槽形状，应在最大齿槽形状和最小齿槽形状范围内。

表4.20 滚子链链轮轴向齿廓尺寸

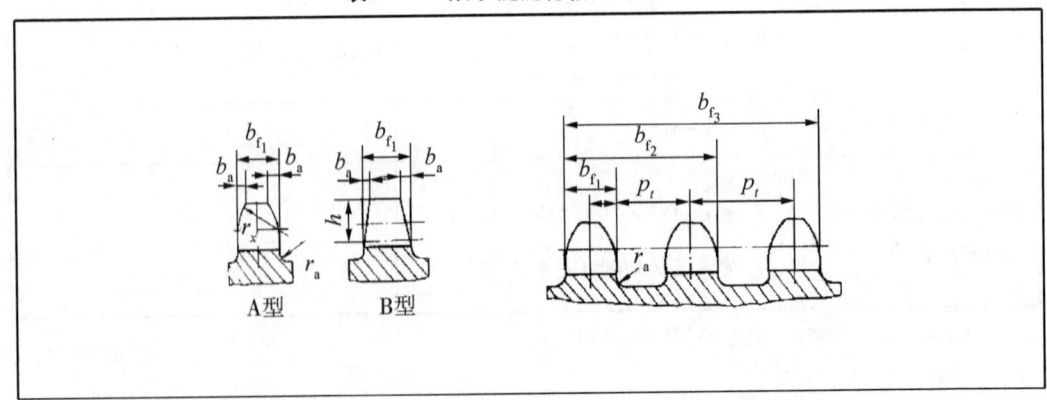

续表 4.20

名　称		代号	计算公式		备　注
			$p \leqslant 12.7$	$p > 12.7$	
齿宽	单排	b_{f_1}	$0.93 b_1$	$0.95 b_1$	$p > 12.7$ 时，经制造厂同意亦可使用 $p \leqslant 12.7$ 时的齿宽。b_1 为内链节内宽（表 4.16）
	双排、三排		$0.91 b_1$	$0.93 b_1$	
	四排以上		$0.88 b_1$	$0.93 b_1$	
倒角宽		b_a	$b_a = (0.1 \sim 0.15) p$		
倒角半径		r_x	$r_x \geqslant p$		
倒角深		h	$h = 0.5 p$		
圆角半径		r_a	$r_a \approx 0.04 p$		仅适用于 B 型
链轮齿总宽		b_{fm}	$b_{fm} = (m-1) p_t + b_{f_1}$（$m$ 为排数）		

若链轮采用标准齿形，在链轮零件图上可不绘制出端面齿形，只需注明按 GB/T 1243—97 制造即可。但为了车削毛坯，需将轴面齿形画出。

（3）链轮的结构和材料。链轮的结构如图 4.26 所示，直径小的链轮常制成实心式（图（a））；中等直径的链轮常制成辐板式（图（b））；大直径（$d > 200$ mm）的链轮常制成组合式，可将齿圈焊接在轮毂上（图（d））或采用螺栓连接（图（c））。

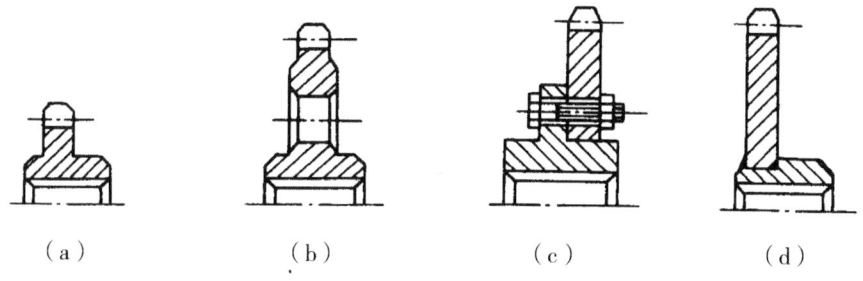

图 4.26　链轮的结构

链轮的材料应有足够的强度和耐磨性，齿面要经过热处理。由于小链轮轮齿的啮合次数比大链轮轮齿的啮合次数多，受冲击也比较大，因此所用材料应优于大链轮。链轮所用材料及热处理工艺如表 4.21 所示。

表4.21　链轮材料及热处理

材料	热处理	齿面硬度	应用范围
15、20	渗碳淬火、回火	50～60 HRC	$z \leqslant 25$，有冲击载荷的链轮
35	正火	160～200 HBS	$z > 25$ 的主动、从动链轮
45、50、45 Mn、ZG310-570	淬火、回火	40～50 HRC	无剧烈冲击振动和要求耐磨的主动、从动链轮
15Cr、20Cr	渗碳淬火、回火	55～60 HRC	$z < 30$，传递较大功率的重要链轮
40Cr、35SiMn、35CrMo	淬火、回火	40～50 HRC	要求强度较高又要求耐磨的重要链轮
Q235-A、Q275	焊接后退火	140 HBS	中低速、功率不大的较大链轮
灰铸铁（不低于HT200）	淬火、回火	260～280 HBS	$z > 50$ 的从动链轮及外形复杂或强度要求一般的链轮
夹布胶木			$P < 6$ kW，速度较高，要求传动平稳和噪声小的链轮

（三）链传动的传动比及运动的不均匀性

链传动的运动情况和绕在多边形轮子上的带很相似（图4.27）。多边形边长相当于链节距 p，边数相当于链轮的齿数 z。链轮每转过一周，链条转过的长度为 pz。当两链轮的转速分别为 n_1 和 n_2 时，链条的平均速度为：

$$v = \frac{z_1 p n_1}{60 \times 1000} = \frac{z_2 p n_2}{60 \times 1000} \text{ (m/s)}。$$

由上式得链传动的平均传动比为：

$$i_{12} = \frac{n_1}{n_2} = \frac{z_2}{z_1}。$$

滚子链的传动比 i_{12} 不宜大于7，一般推荐 $i = 2 \sim 3.5$。i 过大，链条在小链轮上的包角减小，啮合的轮齿数减小，从而加速轮齿的磨损。且链传动的平均速度和平均传动比不变，但它们的瞬时值是周期性变化的。为便于分析，设链的紧边（主动边）在传动时总处于水平位置，图4.27（a）中铰链已进入啮合。主动轮以角速度 ω_1 回转，其圆周速度 $v_1 = r_1 \omega_1$，将其分解为沿链条前进方向的分速度 v 和垂直方向的分速度 v'，则有：

$$v = v_1\cos\beta_1 = r_1\omega_1\cos\beta_1, \quad v' = v_1\sin\beta_1 = r_1\omega_1\sin\beta_1。$$

式中：β_1——主动轮上铰链 A 的圆周速度方向与链条前进方向的夹角。

当链节依次进入啮合时，β_1 角在 $\pm 180°/z_1$ 范围内变动，引起链速 v 相应作周期性变化。当 $\beta_1 = \pm 180°/z_1$ 时（图 4.27（b）、(d)）链速最小，$v_{\min} = r_1\omega_1\cos(180°/z_1)$；当 $\beta_1 = 0°$时（图 4.27（c））链速最大，$v_{\max} = r_1\omega_1$。故即使 ω_1 为常数，链轮每送走一个链节，其链速 v 也经历"最小—最大—最小"的周期性变化。同理，链条在垂直方向的速度 v' 也作周期性变化，使链条上下抖动（图 4.27（b）、(c)、(d)）。

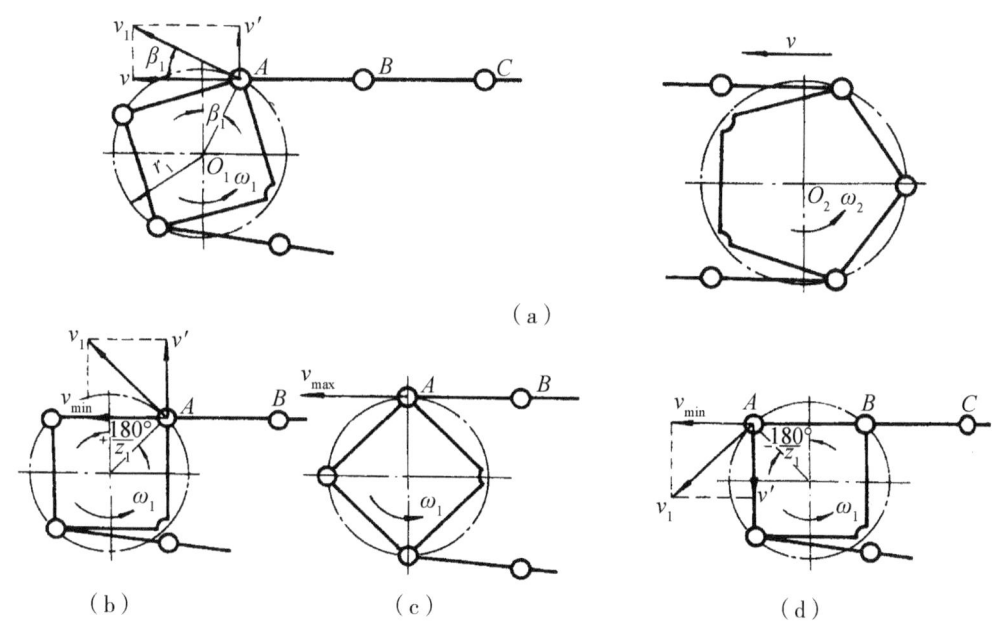

图 4.27 链传动运动分析

用同样的方法对从动轮进行分析可知，从动轮角速度 ω_2 也是变化的，故链传动的瞬时传动比（$i_{12} = \omega_1/\omega_2$）也是变化的。

链速和传动比的变化使链传动中产生加速度，从而产生附加动载荷、引起冲击振动，故链传动不适合高速传动。为减小动载荷和运动的不均匀性，链传动应尽量选取较多的齿数 z_1 和较小的节距 p（这样可使 β_1 减小），并使链速在允许的范围内变化。

(四) 链传动的布置、张紧和润滑

1. 链传动的布置

链传动的布置按两轮中心连线的位置可分为水平布置、倾斜布置和垂直布置三种（图4.28）。通常情况下两轴线应在同一水平面（水平布置）。两轮的回转平面应在同一平面内，否则易引起脱链和不正常磨损。应是链条紧边在上、松边在下，以免松边垂度过大，使链与轮齿相干涉或紧边、松边相碰。倾斜布置时，两轮中心线与水平面夹角 φ 应尽量小于45°。应尽量避免垂直布置，以防止下链轮啮合不良。

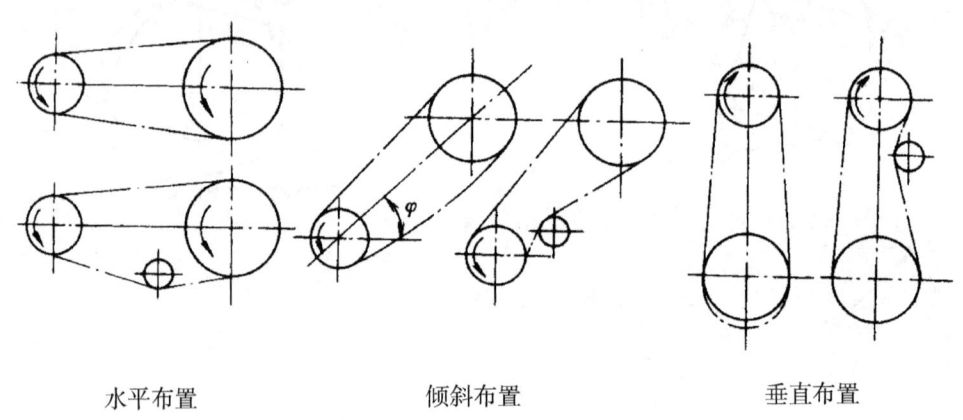

水平布置　　　　　倾斜布置　　　　　垂直布置

图4.28　链传动的布置和张紧

2. 链传动的张紧

链传动工作时合适的松边垂度一般为：$f = (0.01 \sim 0.02)a$，a 为传动中心距。若垂度过大，将引起啮合不良或振动现象，所以必须张紧。最常见的张紧方法是调整中心距法。当中心距不可调整时，可采用拆去一两个链节的方法进行张紧或设置张紧轮。张紧轮常位于松边，如图4.28所示。张紧轮可以是链轮，也可以是滚轮，其直径与小链轮相近。

3. 链传动的润滑

良好的润滑能减小链传动的摩擦和磨损，能缓和冲击、帮助散热，是链传动正常工作的必要条件。如前所述，在选择链条型号时已选定链传动的润滑方式（图4.29）。具体的润滑装置如图4.29所示。润滑油应加于松边，因为松边面间比压较小，便于润滑油的渗入。润滑油推荐用 L-AN32、L-AN46 和 L-AN68 号全损耗系统用油。

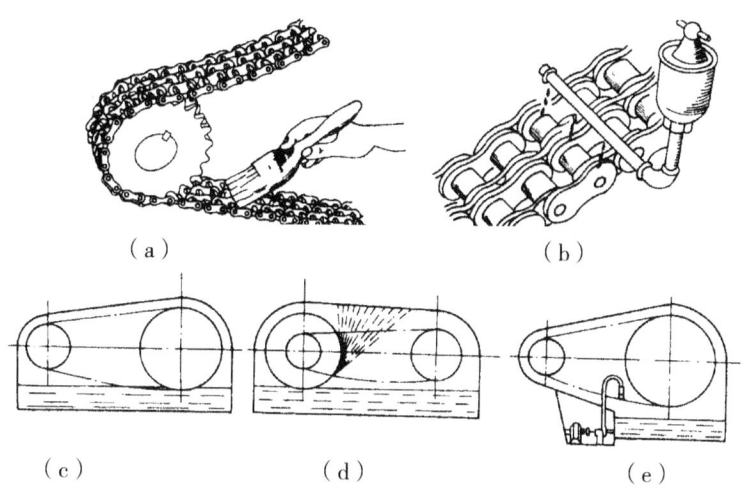

图 4.29 链传动的润滑

（五）滚子链传动的设计

1. 链传动的失效形式

由于链条的强度比链轮的强度低，故一般链传动的失效主要是链条失效。其失效形式主要有以下几种：

（1）链条铰链磨损。链条铰链的销轴与套筒之间承受较大的压力且又有相对滑动，故在承压面上将产生磨损。磨损使链条节距增加，极易产生跳齿和脱链。

（2）链板疲劳破坏。链传动紧边和松边拉力不等，因此链条工作时，拉力在不断地发生变化，经一定的应力循环后，链板发生疲劳断裂。

（3）链条多次冲击破断。链传动在启动、制动、反转或重复冲击载荷作用下，链条、销轴、套筒发生疲劳断裂。

（4）链条铰链的胶合。链速过高时销轴和套筒的工作表面由于摩擦产生瞬时高温，使两摩擦表面相互黏结，并在相对运动中将较软的金属撕下，这种现象称为胶合。链传动的极限速度受到胶合的限制。

（5）链条的静力拉断。在低速（$v<0.6$ m/s）重载或突然过载，载荷超过链条的静强度时，链条将被拉断。

2. 链传动的设计计算准则

链的传动速度一般分为高速传动（$v>8$ m/s）、中速传动（$v=0.6\sim 8$ m/s）和低速传动（$v<0.6$ m/s）。对低速链传动，一般按链的静强度进行设计计算；对中高速链传动，链传动的主要失效形式为链条疲劳破坏或冲击疲劳破坏，一般按链的额定功率曲线进行设计计算。

3. 中高速链传动的设计计算步骤

一般设计链传动时的已知条件有传动的用途、工作情况、原动机的类型、需要传递的功率、主动轮的转速、传动比以及外廓安装尺寸等。链传动的设计计算一般包括：确定滚子链的型号、链节距、链节数、排数，选择链轮的齿数、材料、结构，绘制链轮零件图并确定传动的中心距。

(1) 选择链轮齿数 z_1、z_2。小链轮的齿数可根据链速由表4.17选取，大链轮的齿数 $z_2 = iz_1$。

(2) 初定中心距 a_0。中心距 a_0 小，结构紧凑，但链节数少，当链速一定时，单位时间内每一链节的应力循环次数增多，加快了疲劳和磨损。中心距 a_0 大，链节数多，使用寿命长，但结构尺寸增大。当中心距过大时，会使链条松边垂度过大，发生颤动，使传动平稳性下降。一般取：

$$a_0 = (30 \sim 50)p。$$

$a_{0\max} = 80p$，采用张紧装置时 a_0 可大于 $80p$。

(3) 确定链节距 p。根据功率曲线和小链轮转速选定链条型号并确定链的节距。链传动传递的功率 P 与特定条件下链条的额定功率 P_0 之间的关系为：

$$P_0 \geqslant \frac{K_A P}{K_z K_m}。$$

式中：K_A——链传动的工况系数（表4.22）；

K_z——小链轮齿数系数，即考虑 $z_1 \neq 19$ 时的系数（表4.23），当链传动的工作区在额定功率曲线（图4.30）顶点左侧时查 K_z，在右侧时查 K_z'；

K_m——链的多排系数（表4.24）。

根据该式求得 P_0 和小链轮转速 n_1，由图4.30查得链的型号以及节距 p。在满足传动功率的前提下，应尽量取较小的节距。对高速（$v>8$ m/s）重载的链传动可选取小节距多排链。

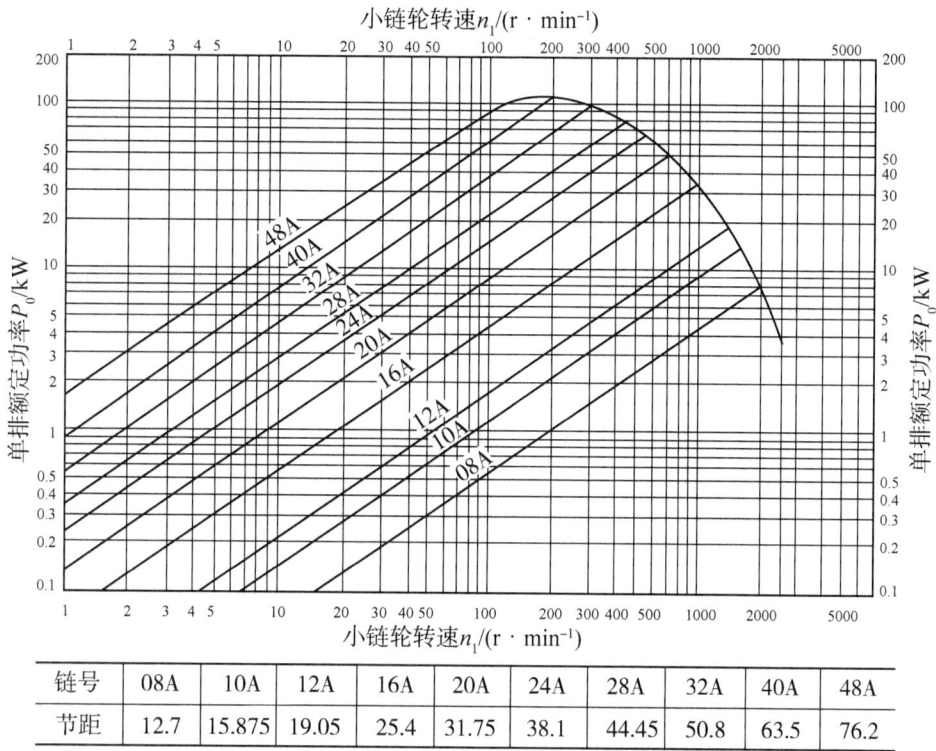

链号	08A	10A	12A	16A	20A	24A	28A	32A	40A	48A
节距	12.7	15.875	19.05	25.4	31.75	38.1	44.45	50.8	63.5	76.2

（小链轮齿数$z_1=19$，链传动速比$i=3$，链节数$L_p=120$节，润滑充分，载荷平稳工况下具有15000 h使用寿命的额定功率曲线）

图4.30　A系列滚子链传动功率曲线

表4.22　链传动的工况系数K_A

载荷种类	工作机械举例	原动机	
		电动机或汽轮机	内燃机
载荷平稳	液体搅拌机、离心泵、离心式鼓风机、纺织机械、轻型运输机、链式运输机、发电机	1.0	1.2
中等冲击	一般机床、压气机、木工机械、食品机械、印染纺织机械、一般造纸机械、大型鼓风机	1.3	1.4
较大冲击	锻压机械、矿山机械、工程机械、石油钻井机械、振动机械、橡胶搅拌机	1.5	1.7

表 4.23　小链轮的齿数系数 K_z

z_1	17	19	21	23	25	27	29	31	33	35
K_z	0.887	1.00	1.11	1.23	1.34	1.46	1.58	1.70	1.82	1.93
K_z'	0.846	1.00	1.16	1.33	1.51	1.69	1.89	2.08	2.29	2.50

表 4.24　多排链系数 K_m

排数	1	2	3	4
K_m	1.0	1.7	2.5	3.3

(4) 校核链速 v，确定润滑方式。链速计算式为：

$$v = \frac{n_1 z_1 p}{60 \times 1000}。$$

v 应符合选取 z_1 时所假定的链速范围，若 v 超出了允许范围应调整设计参数重新计算。并由图 4.31 确定润滑方式。

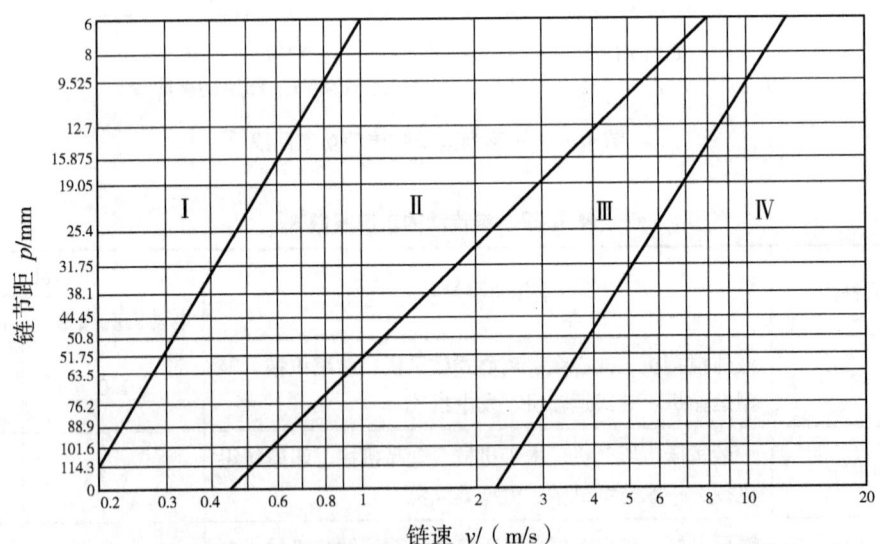

Ⅰ—人工定期润滑；Ⅱ—滴油润滑；Ⅲ—油浴式飞溅润滑；Ⅳ—压力喷油润滑

图 4.31　推荐使用的润滑方式

(5) 确定链条节数 L_p。链条节数 L_p 的计算式为：

$$L_p = \frac{2a_0}{p} + \frac{z_2 + z_1}{2} + \frac{p}{a_0}\left(\frac{z_2 - z_1}{2\pi}\right)^2。$$

计算得到的 L_p 应圆整为相近的整数,并尽可能取偶数。

(6) 计算实际中心距 a。由上式得：

$$a = \frac{p}{4}\left[\left(L_p - \frac{z_2 + z_1}{2}\right) + \sqrt{\left(L_p - \frac{z_2 + z_1}{2}\right)^2 - 8\left(\frac{z_2 - z_1}{2\pi}\right)^2}\right]。$$

为使链条松边具有合理的垂度,以利于链与链轮顺利啮合,安装时应使实际中心距较理论中心距 a 小 $2 \sim 5$ mm。

(7) 计算轴压力 F_Q。轴压力按下式计算：

$$F_Q = (1.2 \sim 1.3)F_t = 1000(1.2 \sim 1.3)P/v。$$

式中：F_t——链所承受的圆周力。

(8) 计算链轮端面和轴面尺寸,绘制链轮工作图。由表 4.18 计算链轮端面尺寸,由表 4.20 计算链轮的轴向尺寸。按所求得的尺寸绘制工作图,并注明齿形标准、齿数和节距。

4. 低速链传动的静强度计算

对于低速链传动（$v < 0.6$ mm）,其主要失效形式为过载拉断,故应按静强度计算,校核其静强度安全系数 s：

$$s = \frac{F_Q m}{K_A F_t} \geq 4 \sim 8。$$

式中：F_Q——单排链条的极限拉伸载荷（表 4.16）；
$\quad\quad m$——链条排数。

【例 4.2】 试设计一链式运输机的滚子链传动。已知：传递功率 $P = 15$ kW,电动机转速 $n_1 = 970$ r/min,速比 $i = 3$,载荷平稳。

解：计算过程如表 4.25 所示。

表 4.25 链传动设计计算过程

计算项目	计算与说明	计算结果
1. 确定链轮的齿数 z_1、z_2	假定 $v = 3 \sim 8$ m/s,查表 4.17 取 $z_1 = 21$,$z_2 = iz_1 = 3 \times 21 = 63 < 120$	$z_1 = 21$,$z_2 = 63$
2. 初定中心距 a_0	取 $a_0 = 40p$	$a_0 = 40p$

续表4.25

计算项目	计算与说明	计算结果
3. 确定链节距 p	查表4.22、表4.23、表4.24得 $K_A=1$,$K_z=1.11$,$K_m=1$。 根据 P_0 和 n_1 查图4.30得:$P_0 \geq \dfrac{K_A P}{K_z K_m} = \dfrac{1 \times 15}{1.11 \times 1} = 13.51(\text{kW})$。 选用12A号链条,$p=19.05$ mm	链号12A, $p=19.05$ mm
4. 验算链速,确定润滑方式	$v = \dfrac{n_1 z_1 p}{60 \times 1000} = \dfrac{970 \times 21 \times 19.05}{60 \times 1000} = 6.47(\text{m/s})$,符合原假设, 查图4.31知应采用油浴或飞溅润滑	$v=6.47$ m/s, 采用油浴或飞溅润滑
5. 确定链条节数 L_p	$L_p = \dfrac{2a_0}{p} + \dfrac{z_2+z_1}{2} + \dfrac{p}{a_0}\left(\dfrac{z_2-z_1}{2\pi}\right)^2 = \dfrac{2 \times 40p}{p} + \dfrac{63+21}{2} + \dfrac{p}{40p}\left(\dfrac{63-21}{2 \times 3.14}\right)^2 = 123.12$。 取 $L_p=124$ 节	$L_p=124$ 节
6. 确定实际中心距 a'	理论中心距: $a = \dfrac{p}{4}\left[\left(L_p - \dfrac{z_2+z_1}{2}\right) + \sqrt{\left(L_p - \dfrac{z_2+z_1}{2}\right)^2 - 8\left(\dfrac{z_2-z_1}{2\pi}\right)^2}\right]$ $= \dfrac{19.05}{4}\left[\left(124 - \dfrac{63+21}{2}\right) + \sqrt{\left(124 - \dfrac{63+21}{2}\right)^2 - 8\left(\dfrac{63-21}{2 \times 3.14}\right)^2}\right]$ $= 770.5(\text{mm})$。 实际中心距:$a' = a - (2\sim 5)$,取 $a' = 770.5 - 2.5 = 768(\text{mm})$	$a'=768$ mm
7. 计算轴压力 F_Q	$F_Q = (1.2\sim 1.3)F_t$ 圆周力 $F_t = \dfrac{1000P}{v} = \dfrac{1000 \times 15}{6.47} = 2318.39(\text{N})$ 取 $F_Q = 1.25 F_t = 1.25 \times 2318.39 = 2897.99(\text{N})$	$F_Q = 2897.99$ N
8. 链条标记	12A-1-124 GB/T 1243—97	12A-1-124, GB/T 1243—97
9. 计算链轮尺寸,绘制链轮工作图	$d_1 = \dfrac{p}{\sin(180°/z_1)} = \dfrac{19.05}{\sin(180°/21)} = 127.82(\text{mm})$, $d_2 = \dfrac{p}{\sin(180°/z_2)} = \dfrac{19.05}{\sin(180°/63)} = 382.18(\text{mm})$。 其他尺寸计算略,链轮零件图如图4.32所示	$d_1 = 127.82$ mm, $d_2 = 382.18$ mm

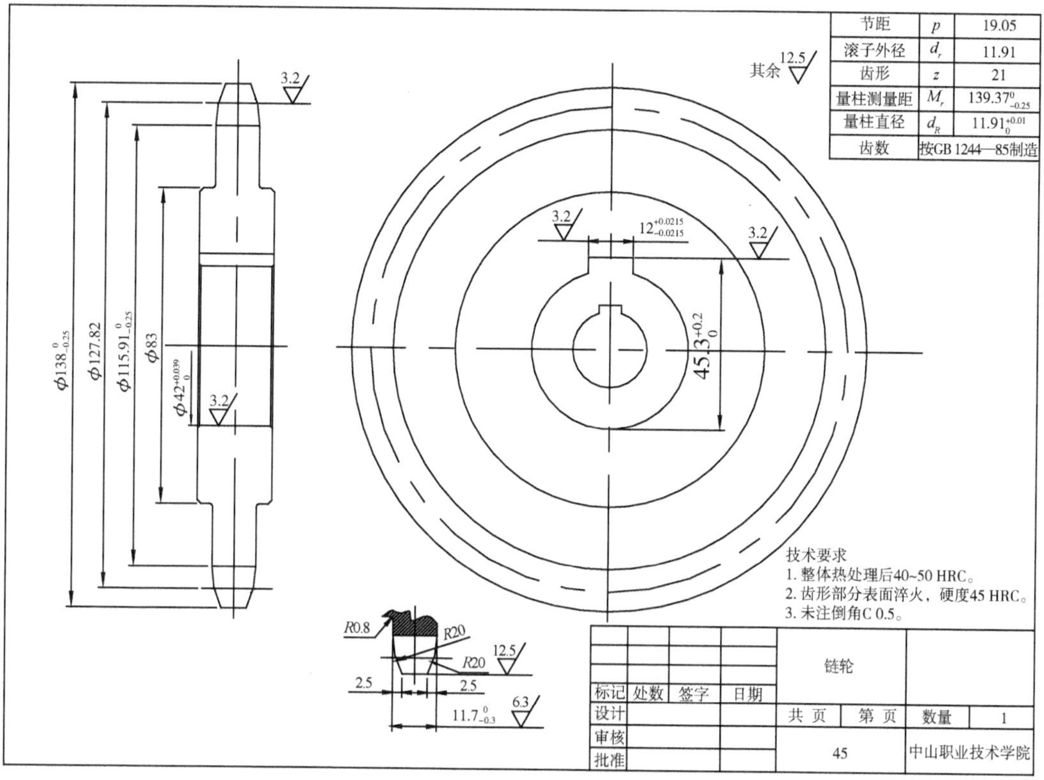

图 4.32 链轮零件图

三、间歇运动机构

在机械和仪表中,常常需要原动件作连续运动,从动件则产生周期性时动时停的间歇运动,实现这种间歇运动的机构称为间歇运动机构。

(一)棘轮机构

棘轮机构是主动件的连续往复摆动转换为棘轮的单向间歇运动的传动机构。棘轮机构结构简单,但不能传递大的动力,而且传动平稳性较差,不适宜于高速传动。一般用作机床及自动机械的进给机构,送料机构、刀架的转位机构、精纺机的成型机构、牛头刨床的送进机构等,也广泛用于限速器、卷扬机、提升机及牵引设备中,作为防止机械逆转的止动器。

  1. 棘轮机构的工作原理

  典型的棘轮机构由棘爪1、棘轮2、摇杆3、机架4等组成（图4.33）。摇杆及铰接于其上的棘爪为主动件，棘轮为从动件。

  图4.34所示为外啮合式棘轮机构。当主动曲柄连续转动时，摇杆3往复摆动。当摇杆逆时针摆动时，棘爪2嵌入棘轮1的齿槽内，推动棘轮沿逆时针方向转过一个角度；当摇杆顺时针摆动时，棘爪4在棘轮齿背上滑过，棘轮静止不动。在机架上安装止动棘爪可防止棘轮逆转。工作棘爪和止动棘爪均利用弹簧5使其与棘轮保持可靠接触。这样，当曲柄连续回转时，棘轮作单向的间歇运动。

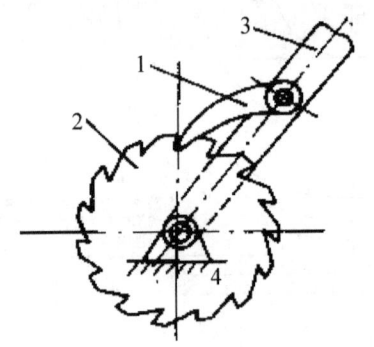

1. 棘爪；2. 棘轮；3. 摇杆；4. 机架

图4.33 棘轮机构的组成

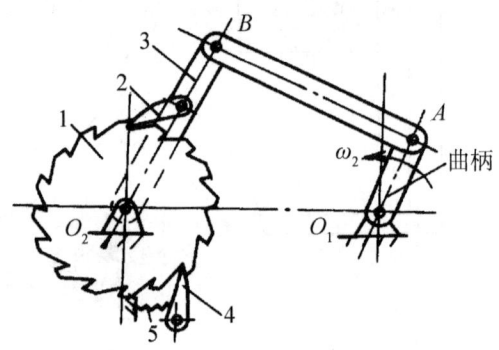

1. 棘轮；2、4. 棘爪；3. 摇杆；5. 弹簧

图4.34 外啮合式棘轮机构

  如果要求摇杆往复运动时都能使棘轮向同一方向转动，则可采用图4.35所示的双动式棘轮机构，驱动棘爪可制成钩头或直头。

  如果要求棘轮作双向间歇运动，可采用具有矩形齿的棘轮以及与之相适应的双向棘爪。如图4.36所示为矩形齿双向棘轮机构。图4.36（a）的驱动棘爪在实线位置时，棘轮作逆时针间歇转动；将驱动棘爪绕A点翻转成虚线位置时，棘轮作顺时针间歇转动。图4.36（b）所示为回转棘爪双向棘轮机构。当棘爪1按图示位置放置时，棘轮2作逆时针间歇转动。若将棘爪提起，并绕本身轴线转动180°后再插入棘轮齿槽时，棘轮作顺时针方向间歇转动。若将棘爪提起，并绕本身轴线转动90°，棘爪将被架在壳体的平面上，使轮与爪脱开。当棘爪往复摆动时，棘轮静止不动。

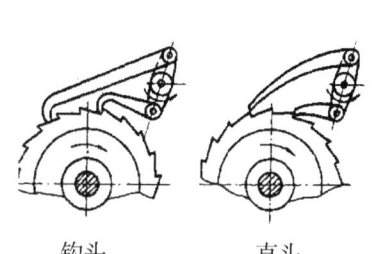
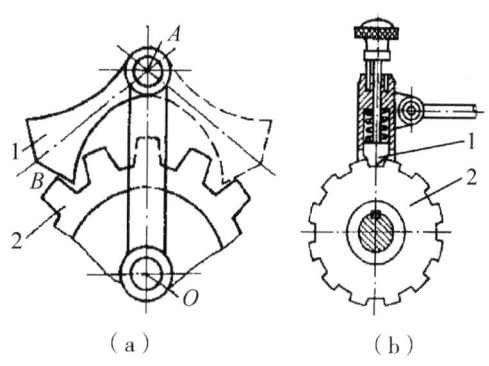

钩头　　　直头

1. 棘爪；2. 棘轮

图 4.35　双动式驱动棘爪　　　图 4.36　矩形齿双向棘轮机构

除外啮合式棘轮机构外，还有内啮合式棘轮机构（图 4.37）和棘条机构等。

2. 棘轮机构的主要参数及几何尺寸

（1）主要参数。

1）棘轮齿数 z，一般应由整个机器工作的需要来决定。通常取 $z=12\sim25$。

2）模数 m，仿照齿轮标准确定，与齿轮不同之处是从棘轮齿顶圆测量求得。其计算式为：

$$m = \frac{p}{\pi}。$$

式中：m——模数（mm），已系列化（表 4.26）；

p——周节（mm），由 $p=\pi D/z$ 可导出。

$$D = mz \text{（mm）}。$$

3）齿顶圆直径 d_a，棘轮的最大直径称为棘轮的齿顶圆直径，$d_a = mz$。

4）棘轮齿高 h，$h = 0.75m$。

5）棘齿偏斜角 φ。如图 4.38 所示，棘轮机构工作时，为使棘爪受载最小而推动棘轮的有效力最大，棘爪回转中心 O_1 应位于棘轮齿顶圆的切线上。当棘爪与棘齿在 A 点接触时，棘齿对棘爪的作用有正压力 N 和阻止棘爪下滑的摩擦力 $F(=N\tan\rho)$。为保证棘爪在此二力作用下仍能向棘齿根部滑动而不从齿槽滑脱，其合力 R 应使棘爪有逆时针回转的力矩，为此，轮齿工作面相对棘轮半径应有一个负倾角 φ，称为棘齿偏斜角。可以证明，φ 角与摩擦角 ρ 之间应有如下关系：

$$\varphi > \rho。$$

式中：ρ——摩擦角，$\rho = \arctan f$，f 为摩擦系数，取 $f = 0.2\sim0.25$。$\rho = 11.3°\sim14°$ 时，为了保证运转安全可靠，一般可取 $\varphi = 20°$。棘轮齿槽夹角 θ 由铣刀刃面夹角决定，一般取 $\theta = 60°$。因此，在绘制棘轮齿形时，需对齿顶厚 s 或棘齿偏斜角 φ 进行修正。

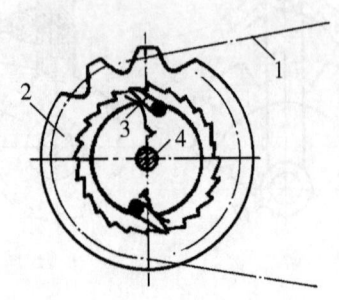

1. 链条；2. 内啮合棘轮；3. 棘爪；4. 车轴
图 4.37 自行车后轮轴的棘轮机构

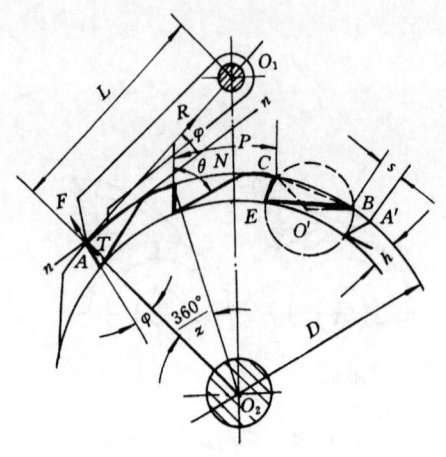

图 4.38 棘轮齿形

(2) 棘轮机构几何尺寸计算（表 4.26）。

表 4.26 棘轮机构几何尺寸

尺寸名称	符 号	计算公式与参数
模 数	m	常用 1、2、3、4、5、6、8、10、12、14、16 等
周 节	p	$p = \pi D/z$
齿顶圆直径	D	$D = zm$
齿 高	h	$h = 0.75m$
齿 顶 高	s	$s = m$
齿槽夹角	θ	$\theta = 60°$ 或 $55°$
齿根圆角半径	r	$\geqslant 1.5$ mm
棘爪长度	L	$2\pi m$

(二) 槽轮机构

1. 槽轮机构的工作原理、特点和应用

槽轮机构又称马氏机构。如图 4.39 所示，它由具有径向圆销的主动拨盘 1、具有径向槽的槽轮 2 和机架组成。

当主动拨盘 1 作均匀连续转动时，槽轮时而转动，时而静止。在主动拨盘 1 的圆柱

销 A 尚未进入槽轮的径向槽时,槽轮内凹锁止弧被主动拨盘 1 的外凸锁止弧卡住,因而槽轮静止不动。图中所示是主动拨盘 1 的圆柱销开始进入槽轮径向槽的位置,这时锁止弧被松开,因此圆柱销便驱使槽轮转动。当圆柱销开始脱出径向槽时,槽轮的另一内凹锁止弧又被主动拨盘 1 的外凸锁止弧卡住,致使槽轮静止不动,直到圆柱销再进入另一径向槽时,两者又重复上述的运动循环。图 4.39 所示的具有四个径向槽的槽轮机构,当原动件回转一周时,从动件只转过 1/4 周。同理,具有 n 个径向槽的槽轮机构,当原动件回转一周时,槽轮转过 $1/n$ 周。如此重复循环,使槽轮实现单向间歇转动。

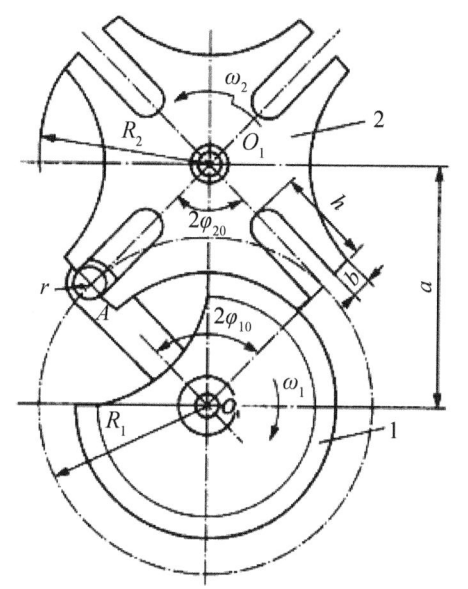

1. 主动拨盘;2. 槽轮

图 4.39 槽轮机构

槽轮机构的特点是结构简单,工作可靠,机械效率高,在进入和脱离接触时运动较平稳,能准确控制转动的角度,但槽轮的转角不可调节,故只能用于定转角的间歇运动机构中,如自动机床、电影机械、包装机械等。

图 4.40 所示为六角车床的刀架转位机构。刀架上装有 6 种刀具,与刀架固连的槽轮 2 上开有 6 个径向槽,拨盘 1 上装有一圆柱销 A,每当拨盘转动一周,圆柱销 A 就进入槽轮一次,驱使槽轮转过 60°,刀架也随之转动 60°,从而将下一工序的刀具换到工作位置上。图 4.41 所示为电影放映机构中的槽轮机构。为了适应人眼的视觉暂留现象,采用了槽轮机构,使影片作间歇运动。

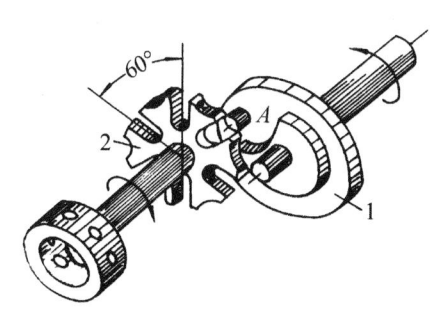

1. 圆销拨盘;2. 槽轮

图 4.40 刀架的转位机构

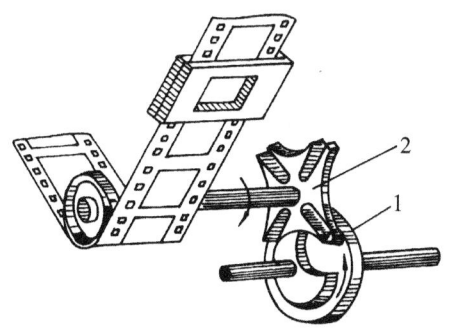

1. 圆销拨盘;2. 槽轮

图 4.41 放映机的卷片机构

2. 槽轮机构的主要参数及几何尺寸

（1）槽轮机构的基本参数。

1）槽轮的槽数 z。如图 4.39 所示，为使槽轮开始和终止转动的瞬时角速度为零，以避免圆柱销与槽轮发生冲击，圆销进入径向槽或退出径向槽时，径向槽的中心线应切于圆销中心的轨迹。设径向槽的数目为 z，当槽轮 2 转过 $2\varphi_2$ 时，构件 1 的转角 $2\varphi_1$ 为：

$$2\varphi_1 = \pi - 2\varphi_2 = \pi - \frac{2\pi}{z}。$$

2）运动系数 τ 和圆柱销数 k。槽轮每次运动的时间 t_m 对主动件回转一周的时间 t 之比称为运动系数，以 τ 表示。当构件 1 等速回转时，τ 可用构件 1 的转角之比来表示，即

$$\tau = \frac{t_m}{t} = \frac{2\varphi_1}{2\pi},$$

因此，

$$\tau = \frac{2\pi - 2\varphi_2}{2\pi} = \frac{z-2}{2z}。$$

因为运动系数 τ 必须大于零，所以由上式可知，径向槽的数目应等于或大于 3。对于图 4.40 所示的槽轮机构，槽轮的运动系数 τ 总小于 1/2，也就是说，槽轮的运动时间总小于静止时间。如需得到 $\tau > 1/2$ 的槽轮机构，则须在构件 1 上安装多个圆销。设 k 为均匀分布的圆销数，则一个循环中槽轮的运动时间比只有一个圆销时增加 k 倍，故有：

$$\tau = \frac{k(z-2)}{2z} < 1。$$

$\tau = 1$ 表示槽轮作连续转动，故 τ 应小于 1，即有：

$$k < \frac{2z}{z-2}。$$

由上式可知：当 $z=3$ 时，k 可取 1～5；当 $z=4$ 或 5 时，k 可取 1～3；当 $z \geq 6$，则 k 可取 1～2。

$z=3$ 时，工作过程中槽轮的角速度变化大；$z \geq 9$ 时，槽轮的尺寸将变得较大，转动时的惯性力矩也较大，但对 τ 的变化却不大。因此，槽数 z 常取为 4～8。

（2）槽轮的几何尺寸。槽轮的几何尺寸可以按下列公式计算（表 4.27）。

表4.27 槽轮几何尺寸的计算

参数	符号	计算公式或依据
槽数	z	由工作要求确定
圆销数	n	
中心距	a	由安装空间确定
回转半径	R	$R = a\sin\psi = a\sin(\pi/z)$
圆销半径	r	由受力大小确定，$r \approx R/6$
槽顶半径	s	$s = a\cos\psi = a\cos(\pi/z)$
槽深	h	$h \geq s - (a - R - r)$
拨盘轴径	d_1	$d_1 \leq 2(a - s)$
槽轮轴径	d_2	$d_2 \leq 2(a - R - r)$
槽顶侧壁厚	b	$b = 3 \sim 5$ mm，根据经验确定
锁止弧半径	r_0	$r_0 = R - r - b$

（三）不完全齿轮机构

不完全齿轮机构的主动轮上只有一个或数个轮齿，而从动轮上的轮齿分布视机构运动时间与静止时间的要求而定。如图4.42所示，主动轮1连续转动一周，从动轮2分别转1/8周（图（a））和1/4周（图（b）），达到主动轮连续转动，从动轮作间歇转动的目的。为防止从动轮在静止时间内游动，主动轮、从动轮上分别有外凸圆弧和内凹锁住弧。

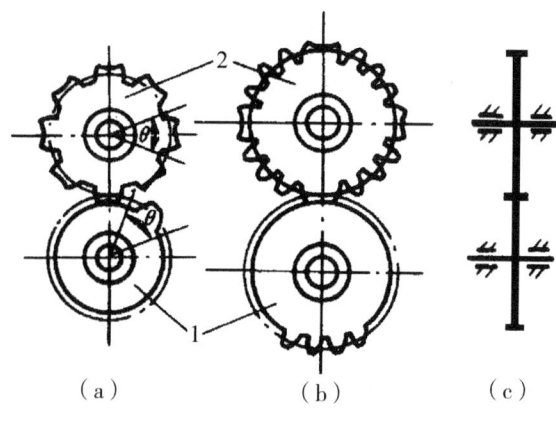

图4.42 不完全齿轮机构

不完全齿轮机构与其他间歇机构相比，只要适当地选取齿轮的齿数、锁住弧的段数和锁住弧之间的齿数，就能使从动轮得到预期的停歇次数、停歇时间及每次转过的角度。

但不完全齿轮机构在从动轮进入或退出啮合时，因速度突变，从而引起刚性冲击，故一般只用于低速轻载场合，常在计数器和某些间歇进给机构中采用。

四、凸轮机构

凸轮机构由凸轮1、从动件2、机架3三个基本构件及锁合装置组成（图4.43）。凸轮机构是一种高副机构，其中凸轮是一个具有曲线轮廓或凹槽的构件，通常作连续等速转动，从动件则在凸轮轮廓的控制下按预定的运动规律作往复移动或摆动。从动件的运动规律是由凸轮轮廓曲线决定的，只要凸轮轮廓设计得当，就可以使从动件实现任意给定的运动规律。在实际生产中，通常是根据需要对从动件的运动规律提出要求，再由从动件的运动规律设计凸轮轮廓。

1. 凸轮机构的应用

在各种机器中，为了实现各种复杂的运动要求，经常用到凸轮机构，在自动化和半自动化机械中应用更为广泛。图4.44所示为内燃机配气凸轮机构。凸轮1以等角速度回转，它的轮廓驱使从动件2（阀杆）按预期的运动规律启闭阀门。图4.45所示为绕线机中用于排线的凸轮机构，当绕线轴3快速转动时，经齿轮带动凸轮1缓慢地转动，通过凸轮轮廓与尖顶A之间的作用，驱使从动件2往复摆动，因而使线均匀地缠绕在轴上。

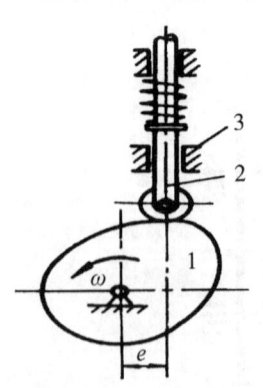

1凸轮；2. 从动件；3. 机架

图 4.43 凸轮机构

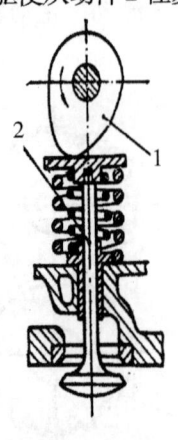

1. 凸轮；2. 从动件

图 4.44 内燃机配气凸轮机构

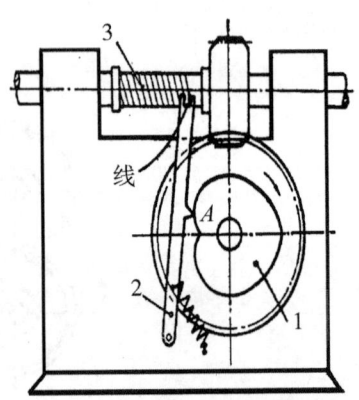

1. 凸轮；2. 从动件；3. 绕线轴

图 4.45 绕线机的凸轮机构

图 4.46 为应用于冲床上的凸轮机构示意图。凸轮 1 固定在冲头上，当冲头上下往复运动时，凸轮驱使从动件 2 以一定的规律水平往复运动，从而带动机械手装卸工件。图 4.47 为自动送料机构。当带有凹槽的凸轮 1 转动时，通过槽中的滚子，驱使从动件 2 作往复移动。凸轮每回转一周，从动件即从储料器中推出一个毛坯，送到加工位置。

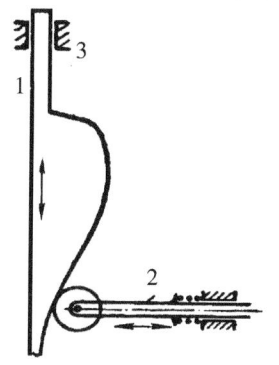 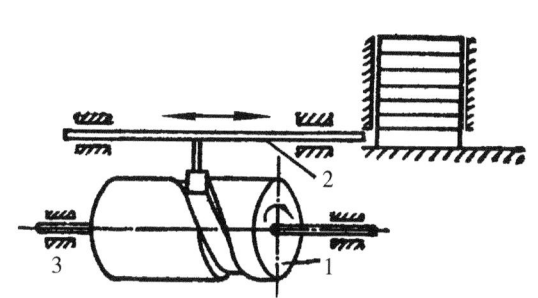

1. 凸轮；2. 从动件；3. 机架　　　　　　　　1. 凸轮；2. 从动件；3. 机架
图 4.46　冲床装卸料凸轮机构　　　　　　　图 4.47　自动送料机构

凸轮机构的优点为：只需设计适当的凸轮轮廓，便可使从动件得到所需的运动规律，并且结构简单、紧凑，设计方便。它的缺点是：凸轮轮廓与从动件之间为点接触或线接触，易于磨损，所以通常用于传力不大而需要实现特殊运动规律的场合。

2. 凸轮机构的分类

（1）按凸轮的形状分类。

1）盘形凸轮。它是凸轮的最基本形式。这种凸轮是一个绕固定轴转动并且具有变化半径的盘形零件（图 4.44、图 4.45）。

2）移动凸轮。当盘形凸轮的回转中心趋于无穷远时，凸轮相对机架作直线运动，这种凸轮称为移动凸轮（图 4.46）。

3）圆柱凸轮。将移动凸轮卷成圆柱体即成为圆柱凸轮（图 4.45）。

（2）按从动件的结构形式分类。常见的凸轮机构从动件的结构如图 4.48 所示。

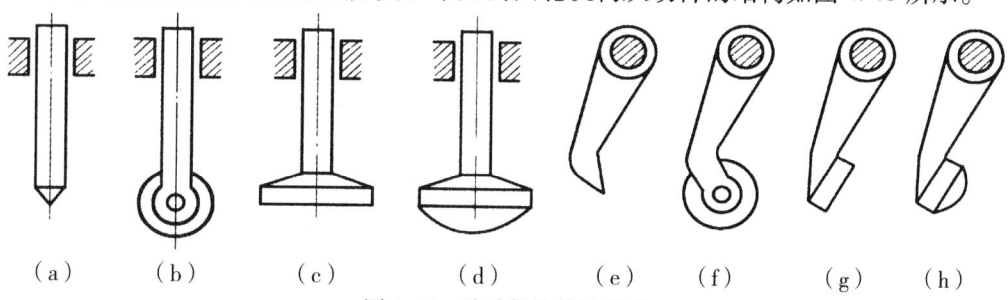

(a)　　　(b)　　　(c)　　　(d)　　　(e)　　　(f)　　　(g)　　　(h)

图 4.48　从动件的结构形式

1）尖顶从动件。如图4.45、图4.48（a）、图4.48（e）所示，尖顶能与复杂的凸轮轮廓保持接触，因而能实现任意预期的运动规律，但磨损快、效率低，只适用于受力不大的低速凸轮机构。

2）滚子从动件。如图4.46、图4.47、图4.48（b）、图4.48（f）所示，在从动件前端安装一个滚子，即成滚子从动件。滚子和凸轮轮廓之间为滚动摩擦，耐磨损，可以承受较大载荷，是最常用的一种形式。

3）平底从动件。如图4.44、图4.48（c）、图4.48（d）、图4.48（g）图4.48（h）所示，从动件与凸轮轮廓表面接触的端面为一平面。显然它不能与凹陷的凸轮轮廓相接触。这种从动件的优点是：当不考虑摩擦时，凸轮与从动件之间的作用力始终与从动件的平底相垂直，传动效率较高，且接触面易于形成油膜，利于润滑，常用于高速凸轮机构。

以上3种从动件都可以相对机架作往复直线移动或作往复摆动。为了使凸轮与从动件始终保持接触，可利用重力、弹簧力（图4.44、图4.45）或凸轮上的凹槽（图4.47）来实现。

3. 凸轮机构的设计方法和特点

只要正确地设计和制造出凸轮的轮廓曲线，就能把凸轮的回转运动准确可靠地转变为从动件所预期的复杂运动规律的运动，而且设计简单。凸轮设计必须首先满足机器的工作过程对从动件的工作要求，根据工作要求选择从动件的运动规律。当机器的工作过程对从动件的运动规律没有特殊要求时，对低速凸轮机构，主要考虑便于凸轮的加工；对高速凸轮机构，主要以考虑减小惯性力为依据来选择从动件的运动规律。从动件的运动规律和凸轮基圆半径确定之后，即可进行凸轮轮廓曲线的设计。

凸轮机构结构简单、紧凑，运动可靠，只要适当地设计凸轮轮廓，就可以使从动件实现生产所要求的运动规律，因此在工程中得到广泛运用。但凸轮与从动件之间为点接触或线接触，故难以保持良好的润滑，容易磨损。凸轮为曲线轮廓，它的加工比较复杂，并需要考虑保持从动件与凸轮接触的锁合装置；由于受凸轮尺寸的限制，从动件工作行程较小。因此凸轮机构多用于需要实现特殊要求的运动规律而传力不大的控制与调节系统中。

4. 凸轮机构的材料

凸轮机构工作时，往往承受动载荷的作用，同时凸轮表面承受强烈磨损。因此，要求凸轮和滚子的工作表面硬度高，具有良好的耐磨性，芯部有良好的韧性。当低速、轻载时，可以选用铸铁作为凸轮的材料；中速、中载时可以选用优质碳素结构钢、合金钢作为凸轮的材料，并经表面淬火或渗碳淬火，使硬度达到要求；高速、重载凸轮可以用优质合金钢材料，并经表面淬火或渗氮处理。滚子材料用合金钢材料，经渗碳淬火，达到较大的表面硬度。常用的凸轮材料有40Cr、20Cr、40CrMnTi，常用的滚子材料有20Cr或者轴承钢GCr15。

五、曳引传动

两个表面粗糙的物体,当其接触表面之间有相对滑动趋势或相对滑动时,彼此作用有阻碍相对滑动的阻力,即滑动摩擦力。摩擦力作用于相互接触处,其方向与相对滑动的趋势或相对滑动的方向相反。电梯曳引机的曳引传动是利用曳引绳与曳引轮的摩擦来实现轿厢运行的驱动装置。

(一) 滑 轮

滑轮有两种:定滑轮和动滑轮。定滑轮实质是等臂杠杆,即动力臂、阻力臂等于滑轮半径。使用定滑轮不省力也不费力,但可改变作用力方向,如图 4.49(a)所示。在不少情况下,改变力的方向会给工作带来方便。

动滑轮实质是动力臂为阻力臂 2 倍的杠杆,多费 1 倍距离,省 1/2 的力,如图 4.49(b)所示。使用动滑轮时,钩码由两段绳子吊着,每段绳子只承担钩码重的一半,因此使用动滑轮省了 1/2 的力;但是,动力移动的距离大于钩码升高的距离,即多费了 1 倍距离。

定滑轮跟动滑轮组成滑轮组,既可省力,又可改变力的方向,如图 4.50 所示。滑轮组用几段绳子吊着物体,提起物体所用的力就是总重的几分之一。绳子的自由端绕过动滑轮的算一段,而绕过定滑轮的就不算了。使用滑轮组虽然省了力,但费了距离,动力移动的距离大于物体移动的距离。当动滑轮上连有 n 根绳子时,拉力和物体质量的关系是 $F = \dfrac{1}{n} G$。需要注意的是,以上所有问题我们都不考虑动滑轮和绳的质量以及它们之间的摩擦。

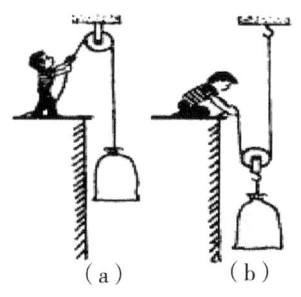

图 4.49 定滑轮与动滑轮

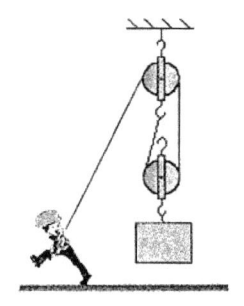

图 4.50 滑轮组

（二）典型的电梯曳引结构

曳引轮是曳引机上的驱动轮，曳引绳是连接轿厢和对重装置并靠与曳引轮槽的摩擦力驱动轿厢升降的专用钢丝绳。曳引机通过曳引轮和嵌挂在绳槽中的曳引钢丝绳之间的摩擦力（曳引力），将能量传递给轿厢和对重，实现轿厢和对重的上下运行（图4.51）。曳引轮是保证电梯正常运行的重要部件。为了获得较大的曳引力，即曳引绳与曳引轮绳槽之间的摩擦力，钢丝绳与曳引轮之间不能过度润滑，应采用摩擦系数高的槽形和材料。

曳引轮直径大，曳引轮与钢丝绳的接触长度就大，钢丝绳弯曲程度较轻，能增大曳引力和减少钢丝绳内的弯曲应力，可提高钢丝绳的寿命，但这会使整个曳引装置体积增大。

对于快速电梯和高速电梯，GB 7588—2003 规定：

$$D/d \geqslant 40。$$

式中：D——曳引轮绳槽节径（mm）；
d——钢丝绳直径（mm）。

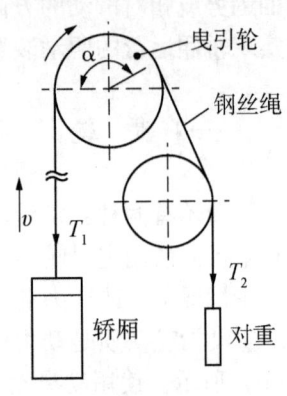

图4.51 电梯曳引传动的结构

曳引轮必须具有较高的硬度和较好的耐磨性能。曳引轮的材料一般选用 QT60—2 球墨铸铁，翻砂铸造。为使钢丝绳与曳引轮达到均匀的磨损，必须使曳引轮绳槽材料的金相组织及硬度在足够深度上保持均匀。曳引轮绳槽硬度多为 200 HB 左右，同一曳引轮上硬度差不大于 15 HB，工作表面粗糙度 Ra 小于 6.3，槽面法向跳动匀差为曳引轮绳槽节径的 1/2000，各槽节径在半径方向的相对匀差为 0.10 mm。

1. 曳引比

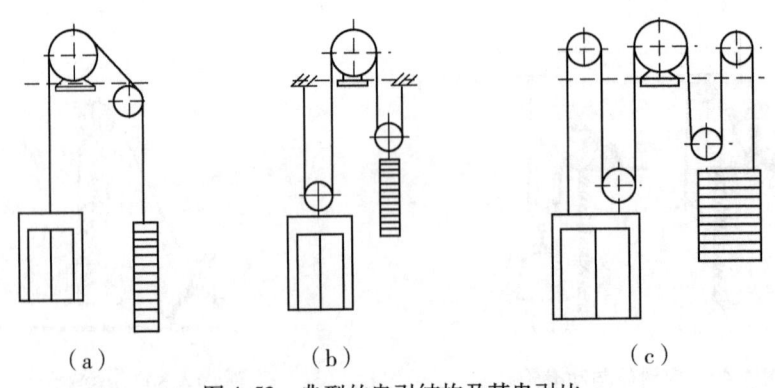

图4.52 典型的曳引结构及其曳引比

（1）当曳引比为1:1时，如图4.52（a）所示。曳引绳（轮）线速度v_1 = 轿厢运行速度v_2，轿厢侧曳引绳载荷力T_1等于轿厢总重力$Q_t g$：

$$T_1 = Q_t g。$$

式中：T_1——轿厢侧曳引绳载荷力；
　　　Q_t——轿厢侧总质量；
　　　g——重力加速度（9.8 m/s²）。

（2）当曳引比为2:1时，如图4.52（b）所示。$v_1 = 2v_2$，即曳引绳线速度等于2倍轿厢运行速度，轿厢侧曳引绳载荷力等于1/2轿厢总重力：

$$T_1 = \frac{1}{2}Q_t g。$$

（3）当曳引比为3:1时，如图4.52（c）所示。$v_1 = 3v_2$，即曳引绳线速度等于3倍轿厢运行速度，轿厢侧曳引绳载荷力等于1/3轿厢总重力：

$$T_1 = \frac{1}{3}Q_t g。$$

2. 曳引系统受力分析

电梯曳引系统上的曳引力就是曳引绳与曳引轮间的摩擦力，也叫做驱动力，它是通过曳引绳使轿厢运行的力。曳引力的大小为轿厢侧曳引绳上的载荷力T_1与对重侧曳引绳上的载荷力T_2之差（图4.53）。由于载荷力不仅与轿厢的载质量有关，而且还随电梯的运行阶段而变化，因此曳引力是一个不断变化的力。

电梯稳定上、下行阶段的曳引力为T，这个运行阶段，电梯匀速运行，无加速度，载荷力T_1、T_2只与轿厢和对重的质量有关，这时的载荷力为：

左侧：$T_1 = (G + Q)g$；
右侧：$T_2 = Wg$；
曳引力：$T = T_1 - T_2 = (G + Q - W)g$。

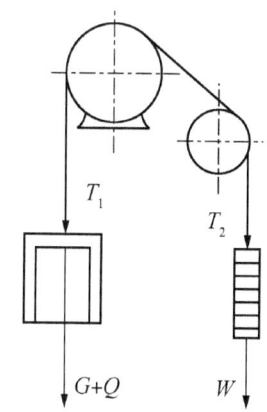

图4.53　曳引力与载荷力关系

式中：G——轿厢质量（kg）；
　　　Q——额定载质量（kg）；
　　　W——对重质量（kg）。

注意：上述计算中，均未考虑曳引绳质量、电缆质量、导靴与导轨间的摩擦力、轿厢运行空气阻力等因素，只是直观地分析曳引系统受力特点。其中对重质量W的计算公式为：

$$W = G + KQ。$$

式中：K——电梯平衡系数。对一般客梯，$K = 0.4 \sim 0.5$；对货梯，$K = 0.45 \sim 0.55$。

（三）曳引传动的设计计算

1. 曳引系数

图 4.54 所示为提升中的电梯曳引钢丝绳受力简图。假设钢丝绳在曳引轮上的包角为 α，两边的张力分别为 T_1 和 T_2，且假设 $T_1 > T_2$。设此时曳引钢丝绳在曳引轮上正处于将要打滑，但还没有打滑的临界平衡状态。在钢丝绳的分支中张力的最大比值 T_1/T_2 就是有效曳引力。

为使电梯在工作情况下不打滑，保证有足够的曳引能力，根据欧拉公式，T_1 与 T_2 之间有如下的关系：

$$\frac{T_1}{T_2} \leqslant e^{f\alpha}。$$

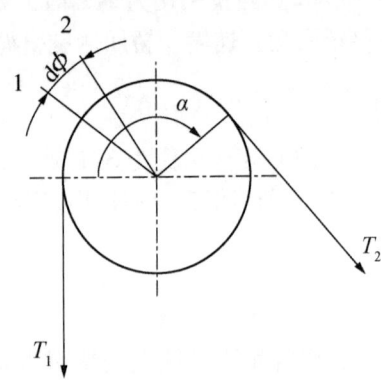

图 4.54 曳引绳张力

式中：T_1/T_2——曳引轮两边钢丝绳较大静张力与较小静张力之比；

f——曳引钢丝绳与曳引轮绳槽间的摩擦系数；

α——曳引钢丝绳与曳引轮相接触的一段圆弧所对应的圆心角（包角）（rad）；

e——自然常数，$e = 2.71828$；

$e^{f\alpha}$——曳引系数。

曳引系数是一个客观量，它与 f、α 有关。当 $f\alpha$ 参量增大时，对应的有效摩擦能力增大，无论是增大摩擦系数还是增大包角都可以提高曳引能力。$e^{f\alpha}$ 限定了 T_1/T_2 的允许比值，$e^{f\alpha}$ 大，则表明电梯的曳引能力大。一台电梯的曳引系数代表了该台电梯的曳引能力。

由于电梯轿厢的载荷和轿厢的位置以及运行方向在运行状态下都在变化，因此必须使电梯在任何可能状态下都要有足够的曳引力。在曳引（即不打滑）条件下验算时，一般采用如下公式：

$$\frac{T_1}{T_2} \times C_1 \times C_2 \leqslant e^{f\alpha}。$$

式中：T_1/T_2——曳引轮两边钢丝绳较大静张力与较小静张力之比（一般考虑如下两种工况：轿厢载有 125% 的额定载荷，且位于最低层站；空载的轿厢位于最高层站）；

C_1——与轿厢加速度、减速度及电梯特殊情况有关的系数;

C_2——与绳槽形状因磨损而发生改变有关的系数(对半圆槽或切口槽 $C_2 = 1$,对 V 形槽 $C_2 = 1.2$)。

$$C_1 = \frac{g+a}{g-a}。$$

式中:a 为轿厢的制动减速度(m/s^2)。C_1 的最小允许值如表 4.27 所示(v 为额定速度)。

表 4.27 C_1 的最小允许值

$v/(m \cdot s^{-1})$	C_1 的最小允许值
$0 < v \leqslant 0.63$	1.10
$0.63 < v \leqslant 1.00$	1.15
$1.00 < v \leqslant 1.60$	1.20
$1.60 < v \leqslant 2.50$	1.25
$v > 2.50$	>1.25

2. 钢丝绳在曳引轮槽中的比压计算

曳引力与曳引轮绳槽的关系为曳引绳与不同形状的绳槽接触时,所产生的摩擦力是不相同的,摩擦力越大则曳引力就越大。从目前曳引轮绳槽形状来看,主要有 3 种型式:半圆槽、半圆形带切口槽、V 形槽(图 4.55)。

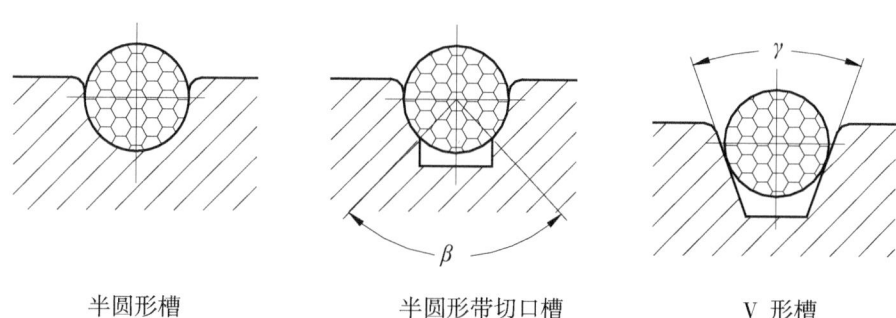

半圆形槽　　　　　　半圆形带切口槽　　　　　　V 形槽

图 4.55 曳引轮绳槽型式

经计算分析得出如下结论:

(1)这 3 种槽型中以 V 形槽的摩擦系数最高,半圆形带切口槽次之,半圆形槽最小。

(2) 通常 V 形槽的楔角 γ 为 35°。减小楔角可以进一步提高曳引能力，但钢丝绳与绳槽间的磨损严重，同时还会使钢丝绳绕入、绕出曳引轮时产生卡绳现象。

(3) 因半圆形槽的摩擦系数比 V 形槽小得多，一般多应用于复绕结构曳引轮，更常见的是用于反绳轮、轿顶轮和对重轮。

(4) 半圆形带切口槽的切口角 β 一般为 90~100°，不能超过 120°。国产曳引机切口角 β 多为 90°，切口角越大则曳引能力越大，但同时钢丝绳与绳槽间的磨损情况加剧。由于这种槽形的摩擦系数比半圆槽形明显增大，磨损却比 V 形槽显著减小，因此在电梯曳引机上得到广泛应用。

钢丝绳在绳槽中的比压将直接影响钢丝绳的磨损，因此应予以控制。其比压 P（N/mm^2）的计算值应满足：

$$P \leqslant \frac{12.5 + 4v_c}{1 + v_c}。$$

式中：v_c——与轿厢额定速度相对应的曳引绳线速度（m/s）。

半圆形槽的比压分布为：

$$P_{max} = \frac{8T}{Dd(\delta + \sin\delta)}。$$

式中：D——曳引轮节径；
　　　d——钢丝绳直径；
　　　δ——钢丝绳与绳槽的接触角；
　　　P_{max}——钢丝绳在曳引轮槽中的比压的最大值。

绳槽磨损是由摩擦引起的。当钢丝绳磨损后，钢丝绳与绳槽的接触点都将下移一个相同的距离。这一现象说明绳槽沿曳引轮径向方向上相同长的接触弧磨损。

V 形槽的比压分布为：

$$P_{max} = \frac{3\pi T}{2Dd\sin\dfrac{\delta}{2}}。$$

钢丝绳的弹性直接影响其与绳槽的接触面积，弹性大的钢丝绳对轮槽的接触面就大。对 V 形槽，外粗式钢丝绳较为适宜。

半圆形带切口槽的比压分布为：

$$P_{max} = \frac{8T\cos\dfrac{\beta}{2}}{Dd(\delta - \beta + \sin\delta - \sin\beta)}。$$

式中：β——曳引轮上带切口槽的切口角。

3. 钢丝绳在绳槽中的当量摩擦系数

钢丝绳在绳槽中的摩擦系数 f 与曳引轮绳槽有关。f 指的是当量的摩擦系数，而不是材料表面之间的实际摩擦系数。

V 形槽的摩擦系数为：

$$f = \frac{\mu}{\sin\frac{\delta}{2}};$$

半圆形带切口槽的摩擦系数为：

$$f = 4\mu \times \frac{\sin\frac{\delta}{2} - \sin\frac{\beta}{2}}{\delta - \beta + \sin\delta - \sin\beta};$$

半圆形槽的摩擦系数为：

$$f = 1.273\mu。$$

上三式中：μ——钢丝绳与绳槽之间的实际摩擦系数，当绳槽为钢或铸铁时，通常取 $\mu = 0.09$；

δ——V 形槽的槽形夹角，电梯上一般取 $32° \sim 40°$；

β——曳引轮上带切口槽的切口角。

另外，从以上关系式中看到，曳引力的大小和钢丝绳与绳槽间的摩擦系数 μ 有关，也就是与曳引绳和绳槽间的润滑状态有关。

当两者表面轻微润滑时：$\mu = 0.09 \sim 0.1$；

当两者表面充分润滑时：$\mu = 0.06$；

当两者表面基本是干摩擦状态时：$\mu = 0.15$。

以上的后两者情况是不可取的，通常采用第一种轻微润滑状态，因此在曳引钢丝绳与曳引轮绳槽之间切忌有过分的润滑。通常只依靠钢丝绳芯部所含的油，在运行时被挤出，由内向外润滑钢丝绳各根单丝，以达到防锈和轻度的内部润滑的目的即能满足要求。旧钢丝绳由于使用日久，芯部含油太少，致使钢丝表面出现锈蚀时，可适当在表面添加轻质油；但目的是补充钢丝绳芯部的含油量，加油后钢丝绳表面多余的润滑油应抹干，以免因表面过度润滑，使曳引力降低而导致打滑失控。

【例 4.3】一台电梯额定载重量为 1000 kg，额定速度为 1.6 m/s，轿厢质量为 1400 kg，钢丝绳倍率 $i = 1$，钢丝绳直径为 13 mm，钢丝绳的数目为 5。(1) 试计算曳引能力和比压大小。(2) 设曳引轮的直径为 610 mm，绳槽形状为半圆形带切口槽，对重为 1900 kg（平衡系数 = 0.5）。假设曳引系统使用一个导向轮，钢丝绳在曳引轮上的包角 $\alpha = 165°$，算出两种工况下的静张力比。

解：轿厢位于最低层站且载有 125% 的额定载荷时，有：

$$\frac{T_1}{T_2} = \frac{1.25 \times 1000 + 1400}{1900} = 1.3947;$$

空载轿厢位于最高层站时，有：

$$\frac{T_1}{T_2} = \frac{1900}{1400} = 1.3571。$$

由上面的计算可以看出，后一种工况 T_1/T_2 比前一种工况要小，因而打滑的危险也较小。

假设轿厢的制动减速度为 1.3 m/s^2，则 C_1 取值为：

$$C_1 = \frac{g + 1.3}{g - 1.3} = 1.3059。$$

对于半圆形带切口槽，$C_2 = 1$。

按第一种工况验算，有：

$$C_1 \times \frac{T_1}{T_2} = 1.3059 \times 1.3947 = 1.8213。$$

切口槽的切口角 β 取 $105°$，摩擦系数 μ 取 0.09，则按照式 $f = 4\mu \times \frac{\sin\frac{\delta}{2} - \sin\frac{\beta}{2}}{\delta - \beta + \sin\delta - \sin\beta}$ 计算当量摩擦系数：

$$f = 4 \times 0.09 \times \frac{1 - \sin 52.5°}{\pi - \frac{105}{180}\pi - \sin 105°} = 0.2168，$$

$$e^{f\alpha} = e^{0.2168 \times \frac{165}{180}\pi} = 1.8670。$$

因此，选用切口槽，且 $\beta = 105°$ 时有足够的曳引力。在上述计算中还可以看出，在满足曳引条件下的最小摩擦系数为：

$$1.8213 \leqslant e^{f_{\min}\alpha}, \quad f_{\min} = 0.2082。$$

最大许用比压由式 $P \leqslant (12.5 + 4v_c)/(1 + v_c)$ 给出：

$$[p] = \frac{12.5 + 4 \times 1.6}{1 + 1.6} = 7.2692(\text{N/mm}^2)。$$

钢丝绳的最大静张力为：

$$T = \frac{(1000 + 1400) \times 9.8}{5} = 4704(\text{N})。$$

按式 $P_{\max} = \frac{8T\cos\frac{\beta}{2}}{Dd(\delta - \beta + \sin\delta - \sin\beta)}$ 计算切口槽边缘的最大比压（按 $\beta = 105°, \delta = 180°$ 计算）：

$$P_{\max} = \frac{8 \times 4704 \times \cos 52.5°}{610 \times 13 \times (\pi - \frac{105}{180}\pi - \sin 105°)} = 8.4207(\text{N/mm}^2)。$$

（四）曳引轮绳槽数验算（曳引钢丝绳安全系数验算）

曳引钢丝绳的受力较为复杂，它除受到对重质量、轿厢质量及载重、钢丝绳质量等的作用外，在电梯启动加速、减速制动等过程中还受到动载荷的作用，当钢丝绳绕过曳引轮或反绳轮时还会产生弯曲应力和离心应力，以及绳股之间、绳与绳槽间的接触应力和挤压应力等。为确保电梯的安全运行，必须对曳引钢丝绳的使用根数和安全系数进行准确计算，即确定曳引轮绳槽数。

曳引钢丝绳静载安全系数按下式计算：

$$K = \frac{niN}{T_{max}}。$$

式中：K——钢丝绳静载安全系数（未计入弯曲及动载荷影响）；

N——单根钢丝绳的破断拉力（N）；

T_{max}——曳引钢丝绳上承受的最大拉力，含轿厢质量、载重、最大提升高度长度上的曳引钢丝绳质量、补偿绳张紧负荷的一半（有补偿装置时）（N）；

n——曳引绳根数；

i——曳引比。

按 GB 7588—2003 标准规定，安全系数 $[K]$ 是根据标准规范确定的数值，是指装有额定载荷的轿厢停靠在最低层站时，一根钢丝绳（或一根链条）的最小破断负荷（N）与这根钢丝绳（或这根链条）所受的最大力（N）之间的比值，表明在静载状态下，单根钢丝绳的破断拉力与单根钢丝绳实际受力之比。曳引钢丝绳的根数选择时要求实际安全系数要大于规定的 $[K]$：

$$K = \frac{niN}{T_{max}} > [K]。$$

【例4.4】一台电梯额定载质量为 200 kg，额定速度为 0.5 m/s，曳引比为 1:1，轿厢质量为 150 kg，钢丝绳采用 8 NAT 8×19S + FC – 1500（双）右交钢丝绳，钢丝绳自重 12.6 kg，钢丝绳载荷不均匀系数为 1.1，钢丝绳的数目为 2，试计算曳引轮绳槽数。

解：钢丝绳所受的最大拉力：

$$T_{max} = (P + Q + Wr) \times C \times g_n = (150 + 200 + 12.6) \times 1.1 \times 9.80 \approx 3908.8 \text{ (N)}。$$

按 GB 8903—2005 标准查得 8 NAT 8×19S + FC – 1500（双）右交钢丝绳的质量为 26 kg/100 m，最小破断载荷为 35.8 kN，即 $N = 35800$ N。则钢丝绳安全系数为：

$$K = \frac{niN}{T_{max}} = \frac{2 \times 1 \times 35800}{3908.8} \approx 18.30 > [K] = 16。$$

根据 GB 7588—2003 规定，对于用两根钢丝绳的曳引驱动电梯，其悬挂绳的安全系数应不小于16，取钢丝绳许用安全系数 $[K]$ =16。

所以曳引钢丝绳的安全系数符合GB 7588—2003标准要求，曳引轮绳槽数可取为两个槽。

任务4　曳引传动装置的设计

任务4　曳引传动装置的设计任务书

一、任务目标

1. 知识目标：

（1）掌握V带传动、链传动、曳引传动的类型、结构、原理和设计方法，培养学生分析和解决实际工程设计问题的能力。

（2）掌握通用机构零件的主要参数、受力分析、失效分析、设计准则及承载能力设计计算方法。

（3）综合运用SolidWorks及其他先前修过的课程的知识，进行软件设计训练，使已学知识得以巩固、加深和扩展，提高学生制图水平和机械CAD技术水平。

2. 能力目标：

（1）能使用AutoCAD和SolidWorks二维、三维零部件设计软件绘出零件图和装配图。

（2）能运用手册、标准、规范、设计软件等技术资料设计和选用传动机构、标准零部件。

（3）能运用机械系统设计的基础知识，分析和设计电梯常用机构和简单传动装置。

（4）根据使用、制造工艺、安装维护、经济和安全等方面的要求对电梯零部件进行结构优化设计。

3. 素质目标：

（1）树立正确的设计思想，养成依照行业标准、规范，按章设计、使用的安全意识。

（2）通过项目训练培养职业技能，形成善于思考、勤奋好学的学习风气，养成严谨的科学态度、良好的职业道德和敬业精神。

（3）通过项目组共同完成任务，培养团队精神和合作意识。

（4）培养学生的创新精神和实践能力。

二、任务内容

1. 假设曳引机采用带传动,进行 V 带传动的设计计算。
2. 假设曳引机采用链传动,进行链传动的设计计算。
3. 曳引传动的设计计算,确定曳引轮的结构,包括曳引轮上曳引绳槽的数目、曳引绳在曳引轮上的包角 α、曳引轮绳槽结构(包括槽形、槽形角度 δ、切口角 β),计算曳引能力,绘制零件图(图 4.55),撰写设计说明书。

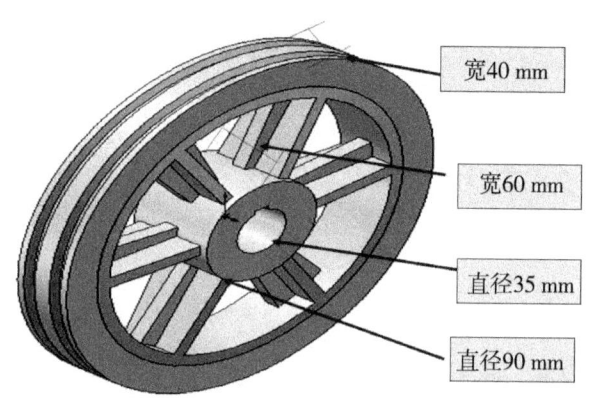

图 4.55 曳引轮三维实体

三、任务要求

1. 在教师指导下,按照设计任务内容,确定小组成员(三人一组),并根据各个成员的特长进行分工:一人作为负责人,除日常工作外还需负责整个任务的协调与管理,组员各司其职,按时、按量、保质完成全部设计任务。图纸命名形式为图纸名 +(姓名)。图纸命名形式示例:曳引轮(张三).sldprt。

2. 学生间可以相互讨论、协助,但必须独立完成。每组交一份设计说明书及三维装配体。

四、考核与评价

1. 完成 V 带传动的设计计算、链传动的设计计算、曳引传动的设计计算,撰写设计计算说明书,共计 50 分。
2. 完成曳引轮参数的设计计算及曳引轮三维模型的绘制,共计 50 分。
3. 平时表现:是否遵守纪律,设计态度是否端正,能否按进度独立完成工作量,是否请假、迟到、早退、旷课等,课堂提问、作业、抽查当场演示等,将计入平时成绩。

复习题4

1. 带传动的弹性滑动和打滑是怎样产生的?它们对传动有何影响?
2. 带传动张紧的目的是什么?链传动与带传动的张紧目的有何区别?
3. V带轮轮槽与带的三种安装情况如图4.56所示,其中哪一种情况是正确的?为什么?

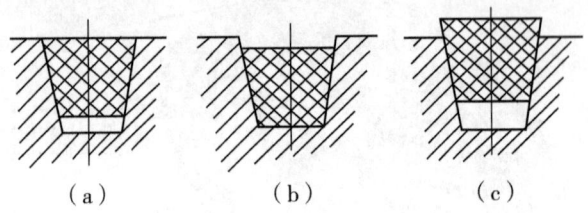

图4.56　V带轮槽与带的安装

4. 一金属切削机床,用普通V带传动。已知电动机额定功率$P=3$ kW,主动轮转速$n_1=1420$ r/min,从动轮转速$n_2=570$ r/min,带速$v=7.45$ m/s,轴间距$a=530$ mm,带与带轮间的当量摩擦系数$\mu_v=0.45$,每天工作16 h。求带轮基准直径d_{d_1}和d_{d_2}、带基准长度L_d和预紧力F_0。

5. 套筒滚子链已标准化,链号为08B、20A的链节距p各是多少 mm?后缀A或B分别表示什么?有一滚子链的标记是10A—2×100 GB 1243.1—83,试说明它表示什么。

6. 有一套筒滚子链传动,已知链条节距$p=15.875$ mm,小链轮齿数$z_1=19$,安装小链轮的轴径$d_0=25$ mm。求小链轮分度圆直径d_1、齿顶圆直径d_{a_1},并绘出小链轮的零件工作图。

7. 试设计一带式输送机用的链传动。已知传递功率$p=7.5$ kW,主动链轮转速$n_1=960$ r/min,主动轴轴径$d_0=38$ mm,从动链轮转速$n_2=330$ r/min,电动机驱动,载荷平稳,每天工作8 h,按规定条件润滑,链轮中心线和水平线的夹角为30°。

8. 已知某台电梯的技术参数为:①额定载荷:1000 kg;②额定速度:1.6 m/s;③减速比为57:2;④曳引比为1:1;⑤最大提升高度:80 m;⑥噪声:≤65 dB;⑦减速器最高温度:80 ℃;⑧曳引轮节径:620 mm;⑨电机转速:1456 r/min;⑩电机功率:15 kW;⑪轿厢质量:$P=1760$ kg;⑫减速箱中心距:240 mm;⑬钢丝绳根数-直径:5-ϕ13。该电梯采用YJ240型曳引机,减速器机械总效率为0.6,平衡系数取0.5。试计算曳引能力。

第五章 执行机构及辅助系统设计

机械系统设计的目的是要使所设计的系统具有一定的预期功能。机械系统中能直接完成预期工作任务的那部分子系统就是执行系统。执行系统的组成包括执行末端件和执行机构。执行末端件指直接与工作对象接触并完成一定工作（如移动、转动、夹持等），或在工作对象上完成一定动作（如提升、切削、清洗等）的部件。执行机构向执行末端件提供力并带动它实现运动，即把传动系统传递过来的运动进行必要的转换，以满足执行末端件的要求。

一、联轴器和离合器

联轴器和离合器都是用来连接轴与轴，以传递运动和转矩的执行机构。有时也可作为一种安全装置，用来防止被连接件承受过大的载荷，起到过载保护的作用。用联轴器连接两轴时，只有在机器停止运转后才能使两轴分离。离合器在机器运转时可使两轴随时接合和分离。联轴器和离合器的种类很多，大多已标准化，可直接从标准中选用。

（一）联轴器

1. 联轴器的分类

联轴器连接的两轴，由于制造和安装等误差，将引起两轴轴线位置的偏移，不能严格对中。联轴器所连接两轴的偏移形式如图 5.1。

联轴器根据连接轴的形式分为两类：一类是刚性联轴器，用于两轴对中严格，且在工作时不发生轴线偏移的场合；另一类是挠性联轴器，用于两轴有一定限度的轴线偏移场合，挠性联轴器又可分为无弹性元件联轴器和弹性联轴器。

刚性联轴器无弹性元件，不能缓冲吸振，根据能否补偿轴线偏移又可分为固定式刚性联轴器和可移式刚性联轴器。弹性联轴器有弹性元件，能缓冲吸振，能补偿轴线偏移。

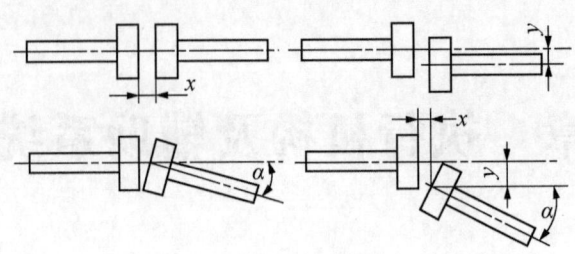

图 5.1　联轴器所连接两轴的偏移形式

(1) 固定式刚性联轴器。

1) 套筒联轴器。套筒联轴器是最简单的联轴器，由连接两轴轴端的套筒和连接零件（销钉或键）构成（图 5.2）。其结构简单，径向尺寸小，但对两轴的轴线偏移无补偿作用，无缓冲吸振功能，对安装条件要求高，多用于两轴对中严格、低速轻载的场合。当用圆锥销作连接件时，若按过载时圆锥销剪断进行设计，则可用作安全联轴器。

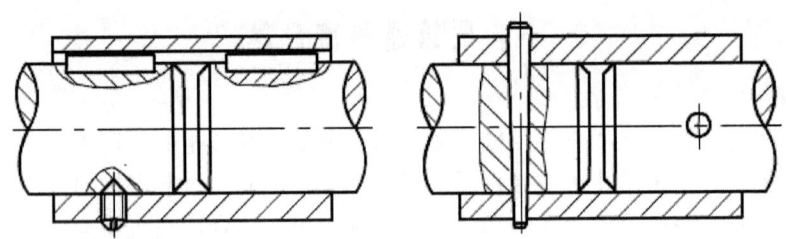

图 5.2　套筒联轴器

2) 凸缘联轴器。凸缘联轴器是固定式联轴器中应用最广的一种，两联轴器通过键与轴相联，再用螺栓将两半联轴器联成一体，结构简单，使用方便，能传递较大转矩，但无弹性，不能缓冲吸振，安装时必须严格对中，适合载荷平稳场合。

如图 5.3 所示，凸缘联轴器由两个带凸缘的半联轴器和一组螺栓组成。这种联轴器有两种对中方式：一种是通过分别具有凸槽和凹槽的两个半联轴器的相互嵌合来对中，半联轴器采用普通螺栓连接；另一种是通过铰制孔用螺栓与孔的紧配合对中，当尺寸相同时后者传递的转矩较大，且装拆时轴不必作轴向移动。

(2) 无弹性元件联轴器。常用的无弹性元件联轴器有十字滑块联轴器、齿式联轴器和万向联轴器。

十字滑块联轴器由两个端面开有凹槽的半联轴器 1、2 和一个两端具有互相垂直凸块的中间滑块 3 构成（图 5.4），可补偿偏心，但易磨损，适合低速、冲击小的场合。

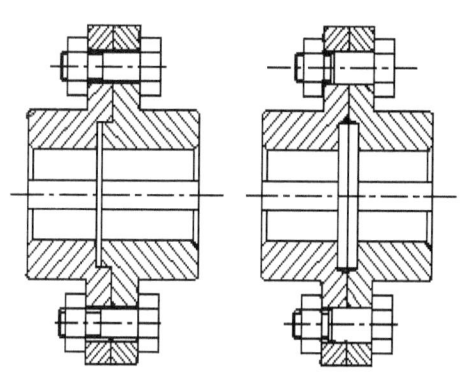
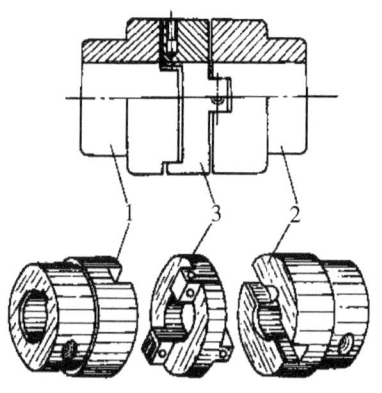

图 5.3　凸缘联轴器

1、2. 半联轴器；3. 中间滑块
图 5.4　十字滑块联轴器

齿式联轴器由两个带有内齿的外壳 3、4 和两个带有外齿的半联轴器 1、2 组成（图 5.5），可补偿偏心，能传递较大转矩，允许有较大的综合偏移，但结构复杂、笨重，成本较高，适合重型机械。

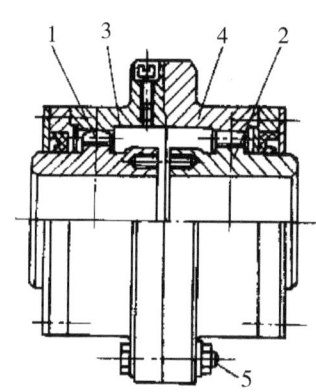

1、2. 半联轴器；3、4. 外壳；5. 螺栓
图 5.5　齿式联轴器

万向联轴器由两个叉形接头 1、3 和一个十字形销 2 组成（图 5.6），主要用于两轴有较大偏斜的场合。万向联轴器一般成对使用。

（3）弹性联轴器。常用的弹性联轴器有弹性套柱销联轴器、弹性柱销联轴器等。

1）弹性套柱销联轴器。其结构与凸缘联轴器相似，只是用套有弹性套的柱销代替了连接螺纹，利用弹性套的弹性变形来补偿两轴的相对位移。这种联轴器重量轻，结构

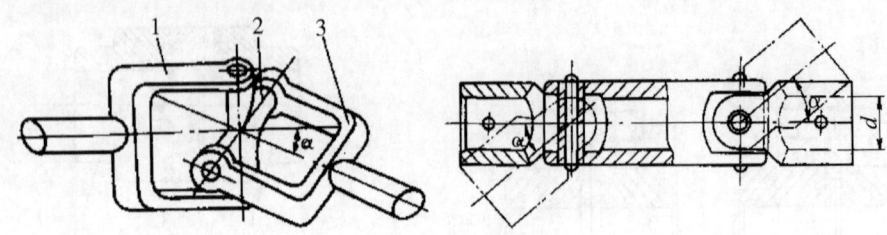

1、3. 叉形接头；2. 十字销

图 5.6　万向联轴器

简单，但弹性套易磨损，寿命较短，适用于冲击载荷小、启动频繁的中、小功率传动中。弹性套柱销联轴器已标准化（GB 4323—84），如图 5.7 所示。

2）弹性柱销联轴器。其结构与弹性套柱销联轴器相似，主要区别在于用尼龙柱销代替了橡胶圈柱销（图 5.8），结构简单，更换柱销方便，有一定的吸振能力，但补偿偏移量不大，一般用于轻载、双向运转、启动频繁、转速较高的场合。

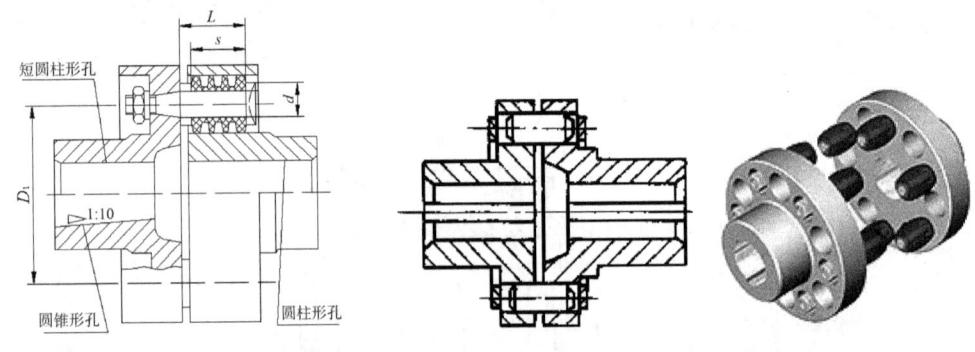

图 5.7　弹性套柱销联轴器　　　　图 5.8　弹性柱销联轴器

2. 联轴器的选择

常用联轴器多已标准化。选用时，首先应根据工作条件选择合适的类型，然后再按转矩、轴径及转速选择联轴器的型号、尺寸，必要时应对个别薄弱零件进行强度验算。

（1）类型的确定。选择联轴器的类型时，应根据机器的工作特点及要求，结合联轴器的性能选定。两轴对中精确，轴本身刚度较好时，可选用凸缘联轴器；对中困难，轴的刚性差时，可选用具有补偿偏移能力的联轴器；两轴成一定夹角时，可选用万向联轴器；转速高，要求能吸振和缓冲的，可采用弹性联轴器。

（2）型号的确定。类型确定以后，再根据转矩、轴径及转速，从有关标准手册中选择型号、尺寸。选择时注意：①计算转矩不超过所选型号的规定值；②工作转速不大于所选型号的规定值；③两轴径在所选型号的孔径范围内。

3. 联轴器的选用计算方法

联轴器一般根据负荷情况、计算转矩、轴端直径和工作转速来选择。转矩的计算公式为：

$$T_c = KT = 9550K\frac{P_w}{n} \leqslant [T_n]。$$

式中：T——理论转矩（N·m）；

　　　K——工况系数；

　　　P_w——驱动功率（kW）；

　　　n——工作转速（r/min）；

　　　$[T_n]$——许用转矩（N·m）。

工况系数应考虑转速与角向补偿量的变化对传递转矩的影响及安装条件的影响等。

（二）离合器

离合器（图 5.9）应使机器不论在停车时或运转中都能随时接合或分离，而且迅速可靠。离合器按其工作原理可分为牙嵌式、摩擦式和电磁式三类。对于已标准化的离合器，其选择步骤和计算方法与联轴器相同。

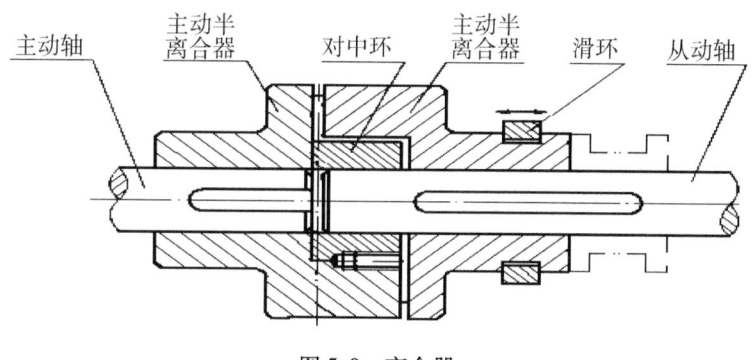

图 5.9　离合器

1. 牙嵌离合器

牙嵌离合器的结构如图 5.10 所示，它是由两个端面带牙的半离合器组成。主动半离合器用平键与主动轴连接，从动半离合器用导向键（或花键）与从动轴连接。主动半离合器上安装有对中环，以保证两个半离合器对中。操纵时，通过操纵杆移动滑环，使两个半离合器的牙面嵌入（接合）或分开（分离）。

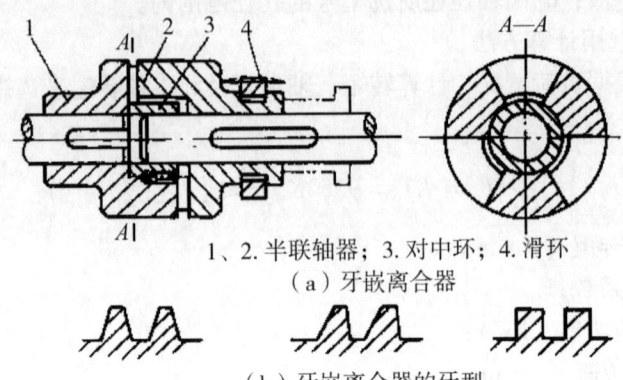

1、2. 半联轴器；3. 对中环；4. 滑环
（a）牙嵌离合器

（b）牙嵌离合器的牙型

图 5.10　牙嵌离合器及其牙型

2. 摩擦离合器

摩擦离合器是靠摩擦盘接触面间产生的摩擦力来传递转矩的。摩擦离合器可在任何转速下实现两轴的接合或分离，接合过程平稳，冲击振动较小，有过载保护作用；但其尺寸较大，在接合或分离过程中要产生滑动摩擦，故发热量大，磨损较大。摩擦离合器分为单片圆盘摩擦离合器和多片圆盘摩擦离合器。单片圆盘摩擦离合器（图 5.11）在主动轴和从动轴上分别安装了摩擦盘，操纵环可以使摩擦盘沿轴向移动，接合时将从动盘压在主动盘上，主动轴上的转矩即由两盘接触面间产生的摩擦力矩传到从动轴上。多片圆盘摩擦离合器可传递较大的转矩。

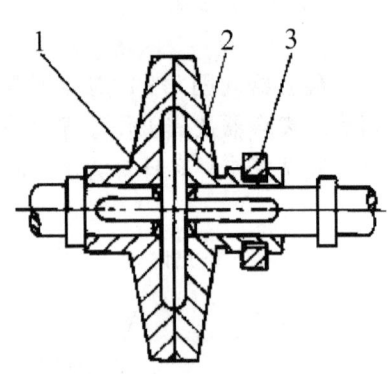

1. 主动盘；2. 从动盘；3. 滑环
图 5.11　单片圆盘摩擦离合器

3. 电磁离合器

电磁离合器靠线圈的通断电来控制离合器的接合与分离。电磁离合器可分为干式单片电磁离合器、干式多片电磁离合器、湿式多片电磁离合器、磁粉离合器、转差式电磁离合器等。电磁离合器工作的方式又可分为通电结合型和断电结合型。

二、平面机构

（一）机器、机构及其结构组成

机器既能实现确定的机械运动，又能做有用的机械功，或者能传递或转换能量、物料、信息等。机器的种类繁多，外形万变，用途各异。从机器的结构组成、机械运动的特点进行分析，这些不同的机器都是由能产生相对运动的单元体组合而成，这些单元体称为构件。具有特定结构形状和运动特征的构件的组合称为机构，机构是仅能传递运动和动力的部分，机器可视为若干机构的组合，机械是机器和机构的总称。

零件是从制造和装配的观点来看的。机器是由许多独立加工、独立装配的单元体所组成，这些单元体称为零件。零件是机器或机构中最小的制造单元。零件通常分为两类：一类是通用零件，如齿轮、链轮、带轮、蜗杆、轴、螺栓、键、花键、销、弹簧、机架、箱体等；另一类是专用零件，如叶片、曲轴等。构件是从运动的观点来看的，是机器或机构中最小的运动单元。常见的机构类型有带传动机构、链传动机构、齿轮传动机构、蜗杆蜗轮传动机构、螺旋传动机构、液压传动机构和气压传动机构等。

（二）平面运动副

1. 平面运动构件的自由度的概念

平面机构是指组成机构的各个构件均平行于同一固定平面运动，组成平面机构的构件称为平面运动构件。两个构件用不同的方式连接起来，显然会得到不同形式的相对运动，如转动或移动。为便于进一步分析两个构件之间的相对运动关系，引入自由度和约束的概念。

如图 5.12 所示，假设有一个构件 2。当它尚未与其他构件连接之前，我们称之为自由构件。它可以产生 3 个独立运动，即沿 x 方向的移动、沿 y 方向的移动以及绕任意点 A 的转动。自由度即是指构件相对于参考系具有的独立运动参数的数目，上述构件 2 有 3 个自由度。如果我们将硬纸片（构件 2）用钉子钉在桌面（构件 1）上，硬纸片就无法作独立

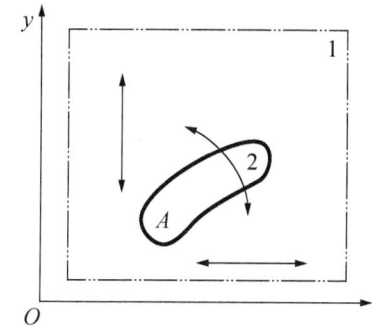

图 5.12　自由构件

的沿 x 或 y 方向的运动,只能绕钉子转动。这种两构件只能作相对转动的连接称为铰接,即运动副。两个构件通过这种运动副连接以后,相对运动受到限制。运动副对成副的两构件间的相对运动所加的限制称为约束,对构件某一个独立运动的限制称为约束条件。每加一个约束条件,构件就失去一个自由度。而约束的多少及约束的特点取决于运动副的形式。

2. 运动副的概念

机构是由具有确定的相对运动的若干构件组成的。组成机构的构件必然相互约束,相邻两构件之间必定以一定的方式连接起来并实现确定的相对运动。这种两个构件之间的铰接称为运动副。例如,两个构件铰接成运动副后,两构件就只能绕轴在同一平面内作相对转动,称为转动副,如图 5.13(a)、(b)所示。又如图 5.13(c)所示,一根四棱柱体 1 穿入另一构件 2 大小合适的方孔内,两构件就只能沿轴线 X 作相对移动,称之为移动副;图 5.13(d)所示为车床刀架与导轨构成的移动副。我们日常所见的门窗活页、折叠椅等为转动副,推拉门、导轨式抽屉等为移动副。

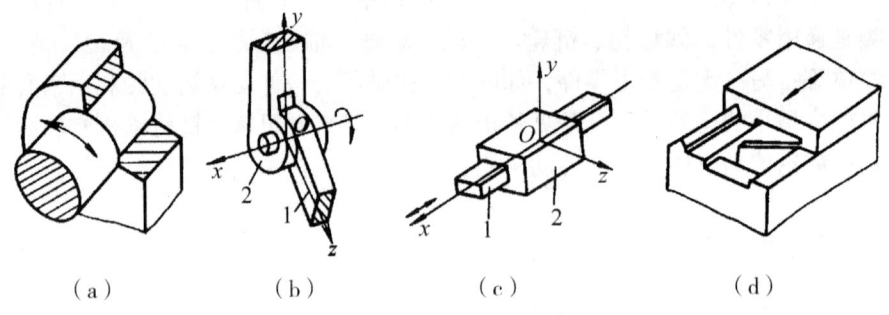

图 5.13 运动副(低副)

3. 运动副的类型

两构件只能在同一平面作相对运动的运动副称为平面运动副。构成运动副的点、线或面称为运动副元素。根据运动副元素的不同,平面运动副可分为低副和高副。

(1)低副。两构件之间通过面与面接触而组成的运动副称为低副。两构件组成低副时引入了两个约束条件,也就失去两个自由度,只剩下一个自由度,即移动或转动(图 5.13)。因此,低副又可分为移动副和转动副。

(2)高副。两构件以点或线的形式相接触而组成的运动副称为高副。例如,图 5.14(a)所示的火车轮子 1 与钢轨 2,图 5.14(b)所示的凸轮机构的凸轮 1 与从动件 2,图 5.14(c)所示的两相互啮合的轮齿等,分别组成了平面高副。两构件组成高副时,只引入一个约束条件。

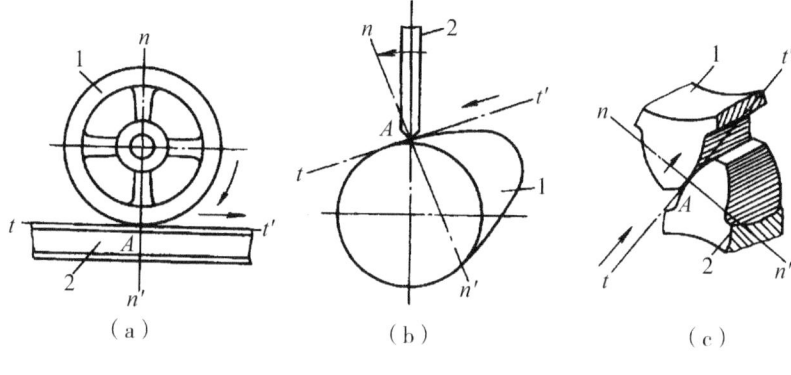

图 5.14 高副

4. 运动链和机构

（1）运动链和机构的定义。

运动链指若干构件通过运动副连接构成的系统。各构件构成封闭形式的运动链称为闭式运动链，简称闭链；各构件不能构成封闭形式的运动链称为开式运动链，简称开链（图 5.15）。

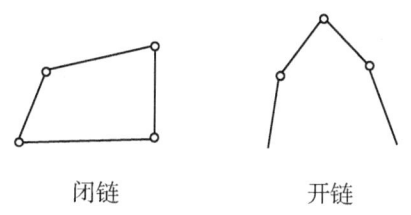

图 5.15 闭链和开链

机构指如果将运动链中的一个构件固定，并使另一个或几个构件按给定的规律运动，而且其余构件都能随之作确定的相对运动，则这种运动链就称为机构。通常将被固定的构件称为机架，将按给定规律运动的构件称为原动件，其余构件称为从动件。

（2）机构运动简图及其绘制。机构各部分的相对运动只决定于各构件组成的运动副类型（转动副、移动副和高副等）和各构件的运动尺寸（即确定各运动副相对位置的尺寸），而与构件的形状和外形尺寸等因素无关。所以，可以根据机构的运动尺寸，按一定的比例定出各运动副的位置，再用规定的运动副的代表符号和代表构件的简单线条或几何图形将机构的运动情况表示出来。这种与实际机构位置对应、尺寸成比例的简单图形称为机构运动简图。可以看出，机构运动简图是剔除了与运动无关的因素而画出来的简图，它清楚地揭示机构的运动特性。而设计机构，也就是要确定机构方案和与运动有关的尺寸，即设计机构运动简图。常见机构的运动简图如表5.1所示。

表5.1 机构运动简明图符号

名称		简图符号	名称	简图符号
构件	轴、杆		基本符号	
	三副元素构件		机架 机架是转动副的一部分	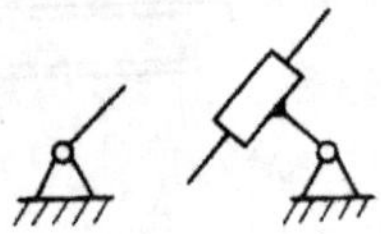
			机架是移动副的一部分	
	构件的永久连接		平面高副 外啮合齿轮副	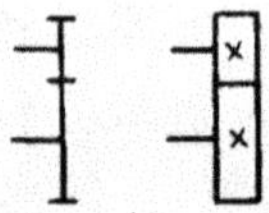
平面低副	转动副		内啮合齿轮副	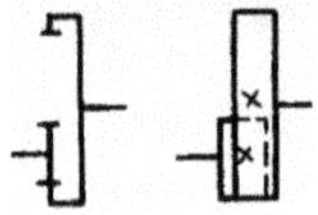
	移动副		凸轮副	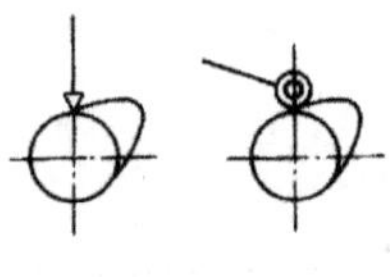

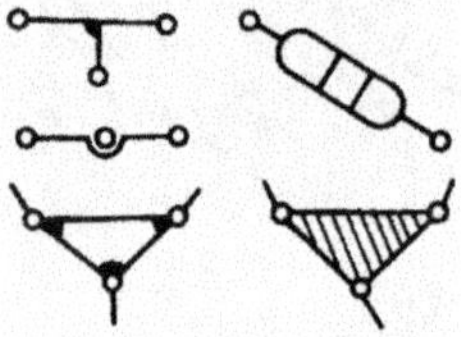

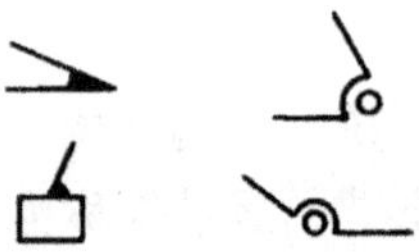

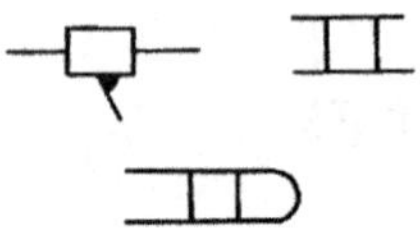

机构运动简图绘制的步骤和方法为：
1）认清机架、输入构件和输出构件。
2）分清构件并编号。首先使主动件运动起来，然后从主动件开始，按构件是运动单元体的概念分清机构中有几个构件，并将构件（包括机架）按连接顺序编号。
3）认清运动副类型并编号。根据两构件间的相对运动形态或运动副元素的形状，认清运动副的类型并依次编号，如 A、B、C、……。
4）恰当地选择作图的投影面。选择时应以能最简单、清楚地把机构的运动情况表示出来为原则，一般选机构中多数构件的运动平面为投影面。

5）以机架为参考坐标系，将主动件置于一个适当的位置，按比例定出各运动副的位置并画出各运动副的符号，注出编号。以机架为参考坐标系，就是可先定出机架上运动副的位置，并以此位置作为基准，画出机构中各构件相对于机架的位置关系，所以机架本身是否水平或倾斜是不必考虑的。将主动件置于适当位置的目的是使画出的机构运动简图清晰，就是使代表构件的线条尽量不交叉和重叠。

6）将同一构件的运动副用简单的线条连起来代表构件，并注出构件编号和原动件的转向箭头，这样便绘出了机构的运动简图。

（3）机构具有确定运动的条件。机构的自由度是机构具有确定运动时所需的独立运动参数的数目。为了使机构能按照一定的要求进行运动变换和力的传递，当机构的原动件按照给定的运动规律运动时，该机构中其余各构件的运动也都应是完全确定的，即机构必须具有确定的运动，其运动确定的条件是机构原动件的数目等于机构自由度的数目；否则机构的运动将不确定，或者就没有运动的可能性。因此，在分析现有机械或设计新机械时，必须考察所设计的机构是否满足机构具有确定运动的条件，分析时可先绘制机构运动简图，然后计算机构自由度的数目。

（4）机构自由度的计算。一个构件未用运动副与其他构件连接之前，有三个自由度。当用运动副连接后，构件间的相对运动受到约束，失去一些自由度。运动副不同，失去的自由度数目和保留的自由度数目也不同。为了使机构具有确定的运动，使无相对运动的构件组合或无规则乱动的运动链实现预期的运动变换，在分析机构的运动状态前需计算机构的自由度。

一般机构自由度的计算公式为：

$$F = 3n - 2P_L - P_H。$$

式中：F——机构的自由度；

n——机构中活动构件的数目；

P_L——机构中低副的数目；

P_H——机构中高副的数目。

为了使 F 计算正确，必须正确判断机构中 n、P_L 和 P_H 的数目。此外，应特别注意处理好下列三种情况：

1）要正确判定机构中构件的数目和运动副的数目。构件是机构中的运动单元体，所以，不论构件的结构如何复杂，只要是同一个运动单元体，它就是一个构件。运动副数目的确定应注意复合铰链的存在，即当 m（$m > 2$）个构件同在一处以转动副连接时，则构成复合铰链，其转动副数应为（$m - 1$）个。

2）要除去局部自由度。局部自由度是指在有些机构中某些构件所产生的、不影响机构其他构件运动的局部运动的自由度。在计算机构自由度时，应将机构中的局部自由度除去不计（如在凸轮机构中，可以认为从动件的滚子与从动件相固结）。

3）要除去虚约束。虚约束是指机构中某些对机构的运动无约束作用的约束。在大多数情况下，虚约束用来改善机构的受力状况，但虚约束的存在总是使机构自由度的名义数目降低。因此，在计算机构的自由度时，应将引入虚约束的运动副和构件除去不计，以达到正确计算机构自由度的目的。

在计算机构的自由度时，先要正确分析并明确指出机构中存在的复合铰链、局部自由度和虚约束，并将局部自由度和虚约束除去不计，再计算机构的自由度。最后还应检验计算得到的自由度是否与机构中原动件的数目相等，以分析机构是否具有确定的运动。

【例 5.1】判别下面运动链的可动性。

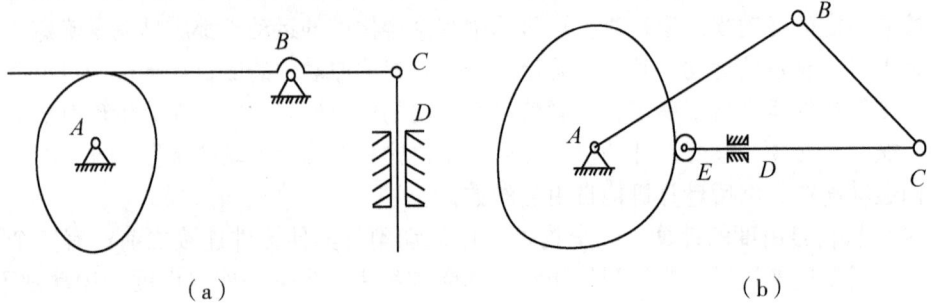

图 5.16 闭链和开链

解：(1) 当 $F>0$，运动链能运动，即运动链是可动的。

(2) 当 $F\leq 0$，运动链不动，即运动链为固定运动链。

图 5.16（a）中，活动构件数 $n=3$，低副数 $P_L=4$，高副数 $P_H=1$。
$$F = 3n - 2P_L - P_H = 3\times 3 - 2\times 4 - 1 = 0,$$
所以运动链不可动。

图 5.16（b）中，活动构件数 $n=4$，低副数 $P_L=5$，高副数 $P_H=1$。
$$F = 3n - 2P_L - P_H = 3\times 4 - 2\times 5 - 1 = 1 > 0,$$
所以运动链可动。

【例 5.2】计算图 5.17 中铰链四杆机构的自由度。

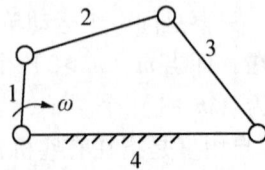

图 5.17 铰链四杆结构

解：活动构件数 $n=3$，低副数 $P_L=4$，高副数 $P_H=0$。
$$F = 3n - 2P_L - P_H = 3 \times 3 - 2 \times 4 = 1。$$
原动件数 $=F$，机构具有确定运动。

【例 5.3】计算图 5.18 所示的精压机构的自由度。

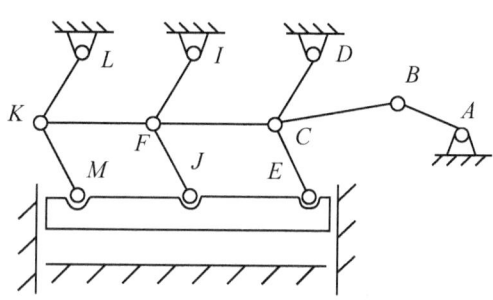

图 5.18　精压机构

解：由图可见，该结构中存在结构对称部分，从传递运动的独立性来看，有机构 $ABCDE$ 就可以了，而其余部分为不影响机构运动传递的重复部分，故引入了虚约束。将机构中引入虚约束的重合部分去掉不计，则 $n=5$，$P_L=7$，C 处为复合铰链；$P_H=0$。于是该机构的自由度为：
$$F = 3n - 2P_L - P_H = 3 \times 5 - 2 \times 7 - 0 = 1。$$

【例 5.4】计算图 5.19 所示凸轮—连杆组合机构的自由度。

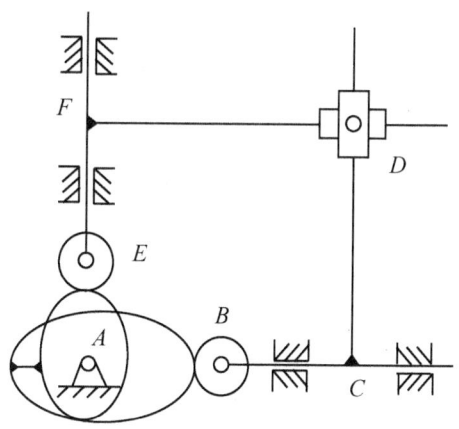

图 5.19　凸轮—连杆组合机构

解： 在图 5.19 中，B、E 两处的滚子转动为局部自由度。C、F 处虽各有两处与机架接触构成移动副，但都各算一个移动副。该机构在 D 处虽存在轨迹重合的问题，但由于 D 处相铰接的双滑块为一个自由度为零的杆组，即 D 处未引入约束，故机构中不存在虚约束。

将机构中的局部自由度除去不计，则有 $n=5$，$P_L=6$，$P_H=2$。于是可得该机构的自由度为：

$$F = 3n - 2P_L - P_H = 3 \times 5 - 2 \times 6 - 2 = 1。$$

【例 5.5】 请绘制图 5.20（a）所示偏心回转油泵机构的运动简图（其各部分尺寸可由图中直接量取），并判断该机构是否具有确定的运动。图中偏心轮 1 绕固定轴心 A 转动，外环 2 上的叶片 a 在可绕轴心 C 转动的圆柱 3 中滑动。当偏心轮 1 按图示方向连续回转时，可将低压油由右端吸入，高压油从左端排出。

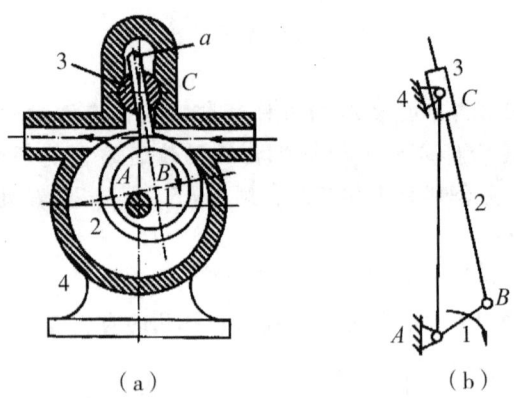

图 5.20　偏心回转油泵机构

解：（1）选取合适的长度比例尺绘制此机构的运动简图，如图 5.20（b）所示。

（2）计算机构的自由度。此机构为曲柄摇块机构，由图 5.20（b）可知，$n=3$，$P_L=4$，$P_H=0$。计算该机构的自由度为：

$$F = 3n - 2P_L - P_H = 3 \times 3 - 2 \times 4 - 0 = 1。$$

又该机构有一个原动件，所以此机构具有确定的运动。

（三）平面四杆机构

平面连杆机构是由若干个构件通过低副连接而成的机构，又称为平面低副机构。由四个构件通过低副连接而成的平面连杆机构，称为四杆机构。如果所有低副均为转动副，这种四杆机构就称为铰链四杆机构。

1. 铰链四杆机构的组成和基本形式

(1) 铰链四杆机构的组成。如图 5.21 所示，铰链四杆机构是由转动副将各构件的头尾连接起的封闭四杆系统，并使其中一个构件固定而组成。被固定件 4 称为机架，与机架直接铰接的两个构件 1 和 3 称为连架杆，不直接与机架铰接的构件 2 称为连杆。连架杆如果能作整圈运动就称为曲柄，否则就称为摇杆。

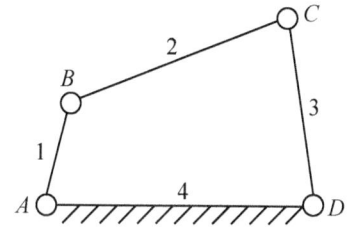

图 5.21 铰链四杆机构

(2) 铰链四杆机构的类型。铰链四杆机构根据其两个连架杆的运动形式的不同，可以分为曲柄摇杆机构、双曲柄机构和双摇杆机构三种基本形式。

1) 曲柄摇杆机构。在铰链四杆机构中，如果有一个连架杆作循环的整周运动而另一连架杆作摇动，则该机构称为曲柄摇杆机构。如图 5.22 所示的曲柄摇杆机构，是雷达天线调整机构的原理图，机构由构件 *AB*、*BC*、固连有天线的 *CD* 及机架 *DA* 组成，构件 *AB* 可作整圈的转动，成曲柄；天线 3 作为机构的另一连架杆可作一定范围的摆动，成摇杆；随着曲柄的缓缓转动，天线仰角得到改变。如图 5.23 所示的汽车刮雨器，随着电动机带动曲柄 *AB* 转动，刮雨胶与摇杆 *CD* 一起摆动，完成刮雨功能。如图 5.24 所示的搅拌器，随电动机带动曲柄 *AB* 转动，搅拌爪与连杆一起作往复的摆动，爪端点 *E* 作轨迹为椭圆的运动，实现搅拌功能。

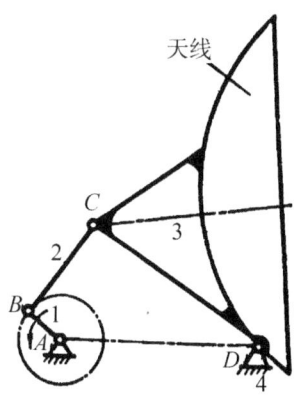

图 5.22 雷达天线调整机构

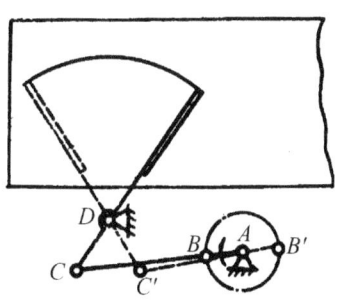

图 5.23 汽车雨刮器

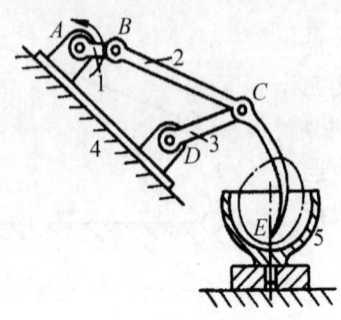
图5.24 搅拌器

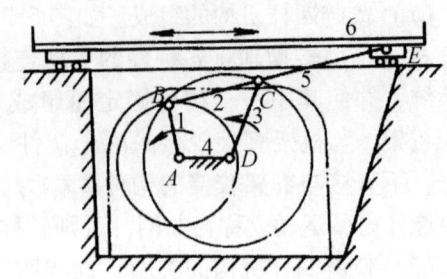
图5.25 惯性筛工作机构

2）双曲柄机构。在铰链四杆机构中，两个连架杆均能作整周的运动，则该机构称为双曲柄机构。如图5.25所示惯性筛工作机构的原理，是双曲柄机构的应用实例。由于从动曲柄3与主动曲柄1的长度不同，故当主动曲柄1匀速回转一周时，从动曲柄3作变速回转一周，机构利用这一特点使筛子6作加速往复运动，提高了工作性能。当两曲柄的长度相等且平行布置时，成了平行双曲柄机构，如图5.26所示为平行双曲柄机构，其特点是两曲柄转向相同或相反、转速相等及连杆作平动。如图5.27（a）所示，火车驱动轮联动机构利用了同向等速的特点；如图5.27（b）所示，路灯检修车的载人升斗利用了平动的特点；如图5.27（c）所示，逆平行双曲柄机构具有两曲柄反向不等速的特点，车门的启闭机构利用了两曲柄反向转动的特点。

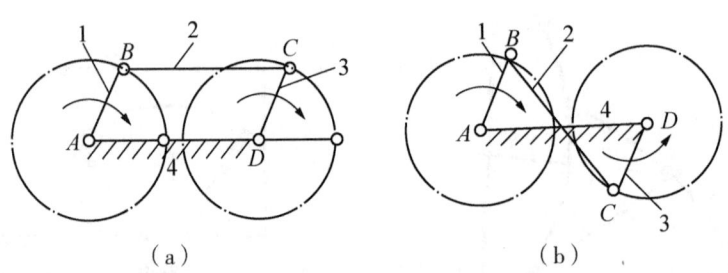

(a)　　　　　　　　(b)

图5.26 平行双曲柄机构

3）双摇杆机构。两根连架杆均只能在不足一周的范围内运动的铰链四杆机构称为双摇杆机构。如图5.28所示为港口用起重机吊臂结构原理，其中ABCD构成双摇杆机构，AD为机架，在主动摇杆AB的驱动下，随着机构的运动连杆BC的外伸端点M获得近似直线的水平运动，吊重Q能作水平移动，大大节省了移动吊重所需要的功率。图5.29所示为电风扇摇头机构原理，电动机外壳作为其中的一根摇杆AB，蜗轮作为连杆

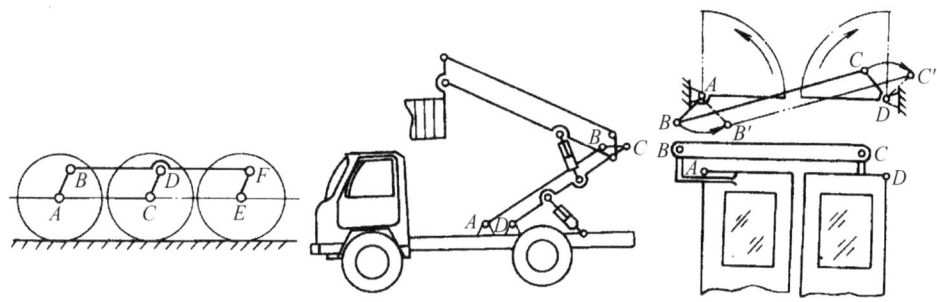

图 5.27 平行双曲柄机构的应用

BC，构成双摇杆机构 $ABCD$。蜗杆随扇叶同轴转动，带动 BC 作为主动件绕 C 点摆动，使摇杆 AB 带电动机及扇叶一起摆动，实现一台电动机同时驱动扇叶和摇头机构。图 5.30 所示的汽车偏转车轮转向机构采用了等腰梯形双摇杆机构。该机构的两根摇杆 AB、CD 是等长的，适当选择两摇杆的长度，可以使汽车在转弯时两转向轮轴线近似相交于其他两轮轴线延长线某点 P，汽车整车绕瞬时中心 P 点转动，获得各轮子相对于地面作近似的纯滚动，以减少转弯时轮胎的磨损。

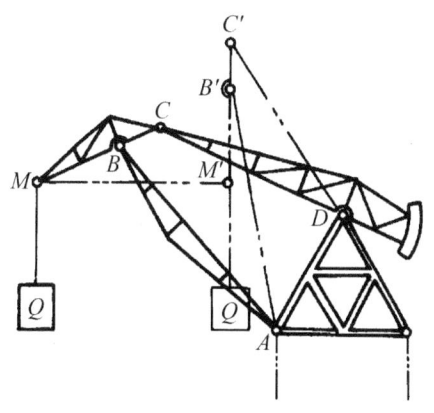

图 5.28 起重机吊臂结构原理

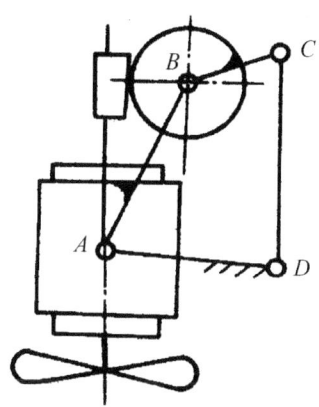

图 5.29 电风扇摇头机构

2. 铰链四杆机构中曲柄存在的条件

（1）铰链四杆机构中曲柄存在的条件。铰链四杆机构的三种基本类型的区别在于机构中是否存在曲柄、存在几个曲柄。机构中是否存在曲柄与各构件相对尺寸的大小以及哪个构件作机架有关。可以证明，铰链四杆机构中存在曲柄的条件为：

条件一：最短杆与最长杆长度之和不大于其余两杆长度之和；

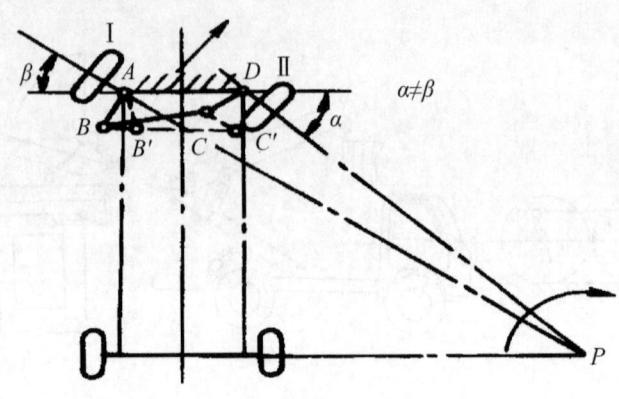

图5.30 汽车转向机构

条件二：连架杆或机架中至少有一根是最短杆。

(2) 铰链四杆机构基本类型的判别准则：

1) 满足条件一而且以最短杆作机架的是双曲柄机构；
2) 满足条件一而且最短杆为连架杆的是曲柄摇杆机构；
3) 不满足条件一，或者满足条件一但不满足条件二的是双摇杆机构。

【例5.6】铰链四杆机构 ABCD 如图5.31所示。请根据基本类型判别准则，说明机构分别以 AB、BC、CD、AD 各杆为机架时属于何种机构。

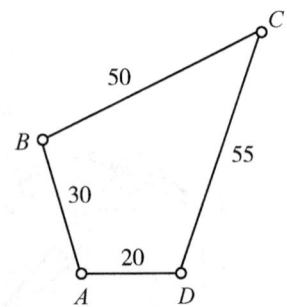

图5.31 铰链四杆机构

解：最短杆为 AD = 20，最长杆为 CD = 55，其余两杆 AB = 30，BC = 50。

因为 $L_{min} + L_{max} = AD + CD = 20 + 55 = 75$，

$AB + BC = 30 + 50 = 80 > 75$，

故满足曲柄存在的第一个条件。

1) 以 AB 或 CD 为机架时，即最短杆 AD 成连架杆，故为曲柄摇杆机构；
2) 以 BC 为机架时，即最短杆成连杆，故机构为双摇杆机构；
3) 以 AD 为机架时，即以最短杆为机架，机构为双曲柄机构。

3. 平面四杆机构的其他形式

(1) 曲柄滑块机构。在图5.32 (a) 所示的铰链四杆机构 ABCD 中，如果要求 C 点运动轨迹的曲率半径较大甚至是 C 点作直线运动，则摇杆 CD 的长度就特别长，甚至是无穷大，这显然给布置和制造带来困难或不可能。为此，在实际应用中只是根据需要制作一个导路，C 点做成一个与连杆铰接的滑块并使之沿导路运动即可，不再专门做出

CD 杆。这种含有移动副的四杆机构称为滑块四杆机构,当滑块运动的轨迹为曲线时称为曲线滑块机构,当滑块运动的轨迹为直线时称为直线滑块机构。直线滑块机构可分为两种情况:如图 5.32(b)所示为偏置曲柄滑块机构,导路与曲柄转动中心有一个偏距 e;当 $e=0$ 即导路通过曲柄转动中心时,称为对心曲柄滑块机构,如图 5.32(c)所示。由于对心曲柄滑块机构结构简单,受力情况好,在实际生产中得到广泛应用。

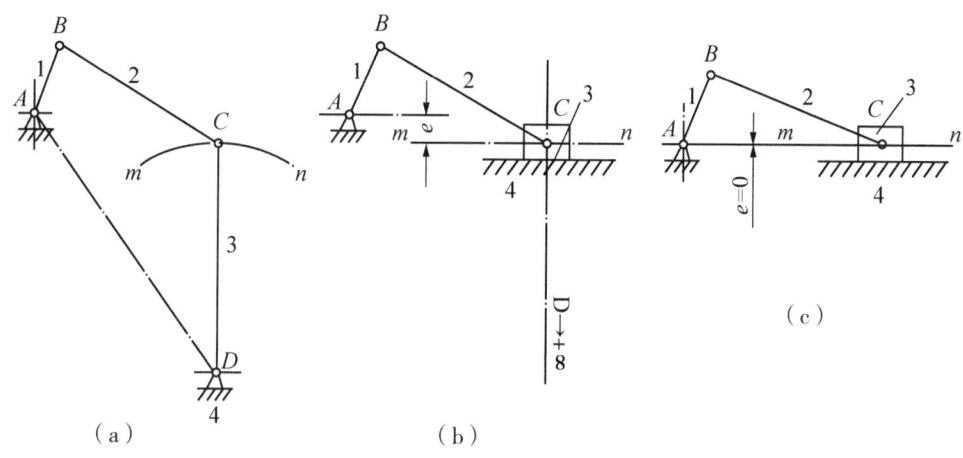

图 5.32　曲柄滑块机构

图 5.33(a)所示为应用于内燃机、空压机、蒸汽机的活塞—连杆—曲柄机构,其中活塞相当于滑块。图 5.33(b)所示为用于自动送料装置的曲柄滑块机构,曲柄每转一圈活塞送出一个工件。当需要将曲柄做得较短时结构上就难以实现,通常采用图 5.33(c)所示的偏心轮机构,其偏心圆盘的偏心距 e 就是曲柄的长度。这种结构减少了曲柄的驱动力,增大了转动副的尺寸,提高了曲柄的强度和刚度,广泛应用于冲压机床、破碎机等承受较大冲击载荷的机械中。

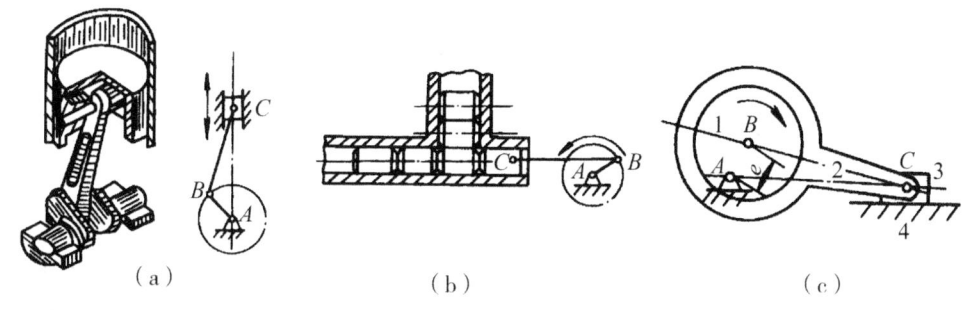

图 5.33　曲柄滑块机构的应用

(2) 导杆机构。在对心曲柄滑块机构中，导路是固定不动的，如果将导路做成导杆 4 铰接于 A 点，使之能够绕 A 点转动，并使 AB 杆固定，就变成了导杆机构。当 $AB < BC$ 时，导杆能够作整周的回转，称为旋转导杆机构，如图 5.34（a）所示；当 $AB > BC$ 时，导杆 4 只能作不足一周的回转，称为摆动导杆机构，如图 5.34（b）所示。

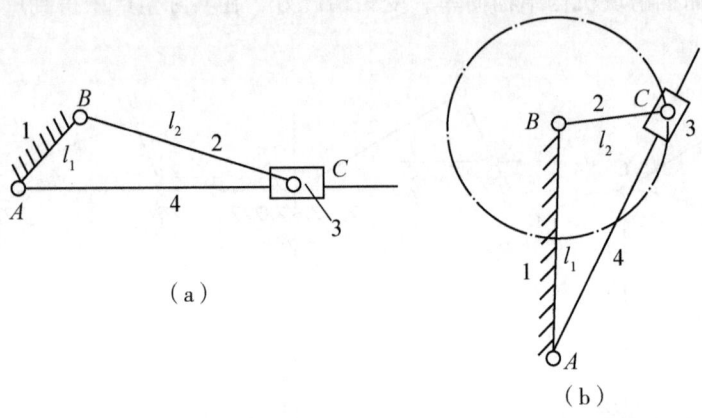

图 5.34　导杆机构

导杆机构具有很好的传力性，在插床、刨床等要求传递重载的场合得到应用。如图 5.35（a）所示为插床的工作机构，如图 5.35（b）所示为牛头刨床的工作机构。

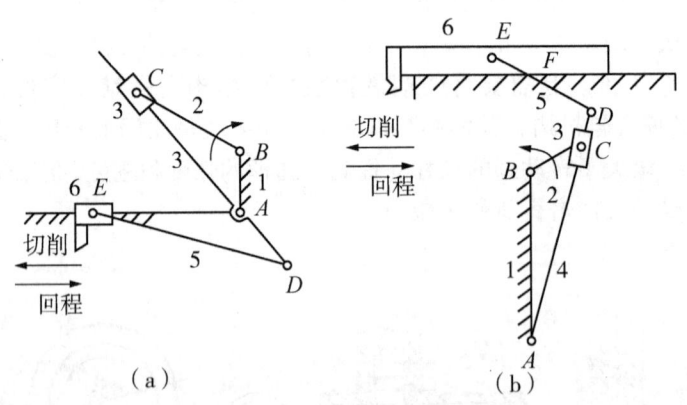

图 5.35　导杆机构的应用

（3）摇块机构和定块机构。在对心曲柄滑块机构中，将与滑块铰接的构件固定成机架，使滑块只能摇摆不能移动，就成为摇块机构，如图 5.36（a）所示。摇块机构在液压与气压传动系统中得到广泛应用，如图5.36（b）所示为摇块机构在自卸货车上的应用，以车架 AC 为机架，液压缸筒3与车架铰接于 C 点成摇块，主动件活塞及活塞杆2可沿缸筒中心线往复移动成导路，带动车厢1绕 A 点摆动实现卸料或复位。将对心曲柄滑块机构中的滑块固定为机架，就成了定块机构，如图5.37（a）所示。图5.37（b）所示为定块机构在手动唧筒上的应用，用手上下扳动主动件1，使作为导路的活塞及活塞杆4沿唧筒中心线往复移动，实现唧水或唧油。

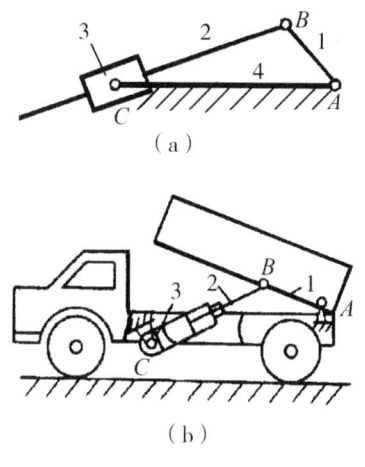

图5.36 摇块机构及其应用

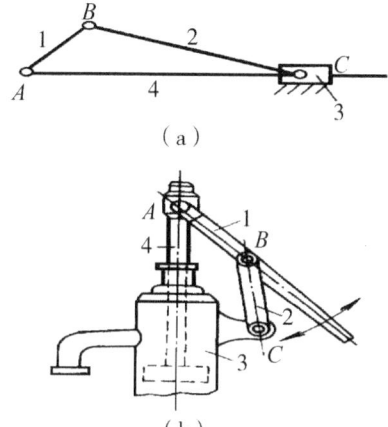

图5.37 定块机构及其应用

铰链四杆机构及其演化的主要形式如表5.2所示。

表5.2 铰链四杆机构及其演化的主要形式对比

固定构件	铰链四杆机构		含一个移动副的四杆机构（$e=0$）	
4	曲柄摇杆机构		曲柄滑块机构	
1	双曲柄机构		转动导杆机构	

续表5.2

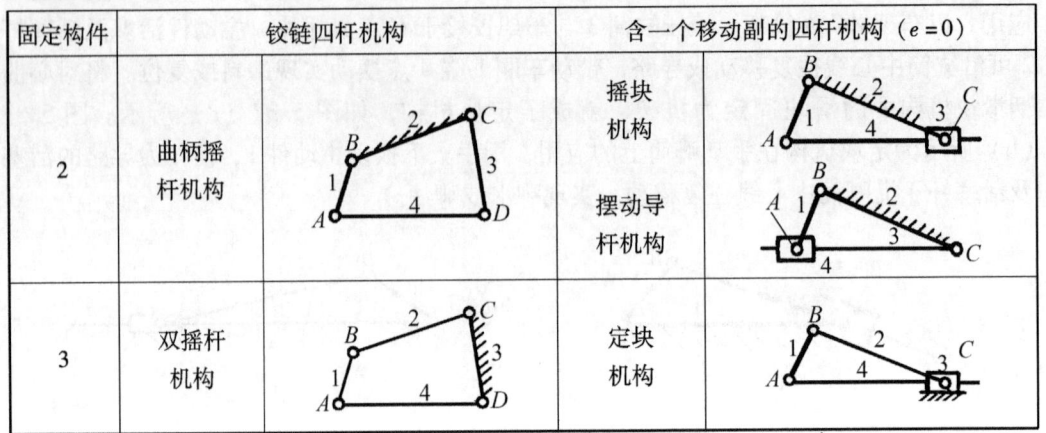

三、弹簧的设计

（一）弹簧的功用和分类

弹簧是一类弹性零件，它在载荷作用下可以产生较大的变形，在各种机械设备、仪器仪表、车辆等装置中得到广泛的应用。

1. 弹簧的用途

弹簧的主要用途包括：

（1）控制机械运动，如内燃机的进气门、排气门弹簧，离合器以及制动器的控制弹簧等。

（2）缓冲与减振，如各种车辆悬挂系统的减振弹簧、各种减振器弹簧、弹性联轴器中的弹簧。

（3）存储能量，通过弹簧变形存储能量，作为机械装置的原动力，如机械钟表及各种仪器中的原动弹簧、枪闩弹簧等。

（4）测量力和力矩，通过弹簧变形的大小测量作用于弹簧上的力的大小，如弹簧秤。

2. 弹簧的类型

常见的弹簧按照所承受的载荷形式可以分为压缩弹簧、拉伸弹簧、扭转弹簧和弯曲弹簧，按照弹簧的形状可以分为螺旋弹簧、碟形弹簧、平面涡卷弹簧、板簧和环形弹簧。表5.3所列为常见的弹簧类型。螺旋弹簧由弹簧丝卷制而成，制造方法简便，应用广泛。螺旋弹簧可以制成压缩弹簧、拉伸弹簧和扭转弹簧，可以制成圆柱形或圆锥形，可以制成等螺距，也可以制成变螺距。碟形弹簧承载能力大，占用轴向尺寸小，可以承受冲击载荷，常用于空间受限制的场合。平面涡卷弹簧，又名发条弹簧，其一端固定而另一端作用有扭矩，在扭矩作用下弹簧材料产生弯曲弹性变形，使弹簧在平面内产生扭转，其变形角的大小与扭矩成正比。板簧在载荷作用方向的尺寸较小，允许变形量较大，由于多层板簧具有较好的消振作用，在车辆悬挂系统应用较多。环形弹簧承载能力大，具有很强的缓冲吸振作用，常用作车辆和其他重型设备的缓冲元件。

表5.3 常用弹簧的基本类型

形状	载荷形式			
	拉伸	压缩	扭转	弯曲
螺旋弹簧	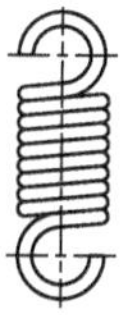 圆柱螺旋拉伸弹簧	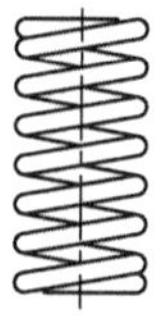 圆柱螺旋压缩弹簧	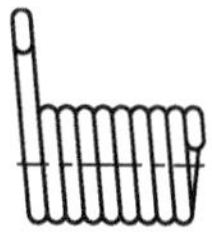 圆柱螺旋扭转弹簧	
其他弹簧		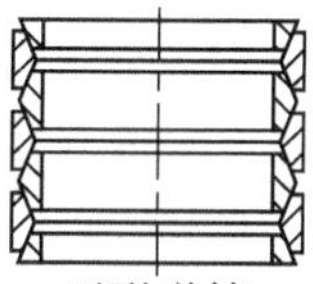 环形弹簧 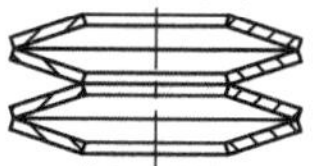 碟形弹簧	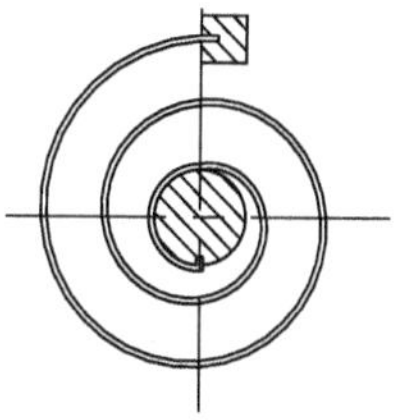 平面涡卷弹簧	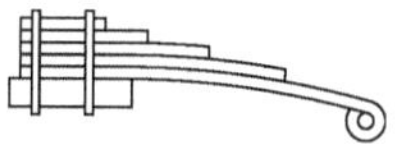 板簧

（二）圆柱螺旋压缩（拉伸）弹簧的基本尺寸和结构

1. 圆柱螺旋弹簧的基本尺寸

普通圆柱螺旋弹簧的几何尺寸包括线径（绕制弹簧的钢丝直径）d、弹簧中径 D、弹簧外径 D_2、弹簧内径 D_1、自由高度 H_0、有效圈数 n、节距 t、螺旋角 α 等。上述几何尺寸之间的关系如图 5.38 和表 5.4、表 5.5 所示。

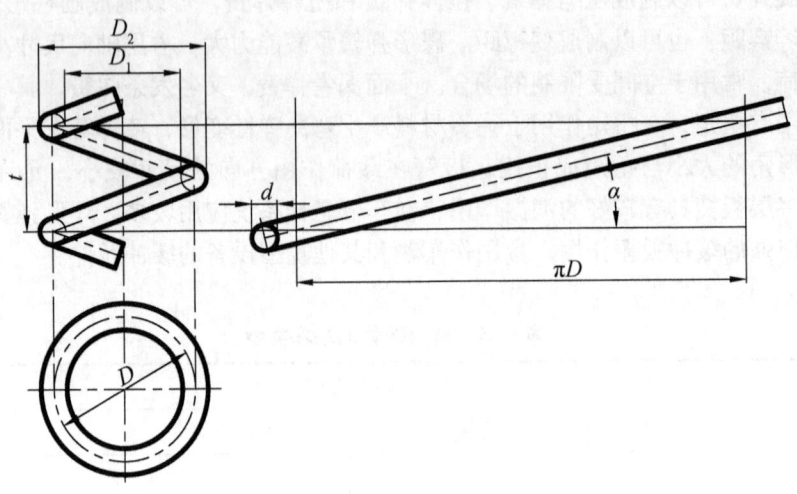

图 5.38 圆柱螺旋弹簧的几何尺寸

表 5.4 圆柱螺旋弹簧的几何尺寸

几何尺寸	压缩弹簧	拉伸弹簧
弹簧中径 D	\multicolumn{2}{c}{$D = Cd$}	
弹簧外径 D_2	\multicolumn{2}{c}{$D_2 = D + d = D_1 + 2d$}	
弹簧内径 D_1	\multicolumn{2}{c}{$D_1 = D - d = D_2 - 2d$}	
线径 d	弹簧钢丝直径	
旋绕比 C	$C = D/d$	
有效圈数 n	用于计算弹簧总变形量的簧圈数量	
总圈数 n_1	$n_1 = n + n_z$ (n_z: 支承圈数)	$n_1 = n$
节距 p	螺旋弹簧两相邻有效圈截面中心线的轴向距离 $p = d + \dfrac{f_3}{n} + \delta_1$ f_3 为极限负荷下的变形量,δ_1 为余隙,一般取 $\delta_1 \geq 0.1d$	$p = d + \delta$
间距 δ	$\delta = p - d$	

续表5.4

几何尺寸	压缩弹簧	拉伸弹簧
螺旋角 α	$\alpha = \arctan\dfrac{p}{\pi D}$	
自由高度 H_0	$H_0 = nt + (n_z - 0.5)d$（两端圈磨平） $H_0 = nt + (n_z - 1)d$（两端圈不磨平）	$H_0 = nd + H_h$（H_h：挂钩轴向长度）
展开长度 L	$L = \dfrac{\pi D n_1}{\cos\alpha}$	$L = \dfrac{\pi D n_1}{\cos\alpha} + L_h$（$L_h$：挂钩展开长度）

表5.5 普通圆柱螺旋弹簧尺寸系列

弹簧丝直径 d/mm	第一系列	0.1 0.12 0.14 0.16 0.2 0.25 0.3 0.35 0.4 0.45 0.5 0.6 0.7 0.8 0.9 1 1.2 1.6 2 2.5 3 3.5 4 4.5 5 6 8 10 12 16 20 25 30 35 40 45 50 60 70 80
	第二系列	0.08 0.09 0.18 0.22 0.28 0.32 0.55 0.65 1.4 1.8 2.2 2.8 3.2 5.5 6.5 7 9 11 14 18 22 28 32 38 42 55 65
弹簧中径 D/mm		0.4 0.5 0.6 0.7 0.8 0.9 1 1.2 1.4 1.6 1.8 2 2.2 2.5 2.8 3 3.2 3.5 3.8 4 4.2 4.5 4.8 5 5.5 6 6.5 7 7.5 8 8.5 9 10 12 14 16 18 20 22 25 28 30 32 38 42 45 48 50 52 55 58 60 65 70 75 80 85 90 95 100 105 110 115 120 125 130 135 140 145 150 160 170 180 190 200 210 220 230 240 250 260 270 280 290 300 320 340 360 380 400 450 500 550 600 650 700
有效圈数 n	压缩弹簧	2 2.25 2.5 2.75 3 3.25 3.5 3.75 4 4.25 4.5 4.75 5 5.5 6 6.5 7 7.5 8 8.5 9 9.5 10 10.5 11.5 12.5 13.5 14.5 15 16 18 20 22 25 28 30
	拉伸弹簧	2 3 4 5 6 7 8 9 10 11 12 13 14 15 16 17 18 19 20 22 25 28 30 35 40 45 50 55 60 65 70 80 90 100
自由高度 H_0/mm	压缩弹簧	4 5 6 7 8 9 10 12 14 16 18 22 25 28 30 32 35 38 40 42 45 48 50 52 55 58 60 65 70 75 80 85 90 95 100 105 110 115 120 130 140 150 160 170 180 190 200 220 240 260 280 300 320 340 360 380 400 420 450 480 500 520 550 580 600 620 650 680 700 720 750 780 800 850 900 950 1000

2. 弹簧的结构

压缩弹簧端部的常用结构如表 5.6 所示。压缩弹簧两端圈应与邻圈并紧,只起支承作用,不参与变形,称为死圈。热卷弹簧端部圈应锻扁后并紧,重要的应用应保证弹簧支承端面与轴线垂直。弹簧丝直径小于或等于 0.5 mm 时,弹簧支承端面可不磨平;弹簧丝直径大于 0.5 mm 的弹簧,两支承端面应磨平。

表 5.6 圆柱螺旋压缩弹簧端部的常用结构

类型	代号	简图	类型	代号	简图
冷卷压缩弹簧(Y)	Y_I	两端圈并紧,磨平 $n_z=1\sim2.5$	热卷压缩弹簧(RY)	RY_I	两端圈并紧,磨平 $n_z=1.5\sim2.5$
	Y_{II}	两端圈并紧,不磨平 $n_z=1.5\sim2$		RY_{II}	两端圈制扁并紧,磨平或不磨平 $n_z=1.5\sim2.5$
	Y_{III}	两端圈不并紧 $n_z=0\sim1$			

为便于拉伸弹簧加载,其端部制有挂钩。表 5.7 所示为圆柱螺旋拉伸弹簧常用的端部结构形式。其中 L_I、L_{II} 型结构简单,制作方便,应用广泛,但是在制作中弹簧丝弯曲变形很大,适用于弹簧丝直径小于 10 mm 的弹簧。

表 5.7　圆柱螺旋拉伸弹簧端部结构

类型	代号	简图	类型	代号	简图
冷卷拉伸弹簧（L）	L_I	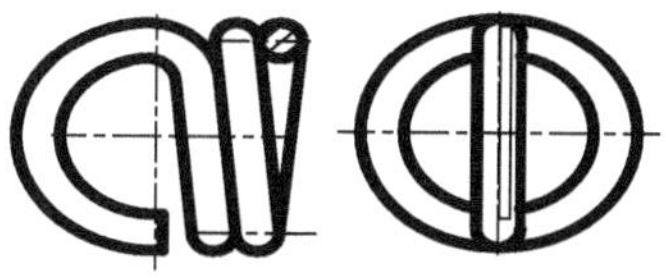 半圆钩环	冷卷拉伸弹簧（L）	L_{VII}	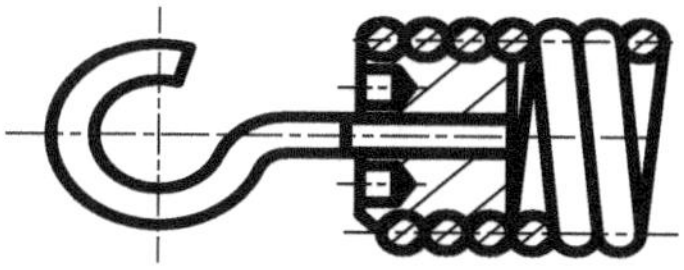 可调式拉簧
	L_{II}	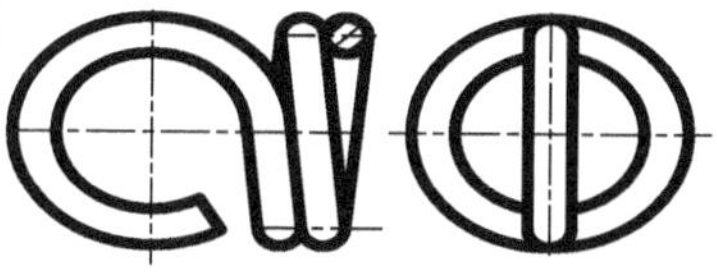 圆钩环		L_{VIII}	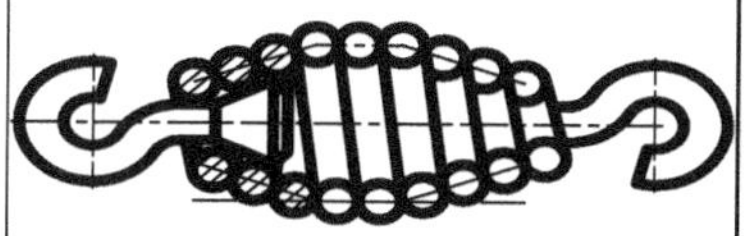 两端具有可转钩环
	L_{III}	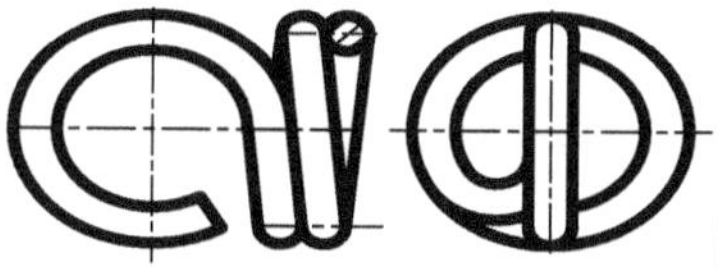 圆钩环压中心	热卷拉伸弹簧（RL）	RL_I	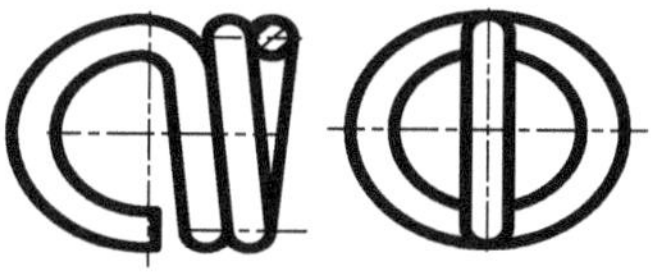 半圆钩环
	L_{IV}	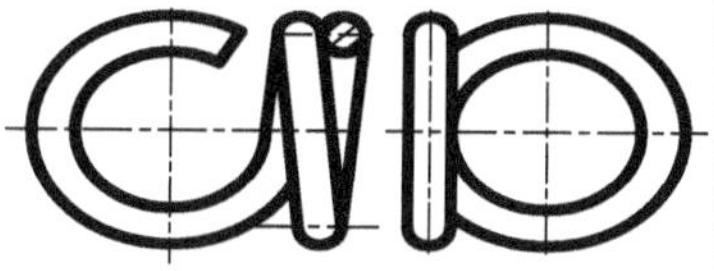 偏心圆钩环		RL_{II}	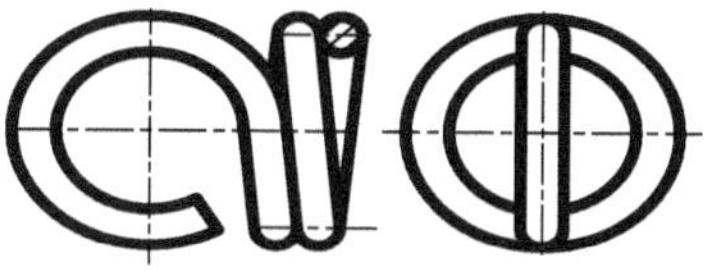 圆钩环
	L_V	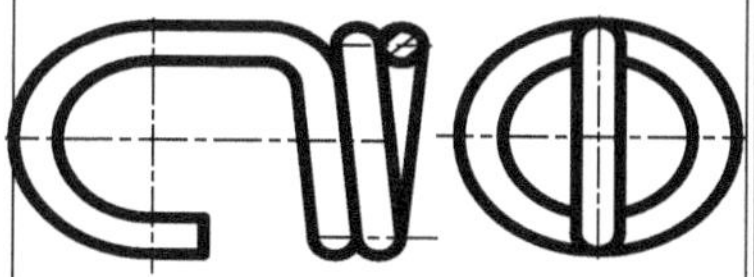 长臂半圆钩环		RL_{III}	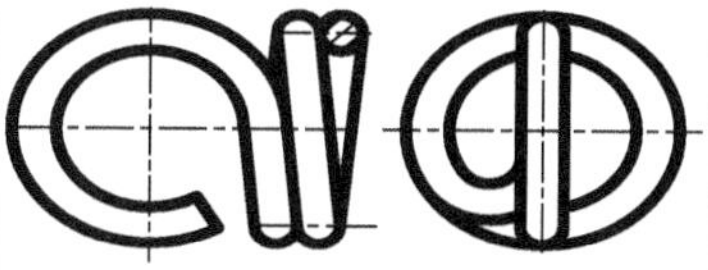 圆钩环压中心
	L_{VI}	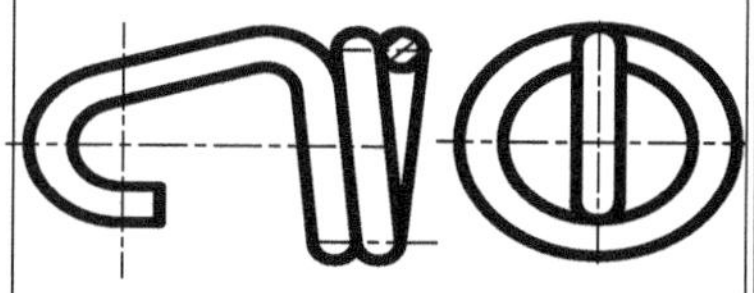 长臂小圆钩环			

3. 圆柱螺旋扭转弹簧的结构

常用的圆柱螺旋扭转弹簧的结构如表5.8。

表5.8　圆柱螺旋扭转弹簧的结构

代号	简图	代号	简图
N_I	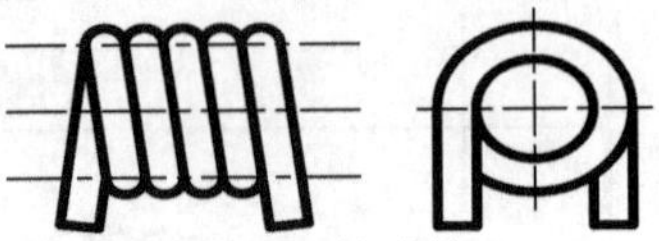 外臂扭转弹簧	N_{IV}	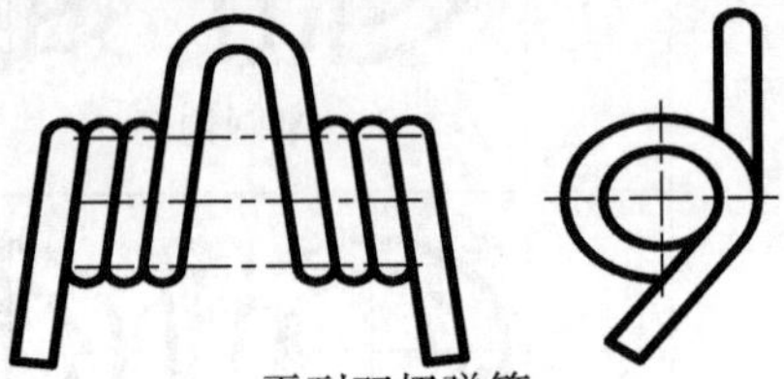 平列双扭弹簧
N_{II}	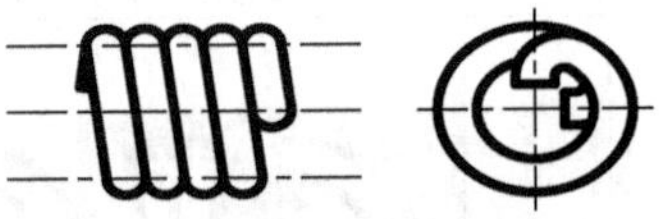 内臂扭转弹簧	N_V	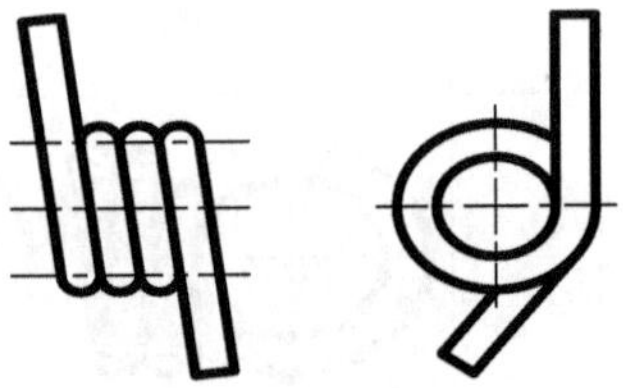 直臂扭转弹簧
N_{III}	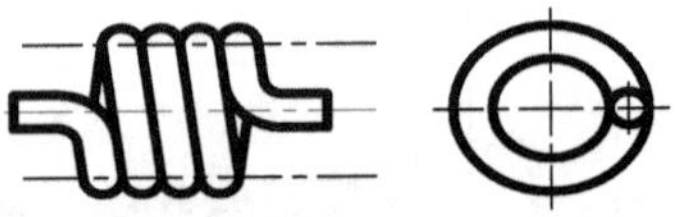 中心臂扭转弹簧	N_{VI}	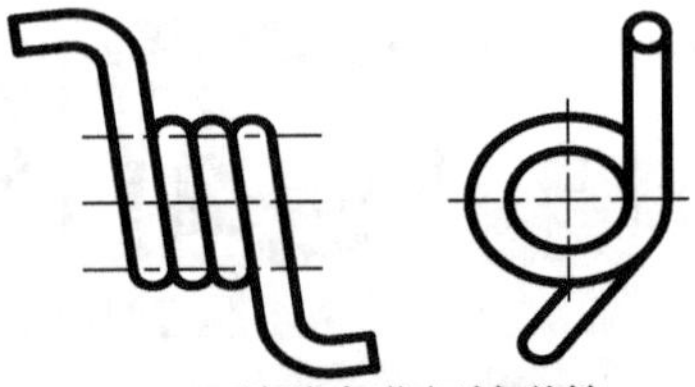 单臂弯曲扭转弹簧

（三）弹簧的材料和制造

1. 弹簧的常用材料

弹簧工作中通常材料的变形和承受应力较大，而且多承受交变应力作用，因此要求弹簧材料具有较高的屈服强度和疲劳强度、足够的冲击韧性；对于截面尺寸较大的弹簧材料，加工过程需要热成型，成型后需要进行热处理，要求材料具有较好的热处理工艺性。

弹簧常用材料有碳素弹簧钢丝、重要用途碳素弹簧钢丝、弹簧用不锈钢丝、热轧弹簧钢和青铜线（表5.9）。弹簧钢丝和青铜线的抗拉强度如表5.10和表5.11所示，许用应力如表5.12所示。

表5.9 弹簧常用材料

材料名称	牌号	直径/mm	切变模量 G/GPa	弹性模量 E/GPa	推荐硬度/HRC	推荐温度/℃	性能
碳素弹簧钢丝	25、35、45、50、60、70、80 碳素钢，40Mn、45Mn、50Mn、55Mn、60Mn、70Mn 碳素钢	B级：0.08～13；C级：0.08～13；D级：0.08～6	80	206		-40～130	强度高、性能好。B级用于低应力弹簧，C级用于中等应力弹簧，D级用于高应力弹簧
重要用途碳素弹簧钢丝	65Mn T9A T8MnA	E组：0.08～6；F组：0.08～6；G组：1～6					强度高，韧性好，用于重要的小弹簧
弹簧用不锈钢丝	A组：1Cr18Ni9，0Cr18Ni10，0Cr17Ni12Mo2；B组：1Cr18Ni9，0Cr18Ni10；C组：0Cr17Ni8Al	0.08～12	71	193		-200～300	耐腐蚀，耐高、低温，用于腐蚀或高、低温环境工作的小弹簧

续表 5.9

材料名称	牌号	直径/mm	切变模量 G/GPa	弹性模量 E/GPa	推荐硬度/HRC	推荐温度/℃	性能
油淬火回火钢丝	65Mn	5～80	79	196	45～50	40～120	弹性好,用于普通机械用弹簧
	50CrVA					40～210	有较高的疲劳强度,抗高温,用于工作温度高的较大弹簧
	55Si2Mn					40～250	有较高的疲劳强度,弹性好,广泛用于各种机械的弹簧
硅青铜线	QSi3-1	0.1～6	41	93.2	90～100 HBW	-40～120	较高的耐腐蚀和防磁性能,用于机械或仪表等用弹性元件
锡青铜线	QSn4-3, QSn6.5-0.1, QSn6.5-0.4, QSn7-0.2		40			-250～120	有较高的耐磨损、耐腐蚀和防磁性能,用于机械或仪表等用弹性元件
铍青铜线	QBe2	0.03～6	44	129.5	37～40	-200～120	较高的耐磨损、耐腐蚀、防磁和导电性能,用于机械或仪表等用精密弹性元件

表 5.10 弹簧钢丝的抗拉强度 s_b　　　　单位：MPa

钢丝直径/mm	碳素弹簧钢丝			重要用途碳素弹簧钢丝			弹簧用不锈钢丝		
	B级	C级	D级	E组	F组	G组	A组	B组	C组
1.0	1660～2010	1960～2300	2300～2690	2020～2350	2350～2650	1850～2110	1471	1863	1765
1.2	1620～1960	1910～2250	2250～2550	1920～2270	2270～2570	1820～2080	1373	1765	1667
1.4	1620～1910	1860～2210	2150～2450	1870～2200	2200～2500	1780～2040	1373	1665	1667
1.6	1570～1860	1810～2160	2110～2400	1830～2140	2160～2480	1750～2010	1324	1667	1569
1.8	1520～1810	1760～2110	2010～2300	1800～2130	2060～2360	1700～1960	1324	1667	1569
2.0	1470～1760	1710～2010	1910～2200	1760～2090	1970～2230	1670～1910	1324	1667	1569
2.2	1420～1710	1660～1960	1810～2110	1720～2000	1870～2130	1620～1860			
2.3							1275	1569	1471
2.5	1420～1710	1660～1960	1760～2060	1680～1960	1770～2030	1620～1860			
2.6							1275	1569	1471
2.8	1370～1670	1620～1910	1710～2010	1630～1910	1720～1980	1570～1810			
2.9							1177	1471	1373
3.0	1370～1670	1570～1860	1710～1960	1610～1890	1690～1950	1570～1810			
3.2	1320～1620	1570～1810	1660～1910	1560～1840	1670～1930	1570～1810	1177	1471	1373
3.5	1320～1620	1570～1810	1660～1910	1520～1750	1620～1840	1470～1710	1177	1471	1373
4.0	1320～1620	1520～1760	1620～1860	1480～1710	1570～1790	1470～1710	1177	1471	1373
4.5	1320～1570	1520～1760	1620～1860	1410～1640	1500～1720	1470～1710	1079	1373	1275
5.0	1320～1570	1470～1710	1570～1810	1380～1610	1480～1700	1420～1660	1079	1373	1275
5.5	1270～1520	1470～1710	1570～1810	1330～1560	1440～1660	1400～1640	1070	1373	1275
6.0	1220～1470	1420～1660	1520～1760	1320～1550	1420～1660	1350～1590	1079	1373	1275
6.5	1220～1470	1420～1610	—				981	1275	
7.0	1170～1420	1370～1570					981	1275	
8.0	1170～1420	1370～1570					981	1275	
9.0	1130～1320	1320～1520						1128	
10.0	1130～1320	1320～1520						981	

表 5.11 青铜线的抗拉强度 s_b 单位：MPa

材料	硅青铜线			锡青铜线			铍青铜线		
线材直径/mm	0.1~2	>2~4.2	>4.2~6	0.1~2.5	>2.5~4	>4~5	状态	硬化调质前	硬化调质后
抗拉强度 s_b	784	833	833	784	833	833	软	343~568	>1029
							1/2 硬	579~784	>1176
							硬	>598	>1274

表 5.12 弹簧材料的许用应力 单位：MPa

钢丝类型或材料		碳素弹簧钢丝	重要用途碳素弹簧钢丝	弹簧用不锈钢丝[1]	65Mn	50CrVA 55Si2Mn	青铜线
压缩弹簧许用切应力 $[\tau]$	Ⅲ类	$0.5s_b$	$0.5s_b$	$0.45s_b$	570	740	$0.4s_b$
	Ⅱ类	$(0.38\sim0.45)s_b$	$(0.38\sim0.45)s_b$	$(0.34\sim0.38)s_b$	455	590	$(0.30\sim0.35)s_b$
	Ⅰ类	$(0.30\sim0.38)s_b$	$(0.30\sim0.38)s_b$	$(0.28\sim0.34)s_b$	340	445	$(0.25\sim0.30)s_b$
拉伸弹簧许用切应力 $[\tau]$	Ⅲ类	$0.4s_b$	$0.4s_b$	$0.36s_b$	380	495	$0.32s_b$
	Ⅱ类	$(0.30\sim0.36)s_b$	$(0.30\sim0.36)s_b$	$(0.27\sim0.30)s_b$	325	420	$(0.24\sim0.28)s_b$
	Ⅰ类	$(0.24\sim0.30)s_b$	$(0.24\sim0.30)s_b$	$(0.22\sim0.27)s_b$	285	310	$(0.20\sim0.24)s_b$
扭转弹簧许用弯曲应力 $[s]$	Ⅲ类	$0.8s_b$	$0.8s_b$	$0.75s_b$	710	925	$0.75s_b$
	Ⅱ类	$(0.60\sim0.68)s_b$	$(0.60\sim0.68)s_b$	$(0.55\sim0.65)s_b$	570	740	$(0.55\sim0.65)s_b$
	Ⅰ类	$(0.50\sim0.60)s_b$	$(0.50\sim0.60)s_b$	$(0.45\sim0.55)s_b$	455	590	$(0.45\sim0.55)s_b$

[1] s_b 取材料抗拉强度的下限值，不适用于直径 $d<1$ mm 的钢丝。

弹簧按载荷循环次数分为以下三类：Ⅰ类的载荷循环次数在 106 以上，Ⅱ类的载荷循环次数在 106～103 之间，Ⅲ类受静载荷或载荷循环次数小于 103。选择弹簧材料时要综合考虑功能要求、使用环境条件和加工工艺要求。

（1）碳素弹簧钢（如65、70钢）。价格便宜，来源方便，但弹性极限较低，淬透性差，不能在高温条件下工作，适合于制造一般用途的小尺寸弹簧。

（2）合金弹簧钢。常用的合金弹簧钢有低锰弹簧钢（如65Mn）、硅锰弹簧钢（如60Si2MnA）和铬钒钢（如50CrVA）。合金弹簧钢淬透性好强度高；硅锰弹簧钢弹性极限高，回火稳定性好；铬钒钢弹簧强度高，韧性好，但价格较高，适用于重要场合。

（3）不锈钢和青铜。不锈钢耐腐蚀，青铜耐腐蚀、防磁和导电性能好，强度较低，常用于腐蚀性较强的化工设备上。

2. 弹簧的制造方法

弹簧的卷制方法有冷卷法和热卷法。弹簧丝直径较小（$d < 8 \sim 10$ mm）的弹簧，采用经过预先热处理的冷拉弹簧丝通过冷卷法制造，卷成后通过低温回火消除内应力；弹簧丝直径较大的弹簧，在加热的状态下卷制，卷成后需经淬火及中温回火。

对于重要的压缩弹簧，为了保证弹簧两端面与弹簧轴线垂直，要将两端面在专门的磨床上磨平。对于拉伸弹簧和扭转弹簧，为了便于连接和加载，两端制有挂钩或杆臂。

为了提高弹簧的承载能力，可以对卷制后的弹簧进行喷丸处理或强压处理，使弹簧丝表面产生与工作应力方向相反的残余应力，从而使弹簧工作状态的最大应力降低。长期工作在振动、高温和腐蚀环境下的弹簧不宜作强压处理。

（四）圆柱螺旋压缩（拉伸）弹簧的设计计算

圆柱螺旋压缩（拉伸）弹簧的设计计算的原则是：确定满足使用要求所需的弹簧丝直径和弹簧圈数，并保证其满足强度、刚度、稳定性及结构要求。先试取直径 d，如果计算结果与试取的一致，则合格；否则重新试取直径 d。

圆柱螺旋压缩（拉伸）弹簧的设计计算步骤为：①根据工作情况及具体条件选定材料；②选择旋绕比 C，通常可取 $C \approx 5 \sim 8$，并算出曲度系数 K 值；③根据安装空间，初设弹簧中径 D，由 C 值估取弹簧丝直径 d，并由表5.12查取弹簧丝的许用应力 $[\tau]$；④试算弹簧丝直径 d'；⑤根据变形条件求出弹簧工作圈数；⑥计算 D_2、D_1、H_0 并检查是否符合安装要求等；⑦对疲劳强度和静应力强度等的验算；⑧进行弹簧的结构设计，画出零件图。

【例5.7】试设计一受静载荷的压缩螺旋弹簧。已知条件：当弹簧受载荷 $F_1 = 178$ N 时，其长度 $H_1 = 89$ mm；当 $F_2 = 1160$ N 时，$H_2 = 54$ mm；该弹簧使用时套在直径为 30 mm 的芯棒上。现有材料为碳素弹簧钢丝，并要求所设计弹簧的尺寸尽可能小。

解：（1）求钢丝直径 d。

由表5.10初选材料为 B 级碳素弹簧钢丝，钢丝直径 $d = 6$ mm，选用Ⅲ类，由表

5.12 得 $[\tau_{\text{III}}] = 0.5 \times 1450 = 725 \,(\text{N/mm}^2)$。

根据芯棒直径为 30 mm,由表 5.5 取 $C=7$,则 $D_1 = 6 \times 7 - 6 = 36$ mm(>30,合题意)。

用弹簧应力计算公式的时候,还要考虑金属丝弯曲的程度对应力的影响,而加以修正。该影响强度计算的弯曲程度叫曲度系数,分别用下式表示。

压、拉弹簧曲度系数:$K = \dfrac{4C-1}{4C-4} + \dfrac{0.615}{C}$;

扭转弹簧曲度系数:$K_1 = \dfrac{4C-1}{4C-4}$。

为了便于计算,根据上面两个公式算出 K 和 K_1 值,列成表 5.13。

表 5.13 曲度系数 K 和 K_1

$C = \dfrac{D_2}{d}$	4	4.5	5	5.5	6	6.5	7	7.5	8	8.5	9	9.5	10	12	14
K	1.40	1.35	1.31	1.28	1.25	1.23	1.21	1.20	1.18	1.17	1.16	1.15	1.14	1.12	1.06
K_1	1.25	1.20	1.19	1.17	1.15	1.14	1.13	1.12	1.11	1.10	1.09	1.09	1.08	1.07	1.06

查表 5.13 得曲度系数 $K=1.21$,由弹簧丝内侧的最大剪应力及强度条件计算公式:

$$\tau = K\dfrac{8CF}{\pi d^2} \leqslant [\tau],$$

得

$$d \geqslant \sqrt{\dfrac{8KF_2C}{\pi[\tau_{\text{III}}]}} = \sqrt{\dfrac{8 \times 1.21 \times 1160 \times 7}{\pi \times 725}} = 5.87(\text{mm})。$$

取钢丝直径 $d=6$ mm,与原假设符合。则有:

$$D = Cd = 7 \times 6 = 42(\text{mm})。$$

(2) 求弹簧工作圈数 n。弹簧所需刚度为:

$$K = \dfrac{F_2 - F_1}{H_1 - H_2} = \dfrac{1160 - 178}{89 - 54} = 28(\text{N/mm})。$$

则轴向变形量为:

$$\lambda_{\max} = \dfrac{F_2}{K} = \dfrac{1160}{28} = 41.4(\text{mm})。$$

根据变形条件,对于有预应力的拉伸弹簧:

$$n = \dfrac{Gd}{8(F_{\max} - F_0)C^3}\lambda_{\max};$$

对于压缩弹簧或无预应力的拉伸弹簧:

$$n = \dfrac{Gd}{8F_{\max}C^3}\lambda_{\max}。$$

查表 5.9 得 $G = 80 \text{ GPa} = 80000 \text{ MPa}$，计算弹簧有效圈数：

$$n = \frac{Gh_2 d}{8F_2 C^3} = \frac{8 \times 10^4 \times 41.4 \times 6}{8 \times 1160 \times 7^3} = 6.24 \text{（圈）}。$$

取有效圈数 $n=6$，取支承圈数为 2。则总圈数 $n_1 = n + 2 = 6 + 2 = 8$（圈）。

(3) 求其余参数。

由表 5.5 可知，自由高度 $H_0 = H_2 + \lambda_{\max} = 54 + 41.4 = 95.4 \text{(mm)}$，

$$H_s = (n_1 - 0.5)d = (8 - 0.5) \times 6 = 45 \text{（mm）}（<H_2，合适）。$$

间距 $\delta = \dfrac{H_0 - H_s}{n} = \dfrac{95.4 - 45}{6} = 8.4 \text{(mm)}$。

节距 $p = \delta + d = 8.4 + 6 = 14.4 \text{(mm)}$。

螺旋角 $\alpha = \arctan \dfrac{p}{\pi D} = \arctan \dfrac{14.4}{\pi \times 42} = 6.23°$（在 $5°\sim 9°$ 之间）。

展开长度 $L = \dfrac{\pi D n_1}{\cos \alpha} = \dfrac{\pi \times 42 \times 8}{\cos 6.23°} = 1062 \text{(mm)}$。

(4) 本题要求所设计的弹簧的尺寸尽可能小，并且内径 $D_1 > 30$。现按照给定材料范围，选用强度最好的 B 级碳素钢丝。当材料一定后，弹簧的体积决定于长度和直径。而长度由刚度条件定，故应使 D_1 尽可能小，但 D_1 又必须大于 30。现对几种方案加以比较：

当 $C=7$，由强度条件知 $d=6 \text{ mm}$；若加大 d，则 D_1 也将增加。

若取 $C=8$。则 $K=1.18$，

$$d \geqslant \sqrt{\frac{8KF_2 C}{\pi[\tau]}} = \sqrt{\frac{8 \times 1.18 \times 1160 \times 8}{\pi \times 725}} = 6.20 \text{(mm)}，$$

较 $C=7$ 时的 d 为大，故 D_1 仍将加大。

若取 $d = 5.6 \text{ mm}$，则 $K = 1.25$，

$$d \geqslant \sqrt{\frac{8 \times 1.25 \times 1160 \times 6}{\pi \times 725}} = 5.52 \text{(mm)}。$$

若取 $C=6$，则弹簧内径

$$D_1 = d(C-1) = 5.6 \times (6-1) = 28 (<30) \text{mm}，$$

不符合要求。

由此可定，$d = 6 \text{ mm}$，$n = 6$ 圈，旋绕比 $C = 7$ 为最佳方案。

任务5　制动器及机座的设计

曳引机制动器又称抱闸装置,是能够使运行中的电梯在切断电源时自动把电梯轿厢掣停住的一种机械装置。制动器的工作特点是,电梯运行即电动机通电时制动器松闸,电梯停止运行即电动机失电时抱闸。机械摩擦式制动器其制动力的获得是靠摩擦副的相互摩擦,一般靠闸瓦块和制动轮间的摩擦力来制动,电梯制动时依靠机械力的作用,使制动闸瓦与制动轮摩擦而产生制动力矩,电梯运行时,依靠电磁力使制动器松闸,因此又称电磁制动器。

电梯曳引机的制动器最常用的是电磁制动器,它由一组弹簧、带有制动衬垫的制动闸瓦、制动臂以及电磁铁组成,如图5.39所示。当电磁线圈通电时,制动器松闸,闸瓦与制动轮脱开;当电磁线圈失电时,制动闸瓦靠弹簧压紧于制动轮而产生制动力矩。

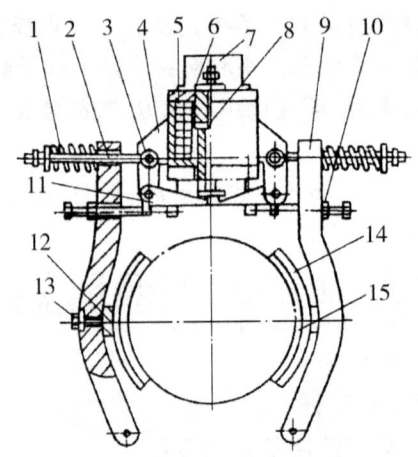

1. 制动弹簧；2. 拉杆；3. 销钉；4. 电磁铁座；5. 线圈；6. 电磁铁芯；7. 电磁铁罩盖；8. 顶杆；9. 制动臂；10. 调节螺栓；11. 转臂；12. 球头；13. 连接螺栓；14. 制动衬垫；15. 闸瓦

图5.39　电磁制动器

电梯正常使用时,电梯速度$v>1$ m/s,一般都是在电梯通过电气控制使其减速停止,然后再机械抱闸。制动时,电梯的减速度不应大于限速器动作做产生的或轿厢停止在缓冲器上所产生的减速度。电梯停止运行时,制动器应能保证在125%～150%的额定负载下,电梯保持静止、位置不变,直到工作时才松闸。

有齿轮曳引机采用带制动轮的联轴器,即制动器的制动轮就是电动机和减速机之间的联轴器原盘,如图5.40所示。制动轮装在蜗杆一侧,不能装在电动机一侧,以保证联轴器破断时，电梯仍能掣停。

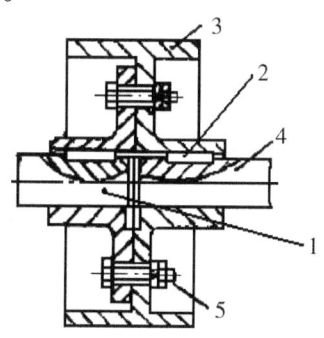

1. 电动机轴；2. 键；3. 制动轮；4. 减速器轴；5. 连接螺栓

图 5.40　曳引机的联轴器

曳引机底座是连接电动机、制动器、减速机的机座，为便于整体运输、安装和调整，这些部件均装配在底座上。安装电梯时底座又被固定在承重梁上，即指定型号的两个平行且具承重作用的工字钢梁上。

设计曳引机底座时，必须保证曳引机的所有底座受力点有支撑，否则有产生振动的可能。机械座安装面应水平。曳引机安装时应保证安装面水平，因不平而使用垫片的厚度不得超过 2 mm，垫片厚度过大有导致振动的可能。曳引轮中心线必须与导向轮中心线保持一致，否则有导致轿厢和对重偏摆的可能。

任务 5　制动器及机座的设计任务书

一、任务目标

1. 知识目标：

（1）掌握联轴器、弹簧的类型、结构、原理和设计方法，平面运动链的自由度及其具有确定运动的条件，平面四杆机构的基本型式及其在曳引机制动器中的应用，培养学生分析和解决实际工程设计问题的能力。

（2）掌握通用机构零件的主要参数、受力分析、失效分析、设计准则及承载能力设计计算方法。

（3）综合运用 SolidWorks 及其他先前修过的课程的知识，进行软件设计训练，使已学知识得以巩固、加深和扩展，提高学生制图水平和机械 CAD 技术水平。

2. 能力目标：

（1）能使用 AutoCAD 和 SolidWorks 二维、三维零部件设计软件绘出零件图和装配图。

（2）能运用手册、标准、规范、设计软件等技术资料设计和选用传动机构、标准零部件。

（3）能运用机械系统设计的基础知识，分析和设计电梯常用机构和简单传动装置。

（4）根据使用、制造工艺、安装维护、经济和安全等方面的要求对电梯零部件进行结构优化设计。

3. 素质目标：

（1）树立正确的设计思想，养成依照行业标准、规范，按章设计、使用的安全意识。

（2）通过项目训练培养职业技能，形成善于思考、勤奋好学的学习风气，养成严谨的科学态度、良好的职业道德和敬业精神。

（3）通过项目组共同完成任务，培养团队精神和合作意识。

（4）培养学生的创新精神和实践能力。

二、任务内容

1. 完成杂货电梯曳引机联轴器的选用和计算，绘制联轴器三维零件图（图5.41）。

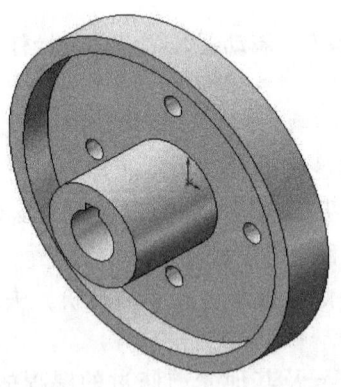

图5.41 曳引机的半联轴器三维实体

2. 完成杂货电梯曳引机制动器的设计计算,包括制动力的计算、制动力矩 M 的计算和弹簧的最大工作负荷的计算。

3. 完成曳引机制动器(图 5.42)的设计,包括制动器中的制动轮、制动臂、机座、制动弹簧、制动闸瓦、其余标准件的设计,撰写曳引机制动器的设计说明书;结合之前的设计项目,最终完成杂货电梯曳引机的虚拟装配(图 5.43),其中电梯井道、电动机、减速器、曳引轮可应用前面任务的三维模型。

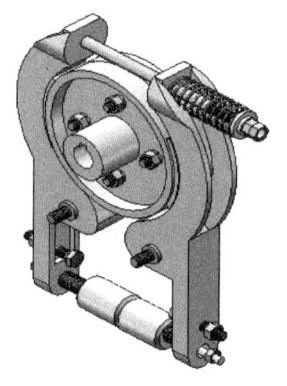
图 5.42 曳引机制动器的三维实体

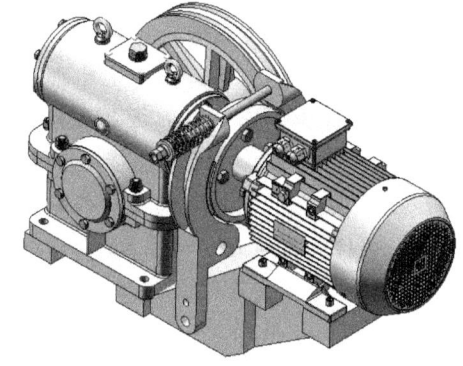
图 5.43 曳引机的三维实体

三、任务要求

1. 在教师指导下,按照设计任务内容,确定小组成员(三人一组),并根据各个成员的特长进行分工:一人作为负责人,除日常工作外还需负责整个任务的协调与管理,组员各司其职,按时、按量、保质完成全部设计任务。图纸命名形式为图纸名 +(姓名)。图纸命名形式示例:制动器(张三).sldprt。

2. 学生间可以相互讨论、协助,但必须独立完成,每组交一份设计说明书及三维装配体。

四、考核与评价

1. 完成杂货电梯曳引机的联轴器的设计、弹簧的设计、制动臂的设计、曳引机座的设计,撰写设计说明书,共计 50 分。

2. 完成杂货电梯曳引机联轴器、制动器及机座的零部件设计及虚拟装配,共计 50 分。

3. 平时表现:是否遵守纪律,设计态度是否端正,能否按进度独立完成工作量,是否请假、迟到、早退、旷课,课堂提问、作业、抽查当场演示等,将计入平时成绩。

复习题 5

1. 常用联轴器有哪些类型，各有哪些特点，适用于哪些场合？
2. 下列情况下，分别选用何种类型的联轴器较为合适？
   (1) 刚性大、对中性好的两轴间的连接；
   (2) 轴线相交的两轴间的连接；
   (3) 正反转多变、启动频繁、冲击大的两轴间的连接；
   (4) 轴间径向位移大、转速低、无冲击的两轴间的连接；
   (5) 转速高、载荷平稳、中小功率的两轴间的连接；
   (6) 转速高、载荷大、正反转多变、启动频繁的两轴间的连接。
3. 某离心水泵与电动机之间选用弹性柱销联轴器连接，电机功率 $P=22$ kW，转速 $n=970$ r/min，两轴轴径均为 $d=55$ mm，试选择联轴器的型号。
4. 图 5.41 所示机构要有确定运动，需要有＿＿＿原动件。
   A. 1 个　　　B. 2 个　　　C. 3 个　　　D. 没有

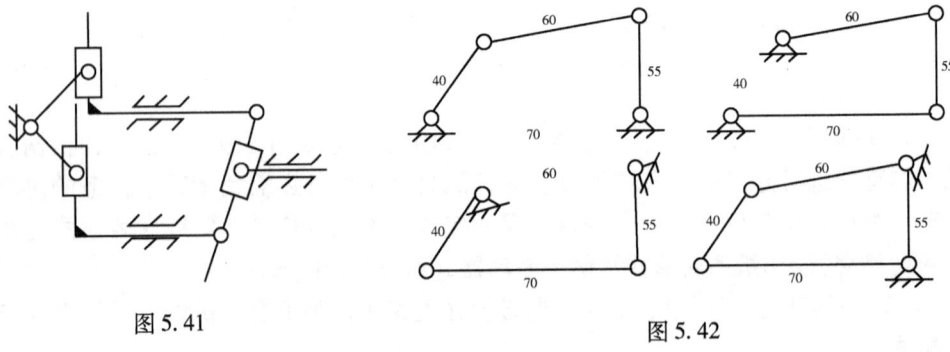

图 5.41　　　　　　　　　　　　图 5.42

5. 机构具有确定运动的条件是什么？铰链四杆机构中曲柄存在的条件是什么？
6. 根据图 5.42 的尺寸判断图中各铰链四杆机构是曲柄摇杆机构、双曲柄机构还是双摇杆机构。
7. 设计一气门弹簧，要求弹簧中径为 32 mm，安装高度 H_1 为 54～56 mm，此时弹簧承受压力为 200 N。气门开启最大时，弹簧从安装高度压缩 10 mm，所施加的压缩载荷为 420 N。

附 录

一、常用质量单位换算表

	吨	公斤	市担	市斤	英吨	美吨	磅
吨	1	1000	20	2000	0.98421	1.1023	2204.6
公斤	0.001	1	0.02	2	0.000984	0.001102	2.2046
市担	0.05	50	1	100	0.04921	0.0551	110.231
市斤	0.0005	0.5	0.01	1	0.000492	0.000551	1.1023
英吨	1.01605	1016.05	20.3209	2032.09	1	1.1200	2240
美吨	0.90718	907.18	18.1437	1814.37	0.8929	1	2000
磅	0.000454	0.4536	0.009072	0.9072	0.000446	0.0005	1

二、常用长度单位换算表

	米	厘米	毫米	市尺	英尺	英寸
米	1	100	1000	3	3.28084	39.3701
厘米	0.01	1	10	0.03	0.03281	0.3937
毫米	0.001	0.1	1	0.003	0.003281	0.03937
市尺	0.33333	33.333	333.33	1	1.0936	13.1234
英尺	0.3048	30.48	304.8	0.9144	1	12
英寸	0.0254	2.54	25.4	0.0762	0.08333	1

三、常用容量单位换算表

	升（市升）	立方英寸	英加仑	美加仑（液量）	美加仑（干量）
升（市升）	1	61.0237	0.2200	0.2642	0.2270
立方英寸	0.0164	1	0.0036	0.0043	0.0037
英加仑	4.5460	277.274	1	1.2009	1.0321
美加仑（液量）	3.7853	231	0.8327	1	0.8594
美加仑（干量）	4.4048	268.803	0.9689	1.1636	1

四、常用化学元素符号表

元素名称	符号	元素名称	符号	元素名称	符号
氢	H	硫	S	锗	Ge
氦	He	氯	Cl	砷	As
锂	Li	氩	Ar	硒	Se
铍	Be	钾	K	溴	Br
硼	B	钙	Ca	钼	Mo
碳	C	钪	Sc	银	Ag
氮	N	钛	Ti	镉	Cd
氧	O	钒	V	铟	In
氟	F	铬	Cr	锡	Sn
氖	Ne	锰	Mn	碘	I
钠	Na	铁	Fe	钕	Nd
镁	Mg	钴	Co	钨	W
铝	Al	镍	Ni	金	Au
硅	Si	铜	Cu	汞	Hg
磷	P	锌	Zn	铅	Pb

五、常用金属密度表

材料名称	密度/(g·cm^{-3})	材料名称		密度/(g·cm^{-3})
灰口铸铁	6.6～7.4	不锈钢	1Cr18Ni11Nb、Cr23Ni18	7.90
白口铸铁	7.4～7.7		2Cr13Ni4Mn9	8.50
可锻铸铁	7.2～7.4		3Cr13Ni7Si2	8.00
铸钢	7.80	纯铜材		8.90
工业纯铁	7.87	59、62、65、68 黄铜		8.50
普通碳素钢	7.85	80、85、90 黄铜		8.70
优质碳素钢	7.85	96 黄铜		8.80
碳素工具钢	7.85	59-1、63-3 铅黄铜		8.50
易切钢	7.85	74-3 铅黄铜		8.70
锰钢	7.81	90-1 锡黄铜		8.80
15CrA 铬钢	7.74	70-1 锡黄铜		8.54
20Cr、30Cr、40Cr 铬钢	7.82	60-1 和 62-1 锡黄铜		8.50
38CrA 铬钢	7.80	77-2 铝黄铜		8.60
铬钒、铬镍、铬镍钼、铬锰、硅、铬锰硅镍、硅锰、硅铬钢	7.85	67-2.5、66-6-3-2、60-1-1 铝黄铜		8.50
		镍黄铜		8.50
铬镍钨钢	7.80	锰黄铜		8.50
铬钼铝钢	7.65	硅黄铜、镍黄铜、铁黄铜		8.50
含钨9高速工具钢	8.30	5-5-5 铸锡青铜		8.80
含钨18高速工具钢	8.70	3-12-5 铸锡青铜		8.69
高强度合金钢	7.82	6-6-3 铸锡青铜		8.82
轴承钢	7.81	7-0.2、6.5-0.4、6.5-0.1、4-3 锡青铜		8.80

续上表

材料名称		密度 /(g·cm⁻³)	材料名称		密度 /(g·cm⁻³)
不锈钢	0Cr13、1Cr13、2Cr13、3Cr13、4Cr13、Cr17Ni2、Cr18、9Cr18、Cr25、Cr28	7.75	4-0.3、4-4-4锡青铜		8.90
	Cr14、Cr17	7.70	4-4-2.5锡青铜		8.75
	0Cr18Ni9、1Cr18Ni9、Cr18Ni9Ti、2Cr18Ni9	7.85	5铝青铜		8.20
	1Cr18Ni11Si4AlTi	7.52	锻铝	LD8	2.77
7铝青铜		7.80		LD7、LD9、LD10	2.80
19-2铝青铜		7.60	超硬铝		2.85
9-4、10-3-1.5铝青铜		7.50	LT1特殊铝		2.75
10-4-4铝青铜		7.46	工业纯镁		1.74
铍青铜		8.30	变形镁	MB1	1.76
3-1硅青铜		8.47		MB2、MB8	1.78
1-3硅青铜		8.60		MB3	1.79
1铍青铜		8.80		MB5、MB6、MB7、MB15	1.80
0.5镉青铜		8.90	铸镁		1.80
0.5铬青铜		8.90	工业纯钛（TA1、TA2、TA3）		4.50
1.5锰青铜		8.80	钛合金	TA4、TA5、TC6	4.45
5锰青铜		8.60		TA6	4.40
白铜	B5、B19、B30、BMn40-1.5	8.90		TA7、TC5	4.46
	BMn3-12	8.40		TA8	4.56
	BZn15-20	8.60		TB1、TB2	4.89
	BAl6-1.5	8.70		TC1、TC2	4.55
	BAl13-3	8.50		TC3、TC4	4.43

续上表

材料名称		密度/(g·cm^{-3})	材料名称		密度/(g·cm^{-3})
纯铝		2.70	钛合金	TC7	4.40
防锈铝	LF2、LF43	2.68		TC8	4.48
	LF3	2.67		TC9	4.52
	LF5、LF10、LF11	2.65		TC10	4.53
	LF6	2.64	纯镍、阳极镍、电真空镍		8.85
	LF21	2.73	镍铜、镍镁、镍硅合金		8.85
硬铝	LY1、LY2、LY4、LY6	2.76	镍铬合金		8.72
	LY3	2.73	锌锭（Zn0.1、Zn1、Zn2、Zn3）		7.15
	LY7、LY8、LY10、LY11、LY14	2.80	铸锌		6.86
	LY9、LY12	2.78	4-1铸造锌铝合金		6.90
	LY16、LY17	2.84	4-0.5铸造锌铝合金		6.75
锻铝	LD2、LD30	2.70	铅和铅锑合金		11.37
	LD4	2.65	铅阳极板		11.33
	LD5	2.75			

说明：常用金属材料密度表，包括黑色金属、有色金属材料及其合金材料的密度。

六、常用工业材料导热系数

材料名称	导热系数/(W·m^{-1}·K^{-1})	材料名称	导热系数/(W·m^{-1}·K^{-1})	材料名称	导热系数/(W·m^{-1}·K^{-1})
铸铁	42～90	ABS	0.25	空气	0.01～0.04
不锈钢	17	PA	0.25	水蒸气	0.023
铸铝	138～147	PC	0.2	水	0.5～0.7
Al 6061	160	PMMA	0.14～0.2	硫酸5%～25%	0.47～0.5
Al 6063	201	PP	0.21～0.26	木材(纵向)	0.38
砷化镓	46	PP+25%玻纤	0.25	木材(横向)	0.14～0.17
金	317	软质PVC	0.14	普通黏土砖	0.7～0.8

续上表

材料名称	导热系数/(W·m⁻¹·K⁻¹)	材料名称	导热系数/(W·m⁻¹·K⁻¹)	材料名称	导热系数/(W·m⁻¹·K⁻¹)
银	429	硬质PVC	0.17	耐火砖	1.06
纯铝	237	PU	0.25	水泥沙	0.9～1.28
纯铜	401	石墨复合材料	0.33	瓷砖	1.99
纯锌	112	HDPE复合材料	0.5	石棉	0.15～0.37
纯钛	14.63	橡胶	0.19～0.26	玄武岩	2.18
纯锡	64	纯硅胶	0.35	花岗岩	2.6～3.6
纯铅	35	中密度硅胶	0.17	石蜡	0.12
纯镍	90	低密度硅胶	0.12	石油	0.14
钢	36～54	玻璃	0.5～1.0	沥青	0.7
黄铜	70～183	玻璃钢	0.40	纸板	0.06～0.14
青铜	32～153	泡沫	0.045	ALN陶瓷	150
硅	150	FR4	0.2	金刚石	2300
二氧化硅	7.6	环氧树脂	0.2～2.2	Al_2O_3（蓝宝石）	45
碳化硅	490	导热硅	0.8～3		

说明：导热系数是指在稳定传热条件下，1 m厚的材料，两侧表面的温差为1度（K,°C），在1 h内，通过1 m²面积传递的热量，单位为瓦/(米·度)，即W/(m·K)。导热系数与材料的组成结构、密度、含水率、温度等因素有关。非晶体结构、密度较低的材料，导热系数较小；材料的含水率、温度较低时，导热系数较小。通常把导热系数较低的材料称为保温材料，而把导热系数在0.05 W/(m·K)以下的材料称为高效保温材料。

七、常用材料的弹性模量、切变模量及泊松比

名称	弹性模量 E/GPa	切变模量 G/GPa	泊松比 μ
灰、白口铸铁	115～160	45	0.23～0.27
球墨铸铁	151～160	61	0.25～0.29
碳钢	200～220	81	0.24～0.28
合金钢	210	81	0.25～0.3
铸钢	175	70～84	0.25～0.29
轧制磷青铜	115	42	0.32～0.35

续上表

名　称	弹性模量 E/GPa	切变模量 G/GPa	泊松比 μ
轧制锰黄铜	110	40	0.35
铸铝青铜	105	42	0.25
硬铝合金	71	27	
冷拔黄铜	91～99	35～37	0.32～0.42
轧制纯铜	110	40	0.31～0.34
轧制锌	84	32	0.27
轧制铝	69	26～27	0.32～0.36
铅	17	7	0.42

八、希腊字母表

序号	大写	小写	英文注音	国际音标注音	中文读音	意义
1	A	α	alpha	aːlfə	阿尔法	角度；系数
2	B	β	beta	betə	贝塔	磁通系数；角度；系数
3	Γ	γ	gamma	gaːmə	伽马	电导系数（小写）
4	Δ	δ	delta	deltə	德尔塔	变动；密度；屈光度
5	E	ε	epsilon	ep'silon	伊普西龙	对数之基数
6	Z	ζ	zeta	zatə	截塔	系数；方位角；阻抗；相对黏度；原子序数
7	H	η	eta	eitə	艾塔	磁滞系数；效率（小写）
8	Θ	θ	theta	θitə	西塔	温度；相位角
9	I	ι	iota	aiotə	约塔	微小，一点儿
10	K	κ	kappa	kapə	卡帕	介质常数
11	Λ	λ	lambda	lambdə	兰布达	波长（小写）；体积
12	M	μ	mu	mju	缪	磁导系数；微（千分之一）；放大因数（小写）
13	N	ν	nu	nju	纽	磁阻系数

续表

序号	大写	小写	英文注音	国际音标注音	中文读音	意义
14	Ξ	ξ	xi	ksi	克西	
15	O	o	omicron	omik′ron	奥密克戎	
16	Π	π	pi	pai	派	圆周率＝圆周÷直径＝3.1415926
17	P	ρ	rho	rou	肉	电阻系数（小写）
18	Σ	σ	sigma	′sigma	西格马	总和（大写）；表面密度；跨导（小写）
19	T	τ	tau	tau	套	时间常数
20	Υ	υ	upsilon	jup′silon	宇普西龙	位移
21	Φ	φ	phi	fai	佛爱	磁通；角
22	X	χ	chi	phai	西	
23	Ψ	ψ	psi	psai	普西	角速；介质电通量（静电力线）；角
24	Ω	ω	omega	o′miga	欧米伽	欧姆（大写）；角速度（小写）；角

九、电动机的工作制及防护等级

电动机的工作制的分类是对电动机承受负载情况的说明，它包括启动、电制动、空载、断能停转以及这些阶段的持续时间和先后顺序。工作制分为以下9类：

代号	工作制名称	电动机运行情况
S1	连续工作制	在恒定负载下的运行时间足以达到热稳定
S2	短时工作制	在恒定负载下按给定的时间运行，该时间不足以达到热稳定，随之即断能停转足够时间，使电机再度冷却到与冷却介质温度之差在2 K以内
S3	断续周期工作制	按一系列相同的工作周期运行，每一周期包括一段恒定负载运行时间和一段断能停转时间。这种工作制中的每一周期的启动电流不致对温升产生显著影响

续上表

代号	工作制名称	电动机运行情况
S4	包括启动的断续周期工作制	按一系列相同的工作周期运行,每一周期包括一段对温升有显著影响的启动时间、一段恒定负载运行时间和一段断能停转时间
S5	包括电制动的断续周期工作制	按一系列相同的工作周期运行,每一周期包括一段启动时间、一段恒定负载运行时间、一段快速电制动时间和一段断能停转时间
S6	连续周期工作制	按一系列相同的工作周期运行,每一周期包括一段恒定负载运行时间和一段空载运行时间,但无断能停转时间
S7	包括电制动的连续周期工作制	按一系列相同的工作周期运行,每一周期包括一段启动时间、一段恒定负载运行时间和一段快速电制动时间,但无断能停转时间
S8	包括变速变负载的连续周期工作制	按一系列相同的工作周期运行,每一周期包括一段在预定转速下恒定负载运行时间,和一段或几段在不同转速下的其他恒定负载的运行时间,但无断能停转时间
S9	负载和转速非周期性变化工作制	负载和转速在允许的范围内变化的非周期工作制。这种工作制包括经常过载,其值可远远超过满载

表示电动机的外壳防护等级的代号由表征字母"IP"(表示国际防护)及附加在后的两个表征数字组成,如IP44。第一位数字表示第一种防护,即防止人体触及或接近壳内带电部分和触及壳内转动部件,以及防止固体异物进入电机;第二位数字表示第二种防护,即防止由于电动机进水而引起有害影响。这两位数字越大,防护能力越强。

防接触的防护等级(第一位表征数字)

第一位表征数字	防护等级	说 明
0	无防护	没有专门的防护
1	防护大于50 mm的固体	能防止直径大于50 mm的固体异物进入壳内。能防止人体的某一大面积部分(如手)偶然或意外地触及壳内带电或运动部分,但不能防止有意识地接近这些部分
2	防护大于12 mm的固体	能防止直径大于12 mm的固体异物进入壳内。能防止手指触及壳内带电或运动部分

续上表

第一位表征数字	防护等级	说 明
3	防护大于 2.5 mm 的固体	能防止直径大于 2.5 mm 的固体异物进入壳内。能防止厚度或直径大于 2.5 mm 的工具、金属线等触及壳内带电或运动部分
4	防护大于 1 mm 的固体	能防止直径大于 1 mm 的固体异物进入壳内。能防止直径或厚度大于 1 mm 的导线或片条触及壳内带电或运转部分
5	防灰尘	能防止灰尘进入达到影响产品正常运行的程度,完全防止触及壳内带电或运动部分
6	尘密	能完全防止灰尘进入壳内,完全防止触及壳内带电或运动部分

防水的防护等级(第二位表征数字)

第二位表征数字	防护等级	说 明
0	无防护	没有专门的防护
1	防滴	垂直的滴水应不能直接进入电机内部
2	15°防滴	与铅垂线成15°范围内的滴水应不能直接进入电机内部
3	防淋水	与铅垂线成60°范围内的淋水,应不能直接进入电机内部
4	防溅	任何方向的溅水对电机应无有害的影响
5	防喷水	任何方向的喷水对电机应无有害的影响
6	防海浪或强加喷水	猛烈的海浪或强力的喷水对电机应无有害影响
7	浸水	电机在规定的压力和时间下浸在水中,其进水量应无有害影响
8	潜水	电机在规定的压力下长时间浸在水中,其进水量应无有害影响

十、异步电动机型号、参数、尺寸

Y 系列三相异步电动机是鼠笼型异步电动机基本系列。Y 系列电机中心高 63～355 mm,绝缘等级为 B 级,外壳防护等级 IP44,冷却方式 IC411。工作方式:S1 连续工作制,环境温度 -15～+40 ℃,海拔 1000 m 以下。电压 380 V,频率 50 Hz。接法:3

kW 及以下为 Y 接，4 kW 及以上为 △ 接。Y 系列电机具有效率高、能耗少、噪声低、振动小、质量小、体积小、性能优良、运行可靠、维护方便等优点，广泛用于工业、农业、建筑、采矿行业等各种无特殊要求的机械设备。

Y 系列三相异步电动机标注示例：

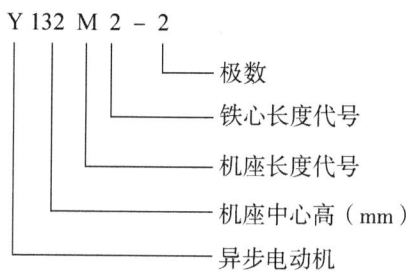

说明：机座长度代号有 3 种，S 表示短机座，M 表示中机座，L 表示长机座。

Y2 系列三相异步电动机型号及技术参数

型号	额定功率 /kW	额定电流 /A	额定转速 /(r·min^{-1})	满载时效率 η/%	功率因数 /Φ	堵转电流/额定电流	堵转转矩/额定转矩	最大转矩/额定转矩	空载噪声 /dB	振动速度 /(mm·s^{-1})	质量 /kg
Y2-63m1-2	0.18	0.5	2820	65.0	0.80	5.5	2.2	2.2	61	1.8	12
Y2-63m2-2	0.25	0.7	2820	68.0	0.81	5.5	2.2	2.2	61	1.8	12
Y2-63m1-4	0.12	0.4	1370	57.0	0.72	4.4	2.1	2.2	52	1.8	12
Y2-63m2-4	0.18	0.6	1370	60.0	0.73	4.4	2.1	2.2	52	1.8	12
Y2-71m1-2	0.37	1.0	2820	70.0	0.81	6.1	2.2	2.2	64	1.8	13
Y2-71m2-2	0.55	1.4	2820	73.0	0.82	6.1	2.2	2.3	64	1.8	13
Y2-71m1-4	0.25	0.8	1380	65.0	0.74	5.2	2.1	2.2	55	1.8	13
Y2-71m2-4	0.37	1.0	1380	67.0	0.75	5.2	2.1	2.2	55	1.8	13
Y2-71m1-6	0.18	0.7	900	56.0	0.66	4	1.9	2	52	1.8	13
Y2-71m2-6	0.25	1.0	900	59.0	0.68	4	1.9	2	52	1.8	13
Y2-80m1-2	0.75	1.83	2845	75.0	0.83	6.1	2.2	2.3	67	1.8	14
Y2-80m2-2	1.1	2.58	2840	77.0	0.84	7	2.2	2.3	67	1.8	15

续上表

型号	额定功率/kW	额定电流/A	额定转速/(r·min^{-1})	满载时效率η/%	功率因数Φ	堵转电流/额定电流	堵转转矩/额定转矩	最大转矩/额定转矩	空载噪声/dB	振动速度/(mm·s^{-1})	质量/kg
Y2-80m1-4	0.55	1.57	1390	71.0	0.75	5.2	2.4	2.3	58	1.8	14
Y2-80m2-4	0.75	2.05	1380	73.0	0.75	6	2.3	2.3	58	1.8	15
Y2-80m1-6	0.37	1.30	885	62.0	0.70	4.7	1.9	2	54	1.8	15
Y2-80m2-6	0.55	1.79	885	65.0	0.72	4.7	1.9	2.1	54	1.8	16
Y2-80m1-8	0.18	0.88	645	51.0	0.61	3.3	1.8	1.9	52	1.8	15
Y2-80m2-8	0.25	1.15	645	54.0	0.61	3.3	1.8	1.9	52	1.8	16
Y2-90S-2	1.5	3.43	2840	79.0	0.84	7	2.2	2.3	72	1.8	22
Y2-90L-2	2.2	4.85	2840	81.0	0.85	7	2.2	2.3	72	1.8	24
Y2-90S-4	1.1	2.85	1390	76.2	0.77	6	2.3	2.3	61	1.8	21
Y2-90L-4	1.5	3.67	1390	78.5	0.79	6	2.3	2.3	61	1.8	23
Y2-90S-6	0.75	2.29	910	69.0	0.72	5.5	2	2.1	57	1.8	20
Y2-90L-6	1.1	3.18	910	72.0	0.73	5.5	2	2.1	57	1.8	23
Y2-90S-8	0.37	1.49	670	62.0	0.61	4	1.8	1.9	56	1.8	20
Y2-90L-8	0.55	2.17	670	63.0	0.61	4	1.8	2	56	1.8	23
Y2-100L-2	3	6.31	2860	83.0	0.87	7.5	2.2	2.3	76	1.8	33
Y2-100L1-4	2.2	5.09	1410	81.0	0.81	7	2.3	2.3	64	1.8	31
Y2-100L2-4	3	6.73	1410	82.6	0.82	7	2.3	2.3	64	1.8	33
Y2-100L-6	1.5	4.0	920	76.0	0.75	5.5	2	2.1	61	1.8	31
Y2-100L1-8	0.75	2.40	680	71.0	0.67	4	1.8	2	59	1.8	32
Y2-100L2-8	1.1	3.32	680	73.0	0.69	5	1.8	2	59	1.8	34
Y2-112m-2	4	8.1	2880	85.0	0.88	7.5	2.2	2.3	77	1.8	38
Y2-112m-4	4	8.8	1435	84.2	0.82	7	2.3	2.3	65	1.8	44
Y2-112m-6	2.2	5.6	935	79.0	0.76	6.5	2	2.1	65	1.8	40
Y2-112m-8	1.5	4.4	690	75.0	0.69	5	1.8	2	61	1.8	40
Y2-132S1-2	5.5	11.0	2900	86.0	0.88	7.5	2.2	2.3	80	1.8	58
Y2-132S2-2	7.5	14.9	2900	87.0	0.88	7.5	2.2	2.3	80	1.8	63
Y2-132S-4	5.5	11.7	1440	85.7	0.83	7	2.3	2.3	71	1.8	61

续上表

型号	额定功率/kW	额定电流/A	额定转速/(r·min⁻¹)	满载时效率η/%	功率因数/Φ	堵转电流/额定电流	堵转转矩/额定转矩	最大转矩/额定转矩	空载噪声/dB	振动速度/(mm·s⁻¹)	质量/kg
Y2-132m-4	7.5	15.6	1440	87.0	0.84	7	2.3	2.3	71	1.8	71
Y2-132S-6	3	7.4	960	81.0	0.76	6.5	2.1	2.1	69	1.8	56
Y2-132m1-6	4	9.8	960	82.0	0.76	6.5	2.1	2.1	69	1.8	68
Y2-132m2-6	5.5	12.9	960	84.0	0.77	6.5	2.1	2.1	69	1.8	75
Y2-132S-8	2.2	6.0	705	78.0	0.71	6	1.8	2	64	1.8	55
Y2-132m-8	3	7.9	705	79.0	0.73	6	1.8	2	64	1.8	66
Y2-160m1-2	11	21.2	2930	88.4	0.89	7.5	2.2	2.3	86	2.8	105
Y2-160m2-2	15	28.6	2930	89.4	0.89	7.5	2.2	2.3	86	2.8	115
Y2-160L-2	18.5	34.7	2930	90.0	0.90	7.5	2.2	2.3	86	2.8	128
Y2-160m-4	11	22.5	1460	88.4	0.84	7	2.2	2.3	75	2.8	110
Y2-160L-4	15	30.0	1460	89.4	0.85	7.5	2.2	2.3	75	2.8	132
Y2-160m-6	7.5	17.2	970	86.0	0.77	6.5	2	2.1	73	2.8	104
Y2-160L-6	11	24.5	970	87.5	0.78	6.5	2	2.1	73	2.8	127
Y2-160m1-8	4	10.3	720	81.0	0.73	6	1.9	2	68	2.8	92
Y2-160m2-8	5.5	13.6	720	83.0	0.74	6	2	2	68	2.8	103
Y2-160L-8	7.5	17.8	720	85.5	0.75	6	2	2	68	2.8	125
Y2-180m-2	22	41.0	2940	90.5	0.90	7.5	2	2.3	89	2.8	165
Y2-180m-4	18.5	36.1	1470	90.5	0.86	7.5	2.2	2.3	76	2.8	164
Y2-180L-4	22	42.7	1470	91.0	0.86	7.5	2.2	2.3	76	2.8	180
Y2-180L-6	15	31.6	970	89.0	0.81	7	2	2.1	73	2.8	167
Y2-180L-8	11	25.1	730	87.5	0.76	6.6	2	2	70	2.8	170
Y2-200L1-2	30	55.4	2950	91.4	0.90	7.5	2	2.3	92	2.8	225
Y2-200L2-2	37	67.9	2950	92.0	0.90	7.5	2	2.3	92	2.8	246
Y2-200L-4	30	57.6	1470	92.0	0.86	7.2	2.2	2.3	79	2.8	225
Y2-200L1-6	18.5	38.6	980	90.0	0.81	7	2.1	2.1	76	2.8	210
Y2-200L2-6	22	44.7	980	90.0	0.83	7	2.1	2.1	76	2.8	223
Y2-200L-8	15	34.1	730	88.0	0.76	6.6	2	2	73	2.8	220

续上表

型号	额定功率/kW	额定电流/A	额定转速/(r·min⁻¹)	满载时效率η/%	功率因数/Φ	堵转电流/额定电流	堵转转矩/额定转矩	最大转矩/额定转矩	空载噪声/dB	振动速度/(mm·s⁻¹)	质量/kg
Y2-225m-2	45	82.1	2960	92.5	0.90	7.5	2	2.3	92	2.8	296
Y2-225S-4	37	69.9	1475	92.5	0.87	7.2	2.2	2.3	81	2.8	285
Y2-225m-4	45	84.7	1475	92.8	0.87	7.2	2.2	2.3	81	2.8	305
Y2-225m-6	30	59.3	980	91.5	0.84	7	2	2.1	76	2.8	290
Y2-225S-8	18.5	41.1	730	90.0	076	6.6	1.9	2	73	2.8	280
Y2-225m-8	22	47.4	730	90.5	0.78	6.6	1.9	2	73	2.8	300
Y2-250m-2	55	100	2965	93.0	0.90	7.5	2	2.3	93	3.5	390
Y2-250m-4	55	103	1480	93.0	0.87	7.2	2.2	2.3	83	3.5	400
Y2-250m-6	37	71	980	92.0	0.86	7	2.1	2.1	78	3.5	375
Y2-250m-8	30	63	735	91.0	0.79	6.6	1.9	2	75	3.5	385
Y2-280S-2	75	135	2970	93.6	0.90	7.5	2	2.3	94	3.5	504
Y2-280m-2	90	160	2970	93.9	0.91	7.5	2	2.3	94	3.5	536
Y2-280S-4	75	140	1480	93.8	0.87	7.2	2.2	2.3	86	3.5	553
Y2-280m-4	90	167	1480	94.2	0.87	7.2	2.2	2.3	86	3.5	582
Y2-280S-6	45	86	980	92.5	0.86	7	2.1	2	80	3.5	492
Y2-280m-6	55	105	980	92.8	0.86	7	2.1	2	80	3.5	530
Y2-280S-8	37	78	735	91.5	0.79	6.6	1.9	2	76	3.5	510
Y2-280m-8	45	94	735	92.0	0.79	6.6	1.9	2	76	3.5	548
Y2-315S-2	110	195	2975	94.0	0.91	7.1	1.8	2.2	96	3.5	865
Y2-315m-2	132	233	2975	94.5	0.91	7.1	1.8	2.2	96	3.5	960
Y2-315L1-2	160	279	2975	94.6	0.92	7.1	1.8	2.2	99	3.5	1035
Y2-315L-2	185	323	2975	94.6	0.92	7.1	1.8	2.2	99	3.5	1150
Y2-315L2-2	200	348	2975	94.8	0.92	7.1	1.8	2.2	99	3.5	1160
Y2-315S-4	110	201	1480	94.5	0.88	6.9	2.1	2.2	93	3.5	900
Y2-315m-4	132	240	1480	94.8	0.88	6.9	2.1	2.2	93	3.5	995
Y2-315L1-4	160	288	1480	94.9	0.89	6.9	2.1	2.2	97	3.5	1070
Y2-315L-4	185	333	1480	94.9	0.89	6.9	2.1	2.2	97	3.5	1190

续上表

型号	额定功率/kW	额定电流/A	额定转速/(r·min⁻¹)	满载时效率η/%	功率因数/Φ	堵转电流/额定电流	堵转转矩/额定转矩	最大转矩/额定转矩	空载噪声/dB	振动速度/(mm·s⁻¹)	质量/kg
Y2－315L2－4	200	359	1480	95.0	0.89	6.9	2.1	2.2	97	3.5	1220
Y2－315S－6	75	142	989	93.5	0.86	7	2	2	85	3.5	820
Y2－315m－6	90	170	989	93.8	0.86	7	2	2	85	3.5	895
Y2－315L1－6	110	207	989	94.0	0.86	6.7	2	2	85	3.5	1010
Y2－315L2－6	132	245	989	94.2	0.87	6.7	2	2	85	3.5	1080
Y2－315S－8	55	111	735	92.8	0.81	6.6	1.8	2	82	3.5	840
Y2－315m－8	75	151	735	93.0	0.81	6.6	1.8	2	82	3.5	955
Y2－315L1－8	90	178	735	93.8	0.82	6.6	1.8	2	82	3.5	1025
Y2－315L2－8	110	217	735	94.0	0.82	6.4	1.8	2	82	3.5	1135
Y2－315S－10	45	100	590	91.5	0.75	6.2	1.5	2	82	3.5	835
Y2－315m－10	55	121	590	92.0	0.75	6.2	1.5	2	82	3.5	945
Y2－315L1－10	75	162	590	92.5	0.76	6.2	1.5	2	82	3.5	1020
Y2－315L2－10	90	191	590	93.0	0.77	6.2	1.5	2	82	3.5	1120
Y2－355m1－2	220	383	2987	94.8	0.92	7.1	1.6	2.2	103	3.5	1545
Y2－355m－2	250	433	2987	95.3	0.92	7.1	1.6	2.2	103	3.5	1650
Y2－355L1－2	280	485	2987	95.3	0.92	7.1	1.6	2.2	103	3.5	1650
Y2－355L－2	315	544	2987	95.6	0.92	7.1	1.6	2.2	103	3.5	1790
Y2－355m1－4	220	395	1490	95.0	0.89	6.9	2.1	2.2	101	3.5	1645
Y2－355m－4	250	443	1490	95.3	0.90	6.9	2.1	2.2	101	3.5	1685
Y2－355L1－4	280	496	1490	95.3	0.90	6.9	2.1	2.2	101	3.5	1780
Y2－355L－4	315	556	1490	95.6	0.90	6.9	2.1	2.2	101	3.5	1890
Y2－355 m1－6	160	292	989	94.5	0.88	6.7	1.9	2	92	3.5	1590
Y2－355m－6	185	338	989	94.5	0.88	6.7	1.9	2	92	3.5	1660
Y2－355m2－6	200	365	989	94.7	0.88	6.7	1.9	2	92	3.5	1730
Y2－355L1－6	220	401	989	94.7	0.88	6.7	1.9	2	92	3.5	1835
Y2－355L－6	250	455	989	94.9	0.88	6.7	1.9	2	92	3.5	1940
Y2－355m1－8	132	261	744	93.7	0.82	6.4	1.8	2	90	3.5	1575

续上表

型号	额定功率/kW	额定电流/A	额定转速/(r·min⁻¹)	满载时效率η/%	功率因数/Φ	堵转电流/额定电流	堵转转矩/额定转矩	最大转矩/额定转矩	空载噪声/dB	振动速度/(mm·s⁻¹)	质量/kg
Y2-355m2-8	160	315	744	94.2	0.82	6.4	1.8	2	90	3.5	1645
Y2-355L1-8	185	364	744	94.2	0.82	6.4	1.8	2	90	3.5	1815
Y2-355L-8	200	387	744	94.5	0.83	6.4	1.8	2	90	3.5	1920
Y2-355m-10	90	191	593	93.0	0.77	6.2	1.5	2	90	3.5	1460

Y2系列三相异步电动机安装尺寸

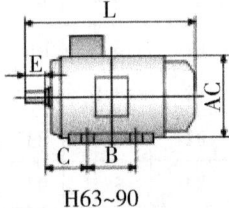

H63~90

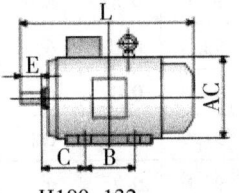

H100~132

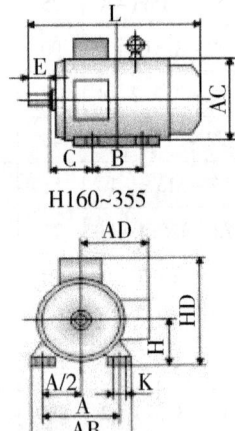

H160~355

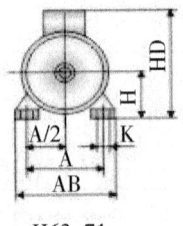

H63~71

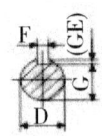

H80~355

机座号	极数	安装尺寸/mm									外形尺寸/mm			
		A	B	C	D	E	F	G	H	K	AB	AC	AD	HD	L
63	2,4	100	80	40	11	23	4	8.5	63	7	135	130	70	180	225
71	2,4,6	112	90	45	14	30	5	11	71	7	150	145	80	195	250
80	2,4,6,8	125	100	50	19	40	6	15.5	80	10	165	175	145	214	295
90S	2,4,6,8	140	100	56	24	50	8	20	90	10	180	195	155	250	315
90L	2,4,6,8	140	125	56	24	50	8	20	90	10	180	195	155	250	340
100L	2,4,6,8	160	140	63	28	60	8	24	100	12	205	215	180	270	385

续表

机座号	极数	安装尺寸/mm									外形尺寸/mm				
		A	B	C	D	E	F	G	H	K	AB	AC	AD	HD	L
112m	2.4.6.8	190	140	70	28	60	8	24	112	12	230	240	190	300	400
132S	2.4.6.8	216	140	89	38	80	10	33	132	12	270	275	210	345	470
132m	2.4.6.8	216	178	89	38	80	10	33	132	12	270	275	210	345	510
160m	2.4.6.8	254	210	108	42	110	12	37	160	15	320	330	255	420	615
160L	2.4.6.8	254	254	108	42	110	12	37	160	15	320	330	255	420	670
180m	2.4.6.8	279	241	121	48	110	14	42.5	180	15	355	380	280	455	700
180L	2.4.6.8	279	279	121	48	110	14	42.5	180	15	355	380	280	455	740
200L	2.4.6.8	318	305	133	55	110	16	49	200	19	395	420	305	545	770
225S 225m	4.8	356	286	149	60	140	18	53	225	19	435	470	335	555	815
	2	356	311	149	55	110	16	49	225	19	435	470	335	555	820
	4.6.8	356	311	149	60	140	18	53	225	19	435	470	335	555	845
250m 280S	2	406	349	168	60	140	18	53	250	24	490	510	370	615	910
	4.6.8	406	349	168	65	140	18	58	250	24	490	510	370	615	910
	2	457	368	190	65	140	18	58	280	24	550	580	410	680	985
	4.6.8	457	419	190	75	140	20	67.5	280	24	550	580	410	680	985
280m 315S	2	457	419	190	65	140	18	58	280	24	550	580	410	680	1035
	4.6.8	457	419	190	75	140	20	67.5	280	24	550	580	410	680	1035
	2	508	406	216	65	140	18	58	315	28	635	645	530	845	1160
	4.6.8.10	508	406	216	80	170	22	71	315	28	635	645	530	845	1270
315m 315S	2	508	457	216	65	140	18	58	315	28	635	645	530	845	1190
	4.6.8.10	508	508	216	80	170	22	71	315	28	635	645	530	845	1300
	2	508	508	216	65	140	18	58	315	28	635	645	530	845	1190
	4.6.8.10	508	508	216	80	170	22	71	315	28	645	645	530	845	1300
315m 315L	2	610	560	245	75	140	20	67.5	355	28	730	710	655	1010	1500
	4.6.8.10	610	630	254	95	170	25	86	355	28	730	710	655	1010	1530
	2	610	630	254	75	140	20	67.5	355	28	730	710	655	1010	1500
	4.6.8.10	610	630	254	95	170	25	86	355	28	730	710	655	1010	1530

十一、深沟球轴承（GB/T 276—94）

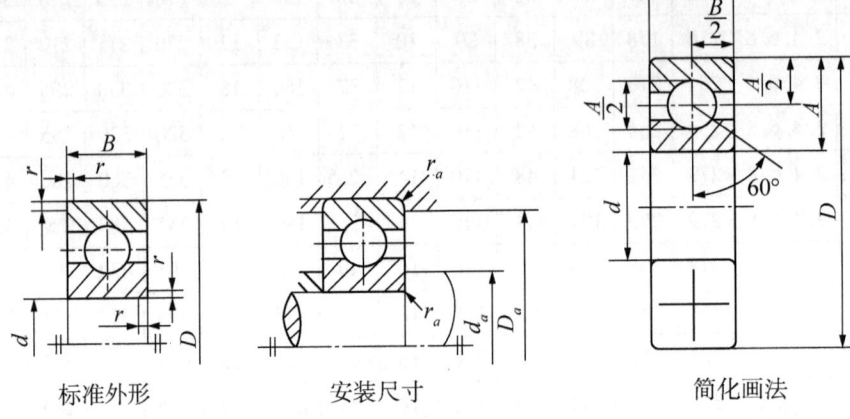

标准外形　　安装尺寸　　简化画法

轴承代号	基本尺寸/mm				安装尺寸/mm			基本额定动载荷 C/kN	基本额定静载荷 C_0/kN
	d	D	B	r_{min}	$d_{a\ min}$	$D_{a\ max}$	$r_{a\ max}$		
6004	20	42	12	0.6	25	37	0.6	9.38	5.02
6204		47	14	1.0	26	41	1.0	12.80	6.65
6304		52	15	1.1	27	45	1.0	15.80	7.88
6404		72	19	1.1	27	65	1.0	31.00	15.20
6005	25	47	12	0.6	30	42	0.6	10.00	5.85
6205		52	15	1.0	31	46	1.0	14.00	7.88
6305		62	17	1.1	32	55	1.0	22.20	11.50
6405		80	21	1.5	34	71	1.5	38.20	19.20
6006	30	55	13	1.0	36	49	1.0	13.20	8.30
6206		62	16	1.0	36	56	1.0	19.50	11.50
6306		72	19	1.1	37	65	1.0	27.00	15.20
6406		90	23	1.5	39	81	1.5	47.50	24.50

续表

轴承代号	基本尺寸/mm				安装尺寸/mm			基本额定动载荷 C/kN	基本额定静载荷 C_0/kN
	d	D	B	r_{min}	$d_{a\,min}$	$D_{a\,max}$	$r_{a\,max}$		
6007	35	62	14	1.0	41	56	1.0	16.20	10.50
6207		72	17	1.1	42	65	1.0	25.50	15.20
6307		80	21	1.5	44	71	1.5	33.20	19.20
6407		100	25	1.5	44	91	1.5	56.80	29.50
6008	40	68	15	1.0	46	62	1.0	17.00	11.80
6208		80	18	1.1	47	73	1.0	29.50	18.00
6308		90	23	1.5	49	81	1.5	40.80	24.00
6408		110	27	2.0	50	100	2.0	65.50	37.50
6009	45	75	16	1.0	51	69	1.0	21.10	14.80
6209		85	19	1.1	52	78	1.0	31.50	20.50
6309		100	25	1.5	54	91	1.5	52.80	31.80
6409		120	29	2.0	55	110	2.0	77.50	45.50
6010	50	80	16	1.0	56	74	1.0	22.00	16.20
6210		90	20	1.1	57	83	1.0	35.00	23.20
6310		110	27	2.0	60	100	2.0	61.80	38.00
6410		130	31	2.1	62	118	2.1	92.20	55.20
6011	55	90	18	1.1	62	83	1.0	30.20	21.80
6211		100	21	1.5	64	91	1.5	43.20	29.20
6311		120	29	2.0	65	110	2.0	71.50	44.80
6411		140	33	2.1	67	128	2.1	100.00	62.50

续表

轴承代号	基本尺寸/mm				安装尺寸/mm			基本额定动载荷 C/kN	基本额定静载荷 C_0/kN
	d	D	B	r_{min}	$d_{a\,min}$	$D_{a\,max}$	$r_{a\,max}$		
6012	60	95	18	1.1	67	88	1.0	31.50	24.20
6212		110	22	1.5	69	101	1.5	47.80	32.80
6312		130	31	2.1	72	118	2.1	81.80	51.80
6412		150	35	2.1	72	138	2.1	108.00	70.00
6013	65	100	18	1.1	72	93	1.0	32.00	24.80
6213		120	23	1.5	74	111	1.5	57.20	40.00
6313		140	33	2.1	77	128	2.1	93.80	60.50
6413		160	37	2.1	77	148	2.1	118.00	78.50
6014	70	110	20	1.1	77	103	1.0	38.50	30.50
6214		125	24	1.5	79	116	1.5	60.80	45.00
6314		150	35	2.1	82	138	2.1	105.00	68.00
6414		180	42	3.0	84	166	2.5	140.00	99.50
6015	75	15	20	1	82	108	1.0	40.20	33.20
6215		130	25	1.5	84	121	1.5	66.00	49.50
6315		160	37	2.1	87	148	2.1	112.00	76.80
6415		190	45	3.0	89	176	2.5	155.00	115.00

说明：表中 r_{min} 为 r 的单向最小倒角尺寸，$r_{a\,max}$ 为 r_a 的单向最大倒角尺寸。

十二、角接触球轴承（GB/T 292—2007）

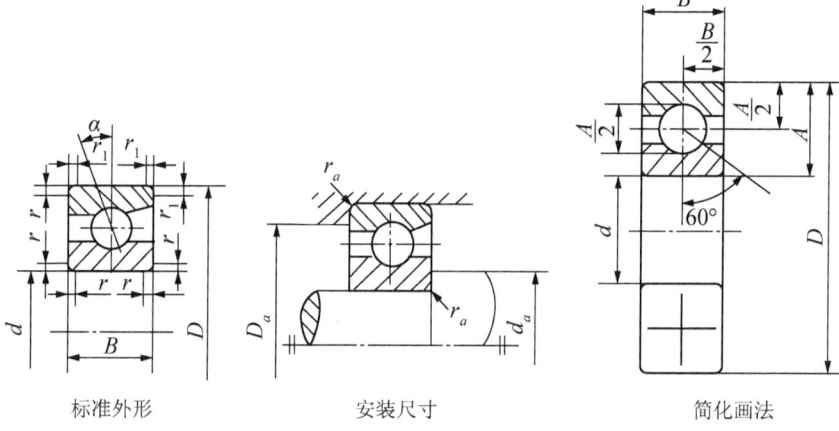

标准外形　　　安装尺寸　　　简化画法

轴承代号	基本尺寸/mm					安装尺寸/mm			基本额定动载荷 C/kN	基本额定静载荷 C_0/kN
	d	D	B	r_{min}	$r_{1\,min}$	$d_{a\,min}$	$D_{a\,max}$	$r_{a\,max}$		
7204C	20	47	14	1.0	0.3	26	41	1.0	14.50	8.22
7204AC									14.00	7.82
7204B									14.00	7.85
7205C	25	52	15	1.0	0.3	31	46	1.0	16.50	10.50
7205AC									15.80	9.88
7205B									15.80	9.45
7305B		62	17	1.1	0.6	32	55	1.0	26.20	15.20
7206C	30	62	16	1.0	0.3	36	56	1.0	23.00	15.00
7206AC									22.00	14.20
7206B									20.50	13.80
7306B		72	19	1.1	0.6	37	65	1.0	31.00	19.20

续上表

轴承代号	基本尺寸/mm					安装尺寸/mm			基本额定动载荷 C/kN	基本额定静载荷 C_0/kN
	d	D	B	r_{min}	$r_{1\,min}$	$d_{a\,min}$	$D_{a\,max}$	$r_{a\,max}$		
7207C	35	72	17	1.1	0.6	42	65	1.0	30.50	20.00
7207AC									29.00	19.20
7207B									27.00	18.80
7307B		80	21	1.5	0.6	44	71	1.5	38.20	24.50
7208C	40	80	18	1.1	0.6	47	73	1.0	36.80	25.80
7208AC									35.20	24.50
7208B									32.50	23.50
7308B		90	23	1.5	0.6	49	81	1.5	46.20	30.20
7408B		110	27	2.0	1.0	50	100	2.0	67.00	47.50
7209C	45	85	19	1.1	0.6	52	78	1.0	38.50	28.50
7209AC									36.80	27.20
7209B									36.00	26.20
7309B		100	25	1.5	0.6	54	91	1.5	59.50	39.80
7210C	50	90	20	1.1	0.6	57	83	1.0	42.80	32.00
7210AC									40.80	30.50
7210B									37.50	29.00
7310B		110	27	2.0	1.0	60	100	2.0	68.20	48.00
7211C	55	100	21	1.5	0.6	64	91	1.5	52.80	40.50
7211AC									50.50	38.50
7211B									46.20	36.00
7311B		120	29	2.0	1.0	65	110	2.0	78.80	56.50
7212C	60	110	22	1.5	0.6	69	101	1.5	61.00	48.50
7212AC									58.20	46.20
7212B									56.00	44.50
7312B		130	31	2.1	1.1	72	118	2.1	90.00	66.30

续表

螺纹规格 d	M3	M4	M5	M6	M8	M10	M12	M16	M20	M24	M30	M36
c_{max}	0.4	0.4	0.5	0.5	0.6	0.6	0.6	0.8	0.8	0.8	0.8	0.8
$d_{w\,min}$	4.6	5.9	6.9	8.9	11.6	14.6	16.6	22.5	27.7	33.3	42.8	51.1
$d_{a\,max}$	3.45	4.6	5.75	6.75	8.75	10.8	13	17.3	21.6	25.9	32.4	38.9
m_{max}	—	—	5.1	5.7	7.5	9.3	12	16.4	20.3	23.9	28.6	34.7
m_{min}	—	—	4.8	5.4	7.14	8.94	11.57	15.7	19	22.6	27.3	33.1

十六、平垫圈—A级（GB/T 97.1—2002）

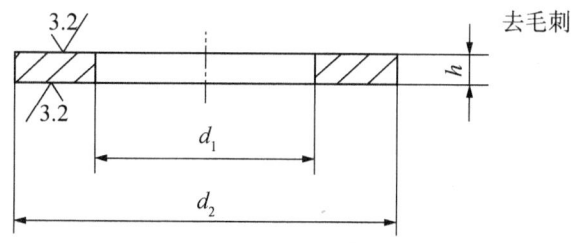

标记示例：

标准系列，公称尺寸 $d=8$ mm，性能等级为140HV级，不经表面处理的平垫圈：
垫圈　GB/T 97.1　8

单位：mm

公称尺寸（螺纹规格 d）	3	4	5	6	8	10	12	14	16	20	24	30	36
内径 d_1	3.2	4.3	5.3	6.4	8.4	10.5	13	15	17	21	25	31	37
外径 d_2	7	9	10	12	16	20	24	28	30	37	44	56	66
厚度 h	0.5	0.8	1	1.6	1.6	2	2.5	2.5	3	3	4	4	5

十七、标准弹簧垫圈 (GB/T 93—87)

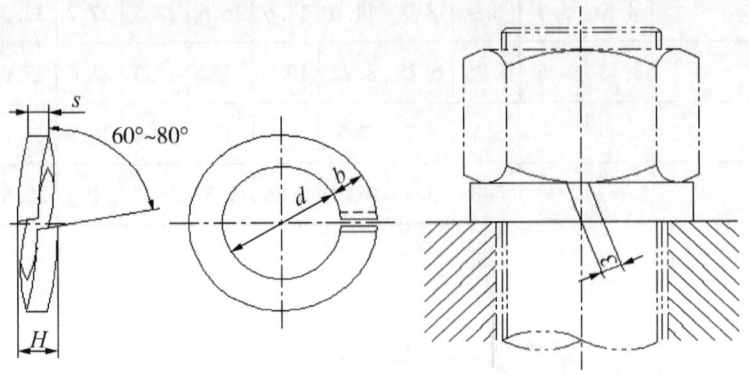

规格 16 mm、材料为 65 mn、表面氧化的标准型弹簧垫圈：垫圈 GB/T 93 16

单位：mm

规格 （螺纹大径）	4	5	6	8	10	12	16	20	24	30	36	42	48
$d_{1\,min}$	4.1	5.1	6.1	8.1	10.2	12.2	16.2	20.2	24.5	30.5	36.6	42.6	49
$s=b$ 公称	1.1	1.3	1.6	2.1	2.6	3.1	4.1	5	6	7.5	9	10.5	12
$m \leqslant$	0.55	0.65	0.8	1.05	1.3	1.55	2.05	2.5	3	3.75	4.5	5.25	6
H_{max}	2.75	3.25	4	5.25	6.5	7.75	10.25	12.5	15	18.75	22.5	26.25	30

十八、通气塞的结构形式及尺寸

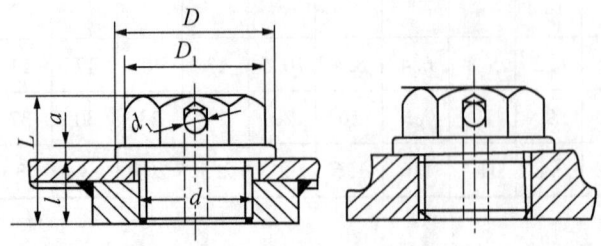

续上表

轴承代号	基本尺寸/mm					安装尺寸/mm			基本额定动载荷 C/kN	基本额定静载荷 C_0/kN
	d	D	B	r_{min}	$r_{1\,min}$	$d_{a\,min}$	$D_{a\,max}$	$r_{a\,max}$		
7213C	65	120	23	1.5	0.6	74	111	1.5	69.80	55.20
7213AC									66.50	52.50
7213B									62.50	50.20
7313B		140	33	2.1	1.1	77	128	2.1	102.00	77.80
7214C	70	125	24	1.5	0.6	79	116	1.5	70.20	60.00
7214AC									69.20	57.50
7214B									70.20	57.20
7314B		150	35	2.1	1.1	82	138	1.5	115.00	87.80
7215C	75	130	25	1.5	0.6	84	121	1.5	79.20	65.80
7215AC									75.20	63.00
7215B									72.80	62.00
7315B		160	37	2.1	1.1	87	148	2.1	125.00	98.50

说明：①表中 r_{min}、$r_{1\,min}$ 分别为 r、r_1 的单向最小倒角尺寸，$r_{a\,max}$ 为 r_a 的单向最大倒角尺寸。②轴承代号中的 C、AC、B 分别代表轴承接触角 $\alpha = 15°$、$25°$、$40°$。

十三、圆锥滚子轴承（GB/T 297—94）

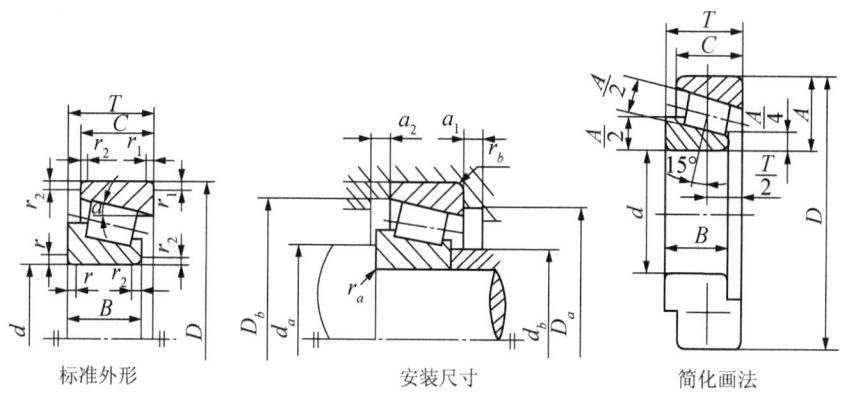

标准外形　　安装尺寸　　简化画法

轴承代号	基本尺寸/mm					安装尺寸/mm				基本额定动载荷 C/kN	基本额定静载荷 C_0/kN	计算系数		
	d	D	T	B	C	d_a	d_b	D_a	D_b			e	Y	Y_0
30204	20	47	15.25	14	12	26	27	41	43	28.2	30.5	0.35	1.7	1.0
30304		52	16.25	15	13	27	28	45	48	33.0	33.2	0.3	2.0	1.1
30205	25	52	16.25	15	13	31	31	46	48	32.2	37.0	0.37	1.6	0.9
30305		62	18.25	17	15	32	34	55	58	46.8	48.0	0.3	2.0	1.1
30206	30	62	17.25	16	14	36	37	56	58	43.2	50.5	0.37	1.6	0.9
30306		72	20.75	19	16	37	40	65	66	59.0	63.0	0.31	1.9	1.0
30207	35	72	18.25	17	15	42	44	65	67	54.2	63.5	0.37	1.6	0.9
30307		80	22.75	21	18	44	45	71	74	75.2	82.5	0.31	1.9	1.0
30208	40	80	19.75	18	16	47	49	73	75	63.0	74.0	0.37	1.6	0.9
30308		90	25.25	23	20	49	52	81	84	90.8	108.0	0.35	1.7	1.0
30209	45	85	20.75	19	16	52	53	78	80	67.8	83.5	0.4	1.5	0.8
30309		100	27.75	25	22	54	59	91	94	108.0	130.0	0.35	1.7	1.0
30210	50	90	21.75	20	17	57	58	83	86	73.2	92.0	0.42	1.4	0.8
30310		110	29.25	27	23	60	65	100	103	130.0	158.0	0.35	1.7	1.0
30211	55	100	22.75	21	18	64	64	91	95	90.8	115.0	0.4	1.5	0.8
30311		120	31.50	29	25	65	70	110	112	152.0	188.0	0.35	1.7	1.0
30212	60	110	23.75	22	19	69	69	101	103	102.0	130.0	0.4	1.5	0.8
30312		130	33.50	31	26	72	76	118	121	170.0	210.0	0.35	1.7	1.0
30213	65	120	24.75	23	20	74	77	111	114	120.0	152.0	0.4	1.5	0.8
30313		140	36.0	33	28	77	83	128	131	195.0	242.0	0.35	1.7	1.0
30214	70	12	26.25	24	21	79	81	116	119	132.0	175.0	0.42	1.4	0.8
30314		150	38.0	35	30	82	89	138	141	218.0	272.0	0.35	1.7	1.0
30215	75	130	27.25	25	22	84	85	121	125	138.0	185.0	0.44	1.4	0.8
30315		160	40.0	37	31	87	95	148	150	252.0	318.0	0.35	1.7	1.0

十四、六角头螺栓（GB/T 5782—2000、GB/T 5783—2000）

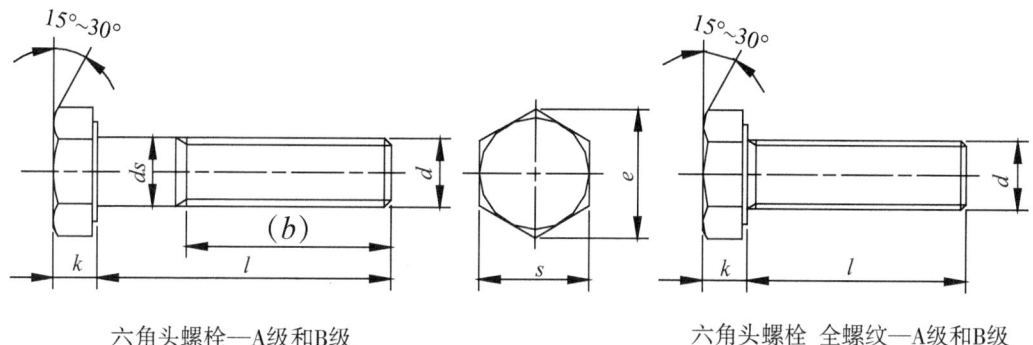

六角头螺栓—A级和B级　　　　　　　　六角头螺栓 全螺纹—A级和B级

标记示例

螺纹规格 d = M12 mm，公称长度 l = 80 mm，性能等级为8.8级，表面氧化，产品等级为A级的六角头螺栓：螺栓　GB/T 5782　M12×80

单位：mm

螺纹规格 d			M3	M4	M5	M6	M8	M10	M12	M16	M20	M24	M30	M36
e	产品等级	A	6.07	7.66	8.79	11.05	14.38	17.77	20.03	26.75	33.53	39.98	50.85	60.79
		B	—	—	8.63	10.89	14.20	17.59	19.85	26.17	32.95	39.55		
s			5.5	7	8	10	13	16	18	24	30	36	46	55
k			2	2.8	3.5	4	5.3	6.4	7.5	10	12.5	15	18.7	22.5
c	max		0.4	0.4	0.5	0.5	0.6	0.6	0.6	0.8	0.8	0.8	0.8	0.8
	min		0.15	0.15	0.15	0.15	0.15	0.15	0.15	0.2	0.2	0.2	0.2	0.2
$d_{w\,min}$	产品等级	A	4.6	5.9	6.9	8.9	11.6	14.6	16.6	22.5	28.2	33.6	42.7	51.1
		B	—	—	6.7	8.7	11.4	14.4	16.4	22	27.7	33.2		
b 参数	$l \leq 125$		12	14	16	18	22	26	30	38	46	54	66	78
	$125 < l \leq 200$		—	—	—	—	28	32	36	44	52	60	72	84
	$l > 200$		—	—	—	—	—	—	—	57	65	73	85	97
l			20~30	25~40	25~50	30~60	35~80	40~100	45~120	55~160	65~200	80~240	90~300	110~360

续上表

螺纹规格 d		M3	M4	M5	M6	M8	M10	M12	M16	M20	M24	M30	M36
a_{max}		1.5	2.1	2.4	3	3.75	4.5	5.25	6	7.5	9	10.5	12
GB 5783—86	l	6~30	8~40	10~50	12~60	16~80	20~100	25~100	35~100	40~100	40~100	40~100	40~100
L（系列）		6, 8, 10, 12, 16, 20, 25, 30, 35, 45, 50, (55), 60, (65), 70~160 (10 进位), 180~400 (20 进位)											

说明：①产品等级 A 级用于 $d \leqslant 24$ mm 和 $l \leqslant 10d$ 或 $\leqslant 150$ mm 的螺栓，B 级用于 $d > 24$ mm 和 $l > 10d$ 或 > 150 mm 的螺栓。②M3～M36 为商品规格，M24～M64 为通用规格，带括号的大规格尽量不用。

十五、六角螺母（GB/T 6170—2000）

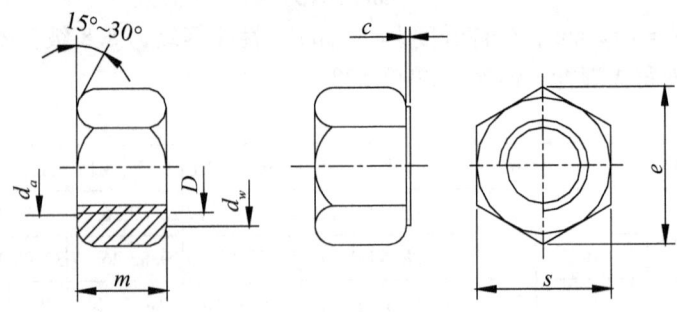

1型六角螺母—A级和B级

标记示例：

螺纹规格 d = M12，性能等级为 8 级，不经表面处理，产品等级为 A 级的 1 型六角螺母：螺母 GB/T 6170 M12

单位：mm

螺纹规格 d		M3	M4	M5	M6	M8	M10	M12	M16	M20	M24	M30	M36
e_{min}		6.01	7.66	8.79	11.05	14.38	17.77	20.03	26.75	32.95	39.55	50.85	60.79
s	max	5.5	7	8	10	13	16	18	24	30	36	46	55
	min	5.32	6.78	7.78	9.78	12.73	15.73	17.73	23.67	29.15	35	45	53.8

单位：mm

d	D	D_1	S	L	l	a	d_1
M12×1.25	18	16.5	14	19	10	2	4
M16×1.5	22	19.6	17	23	12	2	5
M20×1.5	30	25.4	22	28	15	4	6
M22×1.5	32	25.4	22	29	15	4	7
M27×1.5	38	31.2	27	34	18	4	8
M30×2	42	36.9	32	36	18	4	8
M33×2	45	36.9	32	38	20	4	8
M36×3	50	41.6	36	46	25	5	8

说明：S 为螺母扳手宽度

十九、不淬硬钢和奥氏体不锈钢圆柱销（GB/T 119.1—2000）

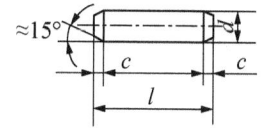

标记示例：

公称直径 $d=6$ mm、公差为 m6、公称长度 $l=30$ mm、材料为钢、不经淬火、不经表面处理的圆柱销：销 GB/T 119.1 6 m6×30

单位：mm

d m6/h8	1	1.2	1.5	2	2.5	3	4	5	6	8	10	12	16	20
$c\approx$	0.2	0.25	0.3	0.35	0.4	0.5	0.63	0.8	1.2	1.6	2	2.5	3	3.5
l（商品长度范围）	4~10	4~12	4~16	6~20	6~24	8~30	8~40	10~50	12~60	14~80	18~95	22~140	26~180	35~200
l（系列）	4、5、6、8、10、12、14、16、18、20、22、24、26、28、30、32、35、40、45、50、55、60、65、70、75、80、85、90、95、100、120、140、160、180、200（公称长度大于 200 mm，按 20 mm 递增）													

二十、标准公差数值（GB/T 1800.1—2009）

基本尺寸/mm		公差等级																	
		IT1	IT2	IT3	IT4	IT5	IT6	IT7	IT8	IT9	IT10	IT11	IT12	IT13	IT14	IT15	IT16	IT17	IT18
大于	至				μm										±mm				
—	3	0.8	1.2	2	3	4	6	10	14	25	40	60	0.1	0.14	0.25	0.4	0.6	1	1.4
3	6	1	1.5	2.5	4	5	8	12	18	30	48	75	0.12	0.18	0.3	0.48	0.75	1.2	1.8
6	10	1	1.5	2.5	4	6	9	15	22	36	58	90	0.15	0.22	0.36	0.58	0.9	1.5	2.2
10	18	1.2	2	3	5	8	11	18	27	43	70	110	0.18	0.27	0.43	0.7	1.1	1.8	2.7
18	30	1.5	2.5	4	6	9	13	21	33	52	84	130	0.21	0.33	0.52	0.84	1.3	2.1	3.3
30	50	1.5	2.5	4	7	11	16	25	39	62	100	160	0.25	0.39	0.62	1	1.6	2.5	3.9
50	80	2	3	5	8	13	19	30	46	74	120	190	0.3	0.46	0.74	1.2	1.9	3	4.6
80	120	2.5	4	6	10	15	22	35	54	87	140	220	0.35	0.54	0.87	1.4	2.2	3.5	5.4
120	180	3.5	5	8	12	18	25	40	63	100	160	250	0.4	0.63	1	1.6	2.5	4	6.3
180	250	4.5	7	10	14	20	29	46	72	115	185	290	0.46	0.72	1.15	1.85	2.9	4.6	7.2
250	315	6	8	12	16	23	32	52	81	130	210	320	0.52	0.81	1.3	2.1	3.2	5.2	8.1
315	400	7	9	13	18	25	36	57	89	140	230	360	0.57	0.89	1.4	2.3	3.6	5.7	8.9
400	500	8	10	15	20	27	40	63	97	155	250	400	0.63	0.97	1.55	2.5	4	6.3	9.7
500	630	9	11	16	22	32	44	70	110	175	280	440	0.7	1.1	1.75	2.8	4.4	7	11
630	800	10	13	18	25	36	50	80	125	200	320	500	0.8	1.25	2	3.2	5	8	12.5
800	1000	11	15	21	28	40	56	90	140	230	360	560	0.9	1.4	2.3	3.6	5.6	9	14
1000	1250	13	18	24	33	47	66	105	165	260	420	660	1.05	1.65	2.6	4.2	6.6	10.5	16.5
1250	1600	15	21	29	39	55	78	125	195	310	500	780	1.25	1.95	3.1	5	7.8	12.5	19.5
1600	2000	18	25	35	46	65	92	150	230	370	600	920	1.5	2.3	3.7	6	9.2	15	23
2000	2500	22	30	41	55	78	110	175	280	440	700	1100	1.75	2.8	4.4	7	11	17.5	28
2500	3150	26	36	50	68	96	135	210	330	540	860	1350	2.1	3.3	5.4	8.6	13.5	21	33

二十一、轴的极限偏差（GB/T 1800.2—2009）

单位：μm

公差带	等级	基本尺寸/mm							
		>10～18	>18～30	>30～50	>50～80	>80～120	>120～180	>180～250	>250～315
d	6	-50 -61	-65 -78	-80 -96	-100 -119	-120 -142	-145 -170	-170 -199	-190 -222
d	7	-50 -68	-65 -86	-80 -105	-100 -130	-120 -155	-145 -185	-170 -216	-190 -242
d	8	-50 -77	-65 -98	-80 -119	-100 -146	-120 -174	-145 -208	-170 -242	-190 -271
d	▼9	-50 -93	-65 -117	-80 -142	-100 -174	-120 -207	-145 -245	-170 -285	-190 -320
d	10	-50 -120	-65 -149	-80 -180	-100 -220	-120 -260	-145 -305	-170 -355	-190 -400
f	▼7	-16 -34	-20 -41	-25 -50	-30 -60	-36 -71	-43 -83	-50 -96	-56 -108
f	8	-16 -43	-20 -53	-25 -64	-30 -76	-36 -90	-43 -106	-50 -122	-56 -137
f	9	-16 -59	-20 -72	-25 -87	-30 -104	-36 -123	-43 -143	-50 -165	-56 -186
g	5	-6 -14	-7 -16	-9 -20	-10 -23	-12 -27	-14 -32	-15 -35	-17 -40
g	▼6	-6 -17	-7 -20	-9 -25	-10 -29	-12 -34	-14 -39	-15 -44	-17 -49
g	7	-6 -24	-7 -28	-9 -34	-10 -40	-12 -47	-14 -54	-15 -61	-17 -69

续上表

公差带	等级	基本尺寸/mm							
		>10~18	>18~30	>30~50	>50~80	>80~120	>120~180	>180~250	>250~315
h	5	0 -8	0 -9	0 -11	0 -13	0 -15	0 -18	0 -20	0 -23
	▼6	0 -11	0 -13	0 -16	0 -19	0 -22	0 -25	0 -29	0 -32
	▼7	0 -18	0 -21	0 -25	0 -30	0 -35	0 -40	0 -46	0 -52
	8	0 -27	0 -33	0 -39	0 -46	0 -54	0 -63	0 -72	0 -81
	▼9	0 -43	0 -52	0 -62	0 -74	0 -87	0 -100	0 -115	0 -130
js	6	+5.5 -5.5	+6.5 -6.5	+8 -8	+9.5 -9.5	+11 -11	+12.5 -12.5	+14.5 -14.5	+16 -16
k	5	+9 +1	+11 +2	+13 +2	+15 +2	+18 +3	+21 +3	+24 +4	+27 +4
	▼6	+12 +1	+15 +2	+18 +2	+21 +2	+25 +3	+28 +3	+33 +3	+36 +4
	7	+19 +1	+23 +2	+27 +2	+32 +2	+38 +3	+43 +3	+50 +4	+56 +4
m	5	+15 +7	+17 +8	+20 +9	+24 +11	+28 +13	+33 +15	+37 +17	+43 +20
	6	+18 +7	+21 +8	+25 +9	+30 +11	+35 +13	+40 +15	+46 +17	+52 +20
	7	+25 +7	+29 +8	+34 +9	+41 +11	+48 +13	+55 +15	+63 +17	+72 +20
n	5	+20 +12	+24 +15	+28 +17	+33 +22	+38 +23	+45 +27	+51 +31	+57 +34
	▼6	+23 +12	+28 +15	+33 +17	+39 +20	+45 +23	+52 +27	+60 +31	+66 +34
	7	+30 +12	+36 +15	+42 +17	+50 +20	+58 +23	+67 +27	+77 +31	+86 +34

续上表

公差带	等级	基本尺寸/mm							
		>10～18	>18～30	>30～50	>50～80	>80～120	>120～180	>180～250	>250～315
p	5	+26 +18	+31 +22	+37 +26	+45 +32	+52 +37	+61 +43	+70 +50	+79 +56
	▼6	+29 +18	+35 +22	+42 +26	+51 +32	+59 +37	+68 +43	+79 +50	+88 +56
	7	+36 +18	+43 +22	+51 +26	+62 +32	+72 +37	+83 +43	+96 +50	+108 +56

说明：标注▼者为优先公差等级，应优先选用。

二十二、孔的极限差值（GB/T 1800.2—2009）

单位：μm

公差带	等级	基本尺寸/mm							
		>0～18	>18～30	>30～50	>50～80	>80～120	>120～180	>180～250	>250～315
D	8	+77 +50	+98 +65	+119 +80	+146 +100	+174 +120	+208 +145	+242 +170	+271 +190
	▼9	+93 +50	+117 +65	+142 +80	+174 +100	+207 +120	+245 +145	+285 +170	+320 +190
	10	+120 +50	+149 +65	+180 +80	+220 +100	+260 +120	+305 +145	+355 +170	+400 +190
	11	+160 +50	+195 +65	+240 +80	+290 +100	+340 +120	+395 +145	+460 +170	+510 +190
E	6	+43 +32	+53 +40	+66 +50	+79 +60	+94 +72	+110 +85	+129 +100	+142 +110
	7	+50 +32	+61 +40	+75 +50	+90 +60	+107 +72	+125 +85	+146 +100	+162 +110
	8	+59 +32	+73 +40	+89 +50	+106 +60	+126 +72	+148 +85	+172 +100	+191 +110
	9	+75 +32	+92 +40	+112 +50	+134 +60	+159 +72	+185 +85	+215 +100	+240 +110
	10	+102 +32	+124 +40	+150 +50	+180 +60	+212 +72	+245 +85	+285 +100	+320 +110

续上表

公差带	等级	基本尺寸/mm							
		>0～18	>18～30	>30～50	>50～80	>80～120	>120～180	>180～250	>250～315
F	6	+27 +16	+33 +20	+41 +25	+49 +30	+58 +36	+68 +43	+79 +50	+88 +56
	7	+34 +16	+41 +20	+50 +25	+60 +30	+71 +36	+83 +43	+96 +50	+108 +56
	▼8	+43 +16	+53 +20	+64 +25	+76 +30	+90 +36	+106 +43	+122 +50	+137 +56
	9	+59 +16	+72 +20	+87 +25	+104 +30	+123 +36	+143 +43	+165 +50	+186 +56
H	6	+11 0	+13 0	+16 0	+19 0	+22 0	+25 0	+29 0	+32 0
	▼7	+18 0	+21 0	+25 0	+30 0	+35 0	+40 0	+46 0	+52 0
	▼8	+27 0	+33 0	+39 0	+46 0	+54 0	+63 0	+72 0	+81 0
	▼9	+43 0	+52 0	+62 0	+74 0	+87 0	+100 0	+115 0	+130 0
	10	+70 0	+84 0	+100 0	+120 0	+140 0	+160 0	+185 0	+210 0
	▼11	+110 0	+130 0	+160 0	+190 0	+220 0	+250 0	+290 0	+320 0
JS	6	+5.5 -5.5	+6.5 -6.5	+8 -8	+9.5 -9.5	+11 -11	+12.5 -12.5	+14.5 -14.5	+16 -16
	7	+9 -9	+10 -10	+12 -12	+15 -15	+17 -17	+20 -20	+23 -23	+26 -26

续上表

公差带	等级	基本尺寸/mm							
		>0~18	>18~30	>30~50	>50~80	>80~120	>120~180	>180~250	>250~315
K	6	+2 −9	+2 −11	+3 −13	+4 −15	+4 −18	+4 −21	+5 −24	+5 −27
	▼7	+6 −12	+6 −15	+7 −18	+9 −21	+10 −25	+12 −28	+13 −33	+16 −36
	8	+8 −19	+10 −23	+12 −27	+14 −32	+16 −38	+20 −43	+22 −50	+25 −56
N	6	−9 −20	−11 −28	−12 −24	−14 −33	−16 −38	−20 −45	−22 −51	−25 −57
	▼7	−5 −23	−7 −28	−8 −33	−9 −39	−10 −45	−12 −52	−14 −60	−14 −66
	8	−3 −30	−3 −36	−3 −42	−4 −50	−4 −58	−4 −67	−5 −77	−5 −86
P	6	−15 −26	−18 −31	−21 −37	−26 −45	−30 −52	−36 −61	−41 −70	−47 −79
	▼7	−11 −29	−14 −35	−17 −42	−21 −51	−24 −59	−28 −68	−33 −79	−36 −88

二十三、产品几何技术规范（GPS）几何公差形状、方向、位置和跳动公差标注（GB/T 1182—2008）

公差类型	几何特征	符　号	有无基准
形状公差	直线度	—	无
	平面度	▱	无
	圆度	○	无
	圆柱度	⌭	无
	线轮廓度	⌒	无
	面轮廓度	⌓	无
方向公差	平行度	∥	有
	垂直度	⊥	有
	倾斜度	∠	有
	线轮廓度	⌒	有
	面轮廓度	⌓	有
位置公差	位置度	⊕	有或无
	同心度（用于中心点）	◎	有
	同轴度（用于轴线）	◎	有
	对称度	⌯	有
	线轮廓度	⌒	有
	面轮廓度	⌓	有
跳动公差	圆跳动	↗	有
	全跳动	⌰	有

参 考 文 献

[1] 梁建和. 机械设计基础［M］. 郑州：黄河水利出版社，2008
[2] 朱龙根. 机械设计［M］. 北京：机械工业出版社，2006
[3] 陈立德. 机械设计基础［M］. 北京：高等教育出版社，2009
[4] 谢宏威. SolidWorks 2006 中文版实用教程［M］. 北京：人民邮电出版社，2007
[5] 魏峥. SolidWorks 习题与上机指导［M］. 北京：清华大学出版社，2009
[6] 魏峥. SolidWorks 2008 基础教程与上机指导［M］. 北京：清华大学出版社，2008
[6] 张京辉. 机械设计基础［M］. 西安：西安电子科技大学出版社，2005
[7] 金桂霞，刘艳杰. 机械设计［M］. 天津：天津大学出版社，2009
[8] 刘颖. 机械设计基础［M］. 北京：中央广播电视大学出版社，2006
[9] GB 7588—2003 电梯制造与安装安全规范［Z］
[10] GB/T 7025—2008 电梯主参数及轿厢、井道、机房的型式与尺寸［Z］
[11] 成大先. 机械设计手册［M］. 北京：化学工业出版社，2008